21世纪高等学校规划教材｜计算机应用

二级Visual FoxPro
数据库程序设计

（全国计算机等级考试用书）

赵淑芬 主　编

于书翰 副主编

李　倩　恽鸿峰　邢　翀　颜　萌

王　昆　王艳玲　唐立新　任乾华　编　著

杨雪洁　孙　敏　庄　丽

清华大学出版社

北京

内 容 简 介

Visual FoxPro 6.0 关系数据库作为计算机二级等级考试科目之一,是新一代小型数据库管理系统的杰出代表,它以强大的性能、完整而又丰富的工具、较高的处理速度、友好的用户界面以及较完备的兼容性等特点,备受广大用户的支持。

为了给广大考生提供更多的学习帮助和支持,满足考生复习应考的需要,本书根据考试的题目所占分值的比例,将内容分为三部分:第一部分(第 1、2 章)为公共基础知识;第二部分(第 3~11 章)为 Visual FoxPro 数据库程序设计;第三部分为上机考试辅导,设计了 8 个单元的实验、1 个单元的综合性题及 1 个单元的考试样题,共 10 个单元。

本书内容由浅入深,通俗易懂,可作为大学本科非计算机专业学生学习数据库基础理论的教材,也可作为计算机等级考试考前冲刺辅导教材。

图书在版编目(CIP)数据

二级 Visual FoxPro 数据库程序设计(全国计算机等级考试用书)/赵淑芬主编.—北京:清华大学出版社,2011.2
ISBN 978-7-302-24444-8

Ⅰ. ①二… Ⅱ. ①赵… Ⅲ. ①关系数据库-数据库管理系统,Visual FoxPro-程序设计-水平考试-自学参考资料 Ⅳ. ①TP311.138

中国版本图书馆 CIP 数据核字(2010)第 262481 号

责任编辑:魏江江
责任校对:徐俊伟
责任印制:王秀菊
出版发行:清华大学出版社　　　　　　　　　地　　址:北京清华大学学研大厦 A 座
　　　　http://www.tup.com.cn　　　　　邮　　编:100084
　　　社　总　机:010-62770175　　　　　邮　　购:010-62786544
　　　投稿与读者服务:010-62795954,jsjjc@tup.tsinghua.edu.cn
　　　质　量　反　馈:010-62772015,zhiliang@tup.tsinghua.edu.cn
印　装　者:北京鑫海金澳胶印有限公司
经　　销:全国新华书店
开　　本:185×260　印　张:30.75　字　数:765 千字
版　　次:2011 年 2 月第 1 版　　印　次:2011 年 2 月第 1 次印刷
印　　数:1~4000
定　　价:49.50 元

产品编号:040461-01

编审委员会成员

（按地区排序）

清华大学	周立柱	教授
	覃 征	教授
	王建民	教授
	冯建华	教授
	刘 强	副教授
北京大学	杨冬青	教授
	陈 钟	教授
	陈立军	副教授
北京航空航天大学	马殿富	教授
	吴超英	副教授
	姚淑珍	教授
中国人民大学	王 珊	教授
	孟小峰	教授
	陈 红	教授
北京师范大学	周明全	教授
北京交通大学	阮秋琦	教授
	赵 宏	教授
北京信息工程学院	孟庆昌	教授
北京科技大学	杨炳儒	教授
石油大学	陈 明	教授
天津大学	艾德才	教授
复旦大学	吴立德	教授
	吴百锋	教授
	杨卫东	副教授
同济大学	苗夺谦	教授
	徐 安	教授
华东理工大学	邵志清	教授
华东师范大学	杨宗源	教授
	应吉康	教授
上海大学	陆 铭	副教授
东华大学	乐嘉锦	教授

	孙　莉	副教授
浙江大学	吴朝晖	教授
	李善平	教授
扬州大学	李　云	教授
南京大学	骆　斌	教授
	黄　强	副教授
南京航空航天大学	黄志球	教授
	秦小麟	教授
南京理工大学	张功萱	教授
南京邮电学院	朱秀昌	教授
苏州大学	王宜怀	教授
	陈建明	副教授
江苏大学	鲍可进	教授
中国矿业大学	张　艳	副教授
武汉大学	何炎祥	教授
华中科技大学	刘乐善	教授
中南财经政法大学	刘腾红	教授
华中师范大学	叶俊民	教授
	郑世珏	教授
	陈　利	教授
江汉大学	颜　彬	教授
国防科技大学	赵克佳	教授
	邹北骥	教授
中南大学	刘卫国	教授
湖南大学	林亚平	教授
西安交通大学	沈钧毅	教授
	齐　勇	教授
长安大学	巨永锋	教授
哈尔滨工业大学	郭茂祖	教授
吉林大学	徐一平	教授
	毕　强	教授
山东大学	孟祥旭	教授
	郝兴伟	教授
中山大学	潘小轰	教授
厦门大学	冯少荣	教授
仰恩大学	张思民	教授
云南大学	刘惟一	教授
电子科技大学	刘乃琦	教授
	罗　蕾	教授
成都理工大学	蔡　淮	教授
	于　春	讲师
西南交通大学	曾华燊	教授

出 版 说 明

　　随着我国改革开放的进一步深化,高等教育也得到了快速发展,各地高校紧密结合地方经济建设发展需要,科学运用市场调节机制,加大了使用信息科学等现代科学技术提升、改造传统学科专业的投入力度,通过教育改革合理调整和配置了教育资源,优化了传统学科专业,积极为地方经济建设输送人才,为我国经济社会的快速、健康和可持续发展以及高等教育自身的改革发展做出了巨大贡献。但是,高等教育质量还需要进一步提高以适应经济社会发展的需要,不少高校的专业设置和结构不尽合理,教师队伍整体素质亟待提高,人才培养模式、教学内容和方法需要进一步转变,学生的实践能力和创新精神亟待加强。

　　教育部一直十分重视高等教育质量工作。2007 年 1 月,教育部下发了《关于实施高等学校本科教学质量与教学改革工程的意见》,计划实施"高等学校本科教学质量与教学改革工程(简称'质量工程')",通过专业结构调整、课程教材建设、实践教学改革、教学团队建设等多项内容,进一步深化高等学校教学改革,提高人才培养的能力和水平,更好地满足经济社会发展对高素质人才的需要。在贯彻和落实教育部"质量工程"的过程中,各地高校发挥师资力量强、办学经验丰富、教学资源充裕等优势,对其特色专业及特色课程(群)加以规划、整理和总结,更新教学内容、改革课程体系,建设了一大批内容新、体系新、方法新、手段新的特色课程。在此基础上,经教育部相关教学指导委员会专家的指导和建议,清华大学出版社在多个领域精选各高校的特色课程,分别规划出版系列教材,以配合"质量工程"的实施,满足各高校教学质量和教学改革的需要。

　　为了深入贯彻落实教育部《关于加强高等学校本科教学工作,提高教学质量的若干意见》精神,紧密配合教育部已经启动的"高等学校教学质量与教学改革工程精品课程建设工作",在有关专家、教授的倡议和有关部门的大力支持下,我们组织并成立了"清华大学出版社教材编审委员会"(以下简称"编委会"),旨在配合教育部制定精品课程教材的出版规划,讨论并实施精品课程教材的编写与出版工作。"编委会"成员皆来自全国各类高等学校教学与科研第一线的骨干教师,其中许多教师为各校相关院、系主管教学的院长或系主任。

　　按照教育部的要求,"编委会"一致认为,精品课程的建设工作从开始就要坚持高标准、严要求,处于一个比较高的起点上;精品课程教材应该能够反映各高校教学改革与课程建设的需要,要有特色风格、有创新性(新体系、新内容、新手段、新思路,教材的内容体系有较高的科学创新、技术创新和理念创新的含量)、先进性(对原有的学科体系有实质性的改革和发展,顺应并符合 21 世纪教学发展的规律,代表并引领课程发展的趋势和方向)、示范性(教材所体现的课程体系具有较广泛的辐射性和示范性)和一定的前瞻性。教材由个人申报或各校推荐(通过所在高校的"编委会"成员推荐),经"编委会"认真评审,最后由清华大学出版社审定出版。

目前,针对计算机类和电子信息类相关专业成立了两个"编委会",即"清华大学出版社计算机教材编审委员会"和"清华大学出版社电子信息教材编审委员会"。推出的特色精品教材包括:

(1) 21世纪高等学校规划教材·计算机应用——高等学校各类专业,特别是非计算机专业的计算机应用类教材。

(2) 21世纪高等学校规划教材·计算机科学与技术——高等学校计算机相关专业的教材。

(3) 21世纪高等学校规划教材·电子信息——高等学校电子信息相关专业的教材。

(4) 21世纪高等学校规划教材·软件工程——高等学校软件工程相关专业的教材。

(5) 21世纪高等学校规划教材·信息管理与信息系统。

(6) 21世纪高等学校规划教材·财经管理与计算机应用。

(7) 21世纪高等学校规划教材·电子商务。

清华大学出版社经过二十多年的努力,在教材尤其是计算机和电子信息类专业教材出版方面树立了权威品牌,为我国的高等教育事业做出了重要贡献。清华版教材形成了技术准确、内容严谨的独特风格,这种风格将延续并反映在特色精品教材的建设中。

清华大学出版社教材编审委员会
联系人:魏江江
E-mail:weijj@tup.tsinghua.edu.cn

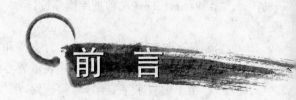

前　言

　　为促进我国计算机知识的普及,提高全社会的计算机应用水平,适应国民经济信息化发展的需要。国家考试中心组织计算机知识的各类等级考试已有数年。根据我国各类本科院校学生的实际情况,为达到因材施教的目的,更好地发挥考试的重要作用,为了给广大考生提供更多的学习帮助和支持,满足考生复习应考的需要,我们组织编写了这部《二级 Visual FoxPro 数据库程序设计》教材。

　　众所周知,Visual FoxPro 6.0 关系数据库是新一代小型数据库管理系统的杰出代表,它以强大的性能、完整而又丰富的工具、较高的处理速度、友好的用户界面以及较完备的兼容性等特点,备受广大用户的支持。国家将其作为计算机等级考试的二级考试科目之一。

　　本教材根据《全国计算机等级考试二级 Visual FoxPro 数据库程序设计》考试大纲要求编写,主要作为大学本科非计算机专业学生学习数据库基础理论的教材。书中力求全面系统地介绍 Visual FoxPro 6.0 的各种数据库应用技术和程序设计技术。本书内容由浅入深,通俗易懂,专门为非计算机专业本科生量身编写。

　　根据考试的题目所占分值的比例,我们在编写中将教材分为三部分完成:其中理论课教学部分为第一部分和第二部分,共 11 章;第三部分为上机辅导,共 10 个单元。

　　第一部分公共基础知识有 2 章(第 1、2 章),主要介绍算法与数据结构、Visual FoxPro 数据库基础。

　　第二部分 Visual FoxPro 数据库程序设计有 9 章(第 3～11 章),内容包括:Visual FoxPro 系统初步知识、数据与数据运算、Visual FoxPro 数据库及其操作、关系数据库标准语言 SQL、查询与视图、程序设计基础、表单设计与应用、菜单设计与应用、报表设计以及理论基础模拟题。

　　第三部分为上机考试辅导,共 10 个单元,包括 8 个单元的实验和 1 个单元的综合性题及 1 个单元的考试样题。这些题目是考试指导老师的多年经验总结,经过数年对考生考前的训练,这些题目已经成为针对性较强的典型题目。为了便于学生加深理解书中内容,每章后还配有练习题。

　　本教材由赵淑芬主编并负责统稿,于书翰副主编。其中第一部分和第二部分理论课教学内容中:第 1 章和第 11 章由李倩编写;第 2 章及理论基础、模拟题由赵淑芬编写;第 3 章由于书翰编写;第 4 章由王艳玲编写;第 5 章由颜萌编写;第 6 章由邢翀编写;第 7 章和第 8 章由恽鸿峰编写;第 9 章由王昆编写;第 10 章由唐立新编写。第三部分上机考试辅导教学内容中:第 1 单元和第 2 单元由杨雪洁编写,第 3 单元由邢翀编写;第 4 单元和第 5 单元由任乾华编写;第 6 单元由李倩编写;第 7 单元和第 8 单元以及第 9 单元综合性题和第 10 单元的考试样题由孙敏和庄丽共同编写。

　　本书在出版过程中得到了柳在华教授、李晓光教授的指导,得到了长春大学光华学院康启鹏董事长、张增林院长的大力支持和关怀。同时,田继亚、李伟光、康宇琦、康宇光等同志也做了大量的工作,在此一并表示衷心的感谢。

由于编者水平有限,时间仓促,尽管我们付出了最大的努力,但错误和不妥之处仍在所难免,诚恳感谢读者和专家批评指正。

编　者

2010 年 11 月

目 录

第一部分 公共基础知识

第三部分　上机考试辅导

第一部分

公共基础知识

第1章 算法与数据结构

随着计算机科学与技术的发展，计算机加工处理的对象由纯粹的数值发展到声音、图像和表格、字符等各种具有一定结构的数据。编写一个"优秀"的程序，就必须描述处理对象的特征及各处理对象之间的存在关系。数据结构就是描述数据之间的内在联系，它包括数据的逻辑结构、存储结构和对数据的基本操作，算法分析和算法设计等。数据结构是计算机程序设计的重要理论技术基础。

1.1 算法

1.1.1 程序设计的基本概念

1. 程序

程序(program)是为实现特定目标或解决特定问题而用计算机语言编写的命令序列的集合，即指令的集合。是用汇编语言、高级语言等开发编制出来的可以运行的文件。所以人们要控制计算机一定要通过计算机语言向计算机发出命令。

人与计算机交流要使用语言，以便让计算机工作，计算机也通过语言把结果告诉使用计算机的人——以便进行"人机对话"。而人与计算机交流的语言非平常人与人之间交流的语言，是专门的语言——程序设计语言。

2. 程序设计语言

计算机所能识别的语言只有机器语言，即由0和1构成的代码。但通常人们编程时，不采用机器语言，因为它非常难于记忆和识别。

程序设计语言，通常简称为编程语言，是一组用来定义计算机程序的语法规则。它是一种被标准化的交流技巧，用来向计算机发出指令。一种计算机语言让程序员能够准确地定义计算机所需要使用的数据，并精确地定义在不同情况下所应当采取的行动。程序设计语言原本是被设计成专门使用在计算机上的，但它们也可以用来定义算法或者数据结构。正是因为如此，程序员才会试图使程序代码更容易阅读。

按语言级别，有低级语言和高级语言之分。低级语言包括机器语言和汇编语言。它的特点是与特定的机器有关，功效高，但使用复杂、烦琐、费时、易出差错。其中，机器语言是表示成数码形式的机器基本指令集，或者是操作码经过符号化的基本指令集。汇编语言是机器语言中地址部分符号化的结果,或进一步包括宏构造。高级语言的表示方法要比低级语言更接近于待解问题的表示方法,其特点是在一定程度上与具体机器无关,易学、易用、易维护。当高级语言程序翻译成相应的低级语言程序时,一般说来,一个高级语言程序单位要对应多条机器指令,相应的编译程序所产生的目标程序往往功效较低。常见的高级语言有Visual C++、Visual FoxPro、Delphi 等。

计算机每做的一次动作,一个步骤,都是按照已经用计算机语言编好的程序来执行的,程序是计算机要执行的指令的集合,而程序全部都是用我们所掌握的语言来编写的。对程序设计来说,另外一个重要的问题是如何确定数据处理的流程,即确定解决问题的步骤,这就是算法问题。

1.1.2 算法的基本概念

1. 算法

算法是指解题方案的准确而完整的描述。换句话说,算法是对特定问题求解步骤的一种描述。算法是一组严谨定义运算顺序的规则,并且每一个规则都是有效的,同时是明确的;此顺序将在有限的次数后终止。它是对特定问题求解步骤的一种描述,是指令的有限序列,其中每一条指令表示一个或者多个操作。

算法不等于程序,也不等于计算方法。程序的编制不可能优于算法的设计。这是因为在编写程序时要受到计算机系统运行环境的限制,程序通常还要考虑很多与方法和分析无关的细节问题。

2. 算法的基本特征

(1)可行性。针对实际问题而设计的算法,执行后能够得到满意的结果。

(2)确定性。每一条指令的含义明确,无二义性。并且在任何条件下,算法只有唯一的一条执行路径,即相同的输入只能得出相同的输出。

(3)有穷性。算法必须在有限的时间内完成。有两重含义,一是算法中的操作步骤为有限步,二是每个步骤都能在有限时间内完成。

(4)拥有足够的情报。算法中各种运算总是要施加到各个运算对象上,而这些运算对象又可能具有某种初始状态,这就是算法执行的起点或依据。因此,一个算法执行的结果总是与输入的初始数据有关,不同的输入将会有不同的结果输出。当输入不够或输入错误时,算法将无法执行或执行有错。一般说来,当算法拥有足够的情报时,此算法才是有效的;而当提供的情报不够时,算法可能无效。

3. 算法的基本要素

一个算法通常由两种基本要素组成,一是对数据对象的运算和操作;二是算法的控制结构。

(1)算法中对数据的运算和操作

计算机可以执行的基本操作是以指令的形式描述的。一个计算机系统能执行的所有指令的集合,称为该计算机系统的指令系统。计算机算法就是计算机处理的操作所组成的指

令系统。在一般的计算机系统中,基本的运算和操作有以下四类:

① 算术运算:主要包括加、减、乘、除等运算。

② 逻辑运算:主要包括"与"、"或"、"非"等运算。

③ 关系运算:主要包括"大于"、"小于"、"等于"、"不等于"等运算。

④ 数据传输:主要包括赋值、输入、输出等操作。

(2) 算法的控制结构

一个算法的功能不仅取决于所选用的操作,而且还与各操作之间的执行顺序有关。算法中各操作之间的执行顺序称为算法的控制结构。

算法的控制结构给出了算法的基本框架,它不仅决定了算法中各操作的执行顺序,而且也直接反映了算法的设计是否符合结构化原则。描述算法的工具通常有传统流程图、N-S结构化流程图和算法描述语言等。一个算法一般都可以用顺序、选择、循环三种基本控制结构组合而成。

4. 算法设计的基本方法

(1) 列举法

列举法的基本思想是:根据提出的问题,列举所有可能的情况,并用问题中给定的条件检验哪些是需要的,哪些是不需要的。

(2) 归纳法

归纳法的基本思想是:通过列举少量的特殊情况,经过分析,最后找出一般的关系。

(3) 递推

递推的基本思想是:从已知的初始条件出发,逐次推出所要求的各中间结果和最后结果。

(4) 递归

递归的基本思想是:将问题逐层分解,但并没有对问题进行求解,而只是当解决了最后那些最简单的问题后,再沿着原来分解的逆过程逐步进行综合。

(5) 减半递推技术

减半递推技术的基本思想是:利用分治法解决实际问题。所谓分治法,就是对问题分而治之。工程上常用的分治法就是减半递推技术。

所谓的"减半",是指将问题的规模减半,而性质不变。所谓的"递推",是指重复"减半"的过程。

(6) 回溯法

回溯法的基本思想是:通过对问题的分析,找出一个解决问题的线索,然后沿着这条线索逐步试探。若试探成功,就解决问题;若试探失败,就逐步退回,换别的路线再逐步试探。回溯法在处理复杂数据结构方面有着广泛的应用。

5. 算法设计的要求

(1) 正确性:程序不含语法错误;程序对于几组输入数据能够得出满足规格说明要求的结果;程序对于精心选择的典型、苛刻而带有刁难性的几组输入数据能够得到满足规格说明要求的结果;程序对于一切合法的输入数据都能产生满足规格说明要求的结果。

(2) 可读性:有助于用户对算法的理解。

（3）健壮性：当输入数据非法时，算法也能适当地做出反映或进行处理，而不会产生莫名其妙的输出结果。

（4）效率与低存储量需求：效率指程序执行时，对于同一个问题如果有多个算法可以解决，执行时间短的算法效率高；存储量需求指算法执行过程中所需要的最大存储空间。

1.1.3　算法复杂度

算法复杂度主要包括时间复杂度和空间复杂度。

1. 算法时间复杂度

算法时间复杂度是指执行算法所需要的计算工作量，可以用执行算法的过程中所需基本运算的执行次数来度量。

算法执行的基本运算次数还与问题的规模有关，因此在分析算法的工作量时，还必须对问题的规模进行度量。综上所述，算法的工作量用算法所执行的基本运算次数来度量，而算法所执行的基本运算次数是问题规模的函数。

2. 算法空间复杂度

算法空间复杂度是指执行这个算法所需要的内存空间。

一个算法所占用的存储空间包括算法程序所占的空间、输入的初始数据所占的存储空间以及某种数据结构所需要的附加存储空间。

利用计算机进行数据处理是计算机应用的一个重要领域。在进行数据处理时，实际需要处理的数据元素很多，而这些大量的数据元素都需要存放在计算机中。因此，大量的数据元素在计算机中如何组织，以便提高数据处理的效率，并且节省计算机的存储空间，这是进行数据处理的关键问题。

数据结构作为计算机的一门学科，主要研究和讨论以下三个方面的问题：

（1）数据集合中各数据元素之间所固有的逻辑关系，即数据的逻辑结构。

（2）在对数据元素进行处理时，各数据元素在计算机中的存储关系，即数据的存储结构。

（3）对各种数据元素进行的运算。

1.2　数据结构的基本概念

1.2.1　数据结构的基本概念

数据是对客观事物的符号表示，且能存储在计算机中并被处理。数据分为数据元素和数据对象。

数据元素：在数据处理领域中，每一个需要处理的对象都可以抽象成数据元素。数据元素一般简称为元素。数据元素是数据的基本单位，即数据集合中的个体。有时一个数据元素可由若干数据项（data item）组成。数据项是数据的最小单位，如图1.1所示。数据元素亦称结点或记录。

数据对象：性质相同的数据元素的集合是数据的一个子集。

数据结构是一门研究数据组织、存储和运算的一般方法的学科。即是指相互有关联的数据元素的集合，反映数据元素之间关系的集合的表示。即数据结构可描述为：

$$Group=(D,R)$$

其中，D 表示为有限个数据元素的集合；R 表示为有限个结点间关系的集合。

在数据处理领域中，在具有相同特征的数据元素集合中，各个数据元素之间存在某种关系（即联系），这种关系反映了该集合中的数据元素所固有的一种结构。在数据处理领域中，通常把数据元素之间这种固有的关系简单地用前后件关系（即直接前驱与直接后继关系）来描述。如在考虑家庭成员间的辈分关系时，则"父亲"是"儿子"和"女儿"的前件，而"儿子"与"女儿"都是"父亲"的后件，如图 1.2 所示。

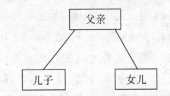

图 1.1 数据元素　　　　　　　　图 1.2 家庭成员间辈分关系数据结构

前后件关系是数据元素之间的一个基本关系，但前后件关系所表示的实际意义随具体对象的不同而不同。一般来说，数据元素之间的任何关系都可以用前后件关系来描述。

1.2.2 数据的逻辑结构

数据集合中各数据元素之间所固有的逻辑关系，即数据的逻辑结构。在此，所谓结构实际上就是指数据元素的前后件关系。

由此可知，一个数据结构包含的逻辑结构应包含：

(1) 表示数据元素的信息；

(2) 表示各数据元素之间的前后件关系。

以上所述的数据结构中，数据元素之间的前后件关系是指它们的逻辑关系，而与它们在计算机中的存储位置无关。因此，数据的逻辑结构就是数据的组织形式。数据元素间有四类基本逻辑结构（集合、线性结构、树型结构和图型结构），如图 1.3 所示。

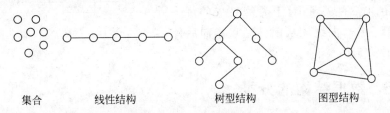

集合　　　　　线性结构　　　　　　树型结构　　　　　图型结构

图 1.3 数据的逻辑结构

(1) 集合：集合中任何两个数据元素之间都没有逻辑关系，组织形式松散。

(2) 线性结构：线性结构中数据元素之间存在一对一的关系。

（3）树型结构：树型结构具有分支、层次特性。其形状有点像自然界中的树，数据元素之间存在一对多的关系。

（4）图型结构：图型结构最复杂，结构中数据元素之间存在多对多的关系。

（5）非线性结构：在非线性结构中，一个结点可以有多个直接后继，或者有多个直接前驱，或者既有多个直接后继又有多个直接前驱。树型结构和图型结构都是非线性结构。

1.2.3　数据的存储结构

在对数据进行处理时，各数据元素在计算机中的存储关系，即数据的存储结构。数据的逻辑结构反映数据元素之间的逻辑关系，数据的存储结构（也称数据的物理结构）是数据的逻辑结构在计算机存储空间中的存放形式。同一种逻辑结构的数据可以采用不同的存储结构，但影响数据处理效率。因此，在进行数据处理时，选择适合的存储结构尤为重要。

一般地，存储结构包括以下三个主要内容：

（1）存储结点（简称结点），每个存储结点存放一个数据元素。

（2）数据元素之间关联方式的表示，也就是逻辑结构的计算机内部表示。

（3）附加设施，如为便于运算实现而设置的"哑结点"等。

数据的存储结构有三种关联方式，有顺序、链接、索引基本存储方式。

（1）顺序存储。它是把逻辑上相邻的结点存储在物理位置相邻的存储单元里，结点间的逻辑关系由存储单元的邻接关系来体现。由此得到的存储表示称为顺序存储结构。

（2）链接存储。它不要求逻辑上相邻的结点在物理位置上亦相邻，结点间的逻辑关系是由附加的指针字段表示的。由此得到的存储表示称为链式存储结构。

（3）索引存储。除建立存储结点信息外，还建立附加的索引表来标识结点的地址。

1.2.4　数据的运算

数据运算主要包括查找（检索）、排序、插入、更新及删除等。

1.2.5　数据结构的图形表示

一个数据结构除了用二元关系表示外，还可以直观地用图形表示。在数据结构的图形表示中，对于数据集合 D 中的每一个数据元素用中间标有元素值的方框表示，一般称之为数据结点，并简称为结点；为了进一步表示各数据元素之间的前后件关系，对于关系 R 中的每一个二元组，用一条有向线段从前件结点指向后件结点，如图 1.4 所示。

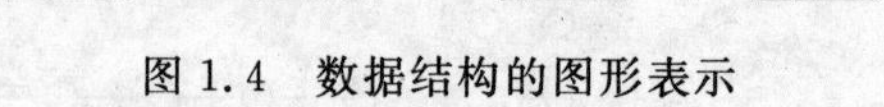

图 1.4　数据结构的图形表示

1.2.6　数据结构的分类

根据数据结构中各数据元素之间前后件关系的复杂程度，一般将数据结构分为两大类型：线性结构和非线性结构。

如果一个数据结构中没有一个数据元素，则称该数据结构为空的数据结构。在一个空的数据结构中插入一个新的元素后就变成为非空；在只有一个数据元素的数据结构中，将该元素删除后就变为空的数据结构。

(1) 线性结构(非空的数据结构)条件

① 有且只有一个根结点。注意：在数据结构中，没有前件的结点称为根结点。

② 每一个结点最多有一个前件，也最多有一个后件。在一个线性结构中插入或删除任何一个结点后还应是线性结构。图 1.5 所示为一个线性结构的实例。线性结构又称为线性表。常见的线性结构有线性表、栈、队列和线性链表等。

(2) 非线性结构

不满足线性结构条件的数据结构。即如果一个数据结构不是线性结构，则一定是非线性结构。常见的非线性结构有树、二叉树和图等。如图 1.6 所示为非线性结构的实例。

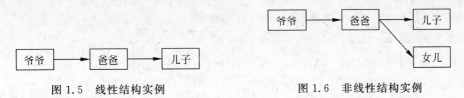

图 1.5　线性结构实例　　　　　　　图 1.6　非线性结构实例

一个空的数据结构究竟是属于线性结构还是属于非线性结构，需根据具体情况来确定。

1.3　线性表及其顺序存储结构

1.3.1　线性表的基本概念

线性表是最简单、最常用的一种数据结构。

线性表由一组数据元素构成，数据元素的位置只取决于自己的序号，元素之间的相对位置是线性的。

线性表是由 $n(n \geqslant 0)$ 个数据元素组成的一个有限序列，表中的每一个数据元素，除了第一个外，有且只有一个前件，除了最后一个外，有且只有一个后件。可以表示为

$$(a_1, a_2, \cdots, a_i, \cdots, a_n)$$

其中，$a_i(i=1,2,\cdots,n)$ 属于数据对象的元素，通常也称其为一个线性表的结点。线性表中数据元素的个数称为线性表的长度。线性表可以为空表。

在复杂线性表(矩阵)中，由若干项数据元素组成的数据元素称为记录，而由多个记录构成的线性表又称为文件。

非空线性表的结构特征：

(1) 有且只有一个根结点 a_1，它无前件；

(2) 有且只有一个终端结点 a_n，它无后件；

(3) 除根结点与终端结点外，其他所有结点有且只有一个前件，也有且只有一个后件。

1.3.2　线性表的顺序存储结构

线性表是一种存储结构，它的存储方式为顺序存储和链式存储。其中计算机中存放线

性表最简单的存储是顺序存储。

线性表的顺序存储结构具有两个基本特点：

（1）线性表中所有元素所占的存储空间是连续的；

（2）线性表中各数据元素在存储空间中是按逻辑顺序依次存放的。

由此可以看出，在线性表的顺序存储结构中，其前后件两个元素在存储空间中是紧邻的，且前件元素一定存储在后件元素的前面，可以通过计算机直接确定第 i 个结点的存储地址。a_i 的存储地址为：

$$ADR(a_i)=ADR(a_1)+(i-1)k$$

其中，$ADR(a_1)$ 为第一个元素的地址，k 代表每个元素占的字节数。即数据元素在表中的位置只取决于它自身的序号。其在计算机中的顺序存储结构如图 1.7 所示。

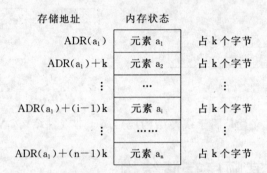

图 1.7　线性表的顺序存储结构

1.3.3　顺序表的插入、删除运算

1. 顺序表的插入运算

在一般情况下，要在第 $i(1{\leqslant}i{\leqslant}n)$ 个元素之前插入一个新元素时，首先要从最后一个（即第 n 个）元素开始，直到第 i 个元素之间共 $n-i+1$ 个元素依次向后移动一个位置，移动结束后，第 i 个位置就被空出，然后将新元素插入到第 i 项。插入结束后，线性表的长度就增加了 1，如图 1.8 所示。

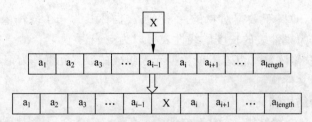

图 1.8　顺序表的插入运算

顺序表的插入运算时需要移动元素，在等概率情况下，平均需要移动 n/2 个元素。

2. 顺序表的删除运算

在一般情况下，要删除第 $i(1{\leqslant}i{\leqslant}n)$ 个元素时，则要从第 i+1 个元素开始，直到第 n 个元素之间共 n−i 个元素依次向前移动一个位置。删除结束后,线性表的长度就减小了1。

进行顺序的删除运算时也需要移动元素,在等概率情况下,平均需要移动(n−1)/2 个元素。

顺序存储结构表示的线性表,在做插入或删除操作时,平均需要移动大约一半的数据元素。当线性表的数据元素量较大,并且经常要对其做插入或删除操作时,插入、删除运算不方便。

1.3.4 线性表的顺序存储结构的特点

(1) 线性表中数据元素类型一致,只有数据域,存储空间利用率高。

(2) 所有元素所占的存储空间是连续的。

(3) 各数据元素在存储空间中是按逻辑顺序依次存放的。

(4) 做插入、删除时需移动大量元素。

(5) 空间估计不明时,按最大空间分配。

因此这种顺序存储的方式对元素经常需要变动的大线性表就不太适合了,会消耗较多的处理时间。

1.4 栈和队列

栈和队列是两种特殊的线性表,它们是运算时要受到某些限制的线性表,故也称为限定性的数据结构。

1.4.1 栈及其基本运算

栈是限定在一端进行插入与删除运算的线性表。

在栈中,允许插入与删除的一端称为栈顶,不允许插入与删除的另一端称为栈底。栈顶元素总是最后被插入的元素,栈底元素总是最先被插入的元素。即栈是按照"先进后出"或"后进先出"的原则组织数据的,栈结构如图 1.9 所示。

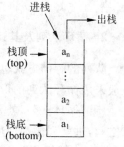

图 1.9 栈示意图

设栈 s=(a_1,a_2,⋯,a_i,⋯,a_n),

其中 a_1 是栈底元素, a_n 是栈顶元素。

栈具有记忆作用。

栈的基本运算:

(1) 插入元素称为进栈(入栈)运算,指在栈顶位置插入一个新元素。将栈顶指针进一(即 top+1)。

(2) 删除元素称为出栈(退栈)运算,是指取出栈顶元素并赋给一个指定的变量。然后将栈顶指针退一(即 top−1)。

(3) 读栈顶元素是将栈顶元素赋给一个指定的变量,此时指针无变化(top 不变)。

栈的存储方式和线性表类似,也有两种,即顺序栈和链式栈。

1.4.2　队列及其基本运算

1. 队列的定义

队列是指允许在一端(队尾)进行插入,而在另一端(队头)进行删除的线性表。尾指针(rear)指向队尾元素,头指针(front)指向排头元素的前一个位置(队头)。即队列是"先进先出"或"后进后出"的线性表,如图 1.10 所示。

图 1.10　队列示意图

队列运算包括(如图 1.11 所示):
(1) 入队运算:从队尾插入一个元素,队尾指针进一(rear+1)。
(2) 退队运算:从队头删除一个元素,队头指针进一(front+1)。

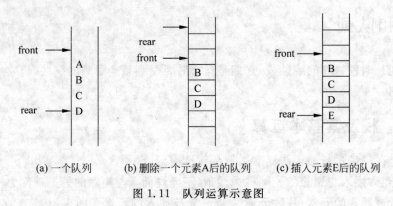

(a) 一个队列　　(b) 删除一个元素A后的队列　　(c) 插入元素E后的队列

图 1.11　队列运算示意图

2. 循环队列及其运算

队列的存储方式也有顺序存储和链式存储两种。在实际应用中,队列的顺序存储结构一般采用循环队列的形式。

所谓循环队列,就是将队列存储空间的最后一个位置绕到第一个位置,形成逻辑上的环状空间,供队列循环使用,如图 1.12 所示。在循环队列中,用队尾指针 rear 指向队列中的队尾元素,用排头指针 front 指向排头元素的前一个位置,因此,从头指针 front 指向的后一个位置直到队尾指针 rear 指向的位置之间,所有的元素均为队列中的元素。

循环队列主要有两种运算:入队与退队运算。每次入队运算,队尾指针就进一;当 rear=m+1 时,则置 rear=1;每次退队运算,队头指针就进一;当 front=m+1 时,则置 front=1。设 s 表示为循环队列的状态;当循环队列:s=0 且 front=rear

图 1.12　循环队列存储
空间示意图

表示队列空；s＝1 且 front＝rear 表示队列满；若 front＜rear，循环队列中元素的个数＝rear－front；若 front＞rear，循环队列中元素的个数＝m－(rear－front)；若队满时在进行入队运算，这种情况称为"上溢"；若队空时在进行出队运算，这种情况称为"下溢"。

1.5　线性链表

线性表的顺序存储结构具有简单、运算方便等优点，特别对于简单的线性表或者长度固定的线性表，采用顺序存储结构的优越性更加突出。但是对于复杂的大的线性表，特别是元素变动频繁的线性表不宜采用顺序存储结构，而是采用下面介绍的链式存储结构。这是因为线性表顺序存储具有以下几个缺点：

(1) 插入或删除的运算效率很低。在顺序存储的线性表中，插入或删除数据元素时需要移动大量的数据元素；

(2) 线性表的顺序存储结构下，线性表的存储空间不便于扩充；

(3) 线性表的顺序存储结构不便于对存储空间的动态分配。

1.5.1　线性链表

1. 线性链表

线性表的链式存储结构称为线性链表，是一种物理存储单元上非连续、非顺序的存储结构，数据元素的逻辑顺序是通过链表中的指针链接来实现的。因此，在链式存储方式中，每个结点由两部分组成：一部分用于存放数据元素的值，称为数据域；另一部分用于存放指针，称为指针域，用于指向该结点的前一个或后一个结点(即前件或后件)，结点如图 1.13 所示，线性链表如图 1.14 所示。

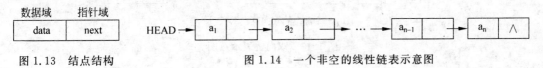

图 1.13　结点结构　　　　图 1.14　一个非空的线性链表示意图

下面举例说明线性链表的存储结构。

设线性链表为(ZHAO，QIAN，SUN，LI，ZHOU，WU，ZHENG，WANG)，存储空间具有 8 个存储结点，该线性链表在存储空间中的存储情况如图 1.15 所示。为了更直观地表示该线性链表中各元素之间的前后件关系，还可用如图 1.16 所示的逻辑状态来表示，其中每一个结点上面的数字表示该结点的存储序号(简称结点号)。

头指针 H

31

存储地址	数据域	指针域
1	LI	43
7	QIAN	13
13	SUN	1
19	WANG	NULL
25	WU	37
31	ZHAO	7
37	ZHENG	19
43	ZHOU	25

图 1.15　线性链表的物理状态

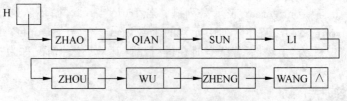

图 1.16　线性链表的逻辑状态

因此在链式存储结构中,存储数据结构的存储空间可以不连续,各数据结点的存储顺序与数据元素之间的逻辑关系可以不一致,而数据元素之间逻辑上的联系由指针来体现。其中指向线性表中第一结点的指针 HEAD 称为头指针,当 HEAD＝NULL(或 0)时称为空表。

链式存储方式既可以用于表示线性结构,也可以用于表示非线性结构。在用链式结构表示复杂的非线性结构时,其指针域的个数要多一些。因此线性链表分为单链表、双向链表和循环链表三种类型。

上面讨论的线性链表又称线性单链表,在这种链表中,每一个结点只有一个指针域,由这个指针只能找到其后件结点,而不能找到其前件结点。因此,在某些应用中,对于线性链表中的每个结点设置两个指针,一个称为左指针(LLink),指向其前件结点;另一个称为右指针(RLink),指向其后件结点,这种链表称为双向链表,如图 1.17 所示。

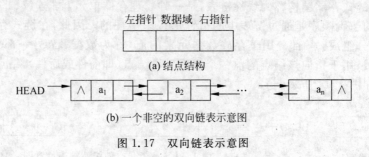

图 1.17　双向链表示意图

2. 线性链表的基本运算

(1) 在线性链表中包含指定元素的结点之前插入一个新元素。

如在 P 所指向的结点之后插入新的结点,插入过程如图 1.18 所示。

在线性链表中插入元素时,不需要移动数据元素,只需要修改相关结点指针即可,也不会出现"上溢"现象。

(2) 在线性链表中删除包含指定元素的结点。

如删除 p 指针指向结点的后一个结点,删除过程如图 1.19 所示。

在线性链表中删除元素时,也不需要移动数据元素,只需要修改相关结点指针即可。

(3) 将两个线性链表按要求合并成一个线性链表。

(4) 将一个线性链表按要求进行分解。

(5) 逆转线性链表。

(6) 复制线性链表。

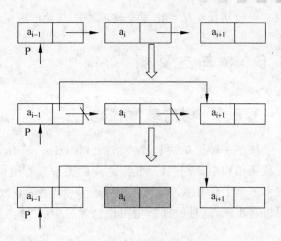

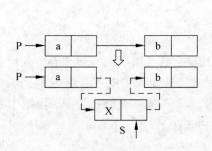

图 1.18　链表插入运算　　　　　　　图 1.19　链表删除运算

（7）线性链表的排序。

（8）线性链表的查找。

在链表中，即使知道被访问结点的序号 i，也不能像顺序表中那样直接按序号 i 访问结点，而只能从链表的头指针出发，顺着链域逐个结点往下搜索，直至搜索到第 i 个结点为止。因此，链表不是随机存储结构。

1.5.2　循环链表及其基本运算

在线性链表中，其插入与删除的运算虽然比较方便，但还存在一个问题，在运算过程中对于空表和对第一个结点的处理必须单独考虑，使空表与非空表的运算不统一。为了克服线性链表的这个缺点，可以采用另一种链接方式，即循环链表。

与前面所讨论的线性链表相比，循环链表具有以下两个特点：

（1）在链表中增加了一个表头结点，其数据域为任意或者根据需要来设置，指针域指向线性表的第一个元素的结点，而循环链表的头指针指向表头结点。

（2）循环链表中最后一个结点的指针域不是空，而是指向表头结点。即在循环链表中，所有结点的指针构成了一个环状链。

图 1.20(a)是一个非空的循环链表，图 1.20(b)是一个空的循环链表。

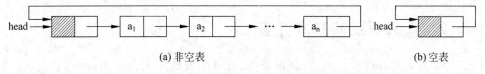

(a) 非空表　　　　　　　　　　　　　　　　(b) 空表

图 1.20　循环链表的逻辑状态

循环链表的优点主要体现在两个方面：一是在循环链表中，只要指出表中任何一个结点的位置，就可以从它出发访问到表中其他所有的结点，而线性单链表做不到这一点；二是由于在循环链表中设置了一个表头结点，在任何情况下，循环链表中至少有一个结点存在，从而使空表与非空表的运算统一。

循环链表是在单链表的基础上增加了一个表头结点，其插入和删除运算与单链表相同。

但它可以从任一结点出发来访问表中其他所有结点,并实现空表与非空表的运算的统一。

1.6 树与二叉树

1.6.1 树的基本概念

树是一种简单的非线性结构。树(tree)是由 n(n≥0)个结点组成的有限集合。在树这种数据结构中,所有数据元素之间的关系具有明显的层次特性。现实世界中,能用树的结构表示的例子有很多,如:学校的行政关系、书的层次结构、人类的家族血缘关系等。由图 1.21可以看出来,这种数据结构很像自然界中的"树",故用树来命名。

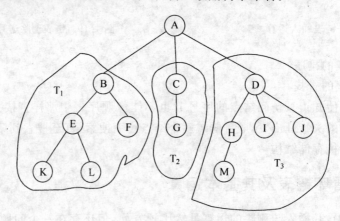

图 1.21   一般的树

树这种数据结构中的一些基本特征和树结构的基本术语。在树结构中,每一个结点只有一个前件,称为父结点。没有前件的结点只有一个,称为树的根结点,简称树的根。每一个结点可以有多个后件,称为该结点的子结点。没有后件的结点称为叶子结点。如图 1.21中 A 为根结点,K、L、F、G、M、I、J 为叶子结点。

在树结构中,一个结点所拥有的后件的个数称为该结点的度,所有结点中最大的度称为树的度。树的最大层次称为树的深度。例如,在图 1.21 中,根结点 A、D 的度为 3;结点 E、B 的度为 2;结点 C、H 的度为 1,叶子结点的度为 0;该树的深度为 4,树的度为 3。

1.6.2 二叉树及其基本性质

因为树的每个结点的度不同,存储困难,使对树的处理算法很复杂,所以引出二叉树的讨论。

1. 二叉树

二叉树是一种很有用的非线性结构,它具有以下两个特点:

(1) 非空二叉树只有一个根结点;

(2) 每一个结点最多有两棵子树,且分别称为该结点的左子树与右子树。

由以上特点可以看出,二叉树是一种特殊的树型结构,特点是树中每个结点只有两棵子树,且子树有左右之分,次序不能颠倒。

二叉树是 n(n≥0)个结点的有限集合。它或为空树(n=0),或由一个根结点和两棵分别称为根的左子树和右子树的互不相交的二叉树组成。

根据二叉树的概念可知,二叉树的度可以为 0(叶结点)、1(只有一棵子树)或 2(有 2 棵子树)。

图 1.22 为常见的五种二叉树。

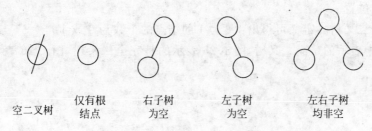

空二叉树　仅有根结点　右子树为空　左子树为空　左右子树均非空

图 1.22　二叉树的五种基本形态

特别要注意:二叉树不是树的特殊情况。

2. 二叉树的基本性质

性质 1 在二叉树的第 k 层上,最多有 $2^{k-1}(k \geq 1)$ 个结点。

图 1.23 中二叉树第三层结点个数为 4 个,第四层结点个数为 8 个。

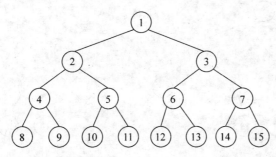

图 1.23　二叉树

第三层上(i=3),有 $2^{3-1}=4$ 个结点。

第四层上(i=4),有 $2^{4-1}=8$ 个结点。

性质 2 深度为 m 的二叉树最多有 2^m-1 个结点。

图 1.23 中树的深度 h=4,共有 $2^4-1=15$ 个结点。

性质 3 在任意一棵二叉树中,度数为 0 的结点(即叶子结点 n_0)总比度为 2(n_2)的结点多一个。

图 1.23 中树的叶子结点个数为 $n_0=8$,度为 2 的结点个数为 $n_2=7$,所以 $n_0=n_2+1$。

性质 4 具有 n 个结点的二叉树,其深度至少为 $[\log_2^n]+1$,其中 $[\log_2^n]$ 表示取 $\log_2^n$ 的整数部分。此性质可以由性质 2 直接得到。

图 1.23 中树的深度是 $[\log_2^{15}]+1=4$。

3. 满二叉树与完全二叉树

满二叉树：除叶子结点外,每一层上的所有结点都有两个子结点。即每一层上都含有最大结点数。

完全二叉树：除最后一层外,每一层上的结点数均达到最大值;在最后一层上只缺少右边的若干结点。除最后一层外,每一层都取最大结点数,最后一层结点都连续集中在该层最左边的若干位置。

根据完全二叉树的定义可得出：度为 1 的结点的个数为 0 或 1。

图 1.24 中表示的是满二叉树,图 1.25 表示的是完全二叉树,图 1.26 表示的是非完全二叉树。

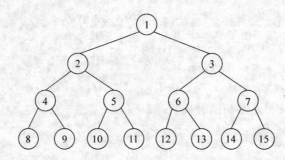

图 1.24　满二叉树

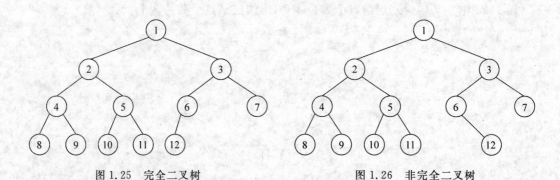

图 1.25　完全二叉树　　　　　　　　图 1.26　非完全二叉树

完全二叉树还具有如下两个特性：

性质 5　具有 n 个结点的完全二叉树深度为 $[\log_2^n]+1$。

性质 6　设完全二叉树共有 n 个结点,如果从根结点开始,按层序(每一层从左到右)用自然数 $1,2,\cdots,n$ 给结点进行编号,则对于编号为 $k(k=1,2,\cdots,n)$ 的结点有以下结论：

① 若 $k=1$,则该结点为根结点,它没有父结点;若 $k>1$,则该结点的父结点的编号为 $INT(k/2)$。

② 若 $2k\leqslant n$,则编号为 k 的左子结点编号为 $2k$;否则该结点无左子结点(显然也没有右子结点)。

③ 若 $2k+1\leqslant n$,则编号为 k 的右子结点编号为 $2k+1$;否则该结点无右子结点。

1.6.3　二叉树的存储结构

在计算机中,二叉树通常采用链式存储结构。

与线性链表类似,用于存储二叉树中各元素的存储结点也由两部分组成:数据域和指针域。但在二叉树中,由于每一个元素可以有两个后件(即两个子结点),因此,用于存储二叉树的存储结点的指针域有两个:一个用于指向该结点的左子结点的存储地址,称为左指针域;另一个用于指向该结点的右子结点的存储地址,称为右指针域。

一般二叉树通常采用链式存储结构,对于满二叉树与完全二叉树来说,可以按层序进行顺序存储,这样,不仅节省了存储空间,又能方便地确定每一个结点的父结点与左右子结点的位置,但顺序存储结构对于一般的二叉树不适用。

1.6.4　二叉树的遍历

二叉树的遍历是指不重复地访问二叉树中的所有结点。在遍历二叉树的过程中,一般先遍历左子树,然后再遍历右子树。在先左后右的原则下,根据访问根结点的次序,二叉树的遍历可以分为三种:前序遍历、中序遍历、后序遍历。

1. 前序遍历(DLR)

若二叉树为空,则结束返回。否则首先访问根结点,然后遍历左子树,最后遍历右子树;并且,在遍历左右子树时,仍然先访问根结点,然后遍历左子树,最后遍历右子树。因此,前序遍历二叉树的过程是一个递归的过程。

2. 中序遍历(LDR)

若二叉树为空,则结束返回。否则首先遍历左子树,然后访问根结点,最后遍历右子树;并且,在遍历左、右子树时,仍然先遍历左子树,然后访问根结点,最后遍历右子树。因此,中序遍历二叉树的过程也是一个递归的过程。

3. 后序遍历(LRD)

若二叉树为空,则结束返回。否则首先遍历左子树,然后遍历右子树,最后访问根结点,并且,在遍历左、右子树时,仍然先遍历左子树,然后遍历右子树,最后访问根结点。因此,后序遍历二叉树的过程也是一个递归的过程。

如果对如图 1.27 所示的二叉树进行遍历:

前序遍历,则遍历的结果为:F,C,A,D,B,E,G,H,P

中序遍历,则遍历的结果为:A,C,B,D,F,E,H,G,P

后序遍历,则遍历的结果为:A,B,D,C,H,P,G,E,F

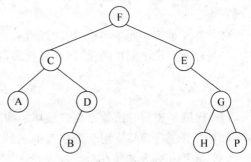

图 1.27　二叉树

1.7　查找技术

查找是数据处理领域中的一个重要内容,查找的效率将直接影响到数据处理的效率。

所谓查找是指在一个给定的数据结构中查找某个指定的元素。通常,根据不同的数据结构,应采用不同的查找方法。查找的效率直接影响数据处理的效率。

查找结果:①查找成功:找到;②查找不成功:没找到。

平均查找长度:查找过程中关键字和给定值比较的平均次数。

1.7.1　顺序查找

1. 基本思想

从表中的第一个元素开始,将给定的值与表中逐个元素的关键字进行比较,直到两者相符,查到所要找的元素为止。否则就是表中没有要找的元素,查找不成功。

可以采用从前向后查,也可采用从后向前查的方法。

在平均情况下,利用顺序查找法在线性表中查找一个元素,大约要与线性表中一半的元素进行比较,最坏情况下需要比较 n 次。

顺序查找一个具有 n 个元素的线性表,其平均复杂度为 $O(n)$。

2. 下列两种情况下只能采用顺序查找:

(1) 如果线性表是无序表(即表中的元素是无序的),则不管是顺序存储结构还是链式存储结构,都只能用顺序查找。

(2) 即使是有序线性表,如果采用链式存储结构,也只能用顺序查找。

1.7.2　二分法查找

1. 基本思想

先确定待查找记录所在的范围,然后逐步缩小范围,直到找到或确认找不到该记录为止。

前提:必须在具有顺序存储结构的有序表中进行。

查找过程:

(1) 若中间项(中间项 $mid=(n-1)/2$,mid 的值四舍五入取整)的值等于 x,则说明已查到;

(2) 若 x 小于中间项的值,则在线性表的前半部分查找;

(3) 若 x 大于中间项的值,则在线性表的后半部分查找。

2. 特点

(1) 比顺序查找方法效率高。最坏的情况下,需要比较 $\log_2^n$ 次。

(2) 二分法查找只适用于顺序存储的线性表,且表中元素必须按关键字有序(升序/降序)排列,允许相邻元素值相等。

(3) 对于无序线性表和线性表的链式存储结构只能用顺序查找。在长度为 n 的有序线性表中进行二分法查找,其时间复杂度为 $O(\log_2^n)$。

1.8 排序技术

排序是指将一个无序序列整理成按值非递减顺序排列的有序序列,即是将无序的记录序列调整为有序记录序列的一种操作。即首先比较两个关键字的大小;然后将记录从一个位置移动到另一个位置。

排序可以在各种不同的存储结构上实现,在本节所介绍的排序方法中,其排序的对象一般认为是顺序存储的线性表,在程序设计语言中就是一维数组。

1.8.1 交换类排序法

交换排序的特点在于交换。有冒泡和快速排序两种。

1. 冒泡排序

(1)基本思想:小的浮起,大的沉底。从左端开始比较。

(2)步骤

① 第一个与第二个比较,大则交换;第二个与第三个比较,大则交换,⋯⋯关键字最大的记录交换到最后一个位置上;

② 对前 n−1 个记录进行同样的操作,关键字次大的记录交换到第 n−1 个位置上;

③ 以此类推,则完成排序,如图 1.28 所示。

冒泡算法适合于数据较少的情况。排序 n 个记录的文件最多需要 n−1 趟冒泡排序。

25	25	25	25	11	11	11
56	49	49	11	25	25	25
49	56	11	49	41	36	36
78	11	56	41	36	41	
11	65	41	36	49		
65	41	36	56			
41	36	65				
36	78					

| 初始关键字 | 第一趟排序后 | 第二趟排序后 | 第三趟排序后 | 第四趟排序后 | 第五趟排序后 | 第六趟排序后 |

图 1.28 冒泡排序

假设线性表的长度为 n,则在最坏情况下,冒泡排序需要的比较次数为 n(n−1)/2。

2. 快速排序 (对冒泡排序的改进)

(1)基本思想

通过一趟排序将待排序列分成两部分,使其中一部分记录的关键字均比另一部分小,再分别对这两部分排序,以达到整个序列有序。

(2) 步骤

① 取关键字,通常取第一个记录的值为基准值。附设两个指针 low 和 high,初值分别指向第一个记录和最后一个记录,设关键字为 key。

② 首先从 high 所指位置起向前搜索,找到第一个小于基准值的记录与基准记录交换,然后从 low 所指位置起向后搜索,找到第一个大于基准值的记录与基准记录交换。

③ 重复这两步直至 low＝high 为止。

假设线性表的长度为 n,则在最坏情况下,快速排序需要的比较次数为 $O(n\log_2^n)$。

1.8.2　插入类排序法

插入排序的主要思路是不断地将待排序的数值插入到有序段中,使有序段逐渐扩大,直至所有数值都进入有序段中位置。

1. 简单插入排序

(1) 基本思想

在线性表中,只包含第一元素的子表显示为有序表,从数组的第 2 个元素开始,顺序从数组中取出元素,并将该元素插入到其左端已排好序的数组的适当位置上。

(2) 步骤

① 首先将待排序记录序列中的第一个记录作为一个有序段。

② 将记录序列中的第二个记录插入到上述有序段中形成由两个记录组成的有序段。

③ 再将记录序列中的第三个记录插入到这个有序段中,形成由三个记录组成的有序段,…… 以此类推,每一趟都是将一个记录插入到前面的有序段中,直到所有记录都插入到有序段中,如图 1.29 所示。

直接插入排序算法简单、容易实现,对于有 n 个数据元素的待排序列,插入操作要进行 n−1 次,则在最坏情况下,冒泡排序需要的比较次数为 $n(n-1)/2$。

待排元素序列:	[53]	27	36	15	69	42
第一趟排序:	[27	53]	36	15	69	42
第二趟排序:	[27	36	53]	15	69	42
第三趟排序:	[15	27	36	53]	69	42
第四趟排序:	[15	27	36	53	69]	42
第五趟排序:	[15	27	36	42	53	69]

图 1.29　简单插入排序示例

2. 希尔排序

(1) 基本思想

希尔排序方法又称为缩小增量排序,其基本思想是将待排序的记录划分成几组,从而减少参与直接插入排序的数据量,当经过几次分组排序后,记录的排列已经基本有序,这个时候再对所有的记录实施直接插入排序。

(2) 步骤

① 假设待排序的记录为 n 个,先取整数 d＜n,例如,取 d＝ n/2 (n/2 表示不大于 n/2 的最大整数),将所有距离为 d 的记录构成一组,从而将整个待排序记录序列分割成为 d 个子序列。

② 对每个分组分别进行直接插入排序,然后再缩小间隔 d,例如,取 d＝ d/2,重复上述

的分组,再对每个分组分别进行直接插入排序。

③ 直到最后取 d＝1,即将所有记录放在一组进行一次直接插入排序,最终将所有记录重新排列成按关键字有序的序列。

希尔排序适用于待排序的记录数目较大时,在此情况下,希尔排序方法一般要比直接插入排序方法快。假设线性表的长度为 n,则在最坏情况下,快速排序需要的比较次数为 $O(n^{1.5})$。

1.8.3 选择类排序法

选择排序是指在排序过程中,依次从待排序的记录序列中选择出关键字值最小的记录、关键字值次小的记录、……,并分别将它们定位到序列左侧的第一个位置、第二个位置、……,最后剩下一个关键字值最大的记录位于序列的最后一个位置,从而使待排序的记录序列成为按关键字值由小到大排列的有序序列。

1. 简单选择排序

(1) 基本思想

每一趟在 $n-i+1(i=1,2,3,\cdots,n-1)$ 个记录中选取关键字最小的记录作为有序序列中的第 i 个记录。

(2) 步骤

① 将整个记录序列划分为有序区域和无序区域,有序区域位于最左端,无序区域位于右端,初始状态有序区域为空,无序区域含有待排序的所有 n 个记录。

② 设置一个整型变量 index,用于记录在一趟的比较过程中,当前关键字值最小的记录位置。开始将它设定为当前无序区域的第一个位置,即假设这个位置的关键字最小,然后用它与无序区域中其他记录进行比较,若发现有比它的关键字还小的记录,就将 index 改为这个新的最小记录位置,随后再用 a[index]. key 与后面的记录进行比较,并根据比较结果,随时修改 index 的值,一趟结束后 index 中保留的就是本趟选择的关键字最小的记录位置。

③ 将 index 位置的记录交换到无序区域的第一个位置,使得有序区域扩展了一个记录,而无序区域减少了一个记录。

④ 不断重复步骤②、③,直到无序区域剩下一个记录为止。此时所有的记录已经按关键字从小到大的顺序排列就位。

简单选择排序算法简单,但是速度较慢,假设线性表的长度为 n,则在最坏情况下,冒泡排序需要的比较次数为 $n(n-1)/2$。

2. 堆排序

(1) 基本思想

堆排序也是一种选择排序。是具有特定条件的顺序存储的完全二叉树,其特定条件是:任何一个非叶子结点的关键字大于等于(或小于等于)子女的关键字的值。

(2) 步骤

① 首先将一个无序序列建成堆,然后将堆顶元素(序列中的最大项)与堆中最后一个元素交换(最大项应该在序列的最后)。

② 不考虑已经换的最后的那个元素,只考虑前 $n-1$ 个元素构成的子序列,将该子序列

调整为堆。

③ 反复做步骤②,直到剩下的子序列空.

堆排序是一种速度快且省空间的排序方法,与简单选择排序相比时间效率提高了很多。假设线性表的长度为 n,则在最坏情况下,快速排序需要的比较次数为 $O(n\log_2^n)$。

本章小结

各种排序法比较如表1.1所示。

表 1.1 各种排序法比较

类别	排序方法	基 本 思 想	时间复杂度
交换类	冒泡排序	相邻元素比较,不满足条件时交换	$n(n-1)/2$
	快速排序	选择基准元素,通过交换,划分成两个子序列	$O(n\log_2^n)$
插入类	简单插入排序	待排序的元素看成为一个有序表和一个无序表,将无序表中元素插入到有序表中	$n(n-1)/2$
	希尔排序	分割成若干个子序列分别进行直接插入排序	$O(n^{1.5})$
选择类	简单选择排序	扫描整个线性表,从中选出最小的元素,将它交换到表的最前面	$n(n-1)/2$
	堆排序	选择堆,然后将堆顶元素与堆中最后一个元素交换,再调整为堆	$O(n\log_2^n)$

习题

一、选择题

1. 算法一般都可以用哪几种控制结构组合而成【　　】。

　　A. 循环、分支、递归　　　　　　　　　B. 顺序、循环、嵌套

　　C. 循环、递归、选择　　　　　　　　　D. 顺序、选择、循环

2. 在下列选项中,哪个不是一个算法一般应该具有的基本特征【　　】。

　　A. 确定性　　　　B. 可行性　　　　C. 无穷性　　　　D. 拥有足够的情报

3. 算法的时间复杂度是指【　　】。

　　A. 执行算法程序所需要的时间

　　B. 算法程序的长度

　　C. 算法执行过程中所需要的基本运算次数

　　D. 算法程序中的指令条数

4. 算法的空间复杂度是指【　　】。

　　A. 算法程序的长度

　　B. 算法程序中的指令条数

　　C. 算法程序所占的存储空间

　　D. 算法执行过程中所需要的存储空间

5. 下列叙述中正确的是【   】。

   A. 一个逻辑数据结构只能有一种存储结构

   B. 数据的逻辑结构属于线性结构，存储结构属于非线性结构

   C. 一个逻辑数据结构可以有多种存储结构，且各种存储结构不影响数据处理的效率

   D. 一个逻辑数据结构可以有多种存储结构，且各种存储结构影响数据处理的效率

6. 数据的存储结构是指【   】。

   A. 存储在外存中的数据

   B. 数据所占的存储空间量

   C. 数据在计算机中的顺序存储方式

   D. 数据的逻辑结构在计算机中的表示

7. 与数据元素的形式、内容、相对位置、个数无关的是数据的【   】。

   A. 存储结构   B. 存储实现   C. 逻辑结构   D. 运算实现

8. 栈和队列的共同特点是【   】。

   A. 都是先进先出

   B. 都是先进后出

   C. 只允许在端点处插入和删除元素

   D. 没有共同点

9. 下列关于栈的叙述正确的是【   】。

   A. 栈是非线性结构   B. 栈是一种树状结构

   C. 栈具有先进先出的特征   D. 栈具有后进先出的特征

10. 下列叙述中正确的是【   】。

   A. 线性表是线性结构   B. 栈与队列是非线性结构

   C. 线性链表是非线性结构   D. 二叉树是线性结构

11. 栈底至栈顶依次存放元素 A、B、C、D，在第五个元素 E 入栈前，栈中元素可以出栈，则出栈序列可能是【   】。

   A. ABCED   B. DCBEA   C. DBCEA   D. CDABE

12. 以下数据结构中，不属于线性数据结构的是【   】。

   A. 集合   B. 线性表   C. 二叉树   D. 栈

13. 在下面关于线性表叙述中，正确的是【   】。

   A. 线性表的每个元素都有一个直接的前驱和直接后继

   B. 线性表中至少要有一个元素

   C. 线性表中的元素必须按递增或递减的顺序排列

   D. 除第一个元素和最后一个元素外，每个元素都有一个直接的前驱和直接后继

14. 下列关于栈的描述正确的是【   】。

   A. 在栈中只能插入元素而不能删除元素

   B. 在栈中只能删除元素而不能插入元素

   C. 栈是特殊的线性表，只能在一端插入或删除元素

   D. 栈是特殊的线性表，只能在一端插入元素，而在另一端删除元素

15. 下列关于栈的描述中错误的是【　　】。

    A. 栈是先后出的线性表

    B. 栈只能顺序存储

    C. 栈具有记忆作用

    D. 对栈的插入与删除操作中,不需要改变栈底指针

16. 下列关于队列的叙述中正确的是【　　】。

    A. 在队列中只能插入数据　　　　　　　B. 在队列中只能删除数据

    C. 队列是先进先出的线性表　　　　　　D. 队列是先进后出的线性表

17. 一个队列的入列序列是 1,2,3,4,则队列的输出序列是【　　】。

    A. 4,3,2,1　　　　　　B. 1,2,3,4　　　　　　C. 1,4,3,2　　　　　　D. 3,2,4,1

18. 下列对于线性链表的描述中正确的是【　　】。

    A. 存储空间不一定是连续,且各元素的存储顺序是任意的

    B. 存储空间不一定是连续,且前件元素一定存储在后件元素的前面

    C. 存储空间必须连续,且前件元素一定存储在后件元素的前面

    D. 存储空间必须连续,且各元素的存储顺序是任意的

19. 在下面关于线性表叙述中,正确的是【　　】。

    A. 采用链接存储线性表,必须占用一段连续的存储单元

    B. 采用顺序存储的线性表,便于进行插入和删除操作

    C. 线性链表不必占用一段连续的存储单元

    D. 链式和顺序存储的线性表,都便于进行插入和删除操作

20. 设树 T 的度为 4,其中度为 1,2,3,4 的结点个数分别为 4,2,1,1。则 T 中的叶子结点为【　　】。

    A. 8　　　　　　　　B. 7　　　　　　　　C. 6　　　　　　　　D. 5

21. 某二叉树结点的前序遍历为 E、A、C、B、D、G、F,中序遍历为 A、B、C、D、E、F、G,该二叉树结点的后序序列为【　　】。

    A. BDCAFGE　　　　B. DBCFAGE　　　　C. DCEGFAB　　　　D. DEGACFB

22. 二叉树的前序遍历和中序遍历如下:

前序遍历: ABDFHCEGI

中序遍历: BFHDAEIGC

该二叉树根的右字树的根是【　　】。

    A. B　　　　　　　　B. F　　　　　　　　C. E　　　　　　　　D. C

23. 下列数据结构中,能用二分法进行查找的是【　　】。

    A. 顺序存储的有序线性表　　　　　　　B. 线性链表

    C. 二叉链表　　　　　　　　　　　　　D. 有序线性链表

24. 对长度为 n 的线性表,进行顺序查找,在最坏情况下所需要的比较次数为【　　】。

    A. $\log_2^n$　　　　　　B. n/2　　　　　　　C. n　　　　　　　　D. n+1

25. 设有 100 个结点的顺序存储有序线性表,用二分法查找时,最大比较次数是【　　】。

    A. 25　　　　　　　　B. 50　　　　　　　　C. 10　　　　　　　　D. 7

26. 对于长度为 n 的线性表,在最坏情况下,下列各排序法所对应的比较次数中正确的是【 】。

    A. 冒泡排序为 n/2　　　　　　　B. 冒泡排序为 n

    C. 快速排序为 n　　　　　　　　D. 快速排序为 n(n-1)/2

27. 希尔排序属于【 】。

    A. 交换排序　　　　　　　　　　B. 归并排序

    C. 选择排序　　　　　　　　　　D. 插入排序

二、填空题

1. 算法的复杂度主要包括【1】复杂度和空间复杂度。

2. 问题处理方案的正确而完整的描述称为【2】。

3. 数据结构分为逻辑结构与存储结构,线性链表属于【3】。

4. 栈中元素进出的原则是【4】。

5. 一个栈的输入序列是 12345,则栈的输出序列 43512 是【5】。

6. 栈的基本运算有三种:入栈、退栈和【6】。

7. 数据结构分为逻辑结构和存储结构,循环队列属于【7】结构。

8. 一棵二叉树有 70 个叶子,80 个一度结点,该树共有【8】结点。

9. 设一棵完全二叉树共有 700 个结点,则在该二叉树中有【9】个叶子结点。

10. 对于输入为 n 个数进行快速排序算法的平均时间复杂度是【10】。

11. 在最坏情况下,冒泡排序的时间复杂度为【11】。

12. 在最坏情况下,堆排序需要比较的次数为【12】。

第2章

Visual FoxPro数据库基础

Visual FoxPro 是计算机最优秀的管理系统软件之一,正如其名称中的"Visual"一样。它采用了可视化的、面向对象的程序设计方法,大大简化了应用系统的开发过程,并提高了系统的模块性和紧凑性。计算机数据库系统以其开发成本低、简单易学、方便用户等优点得到了迅速推广。

计算机应用人员只有掌握了数据库系统的基础知识,熟悉数据库管理系统特点,才能开发出适用的数据库应用系统,本章介绍数据库的基本概念和关系数据库设计的基础知识,掌握这些内容是学好、用好 Visual FoxPro 的必要前提条件。

2.1 数据库基础知识

为了使用数据库管理系统这种处理数据的有效工具,首先需要了解数据、数据处理的概念和计算机数据管理的发展历程。

2.1.1 计算机管理数据的发展

1. 数据与数据处理

数据是指存储在某一种媒体上能够识别的物理符号。数据的概念包括两个方面:其一是描述事物特性的数据内容;其二是存储在某一种媒体上的数据形式。数据形式可以是多种多样的,例如某人的出生日期"1991 年 6 月 25 日"也可以表示为"91/06/25",其含义并没有改变。

数据的概念在数据处理领域中已经大大地拓宽了。数据不仅包括数字、字母、文字和其他特殊字符组成的文本形式的数据,而且还包括图形、图像、动画、影像、声音等多媒体数据。但是使用最多、最基本的仍然是文字数据。

数据处理是指数据转换成信息的过程。从数据处理的角度而言,信息是一种被加工成特定形式的数据,这种数据形式对于数据收集者来说是有意义的。

人们有时说:"信息处理",其真正含义应该是为了产生信息而处理数据。通过处理数据可以获得信息,通过分析和筛选信息可以产生决策。例如,一个人的"出生日期"是有生以来不可改变的基本特征之一,属于原始数据,而"年龄"则是通过现年与出生日期相减的简单计算而得到的二次数据。根据某人的年龄、性别、职称等有关信息和退休年龄的规定,可以判断此人何时应当办理离退休手续。

在计算机中,使用计算机外存储器,如磁盘来存储数据,通过计算机软件来管理、加工、处理和分析数据。

2．计算机处理管理

数据处理的中心问题是数据管理。计算机对数据的管理是指对数据的组织、分类、编码、存储、检索和维护提供操作手段。

计算机在数据管理方面经历了由低级到高级的发展过程。它随着计算机硬件、软件技术和计算机应用范围的发展而不断发展。多年来,数据管理经历了人工管理、文件系统、数据库系统、分布式数据库系统和面向对象数据库系统等几个阶段。

（1）人工管理阶段

20世纪50年代中期以来,外存储器只有卡片、纸带、磁带,没有像磁盘这样的可以随机访问、直接存取的外部存储设备。软件方面,没有专门管理数据的软件,数据由计算机或处理它的程序自行携带。数据管理的任务,包括存储结构、存取方法、输入/输出方式等完全由程序设计人员自负其责。

这一时期计算机数据库管理的特点是：数据与程序不具有独立性,一组数据只对应一组程序；数据不长期保存,程序运行结束后就退出计算机系统,一个程序中的数据无法被其他程序利用,因此程序与程序之间存在大量的重复数据,称为数据冗余。

（2）文件系统阶段

20世纪50年代后期至60年代中后期,计算机开始大量地用于管理中的数据处理工作,大量的数据存储、检索和维护成为紧迫的需求,可直接存取的磁盘成为联机的主要外存,在软件方面出现了高级语言和操作系统。操作系统中的文件系统是专门管理外存储器的数据管理软件。

在文件系统阶段,程序与数据有了一定的独立性,程序和数据分开存储,有了程序文件和数据文件的区别。数据文件可以长期存储在外存储器上被多次存取。

在文件系统的支持下,程序只需用文件名访问数据文件,程序员可以集中精力在数据处理的算法上,而不必关心记录在存储器上的地址和内、外存储器交换数据的过程。

但是,文件系统中的数据文件是为了满足特定业务领域或某部门的专门需要而设计的,服务于某一特定应用程序,数据和程序相互依赖,同一数据项可能重复出现在多个文件中,导致数据冗余度大。这不仅浪费存储空间,增加更新开销,更严重的是,由于不能统一修改,容易造成数据的不一致性。

文件系统存在的问题阻碍了数据处理技术的发展,不能满足日益增长的信息需求,这正是数据库技术产生的原动力,也是数据库系统产生的背景。

（3）数据库系统阶段

从20世纪60年代后期开始,需要计算机管理的数据量急剧增长,并且对数据共享的需求日益增强,文件系统的数据管理方法已无法适应开发应用系统的需要。为了实现计算机对数据的统一管理,达到数据共享的目的,发展了数据库技术。

数据库技术的主要目的是有效地管理和存取大量的数据资源,包括：提高数据的共享性,使多个用户能够同时访问数据库中的数据；减少数据的冗余度,以提高数据的一致性和完整性；提供数据与应用程序的独立性,从而减少应用程序的开发和维护代价。

为数据库的建立、使用和维护而配置的软件称为数据库管理系统(Data Base Management System,DBMS)。数据库管理系统利用操作系统提供的输入/输出控制和文件访问功能,因此它需要在操作系统的支持下运行。Visual FoxPro 就是一种运行在计算机上的数据库管理系统软件。在数据库管理系统的支持下,数据与程序的关系如图 2.1 所示。

图 2.1　在数据库系统中数据与程序的关系

（4）分布式数据库系统阶段

分布式数据库系统是数据库技术和计算机网络技术紧密结合的产物。在 20 世纪 70 年代后期之前,多数据库系统是集中式的。网络技术的进展为数据库提供了分布式运行环境,从主机-终端体系结构发展到客户/服务器(client/server)系统结构。

数据库技术与网络技术的结合分为紧密结合与松散结合两大类。因此分布式 DBMS 分为物理上分布、逻辑上集中的分布式数据库结合和物理上分布、逻辑上分布的分布式数据库结合两种。

物理上分布、逻辑上集中的分布式数据库结构是一个逻辑上统一、地域上分布的数据集合,是计算机网络环境中各个结点局部数据库的逻辑集合,同时受分布式数据库管理系统的统一控制和管理,即把全局数据模式按数据来源和用途,合理分布在系统的多个结点上,使大部分数据可以就地或就近存取,而用户感觉不到数据的分布。

物理上分布、逻辑上分布的分布式数据库结构是把多个集中式数据库系统通过网络连接起来,各个结点上的计算机可以利用网络通信功能访问其他结点上的数据资源。它一般有两部分组成:一是本地结点上的数据,二是本地结点共享的其他结点上有关的数据。在这种运行环境中,各个数据库系统的数据库由各自独立的数据库管理系统集中管理。结点间的数据共享由双边协商确定。这种数据库结构有利于数据库的集成、扩展和重新配置。

Visual FoxPro 为创建功能强大的客户/服务器应用程序提供了一些专用工具。客户/服务器应用程序具有本地(客户)用户界面,但访问的是远程服务器上的数据。此应用程序根据前端和后端产品的能力将工作分布到本地机和服务器,可以将 Visual FoxPro 功能强、速度快、图形化的用户界面以及高级的查询、报表和处理等优点与 DBMS 数据源或服务器的本地语法等功能紧密结合在一起。Visual FoxPro 服务器之间的协作可以为用户提供功能强大的客户/服务器解决方案。

开放式数据库连接(Open DataBase Connectivity,ODBC)是用于数据库服务器的一种标准协议。可以安装多种数据库的 ODBC 驱动程序,从而使 Visual FoxPro 能够与该数据库相连,访问库中的数据。如果选择"完全安装"或"用户自定义安装"安装选项,则可以获得"开放式数据库连接"支持,使用 ODBC,可以从 Visual FoxPro 中访问 SQL Server 数据源。但是,必须先定义数据源才能进行访问。

（5）面向对象数据库系统阶段

面向对象方法是一种认识、描述事物的方法论，起源于程序设计语言。面向对象程序设计是 20 世纪 80 年代引入计算机科学领域的一种新的程序设计技术，它的发展十分迅猛，影响涉及计算机科学及其应用的各个领域。

通俗地讲，面向对象的方法就是按照人们认识世界和改造世界的习惯方法对现实世界的客观事物/对象进行自然的、最有效的抽象和表达，同时又以各种严格高效的行为规范和机制实施客观事物的有效模拟和处理，而且把对客观事物的表达（对象属性结果）和对它的操作处理（对象行为特征）结合成一个有机整体，事物完整的内部结构和外部行为机制被反映得淋漓尽致。

面向对象数据库是数据库技术与面向对象程序设计相结合的产物。面向对象数据库是面向对象方法在数据库领域中的实现和应用，它既是一个面向对象的系统，又是一个数据库系统。Visual FoxPro 不仅仍然支持标准的过程化程序设计，而且在语言上还进行了扩展，提供了面向对象程序设计的强大功能和更大的灵活性。

2.1.2　数据库系统

本节介绍数据库、数据库应用系统、数据库管理系统、数据库管理员等几个相关联但又有区别的基本概念和数据库管理系统所支持的各种数据模型。

1. 数据库有关概念

（1）数据库

数据库（DataBase）是存储在计算机存储设备上的结构化的相关数据集合。它不仅包括描述事物的数据本身，而且还包括相关事物之间的联系。

数据库中的数据具有较小的冗余和较高的数据独立性，面向多种应用，可以被多个用户、多个应用程序共享。例如，某个企业、组织或行业所涉及的全部数据的汇集，其数据结构独立于使用数据的程序，对于数据的增加、删除、修改和检索由系统软件进行统一的控制。

（2）数据库管理系统

为了让多种应用程序并发地使用数据库中具有最小冗余度的共享数据，必须使数据与程序具有较高的独立性。这就需要一个软件系统对数据实行专门管理，提供安全性和完整性等统一控制机制，方便用户以交互命令或程序方式对数据库进行操作。

为了数据库的建立、使用和维护而配置的软件称为数据库管理系统（DataBase Management System，DBMS）。Visual FoxPro 就是一个可以在计算机和服务器上运行的数据库管理系统。

（3）数据库应用系统

数据库应用系统是指系统开发人员利用数据库系统资源开发出来的、面向某一类实际应用的应用软件系统，例如以数据库为基础的财务管理系统、人事管理系统，图书管理系统、教学管理系统、生产管理系统等等。无论是面向内部业务和管理的管理信息系统，还是面向外部、提供信息服务的开放式信息系统，从实现技术角度而言，都是以数据库为基础和核心的计算机应用系统。

(4) 数据库管理员

数据库管理员(DataBase Administrator,DBA)是负责全面管理和实施数据库控制和维护的技术人员。DBA 的职位非常重要,任何一个数据库系统如果没有 DBA,数据库将失去统一的管理与控制,造成数据库的混乱,数据处理自动化将难以实现。DBA 应该由懂得和掌握数据库全局工作,并作为设计好管理数据库的核心人员来承担。DBA 的职责包括以下几个方面:

- 参与数据库的规划、设计和建立;
- 负责数据库管理系统的安装和升级;
- 规划和实施数据库备份和恢复;
- 控制和监控用户对数据库的存取访问,规划和实施数据库的安全性和稳定性;
- 控制数据库的运行,进行性能分析,实施优化;
- 支持开发和应用数据库的技术。

2. 数据库系统的特点

数据库系统是指引进数据库技术后的计算机系统,实现有组织地、动态地存储大量相关数据,提供数据处理和信息资源共享的便利手段。数据库系统由五部分组成:硬件系统、数据库集合、数据库管理系统及相关软件、数据库管理员和用户。

在数据库系统中,各层次软件之间的相互关系如图 2.2 所示,其中数据库管系统(DBMS)是数据库系统的核心。

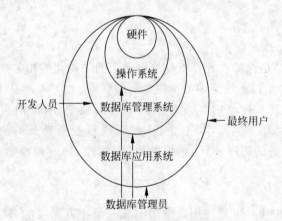

图 2.2　数据库系统层次示意图

一个数据库系统的特点如下:

(1) 实现数据共享,减少数据冗余

在数据库系统中,对数据的定义和描述已经从应用程序中分离出来,通过数据库管理系统来统一管理。数据的最小访问单位是字段,既可以按字段的名称存取库中某一个或某一组字段,也可以存取一条记录或一组记录。

在建立数据库时,应当以面向全局的观点组织数据库中的数据,而不应当只考虑某一部门的局部应用,这样才能发挥数据共享的优势。

(2) 采用特定的数据模型

数据库中的数据是有结构的,这种结构由数据库管理系统所支持的数据模型表现出来。

数据库系统可以表示事物内部各数据项之间的联系,从而反映出现实世界事物之间的联系。因此,任何数据库管理系统都支持一种抽象的数据模型。

（3）有统一的数据控制功能

可以被多个用户或应用程序共享,数据的存取往往是并发的,即多个用户同时使用同一个数据库。数据库管理系统必须提供必要的保护措施,包括并发访问控制功能、数据的安全性控制功能和数据的完整性控制功能。

2.1.3　数据模型

数据库需要根据应用系统中数据的性质和内在联系,按照管理的要求来设计和组织。人们把客观存在的事物以数据的形式存储到计算机中,经历了对现实生活中事物特性的认识、概念化到计算机数据库里的具体表现的逐级抽象过程。

1. 实体的描述

现实世界存在各种事物,事物与事物之间存在着联系。这种联系是客观存在的,是由事物本身的性质所决定的。例如图书馆中有图书和读者,读者借阅图书;学校的教学系统中有教师、学生、课程,教师为学生授课,学生选修课程并取得成绩;在物资或商业部门有货物、客户、客户要订货、购物;在体育竞赛中有参赛代表队、竞赛项目、代表队中的运动员参加特定项目的比赛等。如果管理的对象较多,或者比较特殊,事物之间的联系就可能较为复杂。

（1）实体

客观存在并且可以相互区别的事物称为实体。实体可以是实际的事物,也可以是抽象的事件。例如,职工、图书等属于实际事物;订货、借阅图书、比赛等活动则是比较抽象的事件。

（2）实体的属性

描述实体的特性称为属性。例如,职工实体用（职工号,姓名,性别,出生日期,职称）等若干个属性来描述。图书实体用（总编号,分类号,书名,作者,单价）等多个属性来描述。

（3）实体集和实体型

属性值的集合表示一个具体的实体,而属性的集合表示一种实体的类型,称为实体型。同类型的实体的集合称为实体集。

例如,在职工实体集中,（0986,李晓光,男,65/12/06,教授）表征教工名册中的一个具体人。在图书实体集中,（098765,TP298,Visual FoxPro 教程,张三立,22,50）,则具体代表一本书。

在 Visual FoxPro 中,用"表"来存放一类实体,即实体集。例如,职工表、图书表等。Visual FoxPro 的一个"表"包含若干个字段,"表"中所包含的"字段"就是实体的属性。字段值的集合组成表中的一个记录,代表一个具体的实体,即表中的每一条记录表示一个实体。

2. 实体间联系及联系的种类

实体之间的对应关系称为联系,它反映现实世界事物之间的互相关联。例如,一位读者可以借阅若干本图书;同一本书可以相继被几个读者借阅。

实体间联系的种类是指一个实体型中可能出现的每一个实体与另一个实体型中多少个具体实体存在联系。两个实体间的联系主要归结为以下三种类型：

（1）一对一联系（one-to-one relationship）

考查公司和总经理两个实体型，如果一个公司只有一个总经理，一个总经理不能同时在其他公司兼任总经理。在这种情况下公司和总经理之间存在一对一的联系。

在 Visual FoxPro 中，一对一的联系表现为主表中的每一条记录只与相关表中的一条记录相关联。例如，某单位劳资部门的职工表和财务部门使用的工资表之间就存在一对一的联系。

（2）一对多联系（one-to-many relationship）

考查部门和职工两个实体型，一个部门有多名职工，而一名职工只在一个部门就职，即只占用一个部门的编制。部门与职工之间则存在一对多的联系。考查学生和系两个实体型，一个学生只能在一个系里注册，而一个系有很多个学生。系和学生也是一对多的联系。

在 Visual FoxPro 中，一对多的联系表现为主表中的每一条记录与相关表中的多条记录相关联。即表 A 的一个记录在表 B 中可以有多个记录与之对应，但表 B 中的一个记录在表 A 中最多只能有一个记录与之对应。

一对多联系是最普遍的联系。也可以把一对一的联系看成一对多联系的一个特殊情况。

（3）多对多联系（many-to-many relationship）

考查学生和课程两个实体型，一个学生可以选修多门课程，一门课程有多个学生选修。因此，学生和课程间存在多对多的联系。图书与读者之间也是多对多联系，因为一位读者可以借阅若干本图书，同一本书可以相继被几个读者借阅。

在 Visual FoxPro 中，多对多的联系表现为一个表中的多个记录在相关表中同样有多个记录与其匹配。即表 A 的一条记录在表 B 中可以对应多条记录，而表 B 的一条记录在表 A 中也可以对应多条记录。例如，一张订单可以包括多项商品，因此对于订单表中的每个记录，在商品表中可以有多个记录与之对应。同样，每项商品也可以出现在许多订单当中，因此对于商品表中的每个记录，在订单表中也有多个记录与之对应，即商品表与订单表之间存在多对多的联系。

3. 数据模型简介

为了反映事物本身及事物之间的各种联系，数据库中的数据必须有一定的结构，这种结构用数据模型来表示。数据库管理系统不仅管理数据本身，而且要使用数据模型表示出数据之间的联系。可见，数据模型是数据库管理系统用来表示实体及实体间的联系的方法。一个具体数据模型应当正确地反映出数据之间存在的整体逻辑关系。

任何一个数据库管理系统都是基于某种数据模型的。数据库管理系统所支持的数据模型分为三种：层次模型、网状模型、关系模型。因此，使用支持某种特定数据模型的数据库管理系统开发出来的应用系统相应地称为层次数据库系统、网状数据库系统、关系数据库系统。

关系模型对数据库的理论和实践产生很大的影响，成为当今最流行的数据库模型。本书重点介绍关系数据库的基本概念和使用，为了使读者对数据模型有一个全面的认识，进而更深刻的理解关系模型，这里先对层次模型和网状模型进行一个简单介绍，然后比较详细地介绍关系数据模型。

（1）层次数据模型

用树形结构表示实体及其之间联系的模型称为层次模型。在这种模型中，数据被组织成由"根"开始的倒挂"树"，每个实体由根开始沿着不同的分支放在不同的层次上。如果不再向下分支，那么此分支序列中最后的结点成为"叶"。上级结点与下级结点之间为一对多的联系。

层次模型实际上是由若干个代表实体之间一对多联系的基本层次联系组成的一棵树，树的每一个结点代表一个实体类型。层次模型的例子，如图2.3所示。

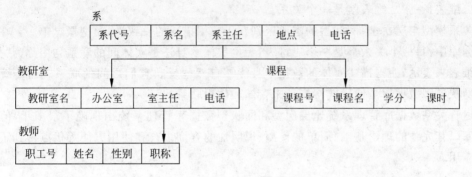

图2.3　层次模型图

从图中可以看出，系是根结点，系管理的树状结构反映的是实体型之间的结构。该模型的实际存储数据由链接指针来体现联系。

支持层次数据模型的DBMS称为层次数据库管理系统，在这种系统中建立的数据库是层次数据库。层次数据模型不能直接表示出多对多的联系。

（2）网状模型

用网状结构表示实体及其之间联系的模型称为网状模型。网中的每一个结点代表一个实体类型。网状模型突破了层次模型的两点限制：允许结点有多于一个的父结点；可以有一个以上的结点没有父结点。因此，网状模型可以方便地表示各种类型的联系。一个简单的网状模型，如图2.4所示。

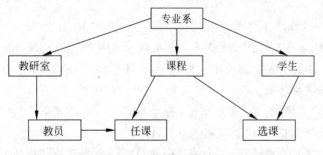

图2.4　网状模型示例

图中每一个联系都代表实体之间一对多的联系，系统用单向或双向环形链接指针来具体实现这种联系。如果课程和选课人数较多，链接将变得相当复杂。网状模型的主要优点是表示多对多的联系具有很大的灵活性，这种灵活性是以数据结构复杂化为代价的。

支持网状数据模型的 DBMS 称为网状数据库管理系统,在这种系统中建立的数据库是网状数据库。网状模型和层次模型在本质上是一样的。从逻辑上看,它们都是用结点表示实体,用有向边(箭头)表示实体间的联系,实体和联系用不同的方法来表示;从物理上看,每一个结点都是一个存储记录,用链接指针来实现记录之间的联系。这种用指针将所有数据记录都"捆绑"在一起的特点使得层次模型和网状模型存在难以实现系统的修改与扩充等缺陷。

(3) 关系数据模型

关系数据模型是以关系数学理论为基础的,用二维表结构来表示实体以及实体之间联系的模型称为关系模型。在关系模型中把数据看成是二维表中的元素,操作的对象和结果都是二维表,一张二维表就是一个关系。

关系模型与层次型、网状型的本质区别在于数据描述的一致性,模型概念单一。在关系型数据库中,每一个关系都是一个二维表,无论实体本身还是实体间的联系均用称为"关系"的二维表来表示,使得描述实体的数据本身能够自然地反映它们之间的联系。而传统的层次和网状模型数据库是使用链接指针来存储和体现联系的。

尽管关系数据库管理系统比层次型和网状型数据库管理系统出现晚了很多年,但关系数据库以其完备的理论基础、简单的模型、说明性的查询语言和使用方便等优点得到了最广泛的应用。

2.2　关系数据库

自 20 世纪 80 年代以来,新推出的数据库管理系统几乎都支持关系模型,Visual FoxPro 就是一种关系数据库管理系统。本节将结合 Visual FoxPro 来集中介绍关系数据库系统的基本概念。

2.2.1　关系模型

关系模型的用户界面非常简单,一个关系的逻辑结构就是一张二维表。这种用二维表的形式来表示实体和实体之间联系的数据模型称为关系数据模型。

1. 关系术语

在 Visual FoxPro 中,一个"表"就是一个关系。如图 2.5 所示,给出一个职工表和一个工资表两个关系。这两个表中都有唯一标识,即职工号属性,根据职工号通过一定的关系运用可以把两个关系联系起来。

(1) 关系:一个关系就是一张二维表,每个关系有一个关系名。在 Visual FoxPro 中,一个关系存储为一个文件,文件扩展名为.dbf,称为"表"。

对关系的描述称为关系模式,一个关系模式对应一个关系的结构。其格式为:

关系名(属性名 1,属性名 2,…,属性名 n)

在 Visual FoxPro 中表示为表结构:

表名(字段名 1,字段名 2,…,字段名 n)

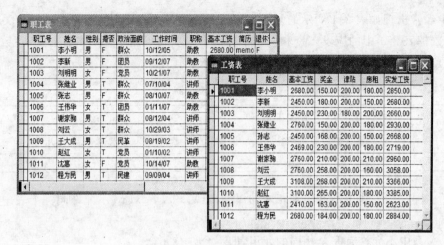

图 2.5 职工表和工资表

(2) 元组：在一个二维表(一个具体关系)中，水平方向的行称为元组，每一行是一个元组。元组对应存储文件中的一个具体记录。例如，职工表和工资表两个关系各包括多条记录，即多个元组。

(3) 属性：二维表中垂直方向的列称为属性，每一列有一个属性名，与前面介绍的实体属性相同，在 Visual FoxPro 中表示为字段名。每个字段的数据类型、宽度等在创建表的结构时规定。例如，职工表中的职工号、姓名、性别等字段名及其相应的数据类型组成了表的结构。

(4) 域：属性的取值范围，也就是不同元组对同一个属性的取值所限定的范围。例如，姓名的取值范围是文字字符。性别只能从"男"、"女"两个汉字中取一；逻辑型属性婚否只能从逻辑真或逻辑假两个之中取值。

(5) 关键字：属性或属性的组合，关键字的值能够唯一地标识一个元组。在 Visual FoxPro 中关键字标识为字段或字段的组合，职工表中的职工号可以作为标识一条记录的关键字。由于具有某一职称的可能不止一个人，职称字段就不能作为其唯一标识作用的关键字。在 Visual FoxPro 中，主关键字和候选关键字就起唯一标识一个元组的作用。

(6) 外部关键字：如果表中的一个字段不是本表的主关键字或候选关键字，而是另外一个表的主关键字或候选关键字，这个字段(属性)就称为外部关键字。

从集合论的观点来定义关系，可以将关系定义为元组的集合。关系模式是命名的属性集合。元组是属性值的集合。一个具体的关系模型就是若干个有联系的关系模式的集合。

在 Visual FoxPro 中，在职工管理数据库中可以加入职工表、工资表，在图书管理数据库中可以加入读者表、图书表、借阅表。

2．关系的特点

关系模型看起来简单，但是并不能把日常手工管理所用的各种表格按照一张表一个关系直接存放到数据库系统中。在关系模型中对关系有一定的要求，关系必须具有以下特点：

(1) 关系必须规范化。所谓规范化是指关系模型中的每一个关系模式都必须满足一定的要求。最基本的要求是每个属性必须是不可分割的数据单元，即表中不能再包含表。手工制表中经常出现如表2.1所示的复合表。这种表格不是二维表,不能直接作为关系来存放,只要去掉表2.1中的应发工资和应扣工资两个表项就可以了。如果有必要,在数据输出时可以对打印格式另行设计,从而满足用户的要求。

表 2.1　复合表示例

姓名	职称	应发工资			应扣工资			实发工资
		基本工资	奖金	津贴	房租	水电	托儿费	

（2）在同一个关系中不能出现相同的属性名,Visual FoxPro不允许同一个表中有相同的字段名。

（3）关系中不允许有完全相同的元组,即不允许有冗余。

（4）在一个关系中元组的次序无关紧要,也就是说,任意交换两行的位置并不影响数据的实际含义。日常生活中经常见到的"排名不分先后",正是反映这种意义。

（5）在一个关系中列的次序无关紧要,任意交换两列的位置也不影响数据的实际含义。例如,工资单里奖金和基本工资无论哪一项在前面并不重要,重要的是实际数额。

3. 实际关系模型

一个具体的关系模型由若干个数据模式组成。在 Visual FoxPro 中,一个数据库中包含相互之间存在联系的多个表。这个数据库文件就代表一个实际的关系模型。为了反映出各个表所表示的实体之间的联系,公共字段名往往起着"桥梁"的作用。这仅仅是从形式上看,实际分析时,应当从语义上来确定联系。

例 2.1　部门-职工-工资关系模型和公共字段名的作用。

设职工管理数据库中有以下三个表:

部门(部门编码,部门名称,负责人,地址,电话,邮政编码);

职工(职工号,姓名,性别,出生日期,婚否,职称,基本工资,部门编码);

工资(职工号,姓名,基本工资,奖金,津贴,房租,水电费,实发工资);

职工管理数据库中的部门、职工、工资三个表组成的关系模型如图 2.6 所示。

在关系数据库中,基本的数据结构是二维表,表之间的联系常通过不同表中的公共字段来体现。例如,要查询某职工所在部门的负责人。首先可以在职工表中根据姓名或职工号找到部门编码,再到部门关系表中按照部门编码查找到该部门的负责人。

要想了解某个职称的所有职工在某月份的津贴,可以在职工表中根据职称查找具有该职称的所有职工号,然后再到相应月份的工资关系中根据职工号查找他们的津贴。在上述查询过程中,同名字段"职工号"、"部门编码"起到了表之间的连接桥梁作用。这正是外部关键字的作用。

例 2.2　图书-读者-借阅关系模型。

设有图书管理数据库,其中有图书、读者、借阅三个表,如图 2.7 所示,"借阅"表示出读者和图书这两个实体之间多对多的联系,把多对多的关系分解成两个一对多关系,在 Visual FoxPro 中称为"纽带表"(在 2.3 节数据库设计基础中会具体介绍"纽带表")。

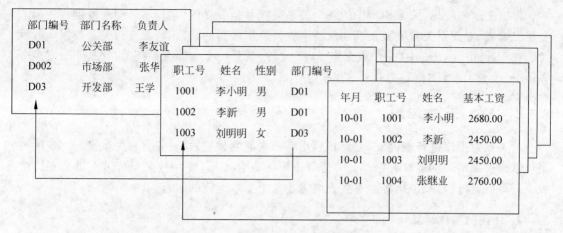

图 2.6 部门-职工-工资关系模型

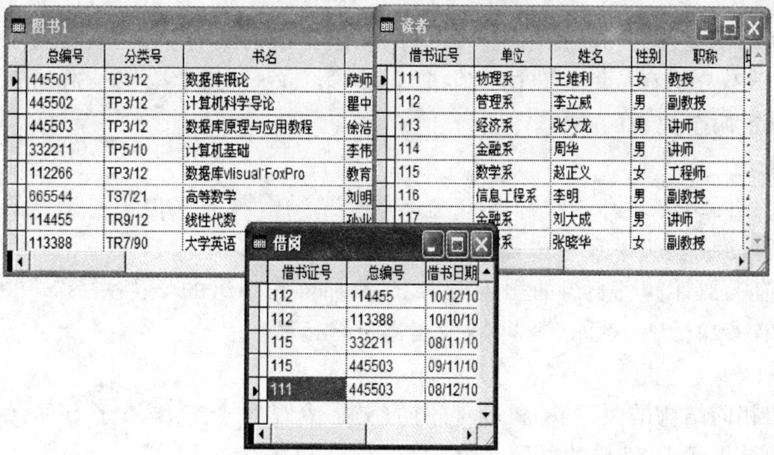

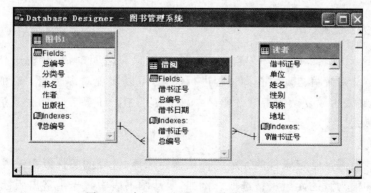

图 2.7 图书管理数据库中的表

由图书、读者、借阅三个关系模式组成的图书-读者-借阅关系模型在 Visual FoxPro 中表示的联系,如图 2.8 所示。

图 2.8 在 Visual FoxPro 中表示的联系

由以上示例可见,关系模型中的各个关系模式不是孤立的,它们不是随意堆砌在一起的一堆二维表,要使得关系模型正确地反映事物及事物之间的联系,需要进行关系数据库的设计。在 Visual FoxPro 中,一个数据库(.dbc 文件)就是一个实际关系模型,它是一个或多个表(.dbf 文件)或视图信息的容器。

2.2.2　关系运算

对关系数据库进行查询时,需要找到用户感兴趣的数据,这就需要对关系进行一定的关系运算。关系的基本运算有两类:一类是传统的集合运算(并、差、交等),另一类是专门的关系运算(选择、投影、链接等),有些查询需要几个基本运算的组合。

1. 传统的集合运算

进行并、差、交集合运算的两个关系必须具有相同的关系模式,即相同结构。

（1）并

两个相同结构关系的"并"是由两个关系的元组组成的集合。例如,有两个结构相同的学生关系 R1、R2,分别存放两个班的学生记录,把第二个班的学生记录追加到第一个班的记录后面就是这两个关系的并集。

（2）差

设有两个相同结构的关系 R 和 S,R 差 S 的结果是由属于 R 但不属于 S 的元组组成的集合,即差运算的结果是从 R 中去掉 S 中也有的元组。

例如,设有参加计算机小组的学生关系 R,参加桥牌小组的学生关系 S,求参加了计算机小组,但没有参加桥牌小组的学生,就应当进行差运算。

（3）交

两个具有相同结构的关系 R 和 S,它们的交是由既属于 R 又属于 S 的元组组成的集合。交运算的结果是 R 和 S 的共同元组。

例如,有参加计算机小组的学生关系 R,参加桥牌小组的学生关系 S。求既参加计算机小组又参加桥牌小组的学生,就应当进行交运算。

在 Visual FoxPro 中没有直接提供传统的集合运算,可以通过其他操作或编写程序来实现。

2. 专门的关系运算

在 Visual FoxPro 中,查询是高度非过程化的,用户只需明确提出"要干什么",而不需要指出"怎么干"。系统将自动对查询过程进行优化,可以实现对多个相关联的表的高速存取。然而,要正确表示较复杂的查询并非是一种简单的事。了解专门的关系运算有助于正确给出查询表达式。

（1）选择

从关系中找出满足给定条件的元组的操作称为选择,选择的条件以逻辑表达式给出,使得逻辑表达式的值为真的元组将被选取。例如,要从图书表中找出由某出版社出版的图书,所进行的查询操作就属于选择运算。

选择是从行的角度进行的运算,即从水平方向抽取记录。经过选择运算得到的结果可以形成新的关系,其关系模式不变,其中的元组是原关系的一个子集。

（2）投影

从关系模式中指定若干个属性组成新的关系称为投影。

投影是从列的角度进行的运算,相当于对关系进行垂直分解。经过投影运算可以得到一个新关系,其关系模式所包含的属性个数往往比原关系少,或者属性的排列顺序不同。投影运算提供了垂直调整关系的手段,体现出关系中列的次序无关紧要这一特点。

例如,要从图书关系中查询藏书所涉及的所有出版单位、书名及作者,所进行的查询操作就属于投影运算。

（3）联接

联接是关系的横向结合。联接运算将两个关系模式拼接成一个更宽的关系模式,生成的新关系中包含满足连接条件的元组。

联接过程是通过连接条件来控制的,联接条件中将出现两个表中的公共属性名,或者具有相同语义、可比的属性。联接结果是满足条件的所有记录,相当于 Visual FoxPro 中的"内部联接"(inner join)

选择和投影运算的操作对象只是一个表,相当于一个二维表进行切割。连接运算需要两个表作为操作对象。如果需要连接两个以上的表,应当两两进行联接。

例 2.3 设有职工和工资两个表,要查询基本工资高于 1 600 元的职工姓名、性别、职称、基本工资、实发工资、奖金。

由于性别、职称等字段在职工表中,而且实发工资、奖金字段也在工资表中,所以需要将两个表联接起来,联接条件必须用表达式指明两个表的职工号对应相等 ,并且基本工资高于 1 600 元。然后再对联接的结果按照所需的 6 个属性进行投影。

例 2.4 在图书管理数据库中,要查询李大伟所借图书的书名、出版单位、作者及借书日期。

首先需要把读者表和借阅表联接起来,联接条件必须指明两个表中的借书证号对应相等,并且姓名为李大伟,然后再对联接的结果按照总编号与图书表中的总编号相等的条件进行联接,最后对书名、出版单位、作者、借书日期几个属性进行投影。

如果要查询已借阅了图书读者的其他信息,如性别、职称等,需要把借阅表和职工表以借书证号和职工号对应相等为条件联接起来。在这里,借阅表中的借书证号和职工表中的职工号属于语义相同,但是字段名不同的情况。

通过上述例子可以看出,不同表中的公共字段(外部关键字)或者具有相同语义的字段是关系模型中体现事物之间联系的字段。

（4）自然联接

在联接运算中,按照字段值对应相等为条件进行的联接操作称为等值联接。自然联接是指去掉重复属性的等值联接。自然联接是最常用的联接运算,前面所举的例子均属于自然联接。

总之,在对关系数据库的查询中,利用关系的投影、选择和联接运算可以方便地分解或构造新的关系。

2.3　数据库设计基础

　　只有采用较好的数据库设计，才能比较迅速、高速地创建一个设计完善的数据库，为访问所需信息提供方便。在设计时打好坚实的基础，设计出结构合理的数据库，会节省日后整理数据库所需要的时间。本节将在避免谈及关系数据库规范化所涉及的理论的前提下，通俗地介绍在 Visual FoxPro 中设计关系数据库的方法。

2.3.1　数据库设计步骤

　　数据库应用系统与其他计算机应用系统相比有自己的特点，一般都具有数据量庞大、数据保存时间长、数据关联比较复杂、用户要求多样化等特点。设计数据库的目的实质上是设计出满足实际应用需求的实际关系模型。

　　在 Visual FoxPro 中具体实施是表现为数据库和表的结构合理，不仅存储了所需要的实体信息，并且必须反映出实体之间客观存在的联系。

1. 设计原则

　　为了合理的组织数据，应遵从以下基本设计原则：

　　（1）关系数据库的设计应遵从概念单一化"一事一地"的原则

　　一个表描述一个实体或实体间的一种联系，避免设计大而杂的表，首先分离这些需要作为单个主题而独立保存的信息，然后通过 Visual FoxPro 确定这些主题之间有何联系，以便在需要时把正确的信息组合在一起。通过将不同的信息分散在不同的表中，可以使数据的组织工作和维护工作更简单，同时也易于保证建立的应用程序具有较高的性能。

　　例如，将有关职工基本情况的数据，包括职称、技能等保存到职工表中，把工资单的信息保存到工资表中，而不是将这些数据统统放到一起。同样道理，应当把学生信息保存到学生表中，把有关课程的信息保存到课程表中，把学生选课的有关信息，包括所选课程的成绩保存到选课表中。

　　（2）避免在表之间出现重复字段

　　除了保证表中有反映与其他表之间存在联系的外部关键字之外，应尽量避免在表之间出现重复字段。这样做的目的是使数据冗余尽量小，避免在插入、删除和更新时造成数据的不一致。

　　例如，在课程表中有了课程名字段，在选课表中就不应再有课程名字段。需要时可以通过两个表的连接找到。

　　（3）表中的字段必须是原始数据和基本数据元素

　　表中不应包括通过计算可以得到的"二次数据"或多项数据的组合，能够通过计算从其他字段值推导出来的字段也应尽量避免。

　　例如，在职工表中应当包括"出生日期"字段，而不应包括"年龄"字段。当需要查询年龄的时候，可以通过简单计算得到准确年龄。

　　在特殊情况下允许保留计算字段，但是必须保证数据的同步更新。例如，在工资表中出现的"实发工资"字段，其值是通过"基本工资＋奖金＋津贴－房租－水电费－托儿费"计算出来的，每次更改其他字段值的时候都必须重新计算。可以通过 Visual FoxPro 的触发器来保证重复字段的同步更新。

（4）用外部关键字保证有关联的表之间的联系

表之间的各种关联是依靠外部关键字来联系的，使得表具有合理结构，不仅存储所需要的实体信息，并且反映出实体之间客观存在的联系，最终设计出满足应用需求的实际关系模型。

2. 设计的步骤

利用 Visual FoxPro 来开发数据库应用系统，可以按照以下步骤来设计：

（1）需求分析：确定建立数据库的目的，这有助于确定数据库保存哪些信息。

（2）确定需要的表：着手把需求信息划分成各个独立的实体，例如客户、职工、商品、定单、供应商等。将每个实体设计为数据库中的一个表。

（3）确定所需字段：确定在每个表中要保存哪些字段。通过对这些字段的显示或计算应能够得所有需求信息。

（4）确定联系：对每个表进行分析，确定一个表中的数据和其他表中的数据有何联系。必要时，可在表中加入字段或创建新表来明确地反映联系。

（5）设计求精：对设计进一步分析，查找其中的错误。创建表，在表中加入几个示例数据记录，看看能否从表中得到想要的结果。必要时应调整设计。

在初始设计时，难免会发生错误或遗漏数据。这只是一个初步方案，以后可以对设计方案进一步完善。完成初步设计后，可以利用示例数据对表单、报表的原型进行测试。Visual FoxPro 很容易在创建数据库时对原设计方案进行修改。可是在数据库中载入了大量数据或连编表单和报表之后，再要修改这些表就困难得多了。正因如此，在编写应用程序之前，应确保设计方案已经考虑得比较合理。

2.3.2　数据库设计过程

本节将遵循上一小节给出的设计原则和设计步骤，具体介绍在 Visual FoxPro 中设计数据库的过程。首先必须通过对用户需求进行详尽分析，才有可能设计出满足用户应用需要的数据库应用系统。

1. 需求分析

用户需求主要包括三个方面：

（1）信息需求：用户要从数据库中获得的信息内容。信息需求定义了数据库应用系统应该提供的所有信息，应注意描述清楚系统中数据的数据类型。

（2）处理需求：即需要对数据完成什么处理功能及处理的方式。处理需求定义了系统的数据处理的操作，应注意操作执行的场合、频率、操作对数据的影响等。

（3）安全性和完整性要求：在定义信息需求和处理需求的同时必须相应确定安全性和完整性约束。

首先要与数据库的使用人员多加交流，尽管收集资料阶段的工作非常烦琐，但必须耐心细致地了解业务处理流程,收集全部数据资料,如报表、合同、档案、单据、计划等,所有这些信息在后面的设计步骤中都要用到。

2. 确定需要的表

定义数据库中的表是数据库设计过程中技巧性最强的一步。因为仅仅根据用户想从数据库中得到的结果(包括要打印的报表、要使用的表单、要数据库回答的问题)不一定能直接得到如何设计表结构的线索。需要分析对数据库系统的要求,推敲这些需要数据库回答的问题。分析的过程是对所收集到的数据进行抽象的过程。抽象是对实际事物或事件的人为处理,抽取共同的本质特性。仔细研究需要从数据库中取出的信息,遵从概念单一化"一事一地"的原则,即一个表描述一个实体或实体间的一种联系,并把这些信息分成各种基本实体。例如,在销售管理数据库中,把客户、职工、商品、订单、供应商等每个实体设计成一个独立的表。

3. 确定所需字段

下面是确定字段时需要注意的问题:

(1) 每个字段直接和表的实体相关

描述另一个实体的字段应属于另一个表。首先必须确保一个表中的每个字段直接描述该表的实体。如果多个表中重复同样的信息,应删除不必要的字段。后面将介绍如何定义表之间的关系。

(2) 以最小的逻辑单位存储信息

表中的字段必须是基本数据元素,而不是多项数据的组合。如果一个字段中结合了多种数据,将会很难获取单独的数据,应尽量把信息分解成比较小的逻辑单位。例如商品名、商品类别和商品描述应创建不同的字段。

(3) 表中的字段必须是原始数据

在通常情况下,不必把计算结果存储在表中,对于可推导得到或需计算的数据,要看结果时可进行计算得到。

例如,在库存清单中有字段:商品号、商品名称、数量、单价、总价。其中,总价=单价×数量,因此总价是通过计算得到的二次数据,不是基本数据元素,不应作为基本数据在数据库里存储。像这样对所收集到的数据逐个进行筛选和认定需要很大的工作量。

(4) 确定主关键字字段

关系型数据库管理系统能迅速查找存储在多个独立表中的数据并组合这些信息。为达此目的,数据库的每一个表都必须有一个或一组字段,即主关键字,可用以唯一确定存储在表中的每个记录。

Visual FoxPro利用主关键字迅速关联多个表中的数据,不允许在主关键字字段中有重复值或空值。常使用唯一的标识号作为这样的字段。例如,在销售管理数据库中把客户编码、职工号、商品号和订单号分别指定为客户表、职工表、商品表和订单表的主关键字段。

4. 确定联系

设计数据库的目的实质上是设计出满足实际应用需求的实际关系模型。确定联系的目的是使表的结构合理,不仅存储了所需要的实体信息,并且反映出实体之间客观存在的关联。

前面各个步骤已经把数据分配到了各个表。因为有些输出需要从几个表中得到的信息,为了使得 Visual FoxPro 能够将这些表中的内容重新组合,得到有意义的信息,就需要确定外部关键字。例如,在图书馆数据库中,总编号是图书表中的主关键字,也就是借阅表的一个字段。在数据库术语中,借阅表中的总编号字段称为"外部关键字",因为它是另外一个表(或称外部表)的主关键字。

因此,需要分析各个表所代表的实体之间存在的联系。要建立两个表的联系,可以把其中一个表的主关键字添加到另一个表中,使两个表都有该字段。具体方法如下:

(1) 一对多联系

一对多联系是关系型数据库中最普遍的联系。在一对多联系中,表 A 的一个记录在表中可以有多个记录与之对应,但表 B 中的一个记录最多只能有一个表 A 的记录与之对应。要建立这样的联系,就要把"一方"的主关键字字段添加到"多方"的表中。在联系中,"一方"用主关键字或候选关键字,而"多方"使用普遍索引关键字(关于索引关键字的具体内容请参见后续章节的有关内容)。

例如,在职工管理数据库中,部门表和职工表之间就存在一对多的联系。应将部门表中的部门编码字段添加到职工表中。

(2) 多对多联系

在多对多关系中,表 A 的一个记录在表 B 中可以对应多个记录,而表 B 的一个记录在表 A 中也可以对应多个记录。这种情况下需要改变数据库的设计。

例如,在销售管理数据库中,订单表和商品表之间的联系存在"多对多"的联系。为了避免数据重复存储,又保持多对多联系,方法是创建第三个表。把多对多的联系分解成两个一对多联系。这第三个表包含两个表的主关键字,在两表之间起着纽带的作用,称之为"纽带表"。

在销售管理数据库中的具体做法是创建一个"订单项目"表,把商品号和订单号两个表的主关键字都放在这个纽带表中。在"订单项目"表中还可以包含数量等其他字段,如图 2.9 所示。订单和商品间的多对多联系由两个一对多联系来代替:订单表和订单项目表是一对多关系。每个订单可以有多个项目,但每个项目只和一个订单有关。商品表和订单项目表也是一对多的关系。每个商品可以有许多行订单项目,但每个订单项目只能指向一种商品。

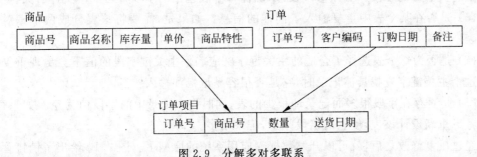

图 2.9 分解多对多联系

同样道理,可以建立一个"供货"表来分解供应商和商品之间的多对多联系;建立一个"销售"表来分解职工中的销售人员与商品之间的多对多联系。前面提到的图书管理数据库中的借阅表和教学管理数据库中的选课表都属于纽带表。

纽带表不一定需要自己的主关键字,如果需要,应当将它所联系的两个表的主关键字作为组合关键字指定为主关键字。

（3）一对一联系

如果存在一对一联系的表,首先要考虑一下是否可以把这些字段合并到一个表中。例如,销售人员也是职工,公司经常评估他们的销售业绩,需要根据实际情况决定是否需要一个单独的销售员表。如果需要分离,可按下面的方法建立一对一关系:

如果两个表有同样的实体,可在两个表中使用同样的主关键字字段。像职工表和工资表的主关键字字段都是职工号一样,销售员表的主关键字字段也应指定为职工号。

如果两个表有不同的实体及不同的主关键字,选择其中一个表,把它的主关键字字段放到另一个表中作为外部关键字字段,以此建立一对一关系。例如,学校内部的图书馆的读者就是职工和学生,可以把职工表中的职工号和学生表中的学生号放到读者表中。

5. 设计求精

数据库设计在每一个具体阶段的后期都要经过用户确认。如果不能满足应用要求,则要返回到前面一个或前面几个阶段进行修改和调整。整个设计过程实际上是一个不断返回修改、调整的迭代过程。

通过前面各个步骤确定了所需要的表、字段和联系之后,应该回过头来研究一下设计方案,检查可能存在的缺陷和需要改进的地方,这些缺陷可能会使数据难于使用和维护。下面是需要检查的几个方面:

（1）是否遗忘了字段? 是否有需要的信息没包括进去? 如果它们不属于已创建的表,就需要另外创建一个表。

（2）是否存在保持大量空白的字段? 这种现象通常意味着这些字段应当属于另一表。

（3）是否又包含了同样字段的表? 例如,同时有一月份销售表和二月份销售表或本地顾客表和外地顾客表。可以将与同一实体有关的所有信息合并入一个表中,也可能需要另外增加字段,如销售日期。

（4）表中是否带有大量并不属于某实体的字段? 例如,一个表中既包括销售信息字段又包括有关客户的字段。必须修改设计,确保每个表包括的字段只与一个实体有关。

（5）是否在某个表中重复输入了同样的信息? 如果是,需要将该表分成两个一对多关系的表。

（6）是否为每个表选择了合适的主关键字? 应确保主关键字段的值不会出现重复。在使用这个主关键字查找具体记录时,它是否很容易记忆和输入?

（7）是否存在字段很多而记录却很少的表,同时许多记录中的字段值为空? 如果存在,就要考虑重新设计该表,使它的字段减少,记录增多。

经过反复修改之后,就可以开发数据库应用系统的原型了。图 2.10 给出了销售管理数据库的关系模型,其中每个方框代表一个 Visual FoxPro 的表,无箭头连线代表一对一的联系,单箭头连线代表一对多联系。系统共有 11 个表,不存在孤立的表,并且表与表之间均通过外部关键字反映出了必要的联系。

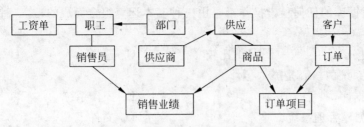

图 2.10　销售管理数据库模型

本章小结

本章介绍了数据库系统的有关概念,数据库管理系统的功能。重点讲解了关系模型的特点和关系运算。对数据库设计基础进行了较全面的描述。

其中,关系数据库和数据库设计过程两部分的内容对于开发数据库应用系统是必备的基础知识。

习题

一、选择题

1. 用二维表数据来表示实体及实体之间联系的数据模型称为【　　】。

　　A. 实体-联系模型　　　　B. 层次模型　　　　C. 网状模型　　　　D. 关系模型

2. 数据库 DB. 数据库系统 DBS、数据库管理系统 DBMS 三者之间的关系是【　　】。

　　A. DBS 包括 DB 和 DBMS　　　　　　　B. DBMS 包括 DB 和 DBS

　　C. DB 包括 DBS 和 DBMS　　　　　　　D. DBS 就是 DB,也就是 DBMS

3. 在下述关于数据库系统的叙述中,正确的是【　　】。

　　A. 数据库中只存在数据项之间的联系

　　B. 数据库的数据项之间和记录之间都存在联系

　　C. 数据库的数据项之间无联系,记录之间存在联系

　　D. 数据库的数据项之间和记录之间都不存在联系

4. 数据库系统与文件系统的主要区别是【　　】。

　　A. 数据库系统复杂,而文件系统简单

　　B. 文件系统不能解决数据冗余和数据独立性问题,而数据库系统可以解决

　　C. 文件系统只能管理程序文件,而数据库系统能够管理各种类型的文件

　　D. 文件系统管理的数据量较少,而数据库系统可以管理庞大的数据量

5. Visual FoxPro 是一种关系型数据库管理系统,所谓关系是指【　　】。

　　A. 各条记录中的数据彼此有一定的关系

　　B. 一个数据库文件与另一个数据库文件之间有一定的关系

　　C. 数据模型符合满足一定条件的二维表格式

　　D. 数据库中各个字段之间彼此有一定的关系

6. 关系数据库的任何检索操作都是由三种基本运算组合而成的,这三种基本运算不包括【 】。

    A. 联接   B. 比较   C. 选择   D. 投影

7. 数据库系统的核心是【 】。

    A. 数据库   B. 操作系统

    C. 数据库管理系统   D. 文件

8. 为了合理组织数据,应遵从的设计原则是【 】。

    A. "一事一地"的原则,即一个表描述一个实体或实体间的一种联系

    B. 表中的字段必须是原始数据和基本数据元素,并避免在表之间出现重复字段

    C. 用外部关键字保证有关联的表之间的联系

    D. 以上各条原则都包括

二、填空题

1. 数据模型不仅表示反映事物本身的数据,而且表示【1】。

2. 用二维表的形式来表示实体之间联系的数据模型称为【2】。

3. 二维表中的列称为关系的【3】,二维表中的行称为关系的【4】。

4. 在关系数据库的基本操作中,从表中取出满足条件元组的操作称为【5】;把两个相同属性的元组联接到一起形成新的二维表的操作称为【6】;从表中抽取属性值满足条件列的操作称为【7】。

5. 自然联接是指【8】。

6. Visual FoxPro 不允许在关键字字段中有重复值或【9】。

7. 在 Visual FoxPro 的表之间建立一对多联系是把【10】的主关键字字段添加到【11】的表中。

8. 为了把多对多的联系分解成两个一对多联系所建立的"纽带表"中应包含【12】。

第二部分

Visual FoxPro数据库程序设计

第3章

Visual FoxPro系统基础

Visual FoxPro 6.0 是 Microsoft 公司的 Visual Studio 6.0 系列产品之一,专门为数据库应用程序开发而设计的功能强大的 32 位关系数据库管理系统。Visual FoxPro 具有可视化开发过程、系统功能强大、程序设计工具丰富等特点,是国内普及广泛的小型数据库管理系统。

3.1 Visual FoxPro 6.0 的安装

3.1.1 Visual FoxPro 6.0 的系统需求

Visual FoxPro 6.0 运行环境是在 Microsoft 公司 Windows 系列操作系统平台上。下面是运行 Visual FoxPro 6.0 推荐的系统要求:

(1) 配置 66MHz 主频及以上 CPU 的 PC 或兼容机,运行 Windows 95/NT 或更高版本的操作系统。

(2) 内存 16MB 以上。

(3) 硬盘最小可用空间 15MB;用户自定义安装需要 100MB 硬盘空间;完全安装(包括所有联机文档)需要 240MB 硬盘空间。

(4) PS2 鼠标或串行鼠标一个。

(5) VGA 或更高分辨率的显示器。

(6) 对于网络操作,需要一个与 Windows 兼容的网络和一个网络服务器。

3.1.2 Visual FoxPro 6.0 的主文件安装

Visual FoxPro 可以从 CD-ROM 或网络上安装,也可从 Microsoft Visual Studio 套件中选择安装。无论用哪种方式安装,都要先找到安装文件,如图 3.1 所示 ,在包含安装文件的目录中找到"setup. exe"并双击。

安装程序启动后,出现如图 3.2 所示的安装界面。单击"下一步"按钮后出现如图 3.3 所示的用户许可协议。

单击"接受协议"后,再单击"下一步"按钮,进入如图 3.4 所示的填写注册信息界面。正确输入注册信息,并输入姓名与公司后,再单击"下一步"按钮便可进入图 3.5 所示的版权提示界面。

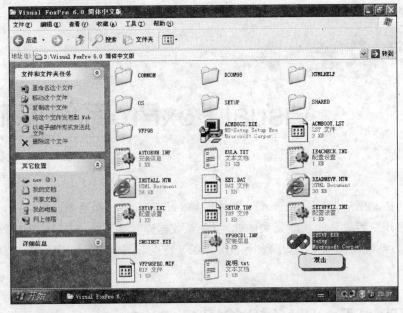

图 3.1　安装光盘中的内容

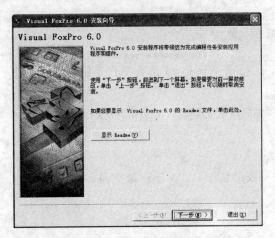

图 3.2　安装界面

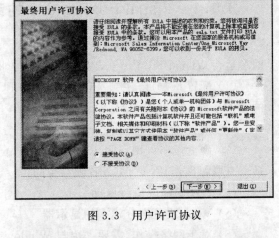

图 3.3　用户许可协议

图 3.4　填写注册信息

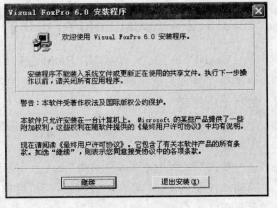

图 3.5　版权要求

单击"继续"按钮后,若有其他应用程序当前正在运行,则出现如图3.6所示的界面,要求关闭其他应用程序。将其他应用程序关闭后,单击"确定"按钮便出现注册信息界面,如图3.7所示。

图3.6 安装建议   图3.7 注册信息

单击"下一步"按钮,出现安装对话框;若需更改文件夹,则单击"更改文件夹(F)"按钮,如图3.8和图3.9所示。

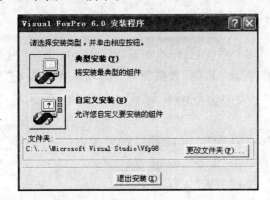

图3.8 安装方式及路径设置   图3.9 文件夹的更改

更改完成后,单击"确定"按钮,如图3.10所示,其安装路径已改变。

单击"典型安装(T)"左边的按钮 ,安装过程开始,直到安装完成,如图3.11所示。

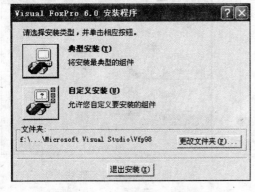

图3.10 更改后的文件夹   图3.11 安装结束

单击"确定"按钮后,可选择安装 MSDN 帮助文件。

3.1.3　Visual FoxPro 帮助文件的安装

若选择安装帮助文件,需使用"MSDN 安装向导"进行安装。MSDN 98 有两张光盘,包括 Visual Studio 98 中所有成员(Visual C++、Visual Basic、Visual FoxPro 等)的帮助文档和示例文件。

首先将"MSDN"第一张光盘放入光驱,双击"setup. exe"进入"MSDN 安装向导",如图 3.12 所示。先选取"自定义"选项,然后选择"Visual FoxPro 产品示例"复选框。这些示例将被放置在公用的 MSDN 示例路径下。

安装联机文档时,先选取"自定义"选项,然后选择"Visual FoxPro 文档"复选框(如果选择"典型"选项,Visual FoxPro 将从 MSDN CD 而不从硬盘访问该帮助文件)。Visual FoxPro 的帮助文件(包括 Foxhelp. chm)默认安装于下面的位置:C:\Program Files\Microsoft Visual studio\Msdn98\98vs\1003。当在 Visual FoxPro 中按 F1 键、在"命令"窗口中输入"HELP"或使用"帮助"菜单请求帮助时,则 Visual FoxPro 的默认行为是调用 Msdnvs98. col。如果该文件不存在,则将默认使用 Foxhelp. chm。

3.1.4　安装后自定义系统

安装完 Visual FoxPro 以后,若希望自定义系统,包括添加或删除 Visual FoxPro 的某些组件,更新 Windows 注册表中的注册项,安装 ODBC 数据源等。首先从 Windows"控制面板"中选择"添加/删除程序",然后选择"Microsoft Visual FoxPro 6.0(简体中文)",再单击"添加/删除"按钮,如图 3.13 所示。

如果要添加或者删除已经安装的组件,可以单击"添加/删除(A)"按钮。

如果要重复上次安装或恢复文件,可以单击"重新安装"按钮。

如果要卸载 Visual FoxPro,可以单击"全部删除"按钮。

如果要中断这次操作,可以单击"退出安装(X)"按钮。

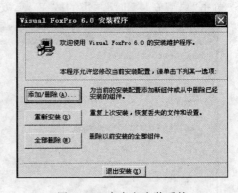

图 3.12　帮助文件的安装　　　　　　　图 3.13　自定义安装系统

3.1.5　Visual FoxPro 的启动

启动 Visual FoxPro 的方法有很多种,下面介绍常用的四种方法。

第一种方法:从"开始"菜单启动。

打开"开始"菜单,选择"程序"选项,选择"Microsoft Visual FoxPro 6.0"选项,单击"Microsoft Visual FoxPro 6.0",如图 3.14 所示,进入 Microsoft Visual FoxPro 6.0 系统。

第二种方法:双击桌面快捷方式启动。

如图 3.15 所示,若桌面有 Visual FoxPro 的快捷方式,则双击它,可进入系统。

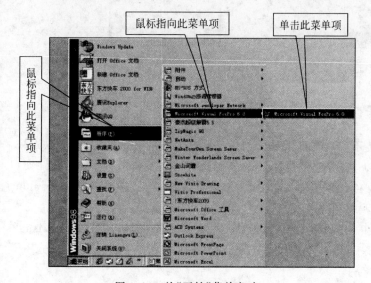

图 3.14　从"开始"菜单启动　　　　图 3.15　从桌面快捷方式启动

第三种方法:从"我的电脑"启动。

打开"我的电脑"或"资源管理器",找到 Visual FoxPro 的安装目录,直接双击文件 VFP6.exe 即可。

还有一种方法是双击与 Visual FoxPro 关联的文件。打开"我的电脑",找到由 Visual FoxPro 创建的文件,如表文件、项目文件、表单文件等,用鼠标双击这些文件都能启动 Visual FoxPro 系统,同时打开这些文件。

3.1.6　Visual FoxPro 的退出

当需要退出 Visual FoxPro 6.0 系统时,可采用多种方式。其中常用的有如下几种:

(1) 在 Visual FoxPro 6.0 主窗口,单击"文件|退出"菜单项,退出系统,如图 3.16 所示。

(2) 在 Visual FoxPro 6.0 的系统环境窗口,单击右上角的关闭按钮▣,或按 Alt+F4 组合键退出系统。

(3) 如图 3.17 所示,在"命令"窗口输入"quit"并按回车键,退出系统。

图 3.16　从主窗口退出　　　　　　　图 3.17　从命令窗口退出

3.1.7　Visual FoxPro 帮助的使用

Visual FoxPro 的典型安装不安装帮助文件。当想从硬盘上访问该帮助文件,可以先从光盘上将 Visual FoxPro 的帮助文件(Foxhelp.chm)复制到 Visual FoxPro 所在的文件夹,然后通过"选项"对话框中的"文件位置"选项卡来指定该文件的位置。当指定 Foxhelp.chm 为帮助文件,在 Visual FoxPro 中按下 F1 键将出现帮助窗口。

若安装了 MSDN,Visual FoxPro 的联机帮助,可提供丰富的资料,主要包括 Visual FoxPro 的入门知识、Visual FoxPro 程序员指南、Visual FoxPro 参考文档和 Visual FoxPro 的示例文件。

3.2　Visual FoxPro 的用户界面

3.2.1　Visual FoxPro 的主窗口

第一次启动 Visual FoxPro 时,将弹出一个欢迎屏幕,如图 3.18 所示。

可以选择"以后不再显示此屏"复选框,则在以后的启动中将不再出现欢迎界面。单击"关闭此屏"按钮,可进入如图 3.19 所示的 Visual FoxPro 主界面。图中提示框所指为各位置组件的名称。

Visual FoxPro 的主窗口或主界面包括标题栏、菜单栏、工具栏、状态栏、命令窗口和系统主窗口工作区几个组成部分。

3.2.2　标题栏

标题栏位于系统界面的最上一行,它包含系统程序图标、主屏幕标题、最小化按钮、最大化按钮和关闭按钮五个对象。

图 3.18　欢迎屏幕

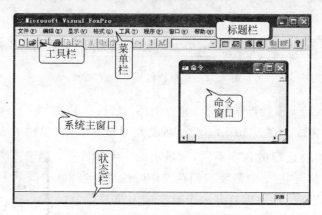

图 3.19　Visual FoxPro 的主界面

1. 系统程序图标

单击 Visual FoxPro 的系统程序图标 ![icon]，可以打开窗口控制菜单，如图 3.20 所示，在窗口控制菜单下，可以移动、改变屏幕的大小，最小化、最大化及关闭 Visual FoxPro 系统。另外双击系统程序图标 ![icon]，也可以关闭 Visual FoxPro 系统。

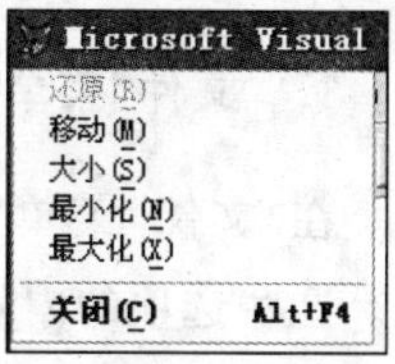

2. 主屏幕标题

主屏幕标题是该窗口名称，可以使用_SCREEN 或 _VFP 命令根据自己需要修改它的内容。

图 3.20　程序图标

3. 最小化按钮

单击最小化按钮 ![icon]，可将 Visual FoxPro 系统的屏幕缩小成图标，并存放在 Windows

桌面底部的任务栏中，如图 3.21 所示。若想再一次打开这一窗口，在任务栏中单击系统图标即可。

图 3.21　将 Visual FoxPro 系统最小化到任务栏上

4. 最大化按钮

单击最大化按钮，可将 Visual FoxPro 系统的屏幕定义为最大窗口，此时窗口没有边界，平铺在整个屏幕上。

5. 关闭按钮

单击关闭按钮，可以关闭 Visual FoxPro 系统。

3.2.3　菜单栏

Visual FoxPro 菜单栏位于窗口的第二行，实际上是各种操作命令的分类组合，其中包括 8 个下拉菜单项，如图 3.22 所示。

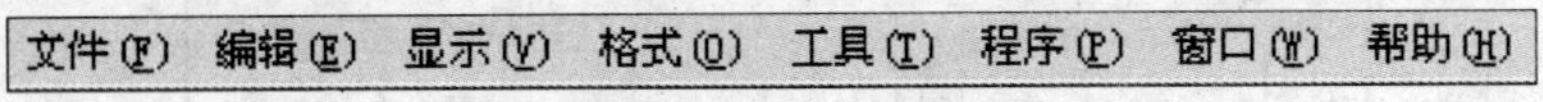

图 3.22　菜单栏包括 8 个选项

Visual FoxPro 的大多数操作都可以通过文件、编辑、显示、格式、工具、程序、窗口、帮助这 8 个下拉菜单来完成。在 Visual FoxPro 的菜单系统中，各菜单栏的各个选项的内容并不是一成不变的，当前运行的程序不同，所显示的主菜单和下拉菜单选项也不尽相同，这一点需要我们在使用时注意。当单击其中一个菜单选项时，就可以打开一个对应的下拉式菜单，在该下拉式菜单下，通常还有若干个子菜单选项，当选择其中一个子菜单选项时，就可以执行一个操作。其中"文件"菜单选项如图 3.23 所示，其他类似。下面介绍常用的菜单选项，以及对应的下拉式菜单所包含的子菜单选项的内容及功能。

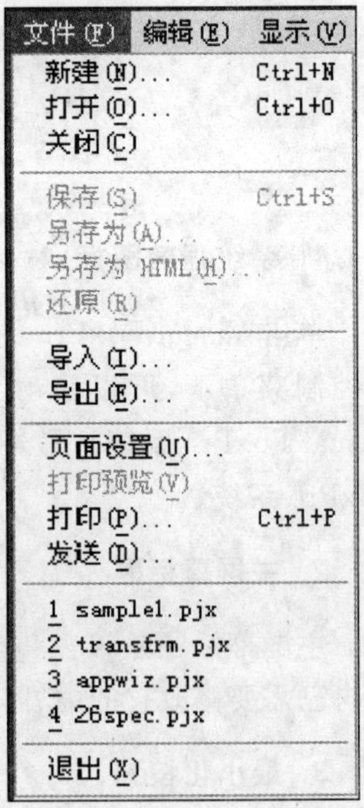

1. "文件"菜单选项

在"文件"菜单选项中，包含各种与文件有关的子菜单选项。这些选项的内容有新建、打开、关闭、保存、另存为、另存为 HTML、还原、导入、导出、页面设置、打印预览、打印、发送、打开项目、退出等项，如图 3.23 所示。

其中常用命令的功能如下：

新建：打开新建的对话框，对话框中的选项用于创建新的项目、数据库、表格、查询、连接视图、表单、报表、标签、程序、

图 3.23　"文件"菜单选项

类、文本文件和菜单。

打开：激活"打开"对话框，打开指定类型的 Visual FoxPro 文件。

关闭：关闭当前窗口。如果按下 Shift 键的同时选择"文件"菜单，此项将变成关闭全部，即关闭所有打开的窗口，对应 CLOSE 命令。

保存：用于保存当前活动窗口中的文件，对于没有保存过的新文件，此选项提示用户输入一个文件名。

另存为：可以将当前文件用不同的名称保存。

另存为 HTML：保存为相应的 HTML 文件

还原：取消对当前窗口中文件所做的修改。

导入：引入一个 Visual FoxPro 文件或其他应用程序格式的文件。

导出：将 Visual FoxPro 文件以另一种应用程序文件的格式输出。

页面设置：用于改变页面布局。

打印预览：在窗口中预览要打印的内容。

打印：打印当前窗口的文件或 Visual FoxPro 剪贴板的内容。

发送：用于发送 E-mail。

打开项目：提供打开最近四个项目的快捷方式。

退出：退出 Visual FoxPro。

2. "编辑"菜单选项

如图 3.24 所示，在"编辑"菜单选项中，提供了对文本文件的多种编辑命令。

其主要菜单命令及功能如下：

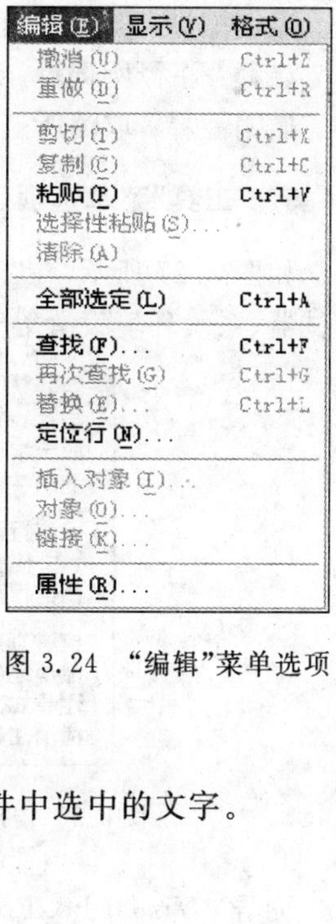

撤销：恢复在最后一次存盘前所做的修改。

重做：恢复一次被还原的修改。

剪切：删除当前文档中被选定的文本或对象，并将其存放在剪贴板中。

复制：复制当前文档中被选定文本和对象，将其存放在剪贴板上。

粘贴：将剪贴板上的内容复制到当前光标所在处。

选择性粘贴：用于将其他应用程序中的 OLE 对象插入到常规字段中。

清除：删除所选文本且不将其备份到剪贴板上。

全部选定：选择活动窗口中的所有对象。

查找：打开"查找"对话框，输入待查找的字符串进行查找操作。

图 3.24 "编辑"菜单选项

再次查找：从当前位置开始重复上一次的查找。

替换：在"替换"对话中，输入替换字符，查找并替换在当前文件中选中的文字。

定位行：将光标定位到指定的文本行。

插入对象：将 OLE 对象插入到指定字段中。

对象：对 OLE 对象提供各种编辑选项。

链接：打开并编辑被链接的 OLE 对象。

属性：设置编辑器属性。

3."显示"菜单选项

如图 3.25 所示,在"显示"菜单选项中,子菜单选项的内容是由当前操作环境确定的。

当用户尚未打开要显示的文件时,显示菜单选项中的子菜单项只有一项(工具栏);当已打开表、表单、或报表等文件时,显示菜单选项中的子菜单将附加一些与打开文件对应的菜单选项,这些选项的内容及功能将在相关章节中介绍。

图 3.25 "显示"菜单选项

4."格式"菜单选项

在"格式"菜单选项中,包含控制字体格式、文本缩进及空格控制等菜单选项。当前的操作对象不同,格式菜单的内容不同。如当前进行程序编辑,格式菜单的选项内容如图 3.26 所示,如当前进行表单设计、报表设计,格式菜单会有一定的变化。

字体：选择字体及显示风格。

放大字体：放大当前窗口中使用的字体。

缩小字体：缩小当前窗口中使用的字体。

一倍行距：当前窗口中的文字按单行分隔。

1.5 倍行距：当前窗口中的文字行间空 1.5 行。

两倍行距：当前窗口中的文字行间空 2 行。

缩进：缩进当前窗口中的当前行或所选行。

撤销缩进：取消当前窗口中的当前行或所选行的缩进。

注释：注释所选行。

撤销注释：取消所选行的注释。

5."工具"菜单选项

如图 3.27 所示,在"工具"菜单选项中,包含向导菜单选项,另外还提供编程工具、程序调试器、系统环境设置等子菜单选项。

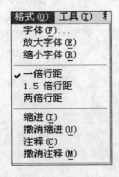

图 3.26 "格式"菜单选项

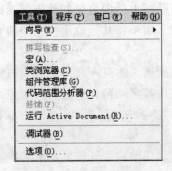

图 3.27 "工具"菜单选项

向导：Visual FoxPro 中向导的列表及对它们的访问。

拼写检查：用于文本字段和备注字段的拼写检查。

宏：定义并维护宏。

类浏览器：检查类的内容，查看类的属性和联系。

组件管理库：运行"组件库"。

代码范围分析器：运行"范围分析器"。

修饰：对文本程序的格式进行修饰。

运行 Active Document：在浏览器中运行活动文档。

调试器：打开调试器窗口。

选项：提供配置 Visual FoxPro 的多种选项参数。

6. "程序"菜单选项

如图 3.28 所示，在"程序"菜单选项中，包含与程序编译、运行有关的子菜单选项。

运行：运行指定的 Visual FoxPro 程序或表单文件。

取消：取消当前程序。

继续执行：恢复当前暂停运行的程序。

挂起：暂停当前正在运行的程序，但不从内存中删除。

编译：将源程序文件编译成目标程序。

7. "窗口"菜单选项

如图 3.29 所示，在"窗口"菜单选项中提供的主要是对已打开窗口进行管理的操作命令。

全部重排：以不互相重叠的方式排列所有打开的窗口。

隐藏：将活动窗口隐藏，但不将其从内存中删除。

消除：清除当前输出窗口中的文本信息。

循环：按顺序将打开窗口指定为当前窗口。

命令窗口：打开（激活）命令窗口。

数据工作期：激活数据工作期窗口。

8. "帮助"菜单选项

如图 3.30 所示，在"帮助"菜单选项中，提供了 Visual FoxPro 的帮助信息。

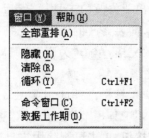

图 3.28 "程序"菜单选项　　图 3.29 "窗口"菜单选项　　图 3.30 "帮助"菜单选项

帮助主题：打开由 SET HELP TO 命令指定的帮助文件。

关于 Microsoft Visual FoxPro：显示本产品的版权屏幕、产品 ID 号等信息。

3.2.4　工具栏

Visual FoxPro系统提供的工具栏包含了完成常用操作所使用的工具按钮,用于方便快速地完成一些经常性的操作。Visual FoxPro默认界面只包括"常用"工具栏和"表单设计器"工具栏,如图3.31所示。

图3.31　"常用"工具栏

工具栏位于菜单栏下面,用户可以将其拖放到主窗口的任意位置。所有工具栏的按钮在鼠标指针停在上面的时候都有文字提示,可以方便用户使用。除了"常用"工具栏之外,在工具栏上右击,如图3.32所示,可选择报表控件、报表设计器、表单控件、表单设计器、布局、查询设计器、打印预览、调色板、视图设计器和数据库设计器10个工具栏。此外用户可以选择工具菜单下的"工具栏"来显示或隐藏相应的工具栏,还可以定制有自己风格的工具栏。

除上述方法能够激活和隐藏工具栏外,还可单击"显示"菜单,选择"工具栏"子菜单,如图3.33所示,同样可选择显示或隐藏已显示的工具栏,以及定制、重置、新建工具栏。

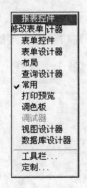

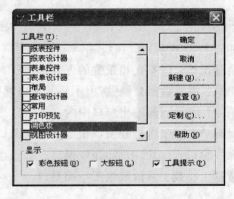

图3.32　用"工具栏"显示、隐藏　　　　图3.33　采用菜单栏显示、隐藏及定制工具栏
　　　　　及定制工具栏

如果想修改系统工具栏,可先显示出要修改的工具栏,然后打开"工具栏"对话框,单击"定制"按钮,弹出"定制工具栏"对话框,向要修改的工具栏上拖放新的图标按钮,可以增加新工具,向外拖动则可删除该工具,修改完毕,单击"关闭"按钮即可。对已修改过的系统工具栏,单击"重置"按钮,可恢复最初设置。

单击"新建"按钮则可新建一个用户工具栏,在用户工具栏不再使用后,可以在"工具栏"对话框中删除,即在选定系统工具栏时,"工具栏"对话框显示"重置"按钮,当选定一个用户自定义工具栏时,对话框中出现"删除"按钮,单击可删除用户自定义工具栏。

3.2.5　命令窗口

命令窗口是一个标题为"命令"的窗口,它位于系统窗口之中,如图3.34所示。命令窗口的功能是：当用户选择命令操作方式时，用户可以从键盘上输入数据库建立、编辑、插入、删除等命令，还可以建立并运行程序文件。当用户选择的是菜单操作方式时，每当操作完成，系统自动把操作过的菜单对应命令显示在命令窗口，因此不论用户采用的是哪一种操作方式，所有用过的命令都会呈现在命令窗口供用户查看或重复使用。在命令窗口操作时，有以下几点需要注意：

图 3.34 命令窗口

(1) 每行只能写一条命令，每条命令均以 Enter(回车)键结束。

(2) 将光标移动到窗口中已执行的命令行的任意位置上，按回车键将重新执行。

(3) 清除刚输入的命令，可以按 Esc 键。

(4) 在命令窗口中右击，显示一个快捷菜单，可以完成命令窗口中相关的编辑操作。

当不需要命令窗口时，可以选择按 Ctrl＋F2 组合键或用"窗口"|"命令窗口"菜单命令将之隐藏，再次需要时也可用同样的方式打开命令窗口。

3.2.6 工作区窗口和状态栏

工作区窗口位于系统窗口的空白区域，用于显示数据表、命令或程序的运行结果。

状态栏位于系统窗口的最底部，用以显示系统工作的信息，例如当前表单等的名字，当鼠标指针放在系统的工具栏位置时，会显示该工具栏或工具的名称，如图 3.35 所示。

图 3.35 状态栏

3.2.7 Visual FoxPro 的系统环境设置

Visual FoxPro 系统的环境设置决定了系统的操作环境和工作方式，设置是否合理、适当，直接影响系统的运行效率和操作的方便性。系统安装时按默认方式进行了相应的设置，用户通过自定义系统环境，可添加或删除 Visual FoxPro 的相关组件，也可对系统当前环境重新调整设置。添加或删除 Visual FoxPro 组件的操作，要通过系统安装程序来实现，具体操作见 3.1.4 节。但为了使系统能满足个人的不同需要，当前环境的设置可通过相关命令和菜单操作方式来实现定制。环境设置包括主窗口标题、默认目录、项目、编辑器、调试器、表单工具选项、临时文件存储等内容。

在 Visual FoxPro 中可以使用"选项"对话框即菜单方式或 SET 命令进行附加的配置，还可以通过配置文件进行设置。下面简要介绍以菜单方式设置系统环境的操作方法。

单击工具栏"选项"子菜单，显示如图 3.36 所示的界面。

图中各选项及其主要功能如下：

显示：显示界面选项，包括是否显示状态栏、时钟、命令结果、系统信息和最近用过的项目列表。

常规：数据输入和编程选项，包括是否设置警告声音、是否按 Esc 键取消程序运行、是否记录编译错误、日期的 2000 年兼容性设置、数据输入时是否自动填充新记录、是否使用 Visual FoxPro 调色板等。

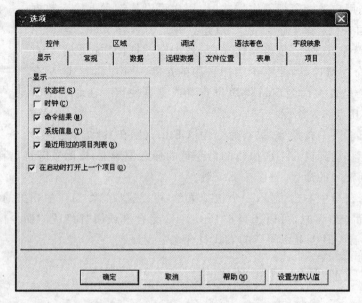

图 3.36　Visual FoxPro 的系统环境设置

数据：数据库打开是否使用独占方式、是否使用 Rushmore 技术、是否显示字段名、是否忽略已删除记录、字符串比较设定、锁定和缓冲设定等。

远程数据：远程视图默认值和连接默认值设置。

文件位置：帮助文件、表达式生成器、菜单生成器、默认目录、向导、示例目录等文件位置的设置。

表单：表单是否显示网格、最大设计区、所用的度量单位和 Tab 键次序等。

项目：项目管理器选项，如是否使用向导、双击运行或修改文件及源代码管理等选项。

控件：可视类控件和 ActiveX 控件的选项。

区域：日期、时间、货币、数字的格式及星期和一年的第一周起始位置。

调试：调试器显示及跟踪选项，包括环境、指定窗口、字体、颜色等。

语法着色：区分程序中不同语法元素的设置，包括注释、关键字、数字、普通、操作符、变量、字符串等的前景、背景和字体设置。

字段映象：设置字段拖放时各字段类型映象成哪种控件类，如指定字符型、货币型、日期型、整型等被拖放到表单时被映射为 Textbox 控件。

除了通过选项来设置环境参数外，还可以通过命令方式来进行一些环境参数的设置。经常使用的设置命令为 SET DEFAULT TO。

命令格式：SET DEFAULT TO ［路径名］

命令功能：设置系统默认路径为指定的路径。

如：SET DEFAULT TO "C:\my database"

则以后系统默认操作目录为 C 盘"my database"目录，以后对该目录下文件的操作可以省略文件路径。通过选择"选项"中的文件位置然后设置默认目录也可以达到同样的结果。

3.3 项目管理器

项目是文件、数据、文档和 Visual FoxPro 对象的集合。在 Visual FoxPro 系统中,使用项目组织、集成数据库应用系统中所有相关的文件,形成一个完整的应用系统。项目管理器是 Visual FoxPro 系统创建、管理项目的工具,用来创建、修改、组织项目中各种文件,对项目中程序进行编译和连编,形成一个可以在 Visual FoxPro 环境下运行的应用程序,或者编译(连编)成脱离 Visual FoxPro 环境而运行的可执行文件。"项目管理器"是 Visual FoxPro 中处理数据和对象的主要组织工具,是 Visual FoxPro 的"控制中心"。

3.3.1 项目的打开与建立

1. 项目文件的建立

创建一个新的项目文件通常可用以下两种方法之一:一是使用 Visual FoxPro 的菜单命令,另一种是在命令窗口输入命令。项目打开后,默认都会在系统主界面中出现项目管理器窗口。

(1)菜单操作:打开"文件"菜单,单击"新建"命令,选择文件类型为"项目",如图 3.37 所示。单击"新建文件"按钮后,如图 3.38 所示,给文件取名,并单击"保存"按钮。

图 3.37 菜单方式创建项目文件   图 3.38 该项目文件的名称与路径

(2)命令窗口操作:在命令窗口中输入 CREATE PROJECT <项目文件名>,如图 3.39 所示。

2. 项目文件的打开

单击"文件"菜单中的"打开"菜单项;在"打开"对话框中,选择或直接输入项目文件路径和项目;单击"确定"按钮,如图 3.40 所示。

图 3.39 命令方式创建项目文件

图 3.40　打开已有项目文件的方法

3.3.2　项目管理器的界面

无论是新建还是打开一个已有的项目，都会在 Visual FoxPro 系统的窗口中出现一个项目管理器来帮助管理项目文件，界面如图 3.41 所示。

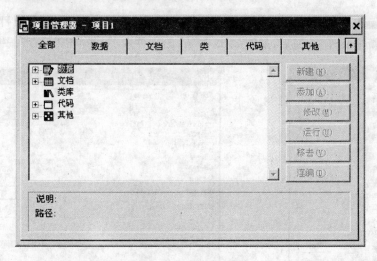

图 3.41　项目管理器

从项目管理器的界面可以看出，项目管理器由标题栏、选项卡和工作区等几部分组成。

(1) 标题栏：项目管理器标题栏显示的标题就是项目文件的主文件名，在创建项目时，默认项目名为"项目 1、项目 2、……"，用户可以输入自己选择的项目名。

(2) 选项卡：标题栏的下方是选项卡，共有 6 个。选择不同选项卡，下面的工作区会显示选项卡管理的相应文件类型。下面说明一下各选项卡的意义。

"全部"选项卡：显示与管理所有类型的文件，包括其他 5 个选项卡的所有内容。

"数据"选项卡：包括项目中的所有数据、自由表、查询和视图。

"文档"选项卡：包括项目中的所有输入界面（表单）和输出界面（报表、标签）。即包含了用户处理数据时使用的所有文档。

"类"选项卡：显示和管理由类设计器建立的类库文件(.vcx/.vct)。包括开发人员使用和自己设计的类。

"代码"选项卡：包括扩展名为.prg、.app的程序和函数库API Libraries。即包含了用户的所有代码程序文件。

"其他"选项卡：包括文本文件、菜单、其他文件。显示和管理上述的文件。

（3）工作区。项目管理器的工作区是显示和管理各类文件的窗口,从图3.41中可以看出,项目管理器中的项是以类似于大纲的结构来组织的,可以将其展开或折叠,以便查看不同层次中的详细内容。如果项目中具有一个以上某一类型的项,类型符号旁边会出现一个"＋"号。单击符号旁边的"＋"号可显示该项目中该类型项的名称,单击项名旁边的"＋"号可看到该项的组件,展开到最后是没有"＋"号或"－"号的文件名,选中某个文件名后,就可以用项目管理器的命令按钮来修改和运行这个文件。若要折叠已展开的表,可单击列表旁边的"－"号。

（4）命令按钮。项目管理器右边的命令按钮为工作区窗口的文件提供各种操作命令。在开发一个数据库应用系统时,可以有两种方法使用项目管理器,一种方法是先创建一个项目管理器文件,再使用项目管理的界面来创建应用系统所需的各类文件,另一种方法是先独立的建立应用系统的各类文件,再把它们一一添加到一个新建的项目管理文件中。具体使用哪种方法,完全是开发者的个人习惯。项目管理器的"新建"和"添加",开发者可以自由选择。

项目管理器中命令按钮的功能简介：

"新建"：在工作区窗口中选中某类文件后,单击"新建"按钮,新建的文件就添加到项目管理器窗口中。

"添加"：添加一个文件到项目管理器中。

"修改"：修改项目管理器中存在的文件。

"运行"：在工作区窗口选中某个具体文件后,可运行该文件。

"移去"：将所选择的文件移出项目文件或从磁盘上删除。

"连编"：把项目中相关的文件连编成应用程序(.app)或可执行程序(.exe)。

上述命令按钮并不是一成不变的,若在工作区打开一个数据库文件,"运行"按钮会变成"关闭"按钮；打开一个自由表文件,"运行"按钮会变成"浏览"按钮,单击该按钮,系统以浏览方式显示表中的记录。

此外,命令按钮有时是可用的,有时是不可用的。它们的可用和不可用状态是与在工作区的文件选择状态相对应的,如在"全部"选项卡的工作区中,各种文件类型都是"＋"号没有展开,也就是没有选中要操作的具体文件,此时像"新建"、"运行"等按钮呈现灰色,表示不可用。如果在工作区展开某类文件,如单击"文档"类文件,选中了"表单"类文件,这些按钮就变成了黑色,表示是可用的,现在可以修改和运行选中的表单文件。

3.4 Visual FoxPro 的向导、设计器和生成器简介

Visual FoxPro 6.0 的一个最大特点是为用户提供许多有效的可视化开发工具,使得用户在开发各种应用程序时既方便,又灵活,因而得到了广泛的应用。例如,用户可以使用表

单向导快速生成表单原型,然后再利用表单设计器对其进行修改。本节简要介绍 Visual FoxPro 6.0 的向导、设计器和生成器等三类可视化工具的作用,而具体的使用方法将在以后的章节分别介绍。

3.4.1　Visual FoxPro 的向导

Visual FoxPro 6.0 系统为用户提供了许多功能强大的向导(wizards)。向导提供了交互式的界面,以帮助用户快速开发,用户可以在向导程序的引导下,不用编程就快速地完成一般性的任务、建立良好的应用程序,完成许多数据库操作、管理功能,例如,创建多种风格的表单、建立查询、建立数据库等。

向导为非专业用户提供了较为简便的操作方式,其基本思想是把一些复杂的功能分解为若干简单的步骤完成,每一步使用一个对话框,然后将这些较简单的对话框按适当的顺序组合在一起。向导方式使不熟悉 FoxPro 命令的用户也能用 Visual FoxPro 完成一般性的任务,只要回答向导提出的有关问题,通过有限的几个步骤就可以使用户轻松地解决实际应用问题。对于编程人员,也可以利用向导建立原型,使应用程序中各个组件都能有一个良好的开端,缩短开发时间。

VFP 6.0 所提供的向导有:

表向导:在 Visual FoxPro 表结构的基础上创建新表。

报表向导:利用单独的表来创建报表。

一对多报表向导:从相关的数据表中创建报表。

标签向导:快速创建一个标签。

分组/统计报表:快速创建分组统计报表。

表单向导:快速创建一个表单。

一对多表单向导:从相关的数据表中创建表单。

查询向导:快速创建查询。

交叉表向导:创建交叉表查询。

本地视图向导:利用本地数据创建视图。

远程视图向导:创建远程视图。

导入向导:导入或添加数据。

文档向导:从项目文件和程序文件的代码中产生格式化的文本文件。

图表向导:快速创建图表。

应用程序向导:创建 Visual FoxPro 的应用程序。

SQL 升迁向导:引导用户利用 Visual FoxPro 数据库功能创建 SQL Server 数据库。

数据透视表向导:创建数据透视表。

安装向导:从文件中创建一整套安装磁盘。

邮件合并向导:创建一个邮件合并文件。

每个向导由一系列对话框组成,在每一对话框中提出特定问题,通过用户对问题的回答或对选项的选择,向导将创建相应的文件或执行某一项任务。

可按下列四种方式之一启动向导：

（1）在项目管理器中选定要创建文件的类型，然后选择"新建"命令，在"新建"对话框中单击"向导"。例如创建表单时，在项目管理器中选中"表单"，单击命令按钮中的"新建"后，单击"表单向导"图标，其过程如图 3.42 和图 3.43 所示。

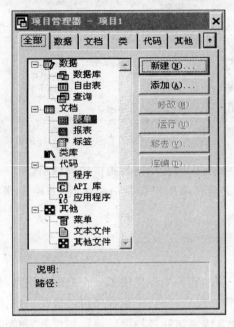

图 3.42　在项目管理器中表单向导的建立

图 3.43　新建表单中的两个选项

（2）从"文件"菜单中选择"新建"命令，然后选择待创建文件的类型，在"新建"对话框中单击"向导"。例如表单向导的建立，首先从"文件"菜单中选择"新建"命令，单击"表单"，如图 3.44 所示。然后单击"向导（W）"图标，如图 3.45 所示。

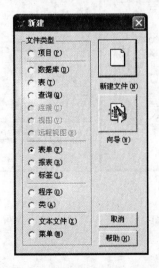

图 3.44　从"文件"菜单中建立表单向导

图 3.45　"向导（W）"图标

（3）单击"工具"菜单中的"向导"选项，可以直接访问大多数的向导。如建立表单向导，单击"工具"菜单中的"向导"选项，选择"表单"即可，其过程如图 3.46 所示。

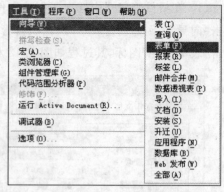

启动向导后，要依次回答向导每一步所提出的问题。在准备好后，可单击"下一步"按钮。

如果操作中出现错误，或者原来的想法发生了变化，可单击"上一步"按钮来查看前一步的内容，以便进行修改。单击"取消"按钮将退出向导而不会产生任何结果。如果在使用过程中有疑问，可按 F1 键取得帮助。到达最后一步时，单击"完成"按钮退出向导。

图 3.46　"工具"菜单中表单向导的建立

如果不想回答问题，可以单击"完成"按钮直接走到向导的最后一步，跳过中间所要输入的选项信息，而使用向导提供的默认值。

根据所用向导的类型，每个向导的最后一步都会要求用户提供一个标题，并给出保存、浏览、修改或打印结果的选项。

3.4.2　Visual FoxPro 的设计器

Visual FoxPro 中的大部分工作与设计器分不开，它为用户提供了一个友好的图形界面操作环境，用以创建、定制、编辑数据库结构、表结构、报表格式、应用程序组件等。

用户可以使用项目管理器、命令、菜单等几种方法来访问各种设计器。如打开表单设计器步骤如下：打开"文件"菜单，单击"新建"选项。在"新建"对话框中，选中"表单"选项，单击"新建文件"按钮，便可打开表单设计器窗口，如图 3.47 所示。

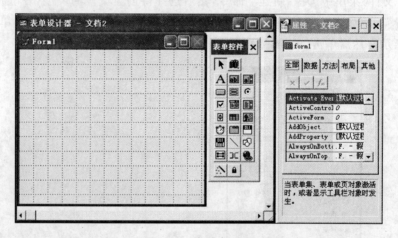

图 3.47　表单设计器

1. Visual FoxPro 提供的各种设计器及其功能

表设计器：创建并建立索引。

查询设计器：用于创建本地表的查询。

视图设计器：用于创建远程数据源的查询并可更新查询。

表单设计器：用于创建表单，用以查看并编辑表的数据。

报表设计器：用于创建报表，以便显示及打印数据。

标签设计器：用于创建标签布局以便打印标签。

数据库设计器：用于建立数据库，查看并创建表之间的关系。

连接设计器：为远程视图创建连接。

菜单设计器：用于创建菜单或快捷菜单。

数据环境设计器：帮助用户可视地创建和修改表单、表单集及报表的数据环境。

Visual FoxPro 中设计器的具体使用方法将在后面章节中进行介绍。

2. 工具栏

每种设计器都有一个或多个工具栏，可以很方便地使用大多数常用的功能或工具操作。例如，表单设计器就有分别用于控件、控件布局以及调色板的工具栏。

工作时，可以根据需要在屏幕上放置多个工具栏。

通过把工具栏停放在屏幕的上部、底部或两边，可以定制工作环境。定制工具栏可按下列步骤操作：

(1) 从"显示"菜单中选择"工具栏"命令。

(2) 在"工具栏"对话框中（见图3.33）选择要使用的工具栏。

(3) 单击"确定"按钮。

Visual FoxPro 能够记住工具栏的位置，再次进入系统时，工具栏将位于关闭前所在的位置上。

3.4.3　Visual FoxPro 的生成器

Visual FoxPro 6.0 系统提供了若干个生成器（builders），它是一种可视化辅助工具，简化了创建、修改用户界面程序的设计过程，提高了软件开发的质量和效率。每个生成器包含若干个选项卡，可简化对表单、复杂控件和参照完整性代码的创建和修改过程。允许用户访问并设置所选择对象的相关属性。用户可将生成器生成的用户界面直接转换成程序编码，使用户从逐条编写程序代码、反复调试程序的手工作业中解放出来。

例如使用"表单生成器"，可以直接从"表单"菜单中，选择"快速表单"命令，如图 3.48 所示。也可从表单设计器窗口中，右击，然后在弹出的快捷菜单中选择"生成器"选项，如图 3.49 所示。

图 3.48　"表单"菜单

图 3.49　表单设计器窗口

　　无论哪种方式,都可以打开"表单生成器"对话框,如图 3.50 所示。打开生成器其他方法将在后续各章叙述。现在简要说明一下生成器的功能。

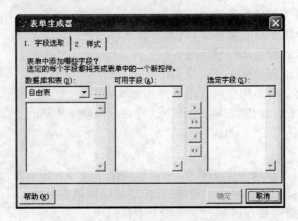

图 3.50　"表单生成器"对话框

　　每个生成器都有多个选项卡,用于设置选中对象的属性。以下所示不同种类的生成器及其功能。

　　(1) 文本框生成器:用于建立文本框。

　　(2) 组合框生成器:用于建立组合框。

　　(3) 列表框生成器:用于建立列表框。

　　(4) 编辑框生成器:用于建立编辑框。

　　(5) 命令组生成器:用于建立命令按钮组。

　　(6) 选项组生成器:用于建立选项按钮组。

　　(7) 表单生成器:用于生成表单。

　　(8) 表达式生成器:创建并编辑表达式。

　　(9) 自动格式生成器:用于格式化一组控件。

　　(10) 参照完整性生成器:用于建立参照完整性规则。

　　(11) 表格生成器:用于建立表格。

3.5　Visual FoxPro 的操作概述

　　本节介绍 Visual FoxPro 的操作方式,并简要说明 Visual FoxPro 的命令格式及基本语法,以便于读者在今后学习中参考。

3.5.1　Visual FoxPro 的操作方式

　　Visual FoxPro 系统为用户提供了几种各具特点的操作方式,用户可根据情况选择合适的操作方式,实现数据库的操作。Visual FoxPro 的主要操作方式有命令操作方式、菜单操作方式和程序操作方式,还可以使用系统提供的工具进行操作。

　　(1) 命令操作方式:命令操作方式也可称为人机交互方式,Visual FoxPro 与 FoxBASE、

FoxPro一样也支持交互命令方式,即用户每发出一条命令,系统随即解释并直接操作指定对象,出错则给予相应的提示,正确则给出相应的执行结果。命令应在命令窗口逐条输入。命令窗口具有一般编辑窗口的特征,可以编辑、插入、删除、剪切和复制。并且可以对已输入的命令重复执行。命令操作的优点是为用户提供了一个直接操作的手段,能够直接使用系统的各种命令和函数,有效操纵数据库,其不便之处是要求熟练掌握各种命令和函数的格式、功能、用法等细节。

(2) 菜单操作方式:利用菜单创建应用程序是开发者常用的方法。Visual FoxPro 6.0系统将许多命令做成菜单命令选项,用户通过选择菜单项来使用数据库的操作方式即为菜单操作方式。实际上菜单操作方式包括对菜单栏、快捷键和工具栏的组合操作。很多操作是通过调用相关的向导、生成器、设计器工具,以直观、简便、可视化方式完成对系统的操作,用户不必熟悉命令的细节和相应的语法规则,通过对话来完成操作。有了这种方式,一般用户无须编程就可完成数据库的操作与管理。因此用户在开发过程中的每一步操作常需要菜单方式的配合。例如,要建立一个项目,可以单击"文件"菜单的"新建"命令或工具栏的"新建"按钮。

(3) 工具操作方式:在 Visual FoxPro 中提供了一些使用简单、功能强大的辅助工具,如表设计器、数据库设计器等,在进入这些设计器后,用户只需进行一些选择的操作,就可完成某些复杂的操作。

(4) 程序操作方式:程序操作方式是将命令行代码组成一个程序,存入以.prg 为扩展名的命令文件中,然后通过相应命令调用此命令文件,由系统自动执行。程序操作方式就是预先将实现某种操作处理的命令序列编成程序,通过运行程序来实现操作、管理数据库的操作方式。程序中的代码包括以命令形式出现的指令、函数或 Visual FoxPro 可以理解的其他操作。此外 Visual FoxPro 支持面向对象的程序设计,代码不仅存在于命令文件中,而且在表单设计过程中也常常为它的某一对象的一个或多个事件编写代码,在菜单或报表设计时,也要编写代码。用户可以根据实际应用需要编写应用程序,从而使操作界面更简洁直观、操作步骤更符合业务处理的流程以及操作环境更为规范。但程序的编写需要经过专门训练,只有具备一定设计能力的专业人员方能胜任,普通用户很难编写大型的、综合性较强的应用程序。

在这四种方式中,前三种方式属于交互式方式,可以通过不同方法得到同一结果。菜单操作方式比较便利,一般开始学习时可先从菜单方式入手。

3.5.2 Visual FoxPro 的命令结构

Visual FoxPro 不仅支持面向对象的程序设计,同时也支持面向过程的程序设计。程序总是由命令与函数及 Visual FoxPro 可以理解的其他操作组成,因而了解 Visual FoxPro 的命令并且熟记一些常用命令显得很重要。本小节将介绍 Visual FoxPro 的命令结构,一些常用的命令及其功能可参阅 Visual FoxPro 的帮助。在联机帮助中有 Visual FoxPro 6.0的所有命令格式、功能说明及一些示例。

Visual FoxPro 的命令都有固定的格式,必须按相应的格式和语法规则书写和使用,否则系统无法识别、执行。Visual FoxPro 命令结构由命令动词、语句体和注释几部分构成。其中命令动词不可缺少,表示实施一种操作。语句体由一系列具有若干功能的子句及参数构成,其作用是对操作对象、操作结果及操作条件的某些说明,使用时可以根据需要选择一个或多个子句及参数,也可以一个都不选。此外在命令的书写过程中可以添加适当的注释语句,以"&&"开始表示注释。

例如:

CREATE DATABASE "图书管理"　　　　&& 创建一个指定库文件名的数据库

其中,CREATE 为命令动词,DATABASE"图书管理"为语句体,创建一个指定库文件名的数据库为注释部分。

Visual FoxPro 的命令总是由一个命令动词开头,后随语句体。其基本格式如下:

<命令动词> [<范围>] [FOR/WHILE <条件>] [FIELDS <字段名表>] [OFF] [TO PRINT][TO FILE <文件名>]

其命令格式中语法标识符的意义和用法如下:

<　>:必选项:表示括号"<　>"中的内容是必选的,若缺省,则命令不能执行。其内容可以根据需要而定,当<　>套在[ ]里时,表示选中时有效。

[ ]:任选项:表示括号"[ ]"中的内容可有也可缺省,根据实际需要选用或省略该项内容,当该项内容缺省时命令也能执行。

/ :二选一的意思。表示在"/"的两边根据实际需要选择其中一项内容。

注意:实际使用时,以上约定符号均不应包含在命令行中。

3.5.3　Visual FoxPro 命令中常用的子句及参数

各种命令一般都包含数量不等的可选子句及参数,操作时用户根据实际需要可部分或全部选用。子句及参数的作用是扩充、完善命令的功能,很多命令必须通过相应子句的配合,才能有效地、完整地实现命令功能。因此,对于命令的功能与用法是否了解、掌握,更多是体现在对命令中各子句及参数的了解、掌握上,学习时要对此更多关注。

1. [范围]子句

在很多对表进行操作的命令中,都包含有范围子句,用来选择、确定命令可以处理的记录范围。范围子句的作用相当于关系运算中的选择运算,选择运算是按指定逻辑条件选择表中符合条件的记录,而范围子句是按记录范围选择记录,前者是逻辑选择,后者是物理选择。范围子句有四种具体的选择范围:

RECORD <n>:　　范围是记录号为 n 的一条记录。

NEXT <n>:　　　范围是从当前记录开始的连续 n 条记录。

REST:　　　　　范围是从当前记录开始到表尾的所有记录。

ALL:　　　　　范围是数据表文件中的全部记录。

当[范围]选项缺省时,视具体命令而定,可表示 ALL 或当前记录。

2. 字段名表子句

字段名表子句的作用是选取命令操作的字段范围。它对应于关系运算中的投影运算。其格式是:[FIELDS] <字段名表>。其中,字段名表由若干个以","分隔的字段名构成,缺省该选项时,命令将处理表中的所有字段,否则只处理"字段表达式清单"中指定的字段。

有些命令中字段表子句要求以关键字 FIELDS 引导,有些则可省略,这决定于命令语法格式要求。

3. 条件子句

条件子句为任选项,表示命令将对表中所有符合条件的记录实施操作,它对应于关系运算中的选择运算。条件子句有两种:

FOR <条件>:指操作命令对所有使条件为真的记录有效,

WHILE <条件>:指从当前记录开始,当遇到使条件为假的记录时,操作命令终止,即先顺序寻找出第一个满足条件的记录,再继续找出后续的也满足条件的记录,一旦发现有一个记录不满足条件,就不再往下寻找。

格式中<条件>为必选项,由逻辑表达式或关系表达式构成,其值为逻辑型数据。

一般情况下,FOR <条件>和 WHILE <条件>不同时使用。如果同时使用,WHILE <条件>将优先处理。

4. 其他子句

[OFF]:任选项,表示操作结果不显示记录号。

[TO PRINT]:任选项,将操作结果输出到打印机。

[TO FILE<文件名>]:任选项,将操作结果输出到文件。

3.5.4 Visual FoxPro 命令的书写规则

Visual FoxPro 6.0 的命令都有相应的语法格式,使用时必须按一定的规则书写、输入。有关命令的书写规则归纳如下:

(1) 任何命令必须以命令动词开始,以回车键结束。若命令过长,为了简化键盘输入,Visual FoxPro 6.0 允许命令动词和功能子句中的命令字使用缩写的形式,只要写出这些字的至少前 4 个字母。例如,DISPLAY 可缩写为 DISP、DISPL、DISPLA。但为了保持命令的可读性和规范性,命令动词及子句中关键字一般不建议采取缩略形式。

(2) 命令动词与子句之间、各子句及参数间至少用一个空格分隔。

(3) 除命令动词外,命令中其他部分的排列顺序一般不影响命令功能。例如,以下两种写法的功能等效。

```
DISPLAY ALL fields dzxm FOR jtzz = "北京" AND dzxb = "女"
DISPLAY fields dzxm ALL FOR jtzz = "北京" AND dzxb = "女"
```

(4) 一行只能写一个命令,一个命令行最多包含 8192 个字符(包括所有的空格)。一行书写不完,行尾用分号";"做续行标志,按回车键后在下一行继续书写、输入,例如:

```
DISP ALL FIEL DZXM FOR jtzz = "北京";
    AND dzxb = "女"      && 本行是上一行的续行
```

(5) Visual FoxPro 不区分命令字符的大小写。

(6) 键盘宏:在 Visual FoxPro 中,宏(macro)是代表一系列动作和击键操作的一个组合键。键盘宏实际上是一个击键序列的记录,使用它可以帮助用户快速地完成某些经常重复的工作,还可以帮助用户建立应用程序的自动演示程序。Visual FoxPro 的键盘宏中,共可存储 1024 个击键序列。此外一个键盘宏还可以调用另外一个宏,以产生更长的击键序列。但在键盘宏中,无法记录鼠标的动作,对某些只能用鼠标完成的动作,键盘宏就不起作用了。键盘宏一般应用于"命令"窗口。可以用"工具"菜单上的"宏"命令更改宏定义。

3.5.5　Visual FoxPro 的保留字

Visual FoxPro 有很多系统保留字,所谓保留字是指 Visual FoxPro 使用的具有特定含义的单词,在编程和变量命名时,应尽量避免使用系统保留字。常用保留字如下所示。

系统基本操作:SET(设置)、DEFAULT(默认)、PATH(路径)。

表的基本操作:CREATE(创建)、USE(使用)、OPEN(打开)、CLOSE(关闭)、COPY(复制)、EDIT(编辑)、CHANGE(修改)、BROWSE(浏览)、JOIN(连接)。

表记录操作:DISPLAY(显示)、LIST(显示)、REPLACE(替换)、INSERT(插入)、APPEND(追加)、DELETE(删除)、PACK(物理删除)、ZAP(删除)、LOCATE(记录定位)、CONTINUE(继续)、SEEK(查找)、FIND(查找)、RECALL(恢复)。

表记录指针:GO、SKIP、TOP、BOTTOM、EOF、BOF。

索引与排序:INDEX(索引)、COMPACT(压缩)、SORT(排序)。

表的统计与汇总:COUNT(记录数统计)、SUM(求和)、AVERAGE(求平均值)、TOTAL(汇总统计)。

程序命令:ACCEPT、INPUT、WAIT、STORE。

程序语句:IF、THEN、ELSE、ENDIF、CASE、ENDCASE、ENDDO、WHILE、EXIT、LOOP、FOR、ENDFOR、RETURN、PROCEDURE、NEXT、FUNCTION、OTHERWISE。

本章小结

本章是使用 Visual FoxPro 6.0 的入门知识,主要介绍了 Visual FoxPro 6.0 的系统安装、用户界面、常用工具和各种工具的基本使用方式等几方面的内容,本章涉及内容较多,目的是帮助初学者用最短的时间了解 Visual FoxPro 6.0 系统的全貌。

习题

一、单选题

1. 退出 Visual FoxPro 的操作方法是【　　】。

    A. 从"文件"下拉菜单中选择"退出"选项

    B. 单击"关闭"窗口按钮

    C. 在命令窗口中输入 QUIT 命令,然后按回车键

    D. 以上方法都可以

2. 下面关于工具栏的叙述中,错误的是【 　】。

    A. 可以创建自己的工具栏 　　　　　　B. 可以修改系统提供的工具栏

    C. 可以删除自己的工具栏 　　　　　　D. 可以删除系统提供的工具栏

3. 利用【 　】可以将数据表、数据库、程序、菜单、表单、报表等集中进行管理。

    A. 程序编辑窗口 　　　B. 向导 　　　　C. 生成器 　　　　D. 项目管理器

4. 利用【 　】工具可以引导数据表、表单、报表等的制作过程。

    A. 设计器 　　　　　　B. 向导 　　　　C. 生成器 　　　　D. 工具栏

5. 获取目前 Visual FoxPro 软件环境的帮助,应按【 　　】键。

    A. F1 　　　　　　　B. F2 　　　　　C. F3 　　　　　　D. F4

6. Visual FoxPro 是一种 PC 平台【 　】型数据库管理系统。

    A. 关系 　　　　　　B. 层次 　　　　C. 链状 　　　　　D. 网状

7. 在 Visual FoxPro 中"表"是指【 　　】。

    A. 报表 　　　　　　B. 关系 　　　　C. 表格 　　　　　D. 表单

8. 数据库系统与文件系统的最主要区别是【 　　】。

    A. 数据库系统复杂,而文件系统简单

    B. 文件系统不能解决数据冗余和数据独立性问题,而数据库系统可以解决

    C. 文件系统只能管理程序文件,而数据库系统能够管理各种类型的文件

    D. 文件系统管理的数据量较小,而数据库系统可以管理庞大的数据量

9. 在 Visual FoxPro 中创建项目,系统将建立一个项目文件,项目文件的扩展名是【 　　】。

    A. .pro 　　　　　　B. .prj 　　　　C. .pjx 　　　　　D. .itm

10. 在 Visual FoxPro 的项目管理器中不包括的选项卡是【 　　】。

    A. 数据 　　　　　　B. 文档 　　　　C. 类 　　　　　D. 表单

二、填空题

1. Visual FoxPro 提供了三类支持可视化设计的辅助工具,它们是【1】、设计器、生成器。

2. Visual FoxPro 支持四种工作方式,即人机交互方式、【2】、【3】、【4】。

3. Visual FoxPro 提供了一种称为【5】的管理工具,可供用户对所开发项目中的数据、文档、源代码和类库等资源进行集中高效的管理,使开发与维护更加方便。

4. 在使用项目管理器对文件进行操作时,除了使用项目管理器中的命令按钮外,还可以使用系统菜单栏中的【6】菜单。

5. 在 Visual FoxPro 系统环境下,可以在【7】中将系统的各个文件组装在一起。

6. 项目管理器的工作区是显示和管理各类文件的窗口,它采用【8】结构方式来组织和管理项目中的文件。

7. 隐藏 Visual FoxPro 命令窗口的方法是:单击"窗口"菜单中的【9】命令;或者单击命令窗口的关闭按钮;或者直接按组合键【10】。

8. Visual FoxPro 是一种 PC 平台关系型数据型数据库管理系统,它支持标准的面向过程的程序设计方式,同时还支持【11】程序设计方法。

9. 若命令较长,一行写不完时,可分行书写,用【12】加以分隔,然后按回车键,转到屏幕下一行继续输入这条命令。系统在执行时,将它们视为一个整体。

三、简答题

1. 简述 Visual FoxPro 的主要特点。

2. 运行 Visual FoxPro 需要什么样的硬件环境和软件环境。

3. 启动和退出 Visual FoxPro 系统有哪几种方法？如何操作？

4. Visual FoxPro 的系统窗口由哪几部分组成？

5. Visual FoxPro 的命令窗口和工作区窗口有什么作用？

6. 如何设置 Visual FoxPro 系统环境？

7. Visual FoxPro 有哪几种工作方式？简述各种方式的特点。

8. 简述向导、生成器和设计器的功能。

第4章 数据与数据运算

数据有型和值之分,型是数据分类,值是数据具体表示。数据类型一旦被定义,就确定了其存储方式和使用方式。本章学习常量、变量、函数及由它们构成的表达式,为 Visual FoxPro 后续学习奠定基础。

4.1 常量与变量

数据类型决定数据存储方式和运算方式。在实际工作中所采集到的原始数据,通常要经过加工处理,使之变成对用户有用的信息。数据处理的基本要求是对处理的数据进行选择和归类。Visual FoxPro 为了使用户建立和使用数据库更加方便,将数据划分数值型、字符型、逻辑型、日期型、日期时间型、通用型及备注型等 7 种。

4.1.1 常量

常量是指在程序运行过程中固定不变的数据,其特征是在所有的操作中值不发生改变。用户可以创建不同数据类型的常量,创建常量和释放常量的语句格式如下:

　　#DEFINE 常量名 表达式

　　……

　　#UNDEF 常量名

其中,#DEFINE 语句用于创建常量并为常量赋值,#UNDEF 语句用于释放常量,"常量名"即要创建获释放的常量。

在 Visual FoxPro 系统中,常量包含以下几种类型。

1. 数值型常量

数值型常量由数字(0~9)、小数点和正、负号组成。在 Visual FoxPro 中,数值型常量有两种表示方法:小数形式和指数形式。如 75、−3.62 是小数形式的数值型常量。指数形式通常用来表示那些绝对值很大或很小而有效位数不太长的一些数值,对应于日常应用中的科学计数法。指数形式用字母 E 来表示以 10 为底的指数,E 左边为数字部分,称为尾数;右边为指数部分,称为阶码。阶码只能是整数,尾数可以是整数,也可以是小数。尾数与阶码均可正可负,如 1.234E13 表示 1.234×10^{13}。

例 4.1 以下是合法的数值型常量。

−321.65、678、+3756.98、−4.23E-8

注意：数值型常量在内存中用 8 个字节表示，其取值范围 $-0.999999999E+19\sim$ $0.9999999999E+20$。

2. 字符型常量

字符型常量是由汉字和 ASCII 字符及可打印字符组成的字符串。使用时必须用定界符双引号("")或单引号(')或方括号([ ])括起来。如果某一种定界符本身是字符型常量中的字符，就应该选择另一种定界符。

例 4.2　以下是合法的字符型常量。

"ACE"、'中华人民共和国'、[清华大学出版社]、"That's right！"

注意：

(1) 定界符的作用是确定字符串的起始位置和终止界限，它本身不是字符型常量的内容。

(2) 定界符必须成对匹配使用。例如："Visual FoxPro 及 "VF 系统开发'都是错误的表示，前一个缺少一个双引号，后一个前后定界符不匹配。

(3) 不含任何字符的字符型常量""称为空串，它和包含空格的字符型常量" "不同。

3. 逻辑型常量

由表示逻辑判断结果为"真"或"假"的符号组成，表示逻辑运算的结果。前后两个句点作为逻辑型常量的定界符是必不可少的，否则会被误认为变量名。逻辑型数据只占一个字节。

例 4.3　以下是合法的逻辑型常量。

逻辑真：.t. 或 .T. , .y. 或 .Y.

逻辑假：.f. 或 .F. , .n. 或 .N.

例 4.4　?3>5

则系统主屏幕显示：

.F.

例 4.5　?110<120

则系统主屏幕显示：

.T.

4. 日期型常量

日期型常量是表示日期的特殊数据。用大括号{ }作为定界符，包括年、月、日三部分内容，各部分内容之间用分隔符分隔。系统默认斜杠(/)分隔符，默认的日期型格式以"月/日/年"的形式来表示。如{10/01/10}表示 2010 年 10 月 1 日。

日期常量常用的系统输出格式：mm/dd/yy

日期常量常用的系统输入格式：{^yyyy/mm/dd}

其中，mm 代表月，dd 代表日，yy 或 yyyy 代表年。

日期型数据用 8 个字节表示，取值范围是：{^0001-01-01}～{^9999-12-31}。

例 4.6　以下是合法的日期型常量。

04/12/99、{^2008/05/07}

除了以上两种常用的日期常量格式外，还可以通过下面几个 SET 命令，确定日期常量的格式。SET 命令及功能如下：

（1）命令格式：SET CENTURY ON/OFF

命令功能：确定日期数据的年份字符数（SET CENTURY ON 年份是 4 个字符，SET CENTURY OFF 是 2 个字符）。

（2）命令格式：SET DATE [TO] american/mdy/ymd

命令功能：确定日期数据的指定格式。

其中，american 指定的格式是：mm/dd/yy；

　　　　 mdy 指定的格式是：mm/dd/yy；

　　　　 ymd 指定的格式是：yy/mm/dd。

（3）命令格式：SET STRICTDATE TO[0/1/2]

命令功能：设置是否对日期数据的格式进行检查。

其中，0 不对日期数据的格式进行检查；

　　　 1 进行日期数据的格式检查，书写格式必须符合{^yyyy/mm/dd}形式；

　　　 2 进行日期数据的格式检查，同时对 CTOD()、DTOC()函数中日期数据也做同
　　　 样检查。

（4）命令格式：SET MARK TO[日期分隔符]

命令功能：确定日期数据的分隔符号。

例 4.7　在屏幕上输出日期时间型常量{2010/05/06}

方法一：在命令窗口直接输入命令：

?{^2010/05/06}

则系统主屏幕显示：

05/06/10

方法二：在命令窗口依次输入如下命令：

SET MARK TO"-"

SET DATE TO ymd

SET CENTURY OFF

?{^2007/05/06}

则系统主屏幕显示：

10-05-06

5. 日期时间型常量

日期时间型常量是表示日期和时间的特殊数据，用大括号{}作为定界符。系统默认的日期时间型以{月/日/年 时：分：秒}的形式来表示。

日期时间型常量常用的系统输出格式：mm/dd/yy hh:mm:ss

日期时间型常量常用的系统输入格式：{^yyyy/mm/dd hh:mm:ss}

其中，mm 代表月，dd 代表日，yy 或 yyyy 代表年，hh 代表小时，mm 代表分钟，ss 代表秒。

注意：日期时间型数据用 8 个字节存储。日期部分的取值范围与日期型数据相同，时间部分的取值范围是 00:00:00～23:59:59 或 00:00:00AM～11:59:59PM。

例 4.8　以下是合法的日期时间型常量。

{^2008/11/18 10:01:35}、11/18/05 10:01:01 AM

例 4.9　SET CENTURY ON

　　　　SET MARK TO

　　　　SET DATE TO YMD

　　　　?{^2008-09-20 10:01:01 AM}

则系统主屏幕显示：

2008/09/20 10:01:01 AM

6. 浮点型常量

浮点型常量是数值型常量的浮点格式。

例 4.10　以下是合法的浮点格式的数值型常量。

$-234e+11$（表示 $-234 * 10^{11}$）、$-345e-89$（表示 $-345 * 10^{-89}$）

7. 货币型常量

货币型常量是货币单位数据，数字前加前置符号 $ 。货币型数据在存储和计算时，采用 4 位小数并将小数以下 4 位四舍五入。货币常量不用科学计数法形式，在内存中占 8 个字符。

例 4.11　以下是合法的货币型常量。

$1234.567、$35.48

4.1.2　变量

在程序运行过程中，值可发生变化的量称为变量，即变量的值是可以随时改变的。给变量命名时，应遵守以下原则：

(1) 变量名中只能含有字母（汉字）、数字和下划线。

(2) 以字母或汉字开头。

(3) 变量名不能使用 Visual FoxPro 的保留字，如对象名、系统预先定义的函数名等。

Visual FoxPro 6.0 中有两类变量：一类是构成数据库表的字段变量，另一类是独立于数据库以外的内存变量，字段变量和内存变量的区别见表 4.1。

表 4.1　字段变量与内存变量的区别

字 段 变 量	内 存 变 量
数据库表文件的组成部分	独立于数据库文件而存在
随表文件的定义而建立	需要时随时定义
多值变量	单值变量
关机后保存在数据库表文件中	预先存入内存变量文件中，关机不保存

1. 字段变量

字段变量是数据库管理系统的一个重要概念，是指数据表文件中已定义的任意一个字段。由于在一个数据表中，字段的值是随着记录行的变化而变化的，所以称它为变量。

使用字段变量首先要建立数据表，建立数据表时首先定义字段变量属性（名字、类型和长度)。字段变量的数据类型与该字段定义的类型一致。具体描述见表4.2。

表 4.2　字段变量的数据类型

数据类型	说　明	数据类型	说　明
字符型	字母数值型文本	整型	正、负数和零
货币型	货币单位	逻辑型	真或假
数值型	整数或小数	备注型	不定长的字母、数字文本
浮动型	整数或小数	通用型	OLE(对象链接与嵌入)
日期型	年、月、日	字符型(二进制)	字母数字型文本
日期时间型	年、月、日、时、分、秒	备注型(二进制)	不定长的字母数字型文本
双精度型	双精度数值		

如果内存变量与打开的当前数据表中的字段变量同名,在显示时字段变量优先于内存变量。此时若要显示内存变量的内容,必须在内存变量名前加"M→"或"M."以示区别。

例 4.12　内存变量和字段变量访问示例。

USE 学生成绩

disp

Store"course"to 课程号

?课程号

则系统主屏幕显示:

　　cool

　　?M. 课程号

则系统主屏幕显示:

　　course

2. 内存变量

内存变量是内存中的临时单元,可以用来在程序的执行过程中保留中间结果与最后结果,或用来保留对数据库进行某种分析处理后得到的结果。

内存变量的类型取决于内存变量值的类型,它可以是数值型、字符型、浮点型、逻辑型、日期型和日期时间型。

内存变量可以分为简单的内存变量和数组两类。数组本质上是内存变量的集合。

(1) 简单的内存变量

简单内存变量是一般意义下的简单变量,指内存中的一个存储单元。该单元的名称称为内存变量名,该单元存放的数据称为内存变量的值。与内存变量有关的操作如下。

① 内存变量的赋值

内存变量的赋值命令如下:

格式 1:

　　<内存变量名>=<表达式>

格式 2:

　　STORE<表达式>TO<内存变量名表>

功能:计算表达式,并将计算结果赋值给内存变量。格式 2 可以同时为多个变量赋相同的值,格式 1 只能为单个变量赋值。

例 4.13　定义内存变量并将其赋值。

在命令窗口输入以下命令：

Y＝600

STORE"张三" TO XM

STORE 9 TO M,N

?Y,XM,M,N

则系统主屏幕显示：

Y＝600

XM＝张三

M＝9　N＝9

例 4.14　X＝8

STORE 6 TO Y

?X＋Y

则系统主屏幕显示：

14

② 内存变量的显示命令

格式 1：

LIST MEMORY ［LIKE＜通配符＞］［TO PRINTER］［PROMPT］|［TO FILE＜文件名＞］

格式 2：

DISPLAY MEMORY ［LIKE＜通配符＞］［TO PRINTER］［PROMPT］|［TO FILE＜文件名＞］

功能：显示内存变量的当前信息,包括变量名、作用范围、类型和值。

区别：LIST 不分屏显示,DISPLAY 分屏显示。

说明：

(1) LIKE 选项可以筛选出需要的变量,缺省该选项,系统默认为全体变量。

(2) 通配符包括"＊"和"?"。

(3) TO PRINTER 选项是将显示的变量内容输出到打印机,PROMPT 显示打印提示窗口。

(4) TO FILE＜文件名＞选项是将显示的变量内容保存到文本文件中。

例 4.15　STORE"长春大学" TO xx,dx

d＝{^2010-05-16}

?LIST MEMORY LIKE d

则系统主屏幕显示：

DX Pub C "长春大学"

D Pub D 05/16/10

显示以 d 开头的两个内存变量 dx 和 d,它们的值依次为"长春大学"、05/16/10,类型依次是字符型、日期型。

③ 变量或表达式值的输出命令

格式 1：

?变量名或?＜表达式表＞

格式 2：

??变量名或??＜表达式表＞

功能：显示变量或显示表达式的值。

区别：格式 1 自动产生换行符，表示要换行显示结果。而格式 2 不会产生换行符，表示要从当前行光标所在位置起显示结果。

例 4.16 X＝5

?X^2

则系统主屏幕显示：

25.00

④ 内存变量文件的建立

将所定义的内存变量的各种信息全部保存到一个文件中，该文件称为内存变量文件，其默认的扩展名为.mem。建立内存变量文件命令的格式为：

SAVE TO ＜内存变量名＞[ALL[LIKE|EXCEPT＜通配符＞]]

其中，ALL 表示将全部内存变量存入文件中。ALL LIKE＜通配符＞表示内存变量中所有与通配符相匹配的内存变量都存入文件。ALL EXCEPT＜通配符＞表示把与通配符不匹配的全部内存变量存入文件中。

⑤ 内存变量的恢复

内存变量的恢复是指将已存入内存变量文件中的内存变量从文件中读出，装入内存中。其命令格式为：

RESTORE FROM ＜内存变量文件名＞[ADDITIVE]

若命令中含有 ADDITIVE 任选项，系统不清除内存中现有的内存变量，并追加文件中的内存变量。

⑥ 内存变量的清除命令

所谓内存变量的清除，是指清除内存存储单元中存放的内容，并收回该内存变量所占用的格式空间。它有以下几种格式。

格式 1：

CLEAR MEMORY

格式 2：

RELEASE＜内存变量名表＞

格式 3：

RELEASE ALL [LIKE ＜通配符＞]

功能：清除内存变量。

区别：格式 1 清除所有的内存变量，格式 2 清除指定的内存变量，格式 3 清除与通配符相匹配的内存变量。

例 4.17 a1＝25 * 5

a2＝"XYZ"

a3＝.F.

a4＝a1

?LIST MEMORY LIKE a

则系统主屏幕显示：

A1　Pub　N　125　　　(125.00000000)

A2　Pub　C　"XYZ"

A3　Pub　L　.F.

A4　Pub　N　125　　　(125.00000000)

再输入命令：

?SAVE TO fvar ALL LIKE a

RELEASE a1,a2,a3

?LIST MEMORY LIKE a

则系统主屏幕显示：

A4　Pub　N　125　　(125.00000000)

再输入命令：

RESTORE FROM fvar

?LIST MEMORY LIKE a

则系统主屏幕显示：

A1　Pub　N　125　　(125.00000000)

A2　Pub　C　"XYZ"

A3　Pub　L　.F.

A4　Pub　N　125　　(125.00000000)

⑦ 人机交互命令

Visual FoxPro 提供三条人机交互赋值命令：ACCEPT、WAIT 和 INPUT。用户可以从键盘上将数据赋给内存变量。

命令格式：

WAIT[＜提示信息＞][TO＜内存变量＞]

ACCEPT[＜提示信息＞]TO＜内存变量＞

INPUT[＜提示信息＞]TO＜内存变量＞

命令功能：该命令暂停 Visual FoxPro 的执行，显示＜提示信息＞，把输入的数据存入内存变量中，按回车键终止数据输入，继续执行 Visual FoxPro 的命令。

说明：

- 命令格式中的＜提示信息＞可以为字符型常量、变量或表达式。
- WAIT 命令中的内存变量为字符型变量。该命令只能输入一个字符。如果省略了可选项，程序执行到此命令，屏幕上显示"按任意键继续"的提示。
- ACCEPT 命令中的内存变量为字符型变量。该命令可以输入多个字符，最多能输入 254 个字符，按回车键时表示数据输入结束。
- INPUT 命令中，可以输入任意类型的数据，表达式的类型决定了生成变量的类型。如果输入的是字符型数据，必须加定界符。

例 4.18　显示内存变量的值。

WAIT"继续打印吗？（Y/N)" TO A

则系统主屏幕显示：

继续打印吗?(Y/N)Y　　&& 输入 Y 到内存变量 A 中

?A　　　　　　　　　 && 显示内存变量 A 的值

则系统主屏幕显示：

Y

例 4.19 提示用户输入姓名，显示变量的值。

ACCEPT"请输入姓名："TO XM

则系统主屏幕显示：

请输入姓名：

键盘输入安迪　　　　　&& 输入安迪到内存变量 XM 中

?XM　　　　　　　　　&& 显示内存变量 XM 的内容

则系统主屏幕显示：

安迪

例 4.20 输入数值型数据。

INPUT"请输入工资：" TO GZ

则系统主屏幕显示：

请输入工资：

键盘输入 800.00　　　　&& 输入 800.00 到内存变量 GZ 中

?GZ　　　　　　　　　&& 显示内存变量 GZ 的内容

则系统主屏幕显示：

800.00

（2）数组

在 Visual FoxPro 中，把名字相同、用下标区分的内存变量集合称为数组。数组的引入可以大大提高运算速度，而且使复杂的编程问题变得简单。Visual FoxPro 的数组使用方便灵活，有以下特点：

- 同一数组各个元素可以具有不同的类型，每个元素的具体类型，按所赋值而定。
- 数组变量可以不带下标使用，这时它在赋值语句的左边和右边的定义不同。如果它在赋值语句的右边，表示该数组第一个元素；如果它在赋值语句的左边，表示该数组所有元素。Visual FoxPro 数组功能这个特点，对整个数组赋值或初始化操作都很方便。
- 数组和数据表之间可以相互转换。即数据表中的数据可以转换为数组数据，反过来数组数据也可以转换为数据表中的数据。

数组必须先定义后使用。

① 数组的定义

格式：DECLARE/DIMENSION<数组名>(<下标 1>[,<下标 2>])[,<数组名>(<下标 1>[,<下标 2>])…]

功能：定义一维或二维数组。每个数组最多可以包含 3600 个元素，数组的下标（数值表达式）值初始为 1。

使用数组时应注意数组元素的排列次序。

例 4.21 DECLARE A(2),B(2,2)

该命令定义了一维数组 A(2)和二维数组 B(2,2)。一维数组 A(2)有两个元素，分别表示为 A(1)、A(2)；二维数组 B(2,2)有四个元素，分别表示为：B(1,1)、B(1,2)、B(2,1)、B(2,2)。

② 数组的赋值

数组元素可以是任意类型的数据,其数据类型由对该变量的赋值决定。对于同一数组的不同元素,数据类型可以不一致。数组元素在赋值前的类型为逻辑型,其值为逻辑假(.F.)。

　　格式：STORE＜表达式＞TO＜数组名＞

　　　　　＜数组名＞＝＜表达式＞

　　功能：给数组中每个元素赋以相同的值。

　　例4.22　　DECLARE A(4)

　　　　　　STORE 5 TO A

　　　　　　?A(1),A(2),A(3),A(4)

则系统主屏幕显示：

5　5　5　5

DIMENSION A(2,3)

A＝175

A(2,2)＝2 * A(2,2)

?A(5),A(1,2)

则系统主屏幕显示：

350　175

③ 数组的使用

数组定义后,数组中每个元素就可以像内存变量一样使用。

执行赋值命令时,系统将根据＜表达式＞值的类型确定或改变数组元素的类型。

与对内存变量的操作一样,使用 LIST/DISPLAY MEMORY 命令可以显示数组元素的类型及其值。使用 CLEAR/RELEASE MEMORY 命令可以删除整个数组。使用 SAVE 命令可以将数组同内存变量一起保存到内存变量文件(.MEM)中,需要时用 RESTORE 命令将其从内存变量文件恢复到内存中。

④ 数组和数据库表记录相互转换

· 数据库表当前记录复制到数组

格式 1：SCATTER [FIELDS LIKE| EXCEPT＜通配符＞] TO＜数组＞[BLANK]

功能：将表的当前记录从指定字段的第一个字段内容开始,依次复制到指定数组中。

如果无 FIELDS＜字段名表＞选择项,则按记录中字段的先后顺序传送所有字段(备注字段除外),否则按＜字段名表＞指定的字段顺序传送。字段的类型决定了数组变量的类型。如果使用 BLANK 短语,则产生一个空数组。各数组元素的类型和大小与表中当前记录的对应字段相同。

格式 2：SCATTER [FIELDS LIKE| EXCEPT＜通配符＞]

功能：用通配符指定包括或排除的字段。

　　例4.23　　DIMENSION X(4)

　　　　　　USE 学生成绩

　　　　　　DISPLAY

　　　　　　SCATTER TO X

　　　　　　?X(1),X(2),X(3),X(4)

则系统主屏幕显示：

0940401 王丽丽 C001 89

- 数组数据复制到数据库表的当前记录

格式 1：GATHER FROM <数组名>［FIELDS<字段名表>］

功能：将数组中的数据作为一个记录复制到表的当前记录中。从第一个数组元素开始，依次向字段名表指定的字段填写数据。

若无 FIELDS<字段名表>选择项，则依次向各个字段复制，如数组元素个数多于记录中字段的个数，则多余部分被忽略。

格式 2：GATHER <数组名>［FIELDS LIKE|EXCEPT<通配符>］

功能：用通配符指定包括或排除的字段。

例 4.24　USE 学生成绩

GO 7

DECLARE Y(3)

Y(1)="0940404"

Y(2)="李英"

Y(3)="C004"

GATHER FROM Y FIELDS 学号,姓名,课程号

?DISPLAY

则系统主屏幕显示：

记录号	学号	姓名	课程号	成绩
7	0940404	李英	C004	95

3. 变量作用域

在命令窗口中定义的变量，在本次 Visual FoxPro 运行期间都可以使用，直到使用 CLEAR MEMORY 命令或 RELEASE 命令将其清除。但是在程序中定义的变量情况不同。变量只有在应用程序运行时的某一时刻才存在。所谓变量的作用域即某个变量在应用程序中的有效作用区间。变量的作用域定义不当，对象间的数据传递就将导致失败。

以下是定义内存变量作用域的命令。

(1) 全局变量的定义

命令格式：PUBLIC <内存变量表>

或：　　　PUBLIC[array]<数组 1>(<下标 1 上界>［,<下标 2 上界>］)

　　　　　［,<数组 2>(<下标 1 上界>［,<下标 2 上界>］)…

例 4.25　定义 a、b、c 三个变量为全局型变量。

PUBLIC a,b,c

全局变量必须先定义后赋值。已经被定义的全局型内存变量，还可以在下级程序中进一步定义的局部型内存变量。但已经定义的局部型内存变量，却不可以反过来再定义成全局型内存变量。全局变量在全部程序、过程和自定义函数，以及它调用的程序、过程和自定义函数中都有效。即使整个程序结束，全局型内存变量也不被释放，它们的值仍然保存在内存中。若要释放内存变量，可以用 RELEASE、CLEAR ALL/CLEAR MEMORY 命令进行

操作。

（2）私有变量的定义

命令格式：PRIVATE ＜内存变量表＞

或：　　　　PRIVATE All[Like＜通配符＞|Except＜通配符＞]

或：　　　　PRIVATE [array]＜数组1＞(＜下标1上界＞[,＜下标2上界＞])

　　　　　　[,＜数组2＞(＜下标1上界＞[,＜下标2上界＞])…

例4.26 定义d1、d2两个内存变量、A数组为局部变量。

PRIVATE All Like d*

PRIVATE A(3,3)

私有变量可以在定义它的程序以及被该程序调用的程序、过程和局部型内存变量函数中有效。一旦定义它的程序运行完毕，私有变量将从内存中释放。如果定义它的程序再调用其他子程序，则该变量在子程序中继续有效。如果它在子程序中改变了值，则返回调用程序时也带回新值，并在程序中继续使用。

（3）本地变量的定义

命令格式：LOCAL ＜内存变量表＞

或：　　　　LOCAL [array]＜数组1＞(＜下标1上界＞[,＜下标2上界＞])

　　　　　　[,＜数组2＞(＜下标1上界＞[,＜下标2上界＞])…

例4.27 定义a,b两个内存变量、C数组为本地变量。

Local a,b,C(3,4)

本地型内存变量只能在定义它的程序中有效。一旦定义它的程序运行完毕，本地型内存变量将从内存中释放。无论是被定义它的程序调用的程序还是调用定义它的程序都不能使用这些内存变量。

4.2　表达式

4.2.1　运算符

运算符是对数据进行各种操作的一种符号，又称操作符。Visual FoxPro中使用四种类型的运算符：算术型运算符、逻辑型运算符、字符型运算符以及关系型运算符。

1. 算术运算符

算术运算符对表达式进行算术运算，产生数值型、货币型等结果。它包含六种运算符：

＋ 加法运算符　　　　　－减法运算符

＊ 乘法运算符　　　　　/ 除法运算符

＊＊ 或^乘方运算符　　　()优先运算符

2. 字符运算符

字符运算符是对字符串进行连接操作的一种符号。在Visual FoxPro中的字符运算符包含三个运算符：

（1）＋：字符串连接运算符。将两个或两个以上字符串连接成一个新的字符串。

（2）－：压缩空格运算符。将第一个字符串尾部的空格去掉，然后与第二个字符串连接成一个新的字符串，第一个字符串尾部的空格移到新的字符串的末尾。

（3）＄：包含运算符。用于表示两个字符串之间的包含与被包含的关系。参与运算的数据只能是字符型的。

格式：＜子字符串＞＄＜字符串＞

若＜子字符串＞被包含在＜字符串＞中时结果为真，否则为假。

例 4.28 ?"ST" ＄ "STRING"

则系统主屏幕显示：

.T.

?"方毅" ＄ "方毅档案"

则系统主屏幕显示：

.T.

?"what" ＄ "WHAT IS THAT"

则系统主屏幕显示：

.F.

例 4.29 STORE"what "TO s

STORE"is that" TO m

?s＋m

则系统主屏幕显示：

What is that

?s－m

则系统主屏幕显示：

Whatis that

3．关系运算符

关系运算符对两个表达式进行比较运算，产生逻辑结果（真或假）。它包括六种运算符：

＜小于　　 ＜＝小于等于

＞大于　　 ＞＝大于等于

＝等于　　 ＜＞不等于

使用关系运算符时，应该注意以下三点：

（1）关系运算符可以用在字符型、数字型和日期型表达式中，用于比较的两个表达式数据类型必须相同。

（2）关系成立值为.T.，否则值为.F.。

（3）数字型数据是按其数值大小进行比较；字符型数据是根据 ASCII 码值的大小进行比较；日期型数据是按年、月、日的先后进行比较。

例 4.30 ?330 ＞＝412

则系统主屏幕显示：

.F.

?"CDE">"ABC"

则系统主屏幕显示：

.T.

?CTOD("02/05/2007")<=CTOD("08/07/2007")

则系统主屏幕显示：

.T.

例 4.31　X=3

?X=X+3

则系统主屏幕显示：

.F.

4. 逻辑运算符

逻辑运算符是对逻辑型数据进行操作的一种符号，其运算结果仍为逻辑值。在 Visual FoxPro 中的逻辑运算符包括四种运算符：

.AND. 逻辑与　　　.OR. 逻辑或

.NOT. 逻辑非　　　()括号

逻辑运算规则的定义：

(1) .NOT.A：当 A 为真时结果为假，反之结果为真。

(2) A.AND.B：当 A 和 B 都为真时结果为真，否则结果为假。

(3) A.OR.B：当 A 和 B 当中有一个为真时结果就为真，只有 A 和 B 都为假时结果才为假。

运算规则：

(1) 逻辑非优于逻辑与，逻辑与优于逻辑或，括号最优先。逻辑运算符与算术运算符一样也可以利用括号来改变它们之间操作运算的先后顺序。

(2) 逻辑表达式实际上是一种判断条件，条件成立则表达式值为.T.，条件不成立则表达式值为.F.。

4.2.2　表达式

表达式是由常量、变量、函数通过各种运算符连接起来的，具有一定意义的式子。书写 Visual FoxPro 表达式应遵循以下规则：

(1) 表达式中所有的字符必须写在同一水平线上，每个字符占一格。

(2) 表达式中常量的表示、变量的命名以及函数的引用要符合 Visual FoxPro 的规定。

(3) 要根据运算符运算的优先顺序合理地加括号，以保证运算顺序的正确性。

表达式经过运算得到的结果就是表达式的值。根据表达式的值可以将表达式划分为以下五种类型。

1. 算术表达式

算术表达式由算术运算符和数值型常量、数值型内存变量、数值型数组、数值型字段、返回数值型数据的函数组成。算术表达式的运算结果是数值型常数。

在进行算术表达式计算时,要遵循以下优先顺序:先括号,在同一括号内,按先乘方(**),再乘除(*、/),再模运算(%),后加减(+、-)。

例 4.32　以下是合法的表达式。

?2 ** 4,5^3,96%12,4 * 8/2

则系统主屏幕显示:

16.00,125.00,0,16

2. 字符表达式

字符表达式由字符运算符和字符型常量、字符型内存变量、字符型数组、字符型的字段和返回字符型数据的函数组成。字符型表达式运算的结果是字符常数或逻辑型常数。

"+"和"-"两者均完成字符串连接运算。不同的是前者将运算符"+"两边的字符串完全连接;后者则是先去掉运算符"-"前面字符串的尾部空格,然后再与运算符后面的字符串连接。当运算符前面字符串尾部没有空格时,两种连接运算结果是一样的。

"$"是包含运算,其功能是检测两个字符串中,后串是否包含前串的内容。如果后串包含前串的内容,其结果为(.T.);否则,其结果是(.F.)。

例 4.33　?"计算机"+"程序设计"

则系统主屏幕显示:

计算机程序设计

?"计算机　　"-"程序设计"

则系统主屏幕显示:

计算机程序设计

?"程序设计"$"计算机软件"

则系统主屏幕显示:

.F.

?"程序设计"$"计算机程序设计"

则系统主屏幕显示:

.T.

3. 日期时间表达式

日期时间表达式由日期运算符和日期时间型常量、日期时间型内存变量和数组、返回日期时间型数据的函数组成。日期时间表达式运算的结果是日期时间型常量。

日期时间运算符如下:

+　相加　　-相减

日期时间表达式有六种格式,列举如下:

格式 1:<日期型数据>+<天数>

　　　　<天数>+<日期型数据>

其结果是指定日期若干天后的日期。

格式 2:<日期型数据>-<天数>

其结果是指定日期若干天前的日期。

格式 3：＜日期型数据 1＞－＜日期型数据 2＞

其结果是两个指定日期之间相差的天数。

格式 4：＜日期时间型数据＞＋＜秒数＞

＜秒数＞＋＜日期时间型数据＞

其结果是指定时间若干秒后的某个日期时间。

格式 5：＜日期时间型数据＞－＜秒数＞

其结果是若干秒前的某个日期时间。

格式 6：＜日期时间型数据 1＞－＜日期时间型数据 2＞

其结果是两个日期时间之间相差的秒数。

例 4.34　?{^2010/10/15}+5

则系统主屏幕显示：

2010/10/20

?{^2010/10/15 9:17:30}+100

则系统主屏幕显示：

2010/10/15 09:19:10 AM

?{ ^2010/10/20}-{^2010/10/13}

则系统主屏幕显示：

7

?{ ^2010/10/15 9:19:10}-{^2010/10/15 9:17:30}

则系统主屏幕显示：

100

例 4.35　d2=DATE()+2

d3=DATE()-2

?d2-d3

则系统主屏幕显示：

4

4. 关系表达式

关系表达式由关系运算符和字符表达式、算术表达式、时间日期表达式或逻辑表达式组成。其运算结果为逻辑型常量。关系运算是运算符两边同类型元素的比较,关系成立结果为. T. ；反之结果为. F. 。

关系表达式一般形式是：

e1＜关系运算符＞e2

其中,e1,e2 可以同为算术表达式、字符表达式、日期和时间表达式或逻辑表达式。

各种类型数据的比较规则如下：

- 数值型和货币型数据根据其代数值的大小进行比较。
- 日期型和日期时间型数据进行比较时,离现在日期或时间越近的日期或时间越大。
- 逻辑型数据比较时,. T. 比. F. 大。
- 对于字符型数据,Visual FoxPro 可以设置字符的排序次序。在"工具"菜单中选择"选项",将打开"选项"对话框,在"数据"选项卡的"排序序列"下拉列表框中选择

Machine,PinYin 或 Stroke 选项并确定。若选择 Machine,字符按照机内码顺序排列。

若选择 PinYin,字符按照拼音次序排序。若选择 Stroke,字符按笔画数多少排序。

在比较过程中,>=、<=、<>两个字符之间不允许有空格,否则将产生语法错误。

例 4.36　?7 * 7<49

则系统主屏幕显示:

　.F.

?"DB"=="DBC"

则系统主屏幕显示:

　.F.

?4!=-5

则系统主屏幕显示:

　.T.

?6+8>=13

则系统主屏幕显示:

　.T.

?SQRT(5^2-4 * 1 * 5)>=0

则系统主屏幕显示:

　.T.

5. 逻辑表达式

逻辑表达式由逻辑运算符和逻辑型常量、逻辑型内存变量、逻辑型数组、返回逻辑型数据的函数和关系表达式组成。

逻辑运算符如下:

.NOT. 逻辑非　　.AND. 逻辑与　　.OR. 逻辑或

进行逻辑表达式计算值时要遵循以下优先顺序:括号、.NOT.、.AND.、.OR.。

逻辑非运算是单目运算符,值作用于后面的一个逻辑操作数,若操作数为真,则返回假,否则返回真。逻辑与和逻辑或是双目运算符,所构成的逻辑表达式为:

L1 .AND. L2

L1 .OR. L2

其中,L1,L2 均为逻辑型操作数。

对于逻辑与运算,只有 L1,L2 同时为真,表达式值才为真,只要其中一个为假,则结果为假。

对于逻辑或运算,L1,L2 中只要有一个为真,表达式即为真,只有 L1,L2 均为假时,表达式才为假。

例 4.37　?.NOT.3+5>7

则系统主屏幕显示:

　.F.

?5+2>4.AND.3 * 5=15

则系统主屏幕显示:

　　.T.

　　?5 * 6<=30. OR. 7>2

则系统主屏幕显示：

　　.T.

　　?(3+4=7. OR. 3 * 5<14). AND. 3 * 6=16

则系统主屏幕显示：

　　.F.

　　当一个表达式包含多种运算时,其运算的优先级由高到低的排列为：

　　算术运算>字符串运算>日期和时间运算>关系运算>逻辑运算

　　在对表进行各种操作时常常要表达各种条件,即对满足条件的记录进行操作,此时就要综合运用本节的内容。下面通过实例进行讲解。

　　例 4.38　学生表的结构如下：

　　学生(学号 C6,姓名 C10,性别 C2,出生日期 D,少数民族否 L,籍贯 C10,入学成绩 N5.1,简历 M,照片 G)

　　针对学生表,写出下列条件：

　　(1) 姓"张"的学生；

　　(2) 20 岁以下的学生；

　　(3) 家住湖南或湖北的学生；

　　(4) 汉族学生；

　　(5) 入学成绩在 580 分以上的湖南或湖北的学生；

　　(6) 20 岁以下的少数民族学生。

　　分析：为了表示上述条件,需知道学生的有关信息。有些信息直接包含在表中；而有些信息则需要利用函数、表达式进行运算后才能得到。

　　(1) 姓"张"的学生

　　条件 1：AT("张",姓名)=1

　　条件 2：SUBSTR(姓名,1,2)="张"

　　(2) 20 岁以下的学生

　　条件 1：DATE()-出生日期<=20 * 365

　　条件 2：YEAR(DATE())-YEAR(出生日期)<=20

　　(3) 家住湖南或湖北的学生

　　条件：籍贯="湖南"OR"湖北"

　　(4) 汉族学生

　　条件 1：少数民族否=.F.

　　条件 2：IIF(少数民族否,"少数民族","汉族")="汉族"

　　(5) 入学成绩在 580 分以上的湖南或湖北的学生

　　条件：入学成绩>580 AND (籍贯="湖南" OR 籍贯 ="湖北")

　　(6) 20 岁以下的少数民族学生

　　条件：YEAR(DATE())-YEAR(出生日期)<=20 AND 少数民族否

4.3 常用函数

为了适应数据处理的需要,提高程序设计效率,Visual FoxPro 向用户提供了丰富的标准函数,通常取<函数名>()的形式。

函数的一般形式是:<函数名>(参数表)

函数的自变量称为参数,对于合法的参数,函数必须有一个返回值。

以下介绍常用函数的格式与功能。

4.3.1 数值计算函数

1．取绝对值函数 ABS()

格式:ABS(<数值表达式))

功能:求出<数值表达式>的绝对值。

例 4.39 ?ABS(10-20)

则系统主屏幕显示:

10

?ABS(20-10)

则系统主屏幕显示:

10

2．最大值函数 MAX()

格式:MAX(<数值表达式 1>,<数值表达式 2>,…<数值表达式 N>)

功能:求多个<数值表达式>中的最大值。也可以用来求多个<日期表达式>中的较近日期。

例 4.40 ?MAX(335.52,265.78,130.12)

则系统主屏幕显示:

335.52

?MAX(-65,-25,-79)

则系统主屏幕显示:

-25

?MAX({^2010-06-23},{^2009-06-23})

则系统主屏幕显示:

06/23/10

3．最小值函数 MIN()

格式:MIN(<数值表达式 1>,<数值表达式 2>,…<数值表达式 N>)

功能:求多个<数值表达式>中的最小值。也可以求多个<日期表达式>中较远的日期。

例 4.41　?MIN(358.21,227.36,451.89)

则系统主屏幕显示：

227.36

?MIN(CTOD("02/07/2009"),DATE( ))

则系统主屏幕显示：

02/07/09

4. 取整函数 INT()、CEILING()、FLOOR()

格式：INT(<数值表达式>)

　　　CEILING(<数值表达式>)

　　　FLOOR(<数值表达式>)

功能：INT 取数值型表达式的整数部分；CEILING 取大于或等于指定表达式的最小整数；FLOOR 取小于或等于指定表达式的最大整数。函数值均为数值型。

例 4.42　?INT(30.87)

则系统主屏幕显示：

30

?INT(−25.3)

则系统主屏幕显示：

−25

x=56.23

?INT(x),INT(−x),CEILING(x),CEILING(−x),FLOOR(x),FLOOR(−x)

则系统主屏幕显示：

56,−56,57,−56,56,−57

5. 自然对数函数 LOG()

格式：LOG(<数值表达式>)

功能：求<数值表达式>的自然对数。

例 4.43　?LOG(2.71828)

则系统主屏幕显示：

1.00000

?LOG(INT(542/100))

则系统主屏幕显示：

1.61

6. 指数函数 EXP()

格式：EXP(<数值表达式>)

功能：求出以 e=2.718…为底,以<数值表达式>值为指数的指数函数值。

例 4.44　?EXP(0)

则系统主屏幕显示：

1.00

?EXP(1)

则系统主屏幕显示：

2.72

7. 求模函数 MOD()

格式：MOD(<数值表达式 1>,<数值表达式 2>)

功能：函数以<数值表达式 1>的值为被除数,<数值表达式 2>的值为除数,求出除法运算后的余数。如果被除数与除数同号,函数值即为两数相除的余数；如果被除数与除数异号,函数值即为两数相除的余数再加上除数的值。余数为零时,返回零。

例 4.45 ?MOD(16,11),MOD(5 * 6,12/4)

则系统主屏幕显示：

5, 0

?MOD(16,−11)

则系统主屏幕显示：

−6

8. 四舍五入函数 ROUND()

格式：ROUND(<数值表达式 1>,<数值表达式 2>)

功能：用于对<数值表达式 1>进行四舍五入运算。<数值表达式 2>指定保留的小数位数。如果<数值表达式 2>为负数,则返回整数部分的四舍五入位数。

例 4.46 ?ROUND(23.589,2)

则系统主屏幕显示：

23.59

?ROUND(125.321,−2)

则系统主屏幕显示：

100

9. 平方根函数 SQRT()

格式：SQRT(<数值表达式>)

功能：求<数值表达式>的平方根。自变量<数值表达式>的值必须是非负数。

例 4.47 ?SQRT(9)

则系统主屏幕显示：

3.00

10. 符号函数 SIGN()

格式：SIGN(<数值表达式>)

功能：指定数值表达式的符号。当表达式的运算结果为正、负和零时,函数值分别为 1、−1、0。

例 4.48　?SIGN(145%2)

则系统主屏幕显示：

1

4.3.2　字符处理函数

1. 宏代换函数&

格式：&<字符变量>

功能：& 函数用于代替字符型内存变量的值,也可以在<字符变量>中形成 Visual FoxPro 6.0 的命令(或命令的一部分),用 & 函数代换来执行。

例 4.49　STORE"再见!"TO m

　　　　STORE"m"TO d

　　　　?d

则系统主屏幕显示：

m

?&d

则系统主屏幕显示：

再见!

例 4.50　m="245 * SQRT(4)"

　　　　?34+&m

则系统主屏幕显示：

524.00

例 4.51　设 l=3,m=6,n="l+m",求表达式 6+&N 的值。

?6+&n

则系统主屏幕显示：

15

例 4.52　STORE"洗衣机" TO YA

　　　　STORE"计算机" TO YB

　　　　STORE"B"TO A

　　　　STORE"Y&A" TO STRING

　　　　?&STRING

则系统主屏幕显示：

计算机

2. 求字符串长度函数 LEN()

格式：LEN(<字符表达式>)

功能：返回指定字符表达式的长度,即字符表达式所包含的字符个数。若是空串,则长度为 0。函数值为数值型。注意,一个汉字占用两个字符的宽度。

例 4.53 求字符串"IBM 计算机"的长度。

?LEN("IBM 计算机")

则系统主屏幕显示：

9

?LEN(SPACE(4)−SPACE(2))

则系统主屏幕显示：

6

3．空格生成函数 SPACE()

格式：SPACE(<数值表达式>)

功能：产生指定长度的空格字符串，长度由数值表达式的值确定。

例 4.54 STORE SPACE(5) TO m

?"aa"+m+"ddd"

则系统主屏幕显示：

aa ddd

4．删除字符串尾部空格函数 RTRIM()/TRIM()

格式：RTRIM(<字符表达式>)

TRIM(<字符表达式>)

功能：消除<字符表达式>的字符串尾部空格，返回一个消除了尾部空格的字符串。

例 4.55 先删除字符串"计算机   "尾部空格后，再计算它的长度。

?LEN(TRIM("计算机   "))

则系统主屏幕显示：

6

5．删除字符串前导空格函数 LTRIM()

格式：LTRIM(<字符表达式>)

功能：消除<字符表达式>的字符串的前部空格，返回一个消除了前部空格的字符串。

6．删除字符串前后空格函数 ALLTRIM()

格式：ALLTRIM(<字符表达式>)

功能：消除<字符表达式>的字符串的前部、尾部空格，返回一个消除了前后空格的字符串。

例 4.56 STORE SPACE(1)+"BOOK"+SPACE(2) TO m

?m+m

则系统主屏幕显示：

BOOK BOOK

?TRIM(m)+ALLTRIM(m)+LTRIM(m)

则系统主屏幕显示：

BOOKBOOKBOOK

7. 取子串函数 LEFT()/RIGHT()/SUBSTR()

格式：LEFT(<字符表达式>,长度)

　　　　RIGHT(<字符表达式>,长度)

　　　　SUBSTR(<字符表达式>,起始位置[,长度])

功能：LEFT 对字符串从左端开始取指定长度的子串作为函数值。

　　　　RIGHT 对字符串从右端开始取指定长度的子串作为函数值。

　　　　SUBSTR 对字符串从指定的起始位置开始取指定长度的子串作为函数值,若省略长度则从指定的起始位置开始取到最后一个字符的子串作为函数值。

例 4.57　在字符串"This Is 中国"中分别截取子串"This"、"中国"和"Is"。

?LEFT("This Is 中国",4)

则系统主屏幕显示：

This

?RIGHT("This Is 中国",4)

则系统主屏幕显示：

中国

?SUBSTR("This Is 中国",4,2)

则系统主屏幕显示：

Is

8. 子串位置检索函数 AT()、ATC()

格式 1：AT(<字符表达式 1>,<字符表达式 2>[,<数值表达式>])

格式 2：ATC(<字符表达式 1>,<字符表达式 2>[,<数值表达式>])

功能：若<字符表达式 1>是<字符表达式 2>的子串,则返回<字符表达式 1>在<字符表达式 2>的起始位置数值;如果不是子串则返回 0 值。<数值表达式>表示子串在<字符表达式 2>中第几次出现,其默认值是 1。ATC()与 AT()功能类似,但区别在于其比较时不区分字母大小写。

例 4.58　?AT("book","That is a book")

则系统主屏幕显示：

11

?ATC("PRO","Visual FoxPro")

则系统主屏幕显示：

11

9. 字符串替换函数 STUFF()

格式：STUFF(<字符表达式 1>,<起始位置>,<字符数>,<字符表达式 2>)

功能：用<字符表达式 2>替换<字符表达式 1>中由<起始位置>和<字符数>所

指定的子串。

例 4.59 将"英语等级考试"中的"等级"替换为"专业",并在主屏上显示结果。

?STUFF("英语等级考试",5,4,"专业")

则系统主屏幕显示:

英语专业考试

例 4.60 STORE '中国 长沙' TO x

?STUFF(x,6,4,'北京')

则系统主屏幕显示:

中国 北京

10. 字符串匹配函数 LIKE()

格式:LIKE(<字符表达式 1>,<字符表达式 2>)

功能:比较两个字符串对应位置上的字符,如果所有对应字符都匹配,则函数返回真,否则,返回假。

字符表达式 1 中可以包含通配符"*"和"?","*"号可以与任意数目的字符相匹配,"?"号可以与任何单个字符相匹配。

例 4.61 ?LIKE("*设计程序","Visual FoxPro 程序设计")

则系统主屏幕显示:

.F.

11. 字符串复制函数 REPLICATE()

格式:REPLICATE(<字符表达式>,<数值表达式>)

功能:将<字符表达式>的值复制<数值表达式>次。

例 4.62 将字符串"英语等级考试"重复显示 2 遍。

?REPLICATE("英语等级考试",2)

则系统主屏幕显示:

英语等级考试英语等级考试

例 4.63 ?REPLICATE('*',6)

则系统主屏幕显示:

******

12. 子串出现次数函数 OCCURS()

格式:OCCURS(<字符表达式 1>,<字符表达式 2>)

功能:返回第一个字符串在第二个字符串中出现的次数,函数值为数值型。如果第一个字符串不是第二个字符串的子串,函数值为 0。

例 4.64 ?OCCURS("at","attention")

则系统主屏幕显示:

1

?OCCURS("look","ilooklookher")

则系统主屏幕显示：

2

13. 字符替换函数 CHRTRAN()

格式：CHRTRAN(<字符表达式 1>,<字符表达式 2>,<字符表达式 3>)

功能：此函数的自变量是三个字符表达式。当第一个字符串中的一个或多个字符与第二个字符串中的某个字符相匹配时，就用第三个字符串中的对应字符（相同位置）替换这些字符。如果第三个字符串包含的字符个数少于第二个字符串包含的字符个数，因而没有对应字符时，则第一个字符串中相匹配的各字符将被删除。如果第三个字符串包含的字符个数多于第二个字符串包含的字符个数，多于字符被忽略。

例 4.65 ?CHRTRAN("top","toes","lump")

则系统主屏幕显示：

lup

4.3.3 数据类型转换函数

数据类型转换函数可以将某一种类型的数据转换成另一种类型的数据。

1. 数值型转换为字符型函数 STR()

格式：STR(<数值型表达式>[,<长度>][,<小数位数>])

功能：将<数值型表达式>的值转换为字符型数据，转换时根据需要自动进行四舍五入。选择项<长度>值决定转换后的字符串长度，包括小数点与负号。选择项<小数位数>值决定转换后小数点右边的小数位数。若<长度>值小于<数值型表达式>的值的整数位数，则返回由"＊"号组成的字符串。

例 4.66 ?STR(34.23＊10,6,2)

则系统主屏幕显示：

342.30

?STR(2.36541,5,3)

则系统主屏幕显示：

2.365

?STR(3456.78,3,2)

则系统主屏幕显示：

＊＊＊

2. 字符型转换为数值型函数 VAL()

格式：VAL(<字符型表达式>)

功能：用于将由数字符号（包括正、负号、小数点）组成的字符型数据转换为相应的数值型数据。当字符串内出现非数字字符，那么只转换前面部分；若字符串的首字符不是数字符号，则返回数值零，但忽略前导空格。

例 4.67 将字符型数据"235"和"4.1"分别转换为数值后相加,并显示其结果。

?VAL("235")＋VAL("4.1")

则系统主屏幕显示:

239.10

例 4.68 ?VAL("24a.44")＋VAL("ae38.4")

则系统主屏幕显示:

24.00

3. 将字符转换成 ASCII 码的函数 ASC()

格式:ASC(<字符型表达式>)

功能:给出指定字符串最左边的一个字符的 ASCII 码值。函数值为数值型。

4. 将 ASCII 值转换成相应字符函数 CHR()

格式:CHR(<数值型表达式>)

功能:将数值型表达式的值作为 ASCII 码,给出所对应的字符。

例 4.69 ch1＝?"M"

ch2＝CHR(ASC(ch1)＋ASC("a?")－ASC("A"))

?ch2

则系统主屏幕显示:

m

5. 日期型转换为字符型函数 DTOC()

格式:DTOC(<日期型表达式>[,<1>])

功能:将<日期型表达式>中的日期型值转换为字符型。若无选择项<1>时,则字符串的格式为 MM/DD/YY;若指定选择项<1>时,则字符串的格式为 yyyymmdd。其中的"1"可以是任意数值。

例 4.70 ?"今天的日期是:",DTOC(DATE())

则系统主屏幕显示:

今天的日期是 10/05/10

?DTOC(DATE(),1)

则系统主屏幕显示:

20101005

6. 日期时间型转换为字符型函数 TTOC()

格式:TTOC(<日期时间型表达式>)

功能:将日期时间型表达式的值转换为字符型数据。

7. 字符型转换为日期或日期时间型函数 CTOD()/CTOT()

格式:CTOD(<字符型表达式>)

CTOT(<字符型表达式>)

功能：CTOD()将日期格式的字符型表达式的值转换为日期型数据。

CTOT()将日期时间格式的字符型表达式的值转换为日期时间型数据。

例 4.71　?CTOD("4/8/2007")

则系统主屏幕显示：

04/08/07

STORE CTOD("10/1/2010") TO a

?a

则系统主屏幕显示：

10/01/10

STORE CTOD("9/24/2010") TO b

?b

则系统主屏幕显示：

09/24/10

?"到国庆节还有",a－b,"天!"

则系统主屏幕显示：

到国庆节还有 7 天!

例 4.72　SET DATE TO YMD

SET CENTURY ON

x＝"2010/06/23"

y＝"2010/06/23"

a＝"2010/06/23,12:30:00P"

?CTOD(x)－CTOD(y),CTOT(a)

则系统主屏幕显示：

365 2010/06/23 12:30:00 PM

8. 小写转换成大写函数 UPPER()

格式：UPPER(<字符型表达式>)

功能：将<字符型表达式>中所有小写字母转换成大写字母。

例 4.73　?UPPER("This is China")

则系统主屏幕显示：

THIS IS CHINA

9. 大写转换成小写函数 LOWER()

格式：LOWER(<字符型表达式>)

功能：将<字符型表达式>中所有大写字母转换成小写字母。

例 4.74　?LOWER("This is China")

则系统主屏幕显示：

this is china

4.3.4　日期时间函数

1. 时间函数 TIME()

格式：TIME()

功能：返回当前系统的时间，系统时间格式为时：分：秒(hh:mm:ss)。

2. 日期函数 DATE()

格式：DATE()

功能：返回当前系统日期。如果不通过 SET DATE 命令特别设置，系统的格式为月/日/年(MM/DD/YY)。

3. 年、月、日函数 YEAR()/MONTH()/DAY()

格式：YEAR(日期型表达式/日期时间型表达式)

　　　MONTH(日期型表达式/日期时间型表达式)

　　　DAY(日期型表达式/日期时间型表达式)

功能：YEAR()函数返回日期型表达式或日期时间型表达式中的年份。

　　　MONTH()函数返回日期型表达式或日期时间型表达式中的月份。

　　　DAY()函数返回日期型表达式或日期时间型表达式中的天数。

4. 时、分、秒函数 HOUR()/MINUTE()/SEC()

格式：HOUR(日期时间型表达式)

　　　MINUTE(日期时间型表达式)

　　　SEC(日期时间型表达式)

功能：HOUR()函数返回日期时间型表达式中的小时部分。

　　　MINUTE()函数返回日期时间型表达式中的分钟部分。

　　　SEC()函数返回日期时间型表达式中的秒数部分。

例 4.75　d={^2010-06-23,5:45:56 P}

　　　　　?HOUR(d),MINUTE(d),SEC(d)

则系统主屏幕显示：

17 45 56

4.3.5　测试函数

1. 值域测试函数 BETWEEN()

格式：BETWEEN(<表达式 1>,<表达式 2>,<表达式 3>)

功能：判断<表达式 1>的值是否介于<表达式 2>和<表达式 3>的值之间。值得注意的是，测试函数的区间为闭区间。BETWEEN()首先计算表达式的值。如果一个字符、数值、日期、表达式的值介于两个相同类型表达式值之间，即被测表达式的值大于或等于下限表达式的值,小于或者等于上限表达式的值,BETWEEN()将返回.T.,否则返回.F.。

例 4.76 gz=3750

?BETWEEN(gz,2600,6500)

则系统主屏幕显示:

.T.

2. 空值测试函数 ISNULL()、EMPTY()

格式1:ISNULL(<表达式>)

功能:判断一个表达式的值是否为 NULL,若是,函数返回值为.T.,否则为.F.。

格式2:EMPTY(<表达式>)

功能:根据指定表达式的运算结果是否为"空"值,若是,函数返回值为.T.,否则为.F.。

例 4.77 x=NULL

y=0

?ISNULL(x),ISNULL(y)

则系统主屏幕显示:

.T.   .F.

3. 文件结束测试函数 EOF()

格式:EOF([<数值型表达式>])

功能:用于测试指定工作区数据库表文件是否结束。若记录指针已经向前移过最后一个记录,EOF()函数返回值为真,否则为假。

若省略<数值型表达式>时,测试当前工作区的数据库表文件。

若测试的工作区未打开数据库表文件,则 EOF( )值为假。

例 4.78 USE 学生成绩

GOTO   BOTTOM

?EOF

则系统主屏幕显示:

.F.

SKIP

?EOF

则系统主屏幕显示:

.T.

4. 文件起始测试函数 BOF()

格式:BOF([<数值型表达式>])

功能:用于测试指定工作区数据库表文件是否开始。若记录指针已经向后移过最上面一个记录,BOF()函数返回值为真,否则为假。

若省略<数值型表达式>时,测试当前工作区的数据库表文件。

若测试的工作区未打开数据库表文件,则 BOF()值为假。

例 4.79 USE 学生成绩

?BOF

则系统主屏幕显示：

.F.

SKIP−1

则系统主屏幕显示：

.T.

5. 记录号测试函数 RECNO()

格式：RECNO([<数值型表达式>])

功能：返回指定工作区中当前记录的记录号。<数值型表达式>的值指定当前工作区号。若省略<数值型表达式>时，测试当前工作区。

若测试的工作区未打开数据库表文件，则 RECNO() 值为零。

6. 记录数测试函数 RECCOUNT()

格式：RECCOUNT([<数值型表达式>])

功能：返回指定工作区中当前数据库表文件的所有记录个数。<数值型表达式>的值指定当前工作区号。RECCOUNT()返回的值不受 SET DELETED 和 SET FILTER 的影响，总是返回包括加有删除标记在内的全部记录。

若省略<数值型表达式>时，测试当前工作区。

若测试的工作区未打开数据库表文件，则 RECCOUNT()值为零。

7. 条件测试函数 IIF()

格式：IIF(<逻辑表达式>,<表达式 1>,<表达式 2>)

功能：若逻辑表达式的值为真，则函数返回表达式 1 的值，否则函数返回表达式 2 的值。

例 4.80 判断逻辑表达式 152＞145 的真假，当为真时显示"YES"，否则显示"NO"。

?IIF(152>145,"YES","NO")

则系统主屏幕显示：

YES

例 4.81 xb="女"

?IIF(xb=[男],1,IIF(xb=[女],2,3))

则系统主屏幕显示：

2   1

8. 数据类型测试函数 VARTYPE()

格式：VARTYPE(<表达式>,[<逻辑表达式>])

功能：测试表达式的数据类型，返回一个大写字母，表明该表达式的数据类型。

字符型　C　　数值型　N　　日期型　D

　　逻辑性　L　　备注型　M　　未定义　U

　　例 4.82　?VARTYPE(.T.)

则系统主屏幕显示：

　　L

　　?VARTYPE("3 * 5.12")

则系统主屏幕显示：

　　C

　　?VARTYPE("DATE()")

则系统主屏幕显示：

　　C

　　?VARTYPE(DEC)

则系统主屏幕显示：

　　U

9. 数据库表文件函数 DBF()

　　格式：DBF([<数值型表达式>])

　　功能：用于给出指定工作区的数据库表文件名。

　　选择项<数值型表达式>用于指定工作区号,若无此项则对当前工作区操作。当指定工作区没有打开的数据库表文件,则返回空串。

10. 文件测试函数 FILE()

　　格式：FILE(<文件名>)

　　功能：用于测试指定的文件是否存在。若存在,则返回逻辑值为真(.T.),否则返回逻辑值为假(.F.)。

　　在<文件名>中必须给出文件扩展名。

11. 字母测试函数 ISALPHA()

　　格式：ISALPHA([<字符型表达式>])

　　功能：用于测试<字符型表达式>是否以字母开头。若以字母开头,则返回逻辑值为真(.T.),否则为假(.F.)。

　　例 4.83　?ISALPHA("WIN234")

则系统主屏幕显示：

　　.T.

　　?ISALPHA("234WIN")

则系统主屏幕显示：

　　.F.

12. 小写字母测试函数 ISLOWER()

　　格式：ISLOWER([<字符型表达式>])

功能：用于测试<字符型表达式>是否以小写字母开头。若以小写字母开头，则返回逻辑值为真(.T.)，否则为假(.F.)。

例 4.84 ?ISLOWER("Windows")

则系统主屏幕显示：

.F.

?ISLOWER("define89")

则系统主屏幕显示：

.T.

?ISLOWER("23ert")

则系统主屏幕显示：

.F.

13. 大写字母测试函数 ISUPPER()

格式：ISUPPER([<字符型表达式>])

功能：用于测试<字符型表达式>是否以大写字母开头。若以大写字母开头，则返回逻辑值为真(.T.)，否则为假(.F.)

例 4.85 ?ISUPPER("Windows")

则系统主屏幕显示：

.T.

?ISUPPER("define89")

则系统主屏幕显示：

.F.

?ISUPPER("23ERT")

则系统主屏幕显示：

.F.

14. 字段名函数 FIELD()

格式：FIELD(<数值型表达式 1>[,<数值型表达式 2>])

功能：给出指定工作区打开的数据库表文件中，指定位置的字段名。<数值型表达式1>用来指定字段名的位置数。若其值超过字段个数，则返回空串。<数值型表达式 2>用来指定工作区，若无此选择项，则对当前工作区操作。

例 4.86 USE 学生成绩

? FIELDS (2)

则系统主屏幕显示：

姓名

15. 别名函数 ALIAS()

格式：ALIAS([<数值型表达式>])

功能：用于给出指定工作区的别名。

选择项<数值型表达式>用于指定工作区号,若无此项则对当前工作区操作。当指定的工作区没有打开的数据库表文件时,则返回空串。

例 4.87 USE 学生成绩
　　　　　?ALIAS(1)
则系统主屏幕显示:
学生成绩

16. 出错函数 ERROR()

格式:ERROR()
功能:函数返回一个错误号码。只有当 ON ERROR 激活时,ERROR()函数才能返回正常的错误号码,否则返回 0 值。

17. 出错信息函数 MESSAGE()

格式:MESSAGE([<1>])
功能:函数返回与 ERROR()相对应的出错信息字符串。若有可选项<1>,则给出当前出错的命令行内容。

18. 字段数测试函数 FCOUNT()

格式:FCOUNT([<数值型表达式>])
功能:函数返回指定工作区数据库表文件的字段数。若在指定工作区中没有数据库表文件打开,则返回值为 0。
<数值型表达式>的值指定工作区,若缺省此选择项,函数测试当前工作区。
例 4.88 USE 　学生成绩
　　　　　?FCOUNT(1)
则系统主屏幕显示:
4

19. 记录大小测试函数 RECSIZE()

格式:RECSIZE([<数值型表达式>])
功能:函数返回指定工作区数据库表文件记录的长度。若在指定工作区中没有数据库表文件打开,则返回值为 0。
<数值型表达式>的值指定工作区,若缺省此选择项,函数测试当前工作区。
例 4.89 USE 　学生成绩
　　　　　?RECSIZE(1)
则系统主屏幕显示:
26

20. 数据库表文件修改测试函数 LUPDATE()

格式:LUPDATE()
功能:用于测试当前数据库表文件的最后修改日期。

例 4.90 USE 学生成绩

　　　　?LUPDATE()

则系统主屏幕显示：

11/02/10

21. 记录删除测试函数 DELETED()

格式：DELETED([<数值型表达式>])

功能：用于测试指定工作区中当前记录是否有删除标记(＊)。若有则返回逻辑值为真(.T.)，否则返回逻辑值为假(.F.)。

例 4.91 USE 学生成绩

　　　　?DELETED(1)

则系统主屏幕显示：

.F.

22. 查找测试函数 FOUND()

格式：FOUND([<数值型表达式>])

功能：用于测试记录是否查找成功。若 LOCATE、CONTINUE、FIND 及 SEEK 等命令成功地查找到满足条件的记录，则返回逻辑值为真(.T.)；查找不成功或记录指针由非查找命令(如 GO 命令)移动，则返回逻辑值为假(.F.)。

<数值型表达式>的值表示工作区，若缺省工作区说明，函数测试当前工作区。如果该工作区中没有打开的数据库表文件，则返回逻辑值为假。

在用 SET RELATION 构造文件关联后，该函数特别有用，因为它不需要分别激活关联文件所在的工作区，就可以决定查找是否成功。

本章小结

本章介绍了 Visual FoxPro 常用的数据类型。常量、变量、函数及表达式是 Visual FoxPro 语言的基本要素，熟练掌握这些要素，是应用 Visual FoxPro 解决实际问题的基础。

常量是指在程序运行过程中固定不变的数据。常量可以分为数值型、字符型、逻辑型、日期型、日期时间型、浮点型以及货币型。在程序运行过程中值发生变化的量称为变量。Visual FoxPro 中有两类变量：字段变量及内存变量。运算符是对数据进行各种操作的符号。Visual FoxPro 中有四类运算符：算术运算符、字符运算符、关系运算符及逻辑运算符。表达式是由常量、变量、函数通过各种运算符连接起来的，具有一定意义的式子。为了适应数据处理的需要，提高程序设计效率，Visual FoxPro 向用户提供了丰富的标准函数。在对表进行各种操作时，要表达各种条件，即对满足条件的记录进行操作，必须熟练掌握本章的要点，为后续学习奠定基础。

习题

一、选择题

1. 下列数据为常量的是【　　】。

  A. 05/04/10   B. F   C. .N.   D. TOP

2. "英语测试"这四个汉字作为字符串常量,在 Visual FoxPro 中可以表示为【　　】。

  A. 〔英语测试〕   B. (英预测试)

  C. 英语测试   D. "英语测试"

3. 下述字符串表示方法正确的是【　　】。

  A. ""程序设计""   B. "程序设计"

  C. 〔"程序设计"〕   D. [[程序设计]]

4. 如果内存变量 DT 是日期型的,那么给该变量赋值正确的操作是【　　】。

  A. DT＝09/05/10   B. DT＝"09/05/10"

  C. DT＝CTOD(09/05/10)   D. DT＝CTOD("09/05/10")

5. 执行命令 STORE CTOD([05/11/07]) TO S 后,变量 S 的数据类型是【　　】。

  A. 日期型   B. 数值型   C. 字符型   D. 浮点型

6. 在 xsb 表文件中,"团员"是逻辑型字段(已入团的为逻辑真值),"性别"为字符型字段,如果查询"已入团的女同学",应该使用的条件表达式是【　　】。

  A. 团员.OR.(性别＝"女")

  B. 团员.AND.(性别＝女)

  C. (团员＝.T.).AND.(性别＝"女")

  D. 团员.OR.(性别＝"女")

7. 设 L＝16,M＝15,NL＝19,N＝"L－M",表达式 N&N－1 的值是【　　】。

  A. 类型不匹配   B. NL－1   C. 3   D. 19

8. 设 A＝[5＊3＋6],B＝5＊3＋6,C＝'5＊3＋6',在下面的表达式中,合法的是【　　】。

  A. A＋B   B. B＋C   C. C＋A   D. A＋B＋C

9. 在下列表达式中,运算结果为数值的是【　　】。

  A. "159"＋"358"   B. CTOD("11/07/07")＋5

  C. 123＋456＝789   D. LEN("ABC")－1

10. 假设 X＝10,Y＝8,下列表达式中结果为逻辑真值的是【　　】。

  A. (X＞Y).AND."BOOK" $ "OK"

  B. (X＜Y).AND."OK" $ "BOOK"

  C. (X＜Y).OR."BOOK" $ "OK"

  D. (X＞Y).AND."OK" $ "BOOK"

11. 下列函数中,函数值为数值型数据的是【　　】。

  A. CTOD("01/11/07")   B. SUBSTR(DTOC(DATE()),7)

  C. SPACE(3)   D. YEAR(DATE())

12. 函数 ROUND(12345.6789,-2)的结果是【 　　】。

    A. 12345　　　　　B. 12340　　　C. 12300　　　　D. 12000

13. 执行一下命令实现的结果是【 　　】。

M="THIS IS AN APPLE"

? SUBSTR(M,INT(LEN(M)/2+1),2)

    A. TH　　　　　　B. IS　　　　　C. AN　　　　　D. AP

14. 顺序执行下列命令之后,屏幕显示的结果为【 　　】。

A="中华人民共和国"

B="人民"

? AT(B,A)

    A. 0　　　　　　　B. 5　　　　　C. 8　　　　　　D. 错误信息

15. 假设当前日期是 2005 年 4 月 28 日,给出字符串"05 年 4 月"的表达式是【 　　】。

    A. SUBSTR(DTOC(DATE()),7,2)+"年"+SUBSTR(DTOC(DATE()),1,2)+"月"

    B. SUBSTR(DTOC(DATE()),7,2)+"年"+SUBSTR(DTOC(DATE()),2,1)+"月"

    C. YEAR(DATE())+"年"+MONTH(DATE(DATE())+"月"

    D. STR(YEAR(DATE()),4)+"年"+STR(MONTH(DATE()),2)+"月"

16. 条件函数 IIF(MOD(15,-8)>3,10,-10)的结果为【 　　】。

    A. 10　　　　　　B. -10　　　　C. -1　　　　　D. 7

17. 如果变量 X=10,函数 VARTYPE(X=11)的结果为【 　　】。

    A. L　　　　　　　B. N　　　　　C. C　　　　　　D.出错信息

18. 如果变量 D="04/28/05",命令? VARTYPE(&D)的结果是【 　　】。

    A. D　　　　　　　B. N　　　　　C. C　　　　　D. 出错信息

19. (2007-5-20)-(2007-5-10)+4^2 的结果是【 　　】。

    A. 26　　　　　　　B. 6　　　　　C. 18　　　　　D. -2

20. 假定 X=3,执行命令? X=X+1 后,其结果是【 　　】。

    A. 4　　　　　　　B. 3　　　　　C. .T.　　　　　D. .F.

21. 在 Visual FoxPro 中,有下面几个内存变量赋值语句:

x={^2002-03-06 10:16:36 P}

y=. T.

m=$123.56

n=123.56

s="123.56"

执行上面赋值语句后,内存变量 x、y、m、n 和 s 的数据类型分别是【 　　】。

    A. D、L、Y、N、C　　　　　　　　B. D、L、M、N、C

    C. T、L、M、N、C　　　　　　　　D. T、L、Y、N、C

22. 清除所有以 B 开头的内存变量的命令是【 　　】。

    A. RELEASE ALL B＊　　　　　B. RELEASE B＊

C. RELEASE ALL EXCEPT B *   D. RELEASE ALL LIKE B *

23. 执行下列命令后,最后一条命令的显示结果是【   】。

DIMENSION M(2,2)

M(1,1)=10

M(1,2)=20

M(2,1)=30

M(2,2)=40

?M(2)

  A. 变量未定义提示   B. 10

  C. 20   D. .F.

24. 以下赋值语句正确的是【   】。

  A. STORE 10 TO X,Y   B. STORE 10,1 TO X,Y

  C. X=1,Y=1   D. X,Y=10

25. 设 N、C、L 分别是数值型、字符型、逻辑型内存变量,在下面的表达式中,错误的是
【   】。

  A. N^3   B. C−"A"

  C. N=100 AND L   D. C>10

26. 下面【   】不是正确的 Visual FoxPro 表达式。

  A. {^2002-03-18 06:05:35 P}

  B. {^2002-03-18}−DATE()

  C. {^2002-03-18}+DATE()

  D. [2002-03-18]+[2000]

27. 设 x=168,y=69,z="x−y",表达式 1+&z 的值是【   】。

  A. 100   B. 数据类型不匹配

  C. 1+x+y   D. 169

28. 连续执行以下命令之后,最后一条命令的输出结果是【   】。

SET EXACT OFF

X="1"

?IIF("1"=X,X−"234",X+"234")

  A. 1   B. 234   C. 1234   D. 1 234

29. 执行下列指令后,主屏显示为【   】。

X=STR(13.4,4,1)

Y=RIGHT(X,3)

Z="&Y+&X"

?&Z,Z

  A. 16.8   3.4+13.4   B. 16.8   16.8

  C. 3,16.8   D. 3.4+13.4   16.8

30. ?LEN(DTOC(DATE()))的值是【   】。

  A. 6   B. 8   C. 9   D. 11

二、填空题

1. 数组是按一定顺序排列的【1】。

2. 如果一个表达式中包含算术运算、关系运算、逻辑运算和函数时,则运算的优先次序是【2】、【3】、【4】、【5】。

3. 字符型常量是用定界符括起来的字符串。字符型常量的定界符有半角【6】、【7】或【8】等三种类型。

4. LEN(TRIM"国庆"＋"假期")),显示结果为【9】。

5. YEAR({^2005-04-30}),显示结果为【10】。

6. MAX(10,20,30),显示结果为【11】。

7. Visual FoxPro 中的数组元素下标从【12】开始。

8. ROUND(123.456,－2),显示结果为【13】。

9. 执行下列表达式的结果是:

(1) TRIM("国庆"＋"假期")【14】。

(2) LEN(TRIM("国庆"＋"假期"))【15】。

(3) TRIM("国庆"＋"假期")【16】。

10. 表示 1982 年以前出生的男同学的逻辑表达式是【17】。

11. STUFF("现代教育中心",5,0,LEFT("技术中心",4)),显示结果为【18】。

12. VARTYPE(08/23/03),显示结果为【19】。

13. yn＝"y",执行?UPPER(yn),LOWER("YES")后的结果是【20】。

14. 执行?REPLICATE(' * ',6)后,主屏显示结果为【21】。

15. name＝SPACE(8),?LEN(LTRIM(name))执行后,结果是【22】。

16. EMPTY(. NULL.)＝【23】。

17. ＜日期＞－＜日期＞,其结果的数据类型是【24】。

18. 表达式 DTOC({^2005/07/09})＋RIGHT("1234565",2)的数据类型是【25】。

19. LEN('ABC'－'ABC')＝【26】。

20. 命令?ROUND(168.689,0)＝【27】。

第5章

Visual FoxPro数据库及其操作

在 Visual FoxPro 中,数据库是一个逻辑上的概念和手段。它通过一组系统文件将相互关联的数据库表以及其相关的数据库对象统一组织和管理,不仅可以减少数据的冗余,还可以使数据库表中的数据得到充分的利用。我们不难发现,数据库相当于一个容器,它用于管理存放在其中的对象,这些对象包括数据库表、视图、关系和过程等。Visual FoxPro 系统对数据的管理是通过项目管理器来实现的。用户可以在项目管理器中建立数据库,同时也可以将数据库中的数据对象增加、修改或删除。

本章主要介绍 Visual FoxPro 数据库的建立和基本管理,重点讲述数据库的创建、表的基本操作、索引、数据完整性、多表操作以及排序等。

5.1 Visual FoxPro 数据库及其使用

Visual FoxPro 数据库是数据表的集合,它不仅要描述事物的数据本身,而且还要描述事物之间的联系。它可以将多个相互独立的数据表建立表与表之间的关联、数据的插入、删除规则等,使这些表有机地组织在一起,形成一个数据整体。Visual FoxPro 数据库不仅为用户提供了一种全新的操作环境,强化了数据管理的功能,而且提高了数据的一致性、有效性与安全性,降低了数据的冗余度。

5.1.1 数据库基本概念

Visual FoxPro 是在 dBACE、FoxBase、FoxPro 基础上历时多年发展过来的。在 FoxPro 2.0 及更早的版本中,都是直接建立、管理和使用扩展名为.dbf 的数据库文件,这些数据库文件彼此是孤立的,没有一个完整的数据库概念和管理方法。当发展到 Visual FoxPro 时,才将所有扩展名为.dbf 的文件统一组织和管理,从而形成相互关联的数据的集合,数据库的概念才由此产生。

在 Visual FoxPro 中,我们将扩展名为.dbf 的文件称为数据库表,简称表。在建立 Visual FoxPro 数据库时,扩展名为.dbc 的文件才是实际的数据库名称。与此同时,系统还会自动建立一个扩展名为.dct 的数据库备注文件和一个扩展名为.dcx 的数据库索引文件。换句话说,当用户建立一个数据库后,Visual FoxPro 系统会在磁盘上建立文件名相同,但扩展名分别为.dbc、.dct 与.dcx 的三个文件。这三个文件是供 Visual FoxPro 数据库管理系统管理数据库时使用的,用户一般不能直接使用这些文件。若删除扩展名为.dct 的备注文件,会导致同名的数据库文件无法使用;若删除扩展名为.dcx 的索引文件,系统会在打开同名的数据库文件时重新创建该文件。

需要注意的是,用户刚刚建立的数据库只是定义了一个空的数据库,它没有数据,也不能输入数据。我们需要在数据库中建立数据库表和其他数据库对象,然后才能输入数据和实施其他的数据库操作。

5.1.2 建立数据库

创建数据库的常用方法通常有以下三种:

1. 使用菜单方式建立数据库

(1) 启动"新建"对话框,如图 5.1 所示。

启动"新建"对话框的方法有三种。

① 在菜单栏中打开"文件"菜单,选择"新建"命令;

② 单击常用工具栏中的"新建"按钮;

③ 使用 Ctrl+N 组合键。

(2) 在"新建"对话框的"文件类型"区域中选择"数据库"单选按钮,然后单击"新建文件"按钮,启动"创建"对话框,如图 5.2 所示。

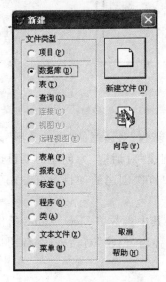
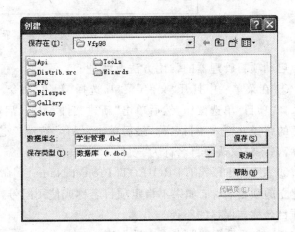

图 5.1 "新建"对话框　　　　图 5.2 "创建"对话框

(3) 在"创建"对话框中,为创建的数据库选择保存的路径并输入数据库文件名。然后,单击"保存"按钮。此时完成了数据库的创建操作,并随即打开数据库设计器。本例中创建的数据库名为"学生管理"。

2. 在命令窗口使用命令创建数据库

建立数据库的命令格式:

```
CREATE DATABASE [Database Name|?]
```

其中,参数 Database Name 给出了要建立的数据库名称;如果不指定数据库名称或使用问号,都会弹出如图 5.2 所示的"创建"对话框,等待用户输入数据库名与保存的路径。需要注意的是,这种利用命令格式建立数据库后系统不会打开数据库设计器,仅仅是当前的数据库处于打开状态。若要打开数据库设计器,必须使用命令 MODIFY DATABASE [Database Name|?]命令来完成。该命令中参数的功能与建立数据库的命令格式中参数功能一致,此处不再赘述。

3. 在项目管理器中建立数据库

(1) 启动项目管理器

用户可以在项目管理器中建立一个属于项目的数据库。因此,在创建属于项目的数据库之前,用户必须先启动项目管理器,如图 5.3 所示。

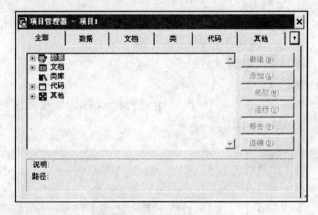

图 5.3   项目管理器界面

启动项目管理器的常用方法有两种。

① 在菜单栏中打开"文件"菜单,选择"新建"命令。在"新建"对话框的"文件类型"区域中选择"项目"单选按钮,然后单击"新建文件"按钮,启动"创建"对话框,为创建的项目选择保存的路径并输入项目名称,最后单击"保存"按钮。若用户首次创建的项目没有输入项目名称,则系统默认项目名称为"项目 1"。

② 使用 CREATE PROJECT[Project Name|?]命令。其中参数 Project Name 给出了要建立的项目名称;如果不指定项目名称或使用问号,都会弹出"创建"对话框,等待用户输入项目名称与保存的路径。

(2) 在项目管理器中建立数据库

首先,在项目管理器中选择"数据"选项卡,选择"数据库"命令,然后单击"新建"按钮并选择"新建数据库"命令。在启动的"创建"对话框中输入数据库名称与保存目录后单击"确定"按钮。此方法在建立数据库的同时自动启动数据库设计器。

上述三种方法都可以建立一个新的数据库,如果指定的数据库已经存在,很可能会覆盖已经存在的数据库。如果系统环境参数 SAFETY 被设置为 OFF 状态,则会直接覆盖,否则会出现警告对话框请用户确认。因此,为安全起见可以在命令窗口先执行 SET SAFETY ON 命令。

5.1.3 打开数据库

在数据库中建立表或使用数据库中的表时,用户都必须先打开数据库。同建立数据库类似,常用的打开数据库的方式也有三种。

1. 使用菜单或工具按钮方式打开数据库

通常在 Visual FoxPro 开发环境下交互操作时使用该方式打开数据库。

(1)启动"打开"对话框

单击工具栏中的"打开"按钮 或在"文件"菜单中选择"打开"命令。此时,屏幕上显示出"打开"对话框,如图 5.4 所示。

(2)确定打开的数据库名与打开方式

在"打开"对话框的"文件类型"下拉列表框中选择"数据库(∗.dbc)",然后选择或在"文件名"文本框中输入数据库文件名,最后选择"以只读方式打开"复选框或"独占"复选框,选择打开方式后单击"确定"按钮。

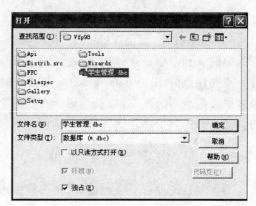

图 5.4 "打开"对话框

注意:以只读方式打开数据库,则该数据库不允许用户对其进行修改;以独占方式打开数据库,则不允许其他用户在同一时刻也使用该数据库;若用户没有选择打开方式,则系统默认的打开方式是读/写方式,即允许用户修改该数据库。

2. 在项目管理器中打开数据库

该方法仅适用于数据库属于某个项目,且使用该方式打开数据库系统不会自动启动数据库设计器。

(1)打开项目

首先单击工具栏中的"打开"按钮 或在"文件"菜单中选择"打开"命令。在"打开"对话框的"文件类型"下拉列表框中选择"项目(∗.pjx;∗.fpc;∗.cat)",然后选择或在"文件名"文本框中输入项目名称,最后单击"确定"按钮。

(2)在项目中打开数据库

首先选择项目管理器中的"数据"选项卡,单击数据库左侧的 按钮,使数据库信息展开,选择要打开的数据库名,此时用户可以发现"打开"按钮功能被激活。然后单击"打开"按钮即可打开该数据库。

3. 使用命令打开数据库

该方式适合在应用程序中使用,且使用命令打开数据库系统不会自动启动数据库设计器。
打开数据库的命令格式:

```
OPEN DATABASE [Database Name|?][EXCLUSIVE|SHARED][NOUPDATE][VALIDATE ]
```

其中各参数和选项的含义如下:

Database Name：给出了要打开的数据库名称；如果不指定数据库名称或使用问号，都会弹出如图5.4所示的"打开"对话框，等待用户输入数据库名。

EXCLUSIVE：以独占方式打开数据库，与在"打开"对话框中选择"独占"复选框功能等效。

SHARED：以共享方式打开数据库，等效于在"打开"对话框中不选择"独占"复选框，即允许其他用户在同一时刻使用该数据库。

NOUPDATE：以只读方式打开数据库，与在"打开"对话框中选择"以只读方式打开"复选框功能等效。

VALIDATE：指定 Visual FoxPro 检查在数据库中引用的对象是否合法。例如检查数据库中的表和索引是否可用，检查表的字段标记是否存在等。

需要注意的是：Visual FoxPro 在同一时刻可以打开多个数据库，但在同一时刻仅有一个数据库为当前数据库，也就是说所有作用于数据库的命令或函数仅针对当前数据库有效，与其他打开的数据库是无关的。

5.1.4　设定当前数据库

若当前系统仅有一个数据库，则该数据库即为当前数据库；若用户打开了多个数据库，则可以使用以下方法将已经打开的某个数据库设定为当前数据库。

1. 使用工具设定当前数据库

单击常用工具栏中的"数据库"下拉列表框的下三角按钮，在展开的下拉列表中单击某个数据库名称，则该数据库被设定为当前数据库，如图5.5所示。本例中将学生信息数据库设定为当前数据库。

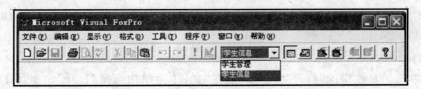

图5.5　设定当前数据库

2. 使用命令设定当前数据库

设定当前数据库的命令格式：

```
SET DATABASE TO [Database Name]
```

其中，参数 Database Name 指定一个已经打开的数据库成为当前数据库，如果不指定该参数，则将使得所有打开的数据库均不是当前数据库。需要注意的是，这些数据库并没有关闭，所有数据库的命令与函数不是针对其中任意一个数据库进行的。

例 5.1　命令方式创建与设定当前数据库。

```
CREATE  DATABASE  学生信息     && 建立名称为"学生信息"的数据库
CREATE  DATABASE  学生管理     && 建立名称为"学生管理"的数据库
                              && 此时学生管理数据库为当前数据库
```

```
CREATE  基本情况              && 在学生管理数据库中建立名为基本情况的数据库表
SET DATABASE  TO 学生信息      && 指定学生信息数据库为当前数据库
CREATE  成绩                  && 在学生信息数据库中建立名为成绩的数据库表
SET DATABASE  TO             && 所有打开的数据库均不是当前数据库
CREATE  课程                  && 建立名为课程的自由表
```

5.1.5 修改数据库

Visual FoxPro 在建立数据库时同时建立扩展名为.dbc、.dct 与.dcx 的三个文件,用户不能直接对这些文件进行修改。在 Visual FoxPro 中修改数据库实际是打开数据库设计器,用户可以在数据库设计器中完成各种数据库对象的建立、修改和删除等操作。

数据库设计器是交互修改数据库对象的工具,它包含数据库中全部表、视图和关系。在"数据库设计器"窗口活动时,Visual FoxPro 显示"数据库"菜单和"数据库设计器"工具栏,如图 5.6 所示。

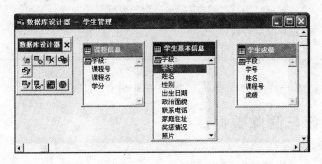

图 5.6 包含数据表的"数据库设计器"窗口

1. 启动数据库设计器的方法

(1) 使用菜单或工具按钮方式打开数据库

该方法在打开数据库的同时自动打开数据库设计器,操作方法参见 5.1.3 节中的方法一。

(2) 从项目管理器中打开数据库设计器

首先在项目中打开某个数据库,操作方法参见 5.1.3 节中的方法二。单击"修改"按钮,即可完成在打开相应数据库的同时启动数据库设计器。

(3) 使用命令打开数据库设计器

打开数据库的命令格式:

```
MODIFY  DATABASE  [Database Name|?][NOWAIT][NOEDIT]
```

其中各参数和选项的含义如下:

Database Name:给出了要修改的数据库名称;如果不指定数据库名称或使用问号,都会弹出如图 5.4 所示的"打开"对话框,等待用户输入数据库名。

NOWAIT:该选项只在程序中使用,在交互命令窗口中无效。其作用是在数据库设计器打开后程序继续执行。在程序中若不使用该选项,在打开数据库设计器后,应用程序会暂停,直到数据库设计器关闭后应用程序才会继续执行。

NOEDIT:使用该选项只是打开数据库设计器,而禁止对数据库进行修改。

2．数据库设计器工具栏

"数据库设计器"工具栏在数据库设计器激活时显示，"数据库设计器"工具栏包括的按钮如表 5.1 所示。

表 5.1　数据库设计器按钮说明

按钮	说　明
	新建表，使用向导或设计器创建新表
	添加表，把已有的表添加到数据库中
	移去表，把选定的表从数据库移去或从磁盘删除
	新建远程视图，使用向导或设计器创建远程视图
	新建本地视图，使用向导或设计器创建本地视图
	修改表，在"表设计器"或"查询设计器"中打开选定的表或查询
	浏览表，在"浏览"窗口中显示选定的表或视图并进行编辑
	编辑存储过程在"编辑"窗口中显示一个 Visual FoxPro 存储过程
	显示"连接"对话框，以便访问可用的连接，或通过"连接设计器"添加新的连接

在后续章节中将逐一详细介绍数据库设计器中各按钮的使用。

5.1.6　关闭与删除数据库

1．关闭数据库

数据库文件操作完成后，必须将其关闭，以确保数据的安全性。

关闭数据库的方法有以下两种。

（1）使用菜单方式关闭数据库

打开"文件"菜单，选择"退出"命令，则在退出 Visual FoxPro 系统的同时，自动关闭当前已打开的所有数据库。此方法与在交互式命令窗口中输入 QUIT 命令功能一致。

（2）使用命令关闭数据库

关闭数据库的命令格式：

```
CLOSE   DATABASE [ALL]
```

其中参数和选项的含义如下：

包含 ALL 参数时关闭系统所有打开的数据库；不包含 ALL 参数时系统仅关闭当前的数据库，若没有当前数据库，则关闭在所有工作区内打开的自由表。

2．删除数据库

若一个数据库不再使用了，用户可以随时对该数据库进行删除操作。

删除数据库的方法有以下两种。

（1）使用项目管理器删除数据库

该方法仅适用于数据库属于某个项目，但从项目管理器中删除数据库的操作比较简单。

首先在项目管理器中选择要删除的数据库名称,然后单击"移去"按钮。这时,系统会出现如图 5.7 所示的提示对话框。

图 5.7　提示对话框

提示对话框中各命令按钮功能:

移去:从项目管理器中删除数据库,但该数据库不从磁盘中删除。

删除:从项目管理器中删除数据库,且该数据库也从磁盘中删除。

取消:取消当前的操作,即不进行删除数据库的操作。

(2) 使用命令删除数据库

删除数据库的命令格式:

DELETE　DATABASE [Database Name|?][DELETETABLES][RECYCLE]

其中各参数和选项的含义如下:

Database Name:给出了要删除的数据库文件名。需要注意的是,此时要删除的数据库必须处于关闭状态;如果不指定数据库名称或使用问号,都会打开删除对话框请用户选择要删除的数据库文件名。

DELETETABLES:选择该选项则在删除数据库文件的同时从磁盘上删除该数据库中所含的表文件等。

RECYCLE:选择该选项则将删除的数据库文件和表文件等放入 Windows 的回收站中,如果用户再需要该文件,可以将它们还原。

5.2　建立数据库表

Visual FoxPro 是关系数据库管理系统,其中表是存储数据的基本单位。在 Visual FoxPro 系统中表分成两大类:一种是不属于任何数据库的表,我们将其称之为"自由表"。换句话说,自由表是与任何数据库均无关联的,且自由表与自由表之间也毫无关系;另一种是属于某个数据库的表,我们称之为"数据库表"。也就是说,数据库表是与数据库相关联的,在同一个数据库下的数据库表之间可以存在联系。自由表中只存储相对独立的信息,没有依靠其他表的信息或被其他表所引用。相比之下,数据库表的优点多一些。当一个表是数据库的一部分时,它可以具有以下特性。

- 表名和表中的长字段名;
- 为表中的字段添加标题和注释;
- 设置字段的默认值和输入掩码,对字段进行格式化;

- 表字段的默认控件类;
- 字段级规则和记录级规则;
- 支持参照完整性的主关键字索引和表间关系;
- 具有 INSERT、UPDATE、DELETE 事件的触发器。

选择建立自由表还是数据库表,取决于用户要保存的数据之间是否存在关系以及关系的复杂程度。如果用户仅仅想存储简单的数据,则可以建立自由表;如果要建立存在复杂关系的多个表,则要建立数据库表。但是数据库表的应用通常都比较复杂,一般需要用户先建立一个数据库。

5.1 节主要介绍了 Visual FoxPro 数据库的概念与数据库一些基本操作,但没有真正的创建数据信息。也就是说,数据库中没有数据库表之前是没有实际用途的。本节主要介绍数据库表的创建以及一些相关操作,从而使数据库发挥充分作用。

5.2.1　在数据库中建立表

关系数据库中将关系也称为表,一个数据库中的数据就是由表的集合构成的。一般一个表对应于磁盘上的一个扩展名为.dbf 的文件,但如果建立的表中包含有备注型或是通用型的大字段,则磁盘上还会出现一个对应扩展名为.fpt 的文件。无论是自由表还是数据库表,它们都由两部分组成,即表结构和记录。表结构(structure)是存储表记录的一个公共结构。字段(field)是表中的一列,规定了数据的特性。记录(record)是表中的一行,即多个字段的集合。要建立一张完整的表,必须先建立表的结构,然后再输入记录。

常用的创建数据库表的方法有以下三种。

1. 使用项目管理器创建数据库表

(1) 启动项目管理器,单击"数据"选项卡中的"数据库"按钮,展开要创建表的数据库。

(2) 选择"表"按钮,单击"新建"对话框,启动"新建表"对话框。

(3) 单击"新建表"按钮,打开"创建"对话框,在"输入表名"文本框中输入数据库表名,单击"保存"按钮。

(4) 启动表设计器,如图 5.8 所示。定义表结构后单击"确定"按钮。

(5) 启动询问是否现在输入记录的提示对话框,如图 5.9 所示,单击"是"按钮,输入数据即可完成数据库表的创建。建立的完整的学生信息表如图 5.10 所示。

我们不难发现,使用该方法建立的数据库表要使用数据库表设计器中的"字段"选项卡来完成。在这里将对图 5.8 中涉及的"字段"选项卡的主要内容和概念进行详细介绍。

① 移动按钮 ↕:该按钮是位于最左侧的双向箭头按钮,当用户输入多行字段名后,可以使用鼠标左键按住相应的移动按钮在列表内上下移动,以调整该行字段所放的位置。

② 字段名:字段名是关系的属性名或表的列名。一个表由若干列构成,每一列的名称即为字段名。需要注意的是,在关系中每个列都必须有一个唯一的字段名。在 Visual FoxPro 中字段名可以是由汉字、数字或合法的西文标识符组成。

自由表字段名最长为 10 个字符;数据库表字段名最长为 128 个字符。字段名必须由字母或汉字开头,且不可包含空格。

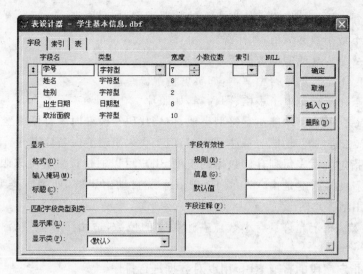

图 5.8　表设计器

图 5.9　提示对话框

图 5.10　学生基本信息表

③ 类型：用于指定字段的数据类型。字段类型取决于存储在字段中的值的数据类型，即关系表每列中的数据项的类型。用户可以选择的数据类型有以下几种：

- 字符型：记录中数据可以是字母、数字等各种字符型文本，如学号、姓名等字段。
- 货币型：货币单位，如货物价格等。
- 数值型：整数或小数，如成绩、学分等。
- 浮动型：功能与数值型类似，但其长度在表中最长可达 20 位。
- 日期型：在关系中系统默认输入日期型数据的方式为月日年，如出生日期等。
- 日期时间型：由年月日时分秒构成的数据类型，如员工上班时间等。

- 双精度型：用于精度很高的带小数的数据类型，如圆周率。
- 整型：不带小数的数值，如年龄。
- 逻辑型：值为真或假的数据类型，如婚否。
- 备注型：不定长的字符型文本，如奖惩情况。
- 通用型：用于标记电子表格、图片等，如照片。
- 字符型(二进制)：功能与字符型类似，但当代码页改变时字符值不变。
- 备注型(二进制)：功能与备注型类似，但当代码页改变时备注不变。

④ 宽度：指定关系表每列存储数据的长度，用户可以通过设置宽度来限制数据的数量或精度。有些字段的宽度是由 Visual FoxPro 系统自动给定的，如字段类型为整型、日期型、备注型、通用型等。

⑤ 小数位数：指定允许具有小数点右边数字的位数，适用于数值型、浮动型与双精度型数据。

⑥ 索引：指定字段的普通索引，用以对数据进行排序。

⑦ NULL：该选项用以设置是否允许字段为空值。空值是关系数据库中的一个重要概念，它不同于 0 值或空格等含义，空值是指当前无法确定的值。一个字段是否允许为空值与实际应用有关。例如作为关键字的字段是不允许为空值的；其他允许空缺数据的字段可以设置为空值。

当表文件结构定义完成之后，用户向表中添加记录时备注型字段与通用型字段输入数据方法较复杂，这里进行详细介绍。

(1) 备注型字段的输入

备注型字段的长度不确定，因此备注型字段不能同其他类型的字段一样在"编辑"窗口或"浏览"窗口中输入。

备注型字段数据输入的操作方法如下：

① 打开要输入的表，在命令窗口中输入 BROWSE 浏览表命令或 EDIT 等编辑命令。

② 将光标移动到备注字段上并双击，即可打开备注字段的编辑窗口。在这个窗口内可以输入或修改备注型数据。

③ 当数据输入或修改完成后，单击"关闭"按钮，关闭备注字段的编辑窗口并存盘。若不想保存输入或修改的内容，则可以按 Esc 键退出该窗口。

需要注意的是，输入数据后，有值的备注型字段标记由 memo 变化为 Memo，表示该字段内容非空。

(2) 通用型字段的输入

通用型字段通常存储 OLE 对象，如图像、声音、字处理或电子表格文档等。因其长度不固定，通用型字段也不能同其他类型的字段一样在"编辑"窗口或"浏览"窗口输入，用户必须依靠 Windows 的其他应用程序提供的数据。因此，通用型字段的输入实际上是在应用程序中建立好数据后，通过 Visual FoxPro 的"编辑"菜单中的命令来实现的数据的嵌入或链接。

通用型字段数据输入的操作方法如下：

① 打开要输入的表，如学生基本信息。

② 启动"编辑"窗口或"浏览"窗口。

③ 将光标移动到通用型字段上并双击，如图 5.11 所示。

④ 在 Visual FoxPro 系统主菜单下,单击"编辑"菜单,选择"插入对象"命令,启动"插入对象"对话框,如图 5.12 所示。

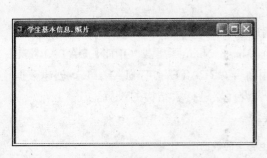

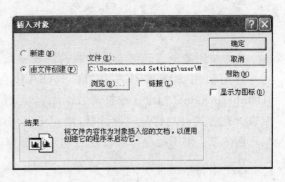

图 5.11　通用型字段编辑窗口　　　　　　　　图 5.12　"插入对象"对话框

⑤ 在"插入对象"对话框中,选择"由文件创建"单选按钮,单击"浏览"按钮,启动"浏览"对话框,在"查找范围"下拉列表框中选择图片所在位置,如图 5.13 所示。

图 5.13　"浏览"对话框

⑥ 选择要插入的对象,然后单击"打开"按钮,在"插入对象"对话框中单击"确定"按钮即可完成插入通用型字段数据的操作。

若用户要更改通用型字段中的数据,还需利用该方法重新输入通用型数据。

2. 使用数据库设计器创建表

(1) 启动数据库设计器,单击"数据库设计器"工具栏中的"新建表"按钮或在数据库设计器的空白处右击,从弹出的快捷方式中选择"新建表"命令。

(2) 启动"新建表"对话框,单击"新建表"按钮,打开"创建"对话框。

(3) 在"输入表名"文本框中输入数据库表名,单击"保存"按钮。

(4) 启动表设计器,如图 5.8 所示。定义表结构后单击"确定"按钮。

(5) 启动询问是否现在输入记录的提示对话框,如图 5.9 所示,单击"是"按钮,输入表记录。

3. 使用命令创建数据库表

(1) 使用命令方式与表设计器共同建立数据库表

首先使用命令 CREATE DATABASE[Database Name|?]或 OPEN DATABASE[Database Name|?]建立或打开数据库,然后使用命令 CREATE <Table Name>创建数据库表。此方式自动打开表设计器,用户可以使用表设计器进行表结构的设置。

例 5.2 使用命令与表设计器创建数据库表。

```
CREATE  DATABASE 学生管理      && 建立名为学生管理的数据库
CREATE  课程                  && 在该数据库中创建名为课程的数据库表
                             && 此时系统会自动启动表设计器供用户完成表结构的设置
```

(2) 使用命令方式创建表结构

创建表结构的命令格式:

```
CREATE  TABLE|DBF < Database Name >(字段名 1 字段类型 (字段宽度[,精度])
[NULL|NOT NULL] [,字段名 2 字段类型 [(字段宽度 [,精度])]…)
```

其中参数 NULL 表示该字段允许空值,NOT NULL 表示该字段不允许空值(默认值)。

例 5.3 创建名为成绩的数据库表。

```
CREATE  DATABASE 学生管理      && 建立名为学生管理的数据库
CREATE  TABLE 课程(课程号 C(4),课程名 C(20),学分 N(4,1))
        && 在数据库中创建名为课程的数据库表,该表包含课程号、课程名与学分三个字段.
        && 其中课程号字段类型为字符型,宽度为 4;课程名字段类型为字符型,宽度为 20;
        && 学分字段类型为数值型,宽度为 4,小数位数为 1
```

5.2.2　修改表结构

在 Visual FoxPro 系统中,表结构可以任意修改。即用户可以增加、删除字段、修改字段名、宽度、类型、设置字段格式、输入掩码、增加字段有效性规则、设置索引等。本节中主要讲述增加、删除字段、修改字段名、宽度、类型、设置字段格式、输入掩码。有效性规则与索引的设置将在后续小节中逐一详细讲述。

1. 启动表设计器修改表结构

Visual FoxPro 中,用户可以使用表设计器来修改表的结构。启动表设计器的方法有以下三种。

(1) 在数据库设计器中启动表设计器

此方法需要用户首先打开数据库设计器,然后在要修改结构的表上右击,从弹出的快捷方式菜单中选择"修改"命令,则用户打开"表设计器"对话框。单击"字段"选项卡中的"插入"按钮,用户可以完成增加新字段的操作;选定某个要删除的字段,单击"删除"按钮即可完成删除某一不用的字段的操作;将光标指向某个要修改信息的字段上时,用户可以完成对字段名、宽度、类型的修改。

（2）在项目管理器中启动表设计器

此方法需要用户首先打开项目管理器，然后在"数据"选项卡中选定要修改结构的表，单击"修改"按钮，打开"表设计器"对话框，用户可以使用表设计器对表结构进行修改。操作过程同上。

（3）使用命令启动表设计器

用户可以在交互命令窗口中输入 MODIFY　STRUCT 启动表设计器。需要注意的是，使用该命令前用户必须首先打开要修改结构的数据表。

例 5.4　修改表结构。

```
USE  成绩                 && 打开成绩表
MODIFY  STRUCT            && 启动表设计器修改该表结构
```

2. 设置数据库表中字段的显示方式

数据库表设计器中包含"显示"选项区，用户可以利用"显示"选项区的各文本框对字段进行显示方式的设置。

"格式"文本框：指定表达式，使得在"浏览"窗口、表单或是报表中确定字段显示时的大小写、字体样式等。

"输入掩码"文本框：用于指定字段中输入数值的格式。

"标题"文本框：指定在"浏览"窗口、表单或报表中代表字段的标签。需要注意的是，在字段引用中字段的引用名仍是字段名，而不是标题，字段的标题只是在字段名显示时暂时替换字段名的显示。

例 5.5　设置数据库表中字段的显示方式。

```
CREATE  DATABASE  学生     && 建立名为学生的数据库
CREATE  成绩               && 在学生数据库中建立名为成绩的数据库表
```

利用数据库表设计器为成绩表建立名为"KCH"的字段，该字段类型设置为字符型，宽度设置为 4，并且在"显示"选项区的"格式"文本框中输入英文状态下的"感叹号"，在"输入掩码"文本框中输入"AAAA"，在"标题"文本框中输入"课程号"。单击"确定"按钮并对该表输入记录。这时，我们会惊奇地发现系统仅允许用户输入 4 位字母数据，并将小写字母更改为大写字母。在浏览该表时，字段名"KCH"被自动替换为"课程号"显示。

用于显示格式和输入掩码的模式符可如表 5.2 所示。

表 5.2　模式符及其作用

模式符	作　　用	模式符	作　　用
A	只允许输入字母	#	允许输入数字、空格、正负号
L	只允许输入逻辑数据	!	将小写字母换成大写字母
N	只允许输入字母和数字	$	显示指定的货币符号
X	只允许输入任意字符	,	分隔小数点左侧的数字
Y	只允许输入逻辑值	.	小数点位置
9	只允许输入数字		

5.2.3　复制表结构

在 Visual FoxPro 系统中,若用户要新建的表结构与系统中已经存在的某个表的结构一致,则可以使用复制表结构命令快速地建立新表。

复制表结构的命令格式:

COPY STRUCTURE TO TableName [FIELDS FieldName]

其中各参数和选项的含义如下:

TableName:是指新表的文件名。

FIELDS FieldName:为可选项,当不使用[FIELDS FieldName]短语时,所复制的新表结构与当前表结构完全相同;当使用[FIELDS FieldName]短语时,所复制的新表结构只包含字段名表中指定的字段,并且字段的排列顺序与命令中排列顺序一致。

例 5.6　利用学生基本信息表复制一个新表学生信息,该表结构仅包含学号、姓名、性别和联系电话 4 个字段。

```
USE  学生基本信息          && 打开学生基本信息表
LIST STRU                  && 显示学生基本信息表结构
COPY STRUCTURE TO 学生信息 FIELDS 学号,姓名,性别,联系电话
USE  学生信息              && 打开新建立的学生信息表
LIST STRU                  && 显示学生信息表结构
USE                        && 关闭当前打开的所有表
```

在系统主窗口两次显示的信息对比如图 5.14 所示。

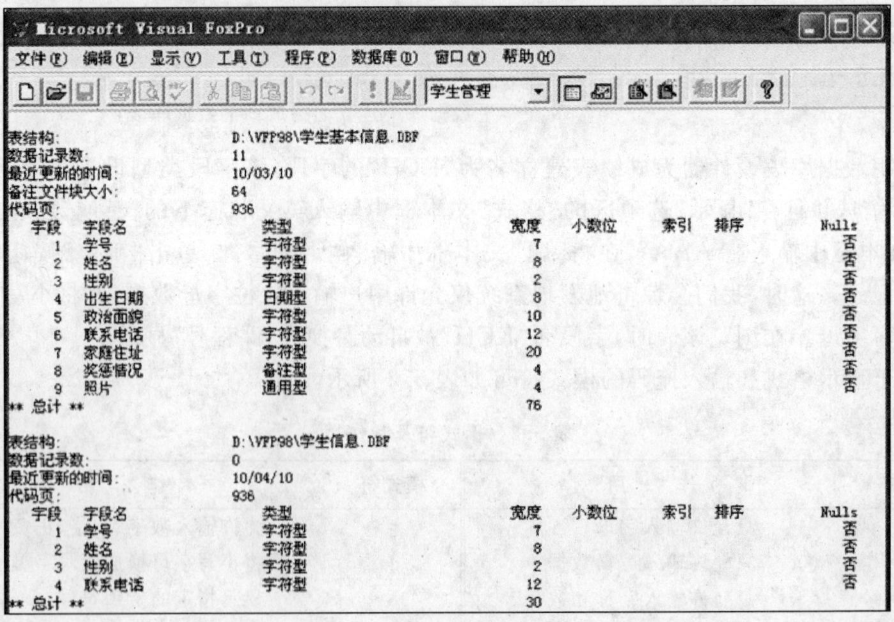

图 5.14　学生基本信息表结构与学生信息表结构对比图

5.3 表的基本操作

在 Visual FoxPro 系统中表一旦建立起来后,需要对表进行管理,即向表中添加新记录、删除无用的记录、修改有问题的记录或是查看记录等。本节将重点介绍对表的这些操作。

5.3.1 表的打开与关闭

1. 打开数据表

对表进行操作前,用户必须首先将表打开。常用的方法有以下两种。需要注意的是,使用这两种方法打开表,系统不会自动打开表设计器。若要启动表设计器,用户需要使用 MODIFY STRUCT 命令来实现。

(1) 使用命令打开表

打开表的命令格式:

```
USE [Table Name|?][ALIAS Alias Name][AGAIN][EXCLUSIVE|SHARED]
```

其中各参数功能如下:

Table Name:表名,用户可以输入带路径的数据表名。

?:在"使用"窗口中,可选择打开一个数据表。若表名与问号均缺省,仅使用 USE 命令,则将系统中所有已经打开的表关闭。

ALIAS Alias Name:在打开表的同时为表取一个别名。

AGAIN:使用该参数可重复打开一个数据表。

EXCLUSIVE:以独占(读写)方式打开数据表,可修改表结构。

SHARED:以共享(只读)方式打开数据表,不可修改表结构。

(2) 使用"数据工作期"窗口打开表

在"数据工作期"窗口中可以打开或显示表和视图,也可以建立表之间的临时关系、设置工作区属性等。打开表的操作步骤如下:

首先选择"窗口"菜单中的"数据工作期"命令或单击常用工具栏中的"数据工作期"按钮, 启动"数据工作期"窗口。然后单击该窗口中的"打开"按钮,则系统弹出"打开"对话框, 从对话框中选择要打开的表文件名,单击"确定"按钮。

2. 关闭数据表

若当前数据表不再使用,用户可以使用命令关闭表。

关闭表的命令格式:

(1) Use

功能:关闭所有打开的表。

(2) Close all

功能:关闭所有的表和与其相关的文件。

(3) Quit

功能:关闭所有表和与其相关的文件,并退出 Visual FoxPro 系统。

5.3.2　浏览与显示表中记录

1．浏览表中记录

Visual FoxPro 系统中用户可以打开浏览窗口来浏览表中的数据。在浏览表的同时用户可以对表中的记录进行修改，也可以为某些记录设置逻辑删除标志。

常用的打开浏览窗口的方法有以下四种。

（1）使用 BROWSE 命令来完成浏览表的操作

首先打开要浏览的表，然后在交互式命令窗口中输入命令 BROWSE，即可浏览表中的记录。

（2）使用数据库设计器浏览表

若要浏览的表属于某个数据库，则用户可以首先启动数据库设计器，在数据库设计器中选择要浏览的表，然后在"数据库"菜单中选择"浏览"命令或是右击要浏览的表，在快捷方式菜单中选择"浏览"命令。

（3）使用"显示"菜单浏览表记录

首先打开要浏览的表，然后在"显示"菜单中选择"浏览"命令。

（4）使用项目管理器浏览表

若要浏览的表属于某个项目，则用户可以首先启动项目管理器，在"数据"选项卡中将数据展开至表，然后选择要浏览的表，单击"浏览"按钮。

2．显示表中记录

LIST 与 DISPLAY 是两个非常实用的显示数据表中记录的命令。

显示表中记录的命令格式：

DISPLAY|LIST [Fields <表达式>][<范围>][For <条件>][OFF][To Print]|[To File<文件>]

其中各参数和选项的含义如下：

Fields <表达式>：可选项。Fields <表达式>中的表达式可直接使用数据表的字段名，也可以是含有字段名的表达式。若该选项省略，则显示当前表中除备注型、通用型字段外的所有数据。

<范围>：用于限定显示记录的范围。

For<条件>：用于指定显示记录的符合条件。

OFF：指定输出时不带记录号，默认带有记录号。

To Print：显示信息的同时将其传送到打印机中。

To File<文件>：显示信息的同时将其存放到指定的文件中。

需要注意的是，当格式中同时缺省<范围>与 For<条件>两个选项时，使用 List 与 Display 的效果是不同的。前者将显示表中的全部信息，后者仅显示当前一条记录。

例 5.7　显示学生成绩表中的前五条记录。

```
USE　学生成绩                    && 打开学生成绩表
LIST NEXT 5                     && 首次使用该命令会显示表中前五条记录
```

主窗口显示结果：

记录号	学号	姓名	课程号	成绩
1	0940401	王丽丽	C001	89
2	0940402	王建业	C001	95
3	0940403	王 昱	C002	78
4	0940403	王 昱	C003	80
5	0940401	王丽丽	C003	95

例 5.8 显示学生成绩表中课程号为"C001"的学生学号、姓名与成绩。

```
USE 学生成绩
LIST 学号,姓名,成绩 FOR 课程号 = " C001"
```

主窗口显示结果：

记录号	学号	姓名	成绩
1	0940401	王丽丽	89
2	0940402	王建业	95

例 5.9 显示学生成绩表中所有姓"赵"的同学的记录且不显示记录号。

```
USE 学生成绩
LIST  FOR  LEFT(姓名,2) = "赵"  OFF
```

主窗口显示结果：

学号	姓名	课程号	成绩
0940407	赵 恒	C006	85
0940408	赵潇潇	C006	92

5.3.3 添加表记录

1. 使用 APPEND 命令添加记录

在交互式命令窗口中输入 APPEND 命令可以在当前使用的表的尾部增加新记录。
命令格式：

```
APPEND [BLANK]
```

其中,BLANK 为可选项,当使用该选项时系统仅允许用户在表尾增加一条空白记录,然后再使用 EDIT 、CHANGE 、BROWSE 命令输入所要增加的记录内容。添加记录窗口如图 5.12 所示。若仅使用 APPEND 命令,则系统自动启动编辑界面,如图 5.15 所示,并允许用户一次输入多条记录。

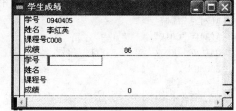

图 5.15 添加记录窗口

2. 使用 INSERT 命令添加记录

命令格式：

```
INSERT [BEFORE][BLANK]
```

其中：

BEFORE：是指在当前记录前插入新记录,如不指定该选项,则表示在当前记录后插入新记录。

BLANK：是指在当前记录之前（之后）插入一条空白记录,然后再使用 EDIT 、

CHANGE、BROWSE 命令输入所要增加的记录内容。若不使用 BLANK，则直接出现类似图 5.12 所示的界面，并以交互方式输入记录的值。

通常 INSERT 命令常与指针定位命令同时使用。

例 5.10 在学生成绩表中第三条数据前插入记录。

```
USE  学生成绩表
GO  3                              && 指针定位在第三条记录上
INSERT  BEFORE                     && 在第三条记录前插入新记录
```

3. 使用菜单方式添加记录

用户可以单击“显示”菜单中的“追加方式”命令或单击“表”菜单中的“追加新记录”命令来实现添加记录的操作。两者的区别是：“追加方式”命令可以连续追加多条记录，而“追加新记录”命令只能追加一条记录。

4. 将数组中的数据追加到表中

命令格式：

```
GATHER  FROM  <数组名>[FIELDS <字段名表>][MEMO]
```

其中各参数和选项的含义如下：

FIELDS＜字段名表＞：若有该选项，表示只复制相应的字段，否则表示复制所有可复制的字段。

MEMO：若有该选项，表示要复制包括备注型的字段，否则表示不复制备注型字段。

例 5.11 利用数组中的数据为学生成绩表追加一条记录，其中学号为 0940411，姓名为周晓宇，课程号为 C010。

```
USE  学生成绩
APPEND BLANK                       && 在学生成绩表中追加一条空白记录
DIME  A(3)                         && 定义数组 A,其中数组包括三个元素
A(1) = "0940411"                   && 为数组各元素赋值
A(2) = "周晓宇"
A(3) = "C010"
GATHER  FROM  A(3) FIELDS 学号,姓名,课程号  && 将数组中数据追加到学生成绩表中
BROWSE                             && 浏览学生成绩表中的数据
```

显示结果如图 5.16 所示。

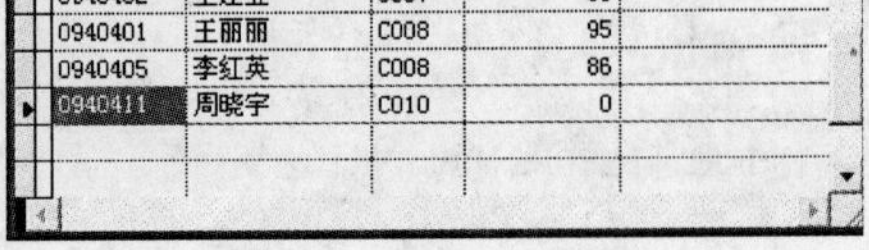

学号	姓名	课程号	成绩
0940401	王丽丽	C007	70
0940402	王建业	C007	90
0940401	王丽丽	C008	95
0940405	李红英	C008	86
0940411	周晓宇	C010	0

图 5.16 追加记录后的学生成绩表

5. 将表中当前记录复制到数组

命令格式：

```
SCATTER [FIELDS <字段名表>] [MEMO] TO <数组名>
```

该命令是将表当前记录的内容按字段顺序复制到指定数组中。其中各参数和选项的含义如下：

FIELDS＜字段名表＞：若有[FIELDS＜字段名表＞]选项，则只复制指定字段，否则复

制所有可复制的字段。

MEMO：若有 MEMO 选项，则包括备注字段，否则不复制备注字段。需要注意的是，通用型字段不能复制。

例 5.12　将学生成绩表中最后一条记录赋值给数组 B。

```
USE 学生成绩   EXCLUSIVE         && 以独占方式打开学生成绩表
GO  BOTTOM                       && 将记录指针指向最后一条记录
SCATTER  TO    B                 && 将当前记录赋值给数组
DISPLAY  MEMO  LIKE  B           && 显示数组 B 中的数据
```

主窗口显示结果：

```
B          Pub    A
   (  1)         C   "0940411"
   (  2)         C   "周晓宇   "
   (  3)         C   "C010"
   (  4)         N   0         (          0.00000000)
```

6．复制表

对已建立的表进行复制得到其副本，是保护数据安全的有效措施之一。Visual FoxPro 提供了复制表的命令，其命令格式如下：

```
COPY TO 文件名 [范围] [FOR <条件>] [FIELDS <字段名表>]
```

其中各参数和选项的含义如下：

FOR ＜条件＞：若有该选项表示要将满足指定条件的记录复制到新表中，否则表示将当前表的全部记录复制到新表中。

FIELDS＜字段名表＞：若有该选项表示要将指定的字段复制到一个新表中。

例 5.13　将学生成绩表中所有姓王的学生数据复制到新表"学生成绩副表"中。

```
USE   学生成绩
COPY   FOR   姓名 = "王" TO 学生成绩副表
USE 学生成绩副表                && 打开新表
BROWSE                          && 浏览学生成绩副表的记录
```

显示结果如图 5.17 所示。

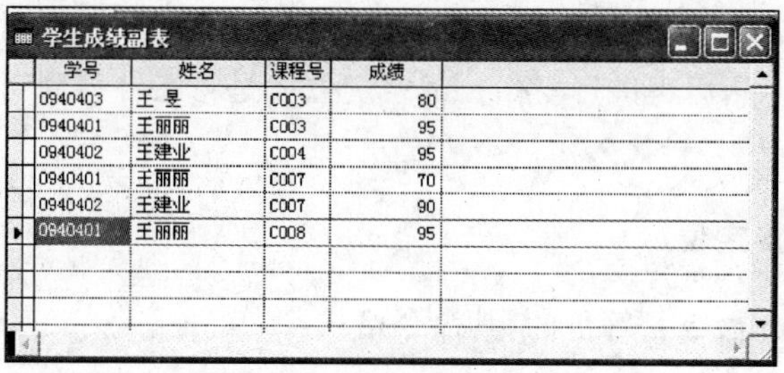

图 5.17　学生成绩副表

7．复制文件

复制文件命令格式：

```
COPY FILE <文件名1> TO <文件名2>
```

该命令适用于复制任何类型的文件,其功能是将源文件"文件1"复制到目标文件"文件2"中。需要注意的是,在使用该命令时,文件1必须是关闭状态的,而且用户必须为源文件"文件1"和目标文件"文件2"指定扩展名。

5.3.4　修改表中记录

用户若要对表中的记录进行修改,可以直接在表浏览窗口中进行。除此之外我们也可以利用下述命令对表中的记录进行修改。

1. 利用 EDIT 或 CHANGE 命令修改记录

在交互式命令窗口中输入 EDIT 或 CHANGE 命令均可打开表编辑界面,用户可以直接对记录进行修改。

2. 使用 REPLACE 命令修改记录

命令格式:

REPLACE [ALL] [字段1] WITH [[字段表达式] [FOR[条件]]

其中,选项 ALL 若不指定,则仅修改当前指针所指的一条记录; 若指定该选项,则修改全部记录。

例 5.14　将学生成绩表中所有姓"王"的学生的成绩减少 10 分。

```
USE 学生成绩表
REPLACE ALL 成绩 WITH 成绩 - 10 FOR 姓名 = "王"
```

5.3.5　表记录的定位

用户在对数据表进行应用时,经常需要定位在某个记录上。Visual FoxPro 表文件每个记录都有一个记录号,而且在数据表内部还有一个记录指针,每当打开一个数据表时,记录指针总是指向记录号为 1 的记录上,即表中第一条记录。要在表中操作某个记录,需要先把记录指针移到该记录上然后再进行操作。记录定位就是将指针移到当前表文件的某个记录上的操作。

1. GOTO 命令直接定位

GOTO 命令与 GO 命令是等价的,其命令格式:

GOTO <数值表达式>|TOP|BOTTOM

其中各参数说明如下:

数值表达式: 指的是表文件中每条记录的记录号。

TOP: 表中的第一条记录。

BOTTOM: 表中的最后一条记录。

2. SKIP 命令相对定位

SKIP 指的是针对当前表文件的记录向上或向下移动记录指针,其命令格式:

```
SKIP <数值>
```

其中,数值可以是正或负的整数,默认数值为 1。如果为正整数,则表示记录指针向下移动相应位置;如果是负整数,则表示记录指针向上移动相应位置。

例 5.15 利用命令直接定位学生成绩表中的第三条记录与最后一条记录,并显示它们的信息。

```
USE 学生成绩              && 打开学生成绩表
GO  3                    && 记录指针定位在第三条记录上
DISPLAY                 && 显示当前记录
GO  BOTTOM              && 记录指针定位在最后一条记录上
DISPLAY                 && 显示当前记录
?RECNO( )               && 显示当前记录号
SKIP - 5                && 记录指针从当前记录开始向上移动五个位置
?RECNO( )               && 显示当前记录号
DISPLAY                 && 显示当前记录
```

主窗口显示结果如下:

记录号	学号	姓名	课程号	成绩
3	0940403	王昱	C002	78

记录号	学号	姓名	课程号	成绩
15	0940405	李红英	C008	86

15
10

记录号	学号	姓名	课程号	成绩
10	0940407	赵恒	C006	85

3. LOCATE 命令顺序查找

顺序查找是指从指定范围内的第一条记录开始,在该范围内按记录的顺序依次查找符合条件的记录。若查到一个符合条件的记录则停止查找,且记录指针定位在该条记录上并在状态栏显示该记录号;若没查到,则记录指针定位在最后一条记录上,在状态栏显示表尾的记录号。Visual FoxPro 系统提供了两种顺序查找命令,一个是 LOCATE 命令,一个是 CONTINUE 命令,两条语句配合使用可以依次查找到表中所有符合条件的记录,用户还可以使用 FOUND()函数来测试是否查找到符合条件的记录。

LOCATE 命令格式:

```
LOCATE [<范围>][FOR<条件>][WHILE<条件>]
…
FOUND()
CONTINUE
```

其中各参数和选项的含义如下:

范围:用于指定查找限定的起始与结束位置,系统默认为 ALL。

FOR<条件>:用于限定查找内容。

FOUND():测试是否找到符合的记录。

WHILE ＜条件＞：用于限定循环条件。

CONTINUE：从当前记录的下一条记录开始，在规定的范围内继续查找符合同样条件的记录。

例 5.16　在学生成绩表中查找课程号为 C008 的全部学生成绩信息。

```
USE  学生成绩
LOCATE  FOR  课程号 = "C008"
?FOUND()                    && 测试是否找到符合条件的记录
DISPLAY                     && 显示当前记录
CONTINUE                    && 继续查找符合条件的记录
?FOUND()                    && 测试是否找到符合条件的记录
DISPLAY                     && 显示当前记录
CONTINUE                    && 继续查找符合条件的记录
?FOUND()                    && 测试是否找到符合条件的记录
?RECNO()                    && 显示当前记录号
?EOF()                      && 测试是否到达文件结束处
```

主窗口显示结果如下：

```
T.
    记录号  学号      姓名      课程号          成绩
     14   0940401   王丽丽    C008             95
T.
    记录号  学号      姓名      课程号          成绩
     15   0940405   李红英    C008             86
F.
     16
T.
```

4. 索引查找命令

索引查找是指按索引文件进行的查找，因此索引查找只能在索引文件中查找满足条件的记录，使用索引命令前必须先打开相应的索引文件。但由于索引关键字表达式只能是数值型、字符型和日期型字段，所以索引查找只能查找这三种类型的值。Visual FoxPro 系统为用户提供了 FIND 和 SEEK 两种索引查找命令。

(1) FIND 命令

FIND 索引查找命令格式：

```
FIND <字符串>|<数字>
```

执行该命令时，系统从数据表的索引表中查找与＜字符串＞或＜数字＞相匹配的记录。如果找到，将记录指针指向该记录；如果找不到，记录指针指向文件结束位置。需要注意的是，FIND 命令检索的值可以是字符串，也可以是数字，但不能是表达式。字符串可以不用定界符。但如果字符串是以空格符开始的，则必须使用定界符。

对于字符串表达式，系统允许模糊查找，即只要字符串表达式值与索引关键字值左子串相同，就认为查找成功。用户可以使用 SET EXACT ON|OFF 命令设置匹配方式，ON 表示完全匹配，用于精确查找；OFF 表示模糊匹配，用于模糊查找，系统默认值为 OFF。FIND 命令的查找要比 LOCATE 顺序查找命令快。

例 5.17　按课程号查找学生成绩表中课程号为 C003 的记录。

```
USE  学生成绩                && 打开学生成绩表
```

```
INDEX  ON 课程号 TO  SY          && 按课程号建立一个名为 SY 的索引文件
FIND   C003                     && 查找课程号为 C003 的记录
?FOUND( )                       && 测试是否找到符合条件的记录
DISPLAY                         && 显示当前记录
```

主窗口显示结果如下：

.T.

记录号	学号	姓名	课程号	成绩
4	0940403	王昱	C003	80

例 5.18　按成绩查找学生成绩表中成绩为 89 分的记录。

```
USE   学生成绩
INDEX  ON 成绩 TO  CJSY
FIND   89
DISPLAY
```

主窗口显示结果如下：

记录号	学号	姓名	课程号	成绩
1	0940401	王丽丽	C001	89

（2）SEEK 命令

SEEK 索引查找命令格式：

SEEK <表达式>

SEEK 命令与 FIND 命令相似，但 SEEK 命令比 FIND 命令更灵活，它允许使用表达式进行检索，表达式可以是字符串也可是数值型数据。需要注意的是，表达式若是字符串，则必须使用定界符；若表达式为内存变量或是数值型表达式，则可以直接引用。

例 5.19　按学号查找学生成绩表中学号为 0940406 的记录。

```
USE   学生成绩              && 打开学生成绩表
INDEX  ON 学号 TO  XH       && 按学号建立一个名为 XH 的索引文件
SEEK   "0940406"           && 查找学号为 0940406 的记录
?FOUND( )                  && 测试是否找到符合条件的记录
DISPLAY                    && 显示当前记录
```

主窗口显示结果如下：

.T.

记录号	学号	姓名	课程号	成绩
9	0940406	李筱玥	C005	95

例 5.20　模糊查找学生成绩表中学号为 09404 的记录。

```
USE   学生成绩
INDEX  ON 学号 TO  XH
SEEK   "09404"
DISPLAY
SET  EXACT  ON               && 系统查找方式设置为精确查找
SEEK   "09404"
?FOUND( )
```

主窗口显示结果如下：

记录号	学号	姓名	课程号	成绩
1	0940401	王丽丽	C001	89

5.3.6 表中记录的删除与恢复

对于表中出现的无用的记录，用户可以对其进行删除操作。Visual FoxPro 系统提供了两类删除记录的操作，一类是逻辑删除，另一类是物理删除。对数据进行逻辑删除要经过两个步骤，第一步是在要删除的记录上设置逻辑删除标记，第二步是将带有逻辑删除标记的记录从数据表中彻底删除。需要注意的是，在没有进行彻底删除前的带有逻辑删除标记的记录是可以恢复的。而物理删除指的是彻底地从数据表中删除数据，进行了物理删除的记录无法恢复。下面分别介绍几个相关的操作。

1. 浏览方式设置逻辑删除标记

在浏览方式下，用户可以直观地给多条记录设置删除标记或撤销删除标记，操作最简单。

例 5.21 将学生成绩表中最后三条记录设置逻辑删除标记。

(1) 打开学生成绩表。

(2) 在菜单栏上选择“显示”菜单中的“浏览”命令或在交互命令窗口中输入 BROWSE 命令，打开浏览窗口。

(3) 单击最后三条记录前方的空白处，使其由白色变成黑色，即完成设置删除标记的操作，如图 5.18 所示。再次单击空白处即可将逻辑删除标记清除。

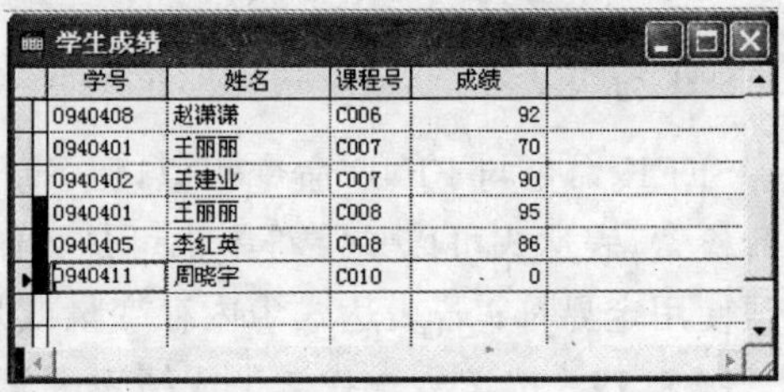

学号	姓名	课程号	成绩
0940408	赵潇潇	C006	92
0940401	王丽丽	C007	70
0940402	王建业	C007	90
0940401	王丽丽	C008	95
0940405	李红英	C008	86
0940411	周晓宇	C010	0

图 5.18 设置了删除标记的学生成绩表

使用 LIST 命令，在列表方式下带有删除标记的记录前会出现“ * ”号。

2. 使用 DELETE 命令设置逻辑删除标记

命令格式：

```
DELETE  [<范围>][FOR <条件>][WHILE <条件>]
```

其中，FOR＜条件＞是对当前符合条件的记录前全部添加逻辑删除标记；若该项缺省则表示对当前一条记录前设置逻辑删除标记。WHILE＜条件＞通常应用于程序的循环结构中，以控制该条命令执行的次数，在交互式命令窗口中不允许使用。

例 5.22 在学生成绩表中将姓王的同学的记录全部设置逻辑删除标记。

```
USE    学生成绩
DELETE   FOR   姓名 = "王"
```

运行结果如图 5.19 所示。

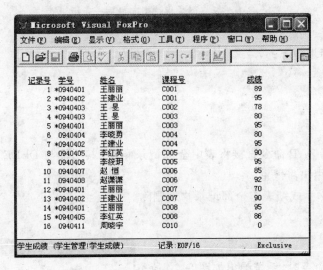

图5.19 设置逻辑删除标记后的表信息

3. 将带有逻辑删除标记的记录恢复

在没有进行彻底删除记录前,带有逻辑删除标记的记录是可以恢复的。用户可以使用RECALL命令来完成操作。

命令格式:

RECALL [<范围>][FOR<条件>][WHILE<条件>]

其中各参数和选项的含义如下:

<范围>:若省略该选项,则系统仅对当前一条记录进行恢复;否则对一定范围内的记录全部恢复。

FOR<条件>:是对当前符合条件的记录全部进行恢复,若该项缺省则表示对当前一条记录。

WHILE<条件>:通常应用于程序的循环结构中,以控制该条命令执行的次数,在交互式命令窗口中不允许使用。

例5.23 将学生成绩表中全部带有逻辑删除标记的记录恢复。

```
USE    学生成绩
RECALL  ALL
```

4. 将带有逻辑删除标记的记录彻底删除

用户可以使用PACK命令,将带有逻辑删除标记的记录从数据表中彻底删除。

例5.24 将学生成绩表中最后一条记录彻底删除。

```
USE    学生成绩
GO    BOTTOM            && 将记录指针指向最后一条记录
?RECNO()                && 显示当前记录号
DELETE                  && 对当前记录设置逻辑删除标记
PACK                    && 彻底删除当前记录
```

```
GO    BOTTOM                    && 将记录指针指向最后一条记录
?RECNO()                        && 显示当前记录号
```

主窗口显示结果如下：

```
16
15
```

5. 物理删除

用户可以使用 ZAP 命令直接将表中全部记录删除，其功能与 DELETE ALL 命令一致，因此在使用时用户需慎重。

例 5. 25 将学生成绩表中全部记录物理删除。

```
USE    学生成绩
ZAP
```

在执行 ZAP 命令时，系统弹出如图 5.20 所示的提示窗口，提醒用户是否确认删除该表中的全部记录，若确定删除，则单击"是"按钮，此时记录不可恢复；若不确定删除，则单击"否"按钮，取消删除操作。

图 5.20　物理删除学生成绩表的提示窗口

5.3.7　表的统计汇总命令

表文件的常用操作中除了增加、删除和查询记录之外，还有对表中记录进行计数、求和、求平均值以及数据统计等操作。针对这些操作，Visual FoxPro 提供了 COUNT、SUM、AVERAGE 等命令，本节将详细介绍它们的功能和用法。

1. COUNT 计数命令

命令格式：

COUNT [<范围>] [TO<内存变量>] [FOR<条件>]

该命令用于统计指定范围内满足条件的记录个数，并存入变量中。其中各参数和选项的含义如下：

<范围>：系统默认值为 All。

TO<内存变量>：若使用 TO<内存变量>，可使统计结果送入内存变量中保存，内存变量的类型为数值型；若未指定该选项，统计结果仅显示在屏幕的状态栏中。

FOR<条件>：用于限定当前数据表文件中指定统计的范围，若不选择［范围］与［条件］，则统计当前数据表的总记录数。

例 5. 26 在学生成绩表中统计成绩在 85～95 之间的记录个数。

```
USE    学生成绩
COUNT  TO   M   FOR   成绩>=85.AND.成绩<=95
? M
```

结果如下：

11

例 5.27　在学生基本信息表中用命令方式统计，在 1990 年以前出生的男同学的人数，并将结果存入内存变量 M 中。学生基本信息表的记录如图 5.21 所示。

	学号	姓名	性别	出生日期	政治面貌	联系电话	家庭住址	奖惩情况	照片
	0940401	王丽丽	女	06/05/90	团员	13944139011	北京海淀区	memo	Gen
	0940402	王建业	男	02/12/89	党员	13944139028	大连中山区	memo	Gen
	0940403	王 昱	男	08/20/90	群众	13944139022	上海虹口区	memo	gen
	0940404	李晓勇	男	12/10/89	男	13944139019	上海黄浦区	memo	gen
	0940405	李红英	女	03/04/90	党员	13944139029	大连金州区	memo	gen
	0940406	李筱玥	女	11/20/90	团员	13944139027	北京朝阳区	memo	gen
	0940407	赵 恒	男	09/09/89	团员	13944139031	北京东城区	memo	gen
	0940408	赵潇潇	女	09/05/90	团员	13944139025	深圳福田区	memo	gen
	0940409	孙玉英	女	02/15/90	男	13944139030	深圳罗湖区	memo	gen
	0940410	孙晓瑞	男	10/28/89	党员	13944139018	北京西城区	memo	gen
▶	0940411	杨玉鑫	男	11/05/90	群众	13944139012	北京丰台区	memo	gen

图 5.21　学生基本信息表

```
USE     学生基本信息
COUNT  FOR  YEAR(出生日期)<1990 .AND. 性别="男"   TO  M
? M
```

结果如下：

4

2. SUM 求和命令

命令格式：

SUM [<范围>][<字段表达式>] [FOR<条件>] [WHILE<条件>] [TO ARRAY<数组名>|TO<内存变量名表>]

该命令是对指定范围内满足条件的记录按<字段表达式>指定字段累加求和。其中各参数和选项含义如下：

<范围>：系统默认值为 ALL。

<字段表达式>：可以含有多个表达式，相互用逗号分开，缺省时表示将计算所有数值型字段的和。

<内存变量名表>应和<字段表达式>相对应。若不选择<内存变量名表>而选择一个数组，则计算的结果将依次存放到数组从第一个下标开始的元素中。

TO ARRAY<数组名>：使用该选项时系统可以自动建立数组；若数组已经存在但元素个数小于数值表达式中表达式的个数，SUM 命令会自动将数组扩大到合适的个数。

例 5.28　在学生成绩表中统计课程号为 C001 与 C002 的学生成绩总和。学生成绩表可参考图 5.19。

```
USE   学生成绩
SUM   成绩  TO  M  FOR   课程号="C001"
SUM   成绩  TO  N  FOR   课程号="C002"
```

```
? M,N
```

主窗口显示结果如下：

```
 成绩
184.00
 成绩
78.00
184.00      78.00
```

3. AVERAGE 求平均值命令

命令格式：

AVERAGE [<范围>][<字段表达式>] [FOR<条件>] [WHILE<条件>][TO ARRAY<数组名>|TO<内存变量名表>]

该命令是对当前数据表中指定范围内满足给定条件的记录按<字段表达式>指定的字段累加求和,再求平均值。参数与选项功能与 SUM 一致,这里不再赘述。

例 5.29 在学生成绩表中统计学生成绩的平均值。

```
USE   学生成绩
AVERAGE 成绩 TO X
```

主窗口显示结果如下：

```
 成绩
87.67
```

4. TOTAL 分类汇总命令

命令格式：

TOTAL ON <关键字段名> TO<汇总文件名>[FIELDS<数值型字段名>][范围][FOR<条件>][WHILE<条件>]

该命令是在当前表文件中,对指定范围内满足条件的记录按<关键字段名>分类汇总求和,并生成一个新表文件,又称为汇总文件。需要注意的是,使用该命令前必须先对源数据表文件按指定的<关键字段名>排序或建立索引文件,并且把文件打开。

例 5.30 在学生成绩表中按姓名汇总每个人的成绩。

```
USE   学生成绩
INDEX   ON   姓名   TAG   姓名        && 为姓名字段建立索引
LIST
TOTAL   ON   姓名    TO   XM        && 按姓名字段进行分类汇总,生成新表 XM
USE XM                             && 打开新表 XM
LIST 姓名,成绩                      && 显示姓名与成绩两个字段的数据
```

主窗口显示结果如下：

记录号	学号	姓名	课程号	成绩
8	0940405	李红英	C005	90
15	0940405	李红英	C008	86
6	0940404	李晓勇	C004	80
9	0940406	李筱玥	C005	95
3	0940403	王昱	C002	78
4	0940403	王昱	C003	80
2	0940402	王建业	C001	95
7	0940402	王建业	C004	95
13	0940402	王建业	C007	90
1	0940401	王丽丽	C001	89
5	0940401	王丽丽	C003	95

```
12  0940401  王丽丽      C007        70
14  0940401  王丽丽      C008        95
10  0940407  赵  恒      C006        85
11  0940408  赵谦谦      C006        92

记录号  姓名      成绩
  1  李红英          176
  2  李晓勇           80
  3  李获玥           95
  4  王  昱          158
  5  王建业          280
  6  王丽丽          349
  7  赵  恒           85
  8  赵谦谦           92
```

5.4　索引

　　一般情况下，表中记录的顺序是由数据输入的前后顺序决定的，并用记录号予以标识。当用户有不同的需求时，为了加快数据的检索、显示、查询等，需要对文件中的记录顺序重新调整组织，在 Visual FoxPro 中用户可以使用索引来完成按特定的顺序定位、查看、操作表中的记录，为开发应用程序提供了灵活性。

5.4.1　索引基本概念

　　索引是针对数据表而言的，是按某种规则对记录进行的一个逻辑排序。换句话说，它并不改变数据库表中记录的物理顺序，而是另外建立一个记录号列表。在数据表中，索引如同一本书的目录一样，它可以帮助用户快速地找到特定的信息。

　　索引是由指针构成的文件，这些指针从逻辑上按照索引关键字的值进行升序或降序排列。实际上，创建索引就是创建一个由指向数据表文件记录的指针所构成的文件。索引文件名与表同名，但扩展名不同，有扩展名为 .idx 单项索引和扩展名为 .cdx 的复合索引两类索引文件。当表和相关的索引文件被打开时，记录的顺序就会按索引表达式的逻辑顺序显示和操作。

5.4.2　索引分类

　　在 Visual FoxPro 中，用户可以为一个数据表建立多个索引，每个索引确定了一种数据表中记录的逻辑顺序。一般情况下，在一个表中索引的多少并不影响表的使用性能。用户可以从索引类型和索引的组织方式上将索引分类。

1. 按索引类型分类

　　Visual FoxPro 系统为用户提供了四种不同的索引类型，它们分别是主索引、候选索引、唯一索引和普通索引。

　　（1）主索引

　　在指定字段或表达式中不允许出现重复值的索引，这样的索引可以起到主关键字的作用。换句话说，定义为主索引的字段中的数据不允许出现重复值，否则 Visual FoxPro 将产生错误信息。由于一个表只能有一个主关键字，因此一个表也只能创建一个主索引。

　　主索引主要用于在永久关系中的父表或被引用的子表中建立参照完整性的，它可以确保字段中输入值的唯一性，同时也决定了处理记录的顺序。主索引只能在数据库表中建立，自由表中是无法建立的。

（2）候选索引

候选索引和主索引具有相同的特性，但在同一个表中，用户可以为多个字段建立候选索引，建立候选索引的字段可以看作是候选关键字。它同主索引一样，也要求字段中输入数据的唯一性并决定处理记录的顺序。在自由表中，候选索引即可确保实体的完整性。

（3）唯一索引

唯一索引是为了保持与早期版本的兼容性而存在的一种索引类型，它的唯一性是指索引项的唯一，而不是字段值的唯一。索引项的唯一就是指定义了唯一索引的字段，在显示记录时中满足不同类型的记录仅显示一条。它以指定字段的首次出现值为基础，选定一组记录，并对记录进行排序。在一个表中用户可以为多个字段建立唯一索引。

（4）普通索引

普通索引可以决定记录的处理顺序，但不能约束字段中的重复值。它不仅允许字段中出现重复值，同时也允许索引项中出现重复值。在一个表中，用户可以建立多个普通索引。普通索引把由索引表达式为每个记录产生的值存入索引文件中，若多个记录的索引表达式相同，则可以重复存储，并用独立的指针指向各个记录。

2．从索引的组织方式分类

从索引的组织方式上来讲索引可以分为三类：单独的 .idx 索引，即非结构单索引；采用非默认名的 .cdx 索引，即非结构复合索引；与表同名的 .cdx 索引，即结构复合索引。

（1）非结构单索引文件

该索引文件只有一个索引项。通常，在表设计器中"字段"选项卡中为某个字段建立的索引就可以看作是单索引文件。

（2）非结构复合索引文件

非结构复合索引大多是为了与较早版本兼容，系统不能自动维护索引。若用户使用完后就删除索引文件，则可以使用这种非结构索引。

（3）结构复合索引文件

结构复合索引是 Visual FoxPro 系统中最普通也是最重要的一种索引文件，该类索引可以包含多个索引标识或索引关键字。一个表只有一个结构复合索引文件，其索引文件名与表名同名，扩展名为 .cdx。结构复合索引文件随表的打开而打开，随表的修改而自动维护索引。

5.4.2　建立索引

1．使用表设计器建立索引

（1）建立普通索引

首先打开表并启动表设计器，从"字段"选项卡中选择要建立索引的字段后，在对应的索引位置上选择升序或降序即可产生单字段普通索引，其索引名与字段名相同。

（2）建立非普通索引

在表设计器中选择"索引"选项卡，如图 5.22 所示，在"索引名"文本框中输入要建立索引的字段名,在索引"类型"列表中选择所需类型,数据库表可以建立主索引、候选索引、唯一索引和普通索引;自由表只能建立除主索引之外的另外三种索引。确定索引类型后用户可以在"表达式"文本框中输入表达式或单击"表达式"文本框右侧"表达式"启动器按钮调出表达式生成器,然后构造表达式。最后单击"确定"按钮。在屏幕中弹出"确定更改结构"提示框,如图 5.23 所示。若单击"是"按钮,则确定建立的索引;若单击"否",则取消建立索引的操作。

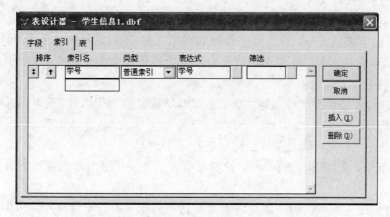

图 5.22 表设计器索引选项卡

图 5.23 "确定更改结构"提示框

在表设计器,其他选项详细说明如下:

"索引"选项卡中"表达式"文本框用于指定索引表达式,如一个字段名。单击"表达式"启动器按钮可以创建或编辑一个表达式,一个表达式最多可以有 240 个字符。用户可以通过表达式建立一个具有主次字段的索引,例如要建立一个先按"课程号"字段的索引,再按"成绩"字段的索引,建立的表达式为:课程号+成绩。

需要注意的是,在索引表达式中,要小心处理字段的数据类型,如果有不同的数据类型则必须使用函数进行类型转换。

其中,"筛选"文本框用于指定筛选表达式,单击右侧的"筛选表达式"启动器,可以在表达式生成器对话框中创建或编辑一个表达式。可以使用筛选索引把访问的记录限定在指定的数据上。当创建了筛选索引之后,只有符合筛选表达式的记录才可以显示和访问。例如要在学生成绩表"成绩"字段中按成绩字段索引时,希望筛选出 85 分以上的成绩,其中筛选表达式可以为:成绩>=85。

"插入"按钮:在表格中选定的索引之上插入一个新的索引。

"删除"按钮:从表格中删除选定索引。

2. 使用 INDEX 命令建立索引

命令格式：

INDEX ON <索引关键字表达式> TO <单索引文件名> | TAG <索引标识名>[FOR <条件>] [ASCENDING | DESCENDING][UNIQUE | CAHDIDATE][ADDITIVE] [OF <非结构复合索引文件名>]

其中各参数和选项的含义如下：

ON<索引关键字表达式>：指定索引表达式。

<索引关键字表达式>：建立一个单独的索引文件，系统默认扩展名为.idx。

TAG<索引标识名>：在一个结构复合索引文件中建立多个索引，其索引文件名与表名相同，扩展名为.cdx。

OF<非结构复合索引文件名>：指定生成非结构复合索引文件，其索引文件名由用户指定，扩展名为.cdx。

FOR <条件>：只对满足条件的记录进行索引。

ASCENDING 或 DESCENDING：设置复合索引文件中字段索引排序为升序或降序索引，默认升序。

UNIQUE：建立唯一索引。即只将索引表达式值相同的首记录放入索引文件中。

CAHDIDATE：建立候选索引。在自由表中，建立候选索引可保证实体的完整性。

ADDITIVE：与建立索引本身无关，若有该选项表示现在建立索引时关闭已经使用的索引，将新建立的索引称为当前索引。

如果在命令中没有指定 UNIQUE 或 CANDIDATE，则系统默认创建普通索引。

需要注意的是，用 INDEX 命令不能创建主索引。创建主索引必须用 CREATE TABLE 命令或 ALTER TABLE 命令。

例 5.31 在学生成绩表中建立结构复合索引，按学号升序建立唯一索引，索引标识为 xh；按课程号升序排列，课程号相同时按成绩升序排列，索引标识为 kchcj。

```
USE    学生成绩                && 打开学生成绩表
INDEX  ON  学号 UNIQUE  TAG  xh  ASCENDING
                               && 在学号字段建立名为 xh 的唯一索引
LIST                           && 记录按学号升序排列，且相同学号的记录仅显示一条
INDEX  ON  课程号 + STR(成绩)   TAG  kchcj
                               && 以课程号升序，成绩升序建立名为 kchcj 的普通索引
LIST                           && 记录按课程号升序排列，课程号相同时按成绩升序排列
```

主窗口显示结果如下：

记录号	学号	姓名	课程号	成绩
1	0940401	王丽丽	C001	89
2	0940402	王建业	C001	95
3	0940403	王 昱	C002	78
6	0940404	李晓勇	C004	80
8	0940405	李红英	C005	90
9	0940406	李筱玥	C005	95
10	0940407	赵 恒	C006	85
11	0940408	赵谦谦	C006	92

记录号	学号	姓名	课程号	成绩
1	0940401	王丽丽	C001	89
2	0940402	王建业	C001	95
3	0940403	王 昱	C002	78
4	0940403	王 昱	C003	80
5	0940401	王丽丽	C003	95

6	0940404	李晓勇	C004	80
7	0940402	王建业	C004	95
8	0940405	李红英	C005	90
9	0940406	李筱玥	C005	95
10	0940407	赵 恒	C006	85
11	0940408	赵谦谦	C006	92
12	0940401	王丽丽	C007	70
13	0940402	王建业	C007	90
15	0940405	李红英	C008	86
14	0940401	王丽丽	C008	95

例 5.32 在课程信息表中以课程号升序建立索引标识为 kch 的单索引文件。

```
USE    课程信息
INDEX   ON   课程号   TO    kch
BROWSE
```

显示结果如图 5.24 所示。

课程信息

课程号	课程名	学分
C001	高等数学	4.0
C002	大学英语	5.0
C003	Visual FoxPro程序设计	3.5
C004	大学体育	2.5
C005	汉语言文学	2.0
C006	线性代数	2.0
C007	大学听力	2.0
C008	计算机文化基础	3.0

图 5.24 课程信息表按课程号升序浏览图

5.4.3 使用索引

1. 打开索引文件

与表名相同的结构索引在打开表时都能够自动打开，但是对于非结构索引必须在使用之前打开索引文件。打开索引文件的命令格式：

```
SET  INDEX  TO   indexfilelist
```

其中，indexfilelist 是用逗号分开的索引文件列表，可以包含.idx 索引和.cdx 索引。执行该命令后，索引文件列表中的第一个索引文件称为主控索引文件。如果主控索引文件是.idx 文件，由于它是单索引文件，表处理的记录次序将按其索引顺序进行；如果主控索引是.cdx 文件，由于它是复合结构索引文件，则默认索引项是它在创建时的第一个索引项。如果要使用其他索引项必须具体指定。

2. 设置当前索引

尽管结构索引在打开表时都能够自动打开，或者打开了非结构复合索引文件作为主控索引文件，在使用某个特定索引项进行查询或需要记录按某个特定索引项的顺序显示时，则必须用 SET ORDER 命令指定当前索引项，设置当前索引的命令格式：

```
SET  ORDER  TO [nIndexNumber|[TAG]TagName][ASCENDING|DESCENDING]
```

其中，可以按索引序号 nIndexNumber 或索引名 TagName 指定索引项。索引序号是指建立索引的先后顺序序号，并且按照在 SET INDEX TO IndexFilelst 命令中的总序号排列。特别不容易记清，建议使用索引名。

不管索引是按升序或降序建立的，在使用时都可以用 ASCENDING 或 DESCENDING 重新指定升序或降序。

例 5.33 将结构索引文件中的学号设置为当前索引。

```
USE   学生成绩
SET  ORDER  TO  TAG   学号
```

5.4.4　删除索引

如果某个索引不再使用了则可以删除它,删除索引可以在表设计器中使用"索引"选项卡,单击要删除的索引。同时用户也可以使用命令来删除结构索引,其命令格式:

```
DELETE  TAG  TagName
```

其中 TagName 指出了要删除的索引名。如果要删除全部索引可以使用命令:

```
DELETE  TAG  ALL
```

5.5　数据完整性

在数据库中数据完整性是确保数据正确的特性,数据完整性包括实体完整性、域完整性和参照完整性等,Visual FoxPro 系统为用户提供了实现这些完整性的方法和手段。

5.5.1　实体完整性

实体完整性是保证表中记录唯一的特性,即在一个表中不允许有重复的记录。在 Visual FoxPro 中利用主关键字或候选关键字来保证表中记录的唯一,即保证实体唯一性。

如果一个字段的值或几个字段的值能够唯一标识表中的一条记录,则这样的字段称为候选关键字。在同一个表中用户只能指定其中的一个字段定义为主关键字,却可以定义多个候选关键字。在 Visual FoxPro 中,将主关键字称为主索引,将候选关键字称为候选索引。

5.5.2　域完整性

用户所熟知的数据类型的定义即属于域完整性的范畴,比如对数值型字段,通过指定不同的宽度说明不同范围的数值数据类型,从而可以限定字段的取值类型和取值范围。但为了提高表中数据输入的速度和准确性,可以进行字段级有效性设置。字段级有效性有规则、信息、默认值三个方面。

规则是字段或字段之间的有效性检验。如学生成绩表中的成绩不能为负数,学生基本信息表中的性别只能输入"男"或"女"等。

信息是当违反有效性规则时,用户自定义的提示信息。如学生成绩表中成绩录入出错时,应提示"您输入的成绩必须在 0~100 之间"。

默认值是定义某一字段的初始值,如果不输入就默认为初始值。如学生成绩表中,大多数学生的成绩为 85 分,则可以将默认值定为 85。

域完整性的设置方法如下:

首先,将数据库表打开,启动数据库设计器窗口。在"字段有效性"选项区中,如图 5.25 所示,在

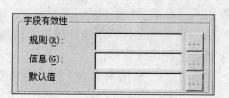

图 5.25　"字段有效性"选项区

"规则"文本框中需要输入逻辑型的表达式;在"信息"文本框中输入用户需要的提示字符串信息;在"默认值"文本框中输入的数据类型与字段类型保持一致即可完成域完整性的设置操作。

5.5.3 永久关系

在同一个数据库中的多个表必定存在一定的关系。建立数据表文件之间的关联,首先要满足两个条件,一是在要建立关联的两个表中必须有相同属性的字段,二是每个表都按该字段建立了索引。满足这样两个条件的表才能建立永久关系。

表之间的关系可以是一对一的关系也可以是一对多的关系。建立一对一的关系,需要在父表中建立主索引,在被引用的子表中相同字段下建立候选索引,这样这两个表才可以建立一对一的关系;建立一对多的关系,需要在父表中建立主索引,在被引用的子表中相同的字段下建立普通索引。

在数据库设计器中,永久关系显示为联系表索引的连线,用于设置参照完整性,控制记录在相关表中被插入、更新或删除的方式;在查询设计器或视图设计器中,永久关系自动作为默认连接条件;作为表单和报表的默认关系,在"数据环境设计器"中,将参考永久关系,自动生成表之间的相应的临时关联。

例5.34 在学生管理数据库中以学号字段建立学生基本信息表与学生成绩表的一对多的永久性关系。

首先,打开学生管理数据库并启动数据库设计器,右击学生基本信息表,在弹出的快捷菜单中选择"修改"命令,启动表设计器。选择"索引"选项卡,在"索引名"文本框中输入"学号",在"类型"下拉列表框中选择"主索引"选项,在"表达式"文本框中输入"学号",单击"确定"按钮。

然后利用上述方法在学生成绩表学号字段中建立普通索引。单击学生基本信息表结构展开方式下的学号索引,按住鼠标左键将其向学生成绩表中的学号索引中拖曳,此时在两个表之间出现一条连线,如图5.26所示。若要将两表之间的永久关系删除,用户只需右击该条连线,在快捷方式菜单中选择"删除关系"命令即可完成操作,如图5.27所示。

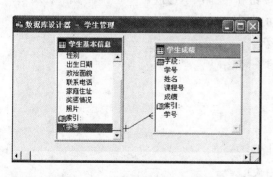

图5.26 建立表之间永久关系

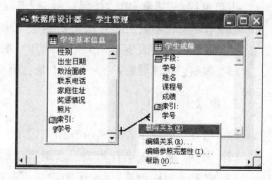

图5.27 永久关系的快捷方式菜单

5.5.4 参照完整性

参照完整性与表之间的联系有关,是指在对一个数据表中的数据操作时,通过参照引用相互关联的另一个数据表中的数据,来检查操作是否正确。这里的联系就是前面章节中介绍数据模型时讨论的实体与实体之间的联系。最常见的联系类型是一对多的联系,在关系数据库中通过连接字段来体现和表示联系。

用户在数据库中设置了永久的关联关系后,即可建立管理关联记录的规则了。这些规则用于控制相关表中该记录的插入、删除和更新。如图 5.27 所示,在永久关系的快捷方式菜单中选择"编辑参照完整性"命令,即可启动"参照完整性生成器"对话框,其中包括"更新规则"选项卡、"删除规则"选项卡和"插入规则"选项卡,如图 5.28 所示。需要注意的是,首次编辑参照完整性需要用户先清理数据库,将数据库表中带有逻辑删除标记的记录清除后方可进行操作。用户可以单击"数据库"菜单中的"清理数据库"命令来完成。

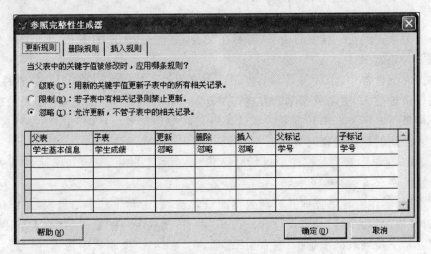

图 5.28 "参照完整性生成器"对话框

"参照完整性生成器"对话框中各选项卡的详细说明如下:

1. 更新规则

用户可以在"级联"单选按钮、"限制"单选按钮和"忽略"单选按钮中选择任意一种规则。
(1)级联:用新的关键字的值更新子表中的所有相关的记录。
(2)限制:若子表中有相关记录则禁止更新。
(3)忽略:允许更新,无论子表中是否有相关记录。

2. 删除规则

(1)级联:删除子表中的所有相关记录。
(2)限制:若子表中有相关记录则禁止删除。
(3)忽略:允许删除,无论子表中是否有相关记录。

3. 插入规则

(1)限制:若父表中没有匹配的关键字则禁止插入。
(2)忽略:允许插入,无论子表中是否有相关记录。

用户在"参照完整性生成器"对话框中设置完毕后,单击"确定"按钮即可启动参照完整性生成器的第一个系统提示对话框,如图5.29所示,单击"是"按钮,启动第二个系统提示对话框,如图5.30所示。再次单击"是"按钮,用户即可完成参照完整性的设置。

图5.29 系统提示框 　　　　图5.30 生成参照完整性代码提示框

5.6 自由表

所谓自由表就是那些不属于任何数据库的表,在Visual FoxPro中创建表时,如果当前没有打开数据库,则创建的表就是自由表。用户可以将自由表添加到数据库中,使之成为数据库表,同时也可以将数据库表从数据库中移出来,使之成为自由表。

5.6.1 建立自由表

自由表就是与数据库无关联的表。当没有数据库打开时,建立的表就是自由表。创建自由表有以下几种常用的方法。

1. 通过项目管理器创建

首先打开项目管理器,从"数据"选项卡中单击"自由表"按钮,然后单击"新建"按钮,启动表设计器来建立自由表,如图5.31所示。

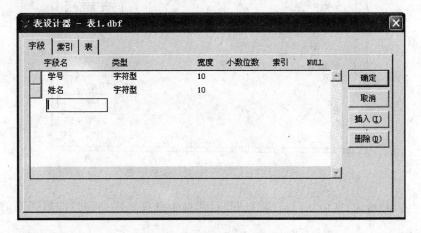

图5.31 自由表设计器

用户可以发现,自由表设计器没有数据库表设计器中的"字段有效性"选项区和"显示"选项区等强大的功能,因此自由表不能建立字段级规则和约束等。

2. 通过菜单方式创建自由表

首先单击"文件"菜单中的"新建"命令或是单击常用工具栏中的"新建"命令,在弹出的"新建"菜单的"类型"选项区中选择"表"命令,然后单击"新建文件"按钮打开表设计器建立自由表。

3. 通过命令方式创建自由表

若系统中没有打开的数据库,用户可以在交互式命令窗口中输入 CREATE 命令,启动表设计器建立自由表。若不想利用表设计器,用户还可以使用 CREATE TABLE 命令直接建立自由表。

例 5.35　创建一个名为学生的自由表:学生(学号 C(7),姓名 C(8),年龄 I,出生日期 D)。

```
CREATE  TABLE 学生(学号 C(7), 姓名 C(8), 年龄 I, 出生日期 D)
```

5.6.2　自由表与数据库表相互转换

1. 将自由表添加到数据库

用户可以使用多种方法将自由表添加到数据库中成为数据库表。

(1) 使用项目管理器

在项目管理器或数据库设计器中都可以很方便地将自由表添加到数据库中。在项目管理器中,将要添加自由表的数据库展开至表,并确认当前选择了"表",如图 5.32 所示。

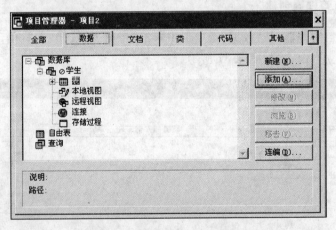

图 5.32　添加自由表到数据库中

单击"添加"按钮,然后从启动的"打开"对话框中选择要添加到当前数据库的自由表即可完成操作。

(2) 使用数据库设计器

用户可以在数据库设计器中,利用"数据库"工具栏中的"添加表"命令来完成操作,也可以在"数据库"菜单中选择"添加表"命令,然后从"打开"对话框中选择要添加到当前数据库的自由表完成添加操作。

（3）使用命令将自由表添加到数据库中

用户可以使用 ADD TABLE 命令添加一个自由表到当前数据库中，其命令格式如下：

ADD TABLE < TableName >|? [NAME LongTableName]

其中，选择"?"号，则启动"打开"对话框，用户可以从中选择要添加到数据库中的表。可选项的参数 NAME LongTableName 则为表指定了一个长名，最多可以有 128 个字符。使用长名在程序中可以提高程序的可读性。

例 5.36 把名叫学生信息的自由表添加到学生管理数据库中。

OPEN DATEBASE 学生管理
ADD TABLE 学生信息

需要注意的是，一个表只能属于一个数据库，当用户将一个自由表添加到某个数据库中后，就不再是自由表了，所以不能把已经属于某个数据库的表添加到当前数据库，否则系统会提示出错信息。

2．将数据库表移出数据库

当数据库不再使用某个表，而其他数据库要使用该表时，用户必须先在原数据库中将该表移出成为自由表。用户可以使用项目管理器或数据库设计器将数据库表移出数据库。

（1）使用项目管理器移出数据库表

在项目管理器中，将数据库下的表展开，并选择要移出的表，单击"移去"按钮，弹出如图 5.33 所示的提示对话框，再次单击"移去"按钮即可完成操作。

（2）使用数据库设计器移去表

用户可以在数据库设计器中，单击"数据库"

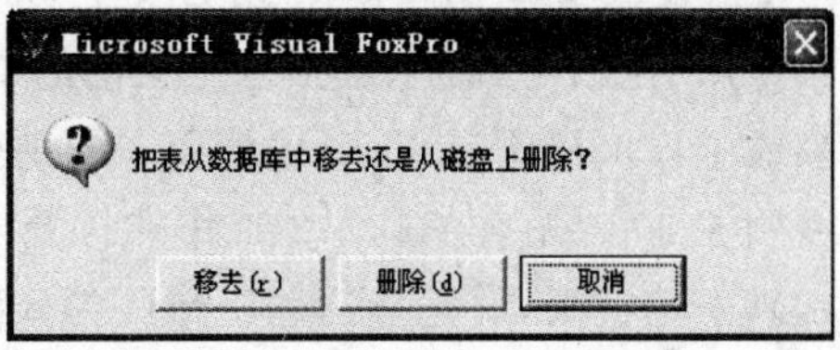

图 5.33　移出自由表的提示对话框

工具栏中的"移去表"按钮来完成操作，也可以在"数据库"菜单中选择"移去"命令，系统会弹出如图 5.32 所示的提示对话框，在该对话框中单击"移去"按钮即可完成操作。

（3）使用命令在数据库中移出表

用户可以使用 REMOVE TABLE 命令将一个表从数据库中移出，其命令格式如下：

REMOVE TABLE < TableName >|? [DELETE][RECYCLE]

其中，参数 TableName 给出了要从当前数据库中移出的表的表名，如果使用问号"?"则显示"移去"对话框，从中选择要移去的表。如果使用选项 DELETE，则把所选表从数据库中移出之后，还将其从磁盘上删除。如果使用选项 RECYCLE，则把所选表从数据库中移出之后，放到 Windows 的回收站中，而不是彻底删除表。

5.7　多个表的同时使用

在 Viusal FoxPro 中一次可以打开多个数据库，在每个数据库中都可以打开多个表。用户可以在不同工作区中调用不同的表完成复杂的操作。

5.7.1　工作区的概念

所谓工作区就是在内存中开辟的一块区域,用于存放表文件。系统共设有 32767 个工作区,这些工作区分别用数字 1~32767 来标识,称为工作区号,前 10 个工作区还可以使用字母 A~J 来标识,称为工作区的别名。从 11 号工作区开始,别名为 W11 到 W32767 最高工作区。每个工作区中可以打开一个表。不论使用多少个工作区,只有一个是当前工作区,Visual FoxPro 把正在使用的工作区称为当前工作区,在当前工作区中打开的表是当前表。Visual FoxPro 启动后,默认 1 号工作区是当前工作区。每个工作区为打开的表设置一个记录指针,在一般情况下,各个工作区中的表独自移动记录指针,互不干扰。

5.7.2　工作区的使用

1. 工作区的选择

命令格式:

SELECT <工作区号>|<别名>

该命令用于选择指定的工作区为当前工作区。其中,每一个工作区某一时刻仅可以打开一个表文件。当用户使用 SELECT 0 时表示选择当前未使用的最小工作区,同时用户还可以使用 SELECT()函数来测定当前的工作区号。如果在某个工作区已经打开了表,若要回到该工作区操作该表,可以使用表的别名。

例 5.37　分别在 1,2,3 工作区打开学生基本信息表、学生成绩表和课程信息三个表,显示其中的记录,并选择当前工作区为 3 区。

```
OPEN  DATABASE  学生管理
SELECT  1                  && 选择工作区 1
USE  学生基本信息 ALIAS XSJB  && 打开学生基本信息表并指定 XSJB 为别名
BROWSE                     && 浏览学生基本信息表中记录
SELETE  2                  && 选择工作区 2
USE  学生成绩  ALIAS  XSCJ  && 打开学生成绩表并指定 XSCJ 为表的别名
BROWSE
SELECT 3                   && 选择工作区 3
USE  课程信息  ALIAS  KCXX  && 打开课程信息表并指定 KCXX 为表别名
BROWSE
SELECT 3
?SELECT( )
```

主窗口显示的数值结果如下:

3

2. 不同工作区数据的调用

如果要在当前工作区调用另外一个工作区的表的记录时,用户可以使用如下的调用格式:

<工作区别名>.<字段名>或<工作区别名>-><字段名>

其中,->为"-"和">"的组合键。

例 5.38 在工作区 1 中,显示学生基本信息表中的学号、姓名、出生日期以及学生成绩表中的课程号、成绩。

```
USE  学生基本信息  IN 1
USE  学生成绩    IN 2
SELETE  1
DISPLAY  学号,姓名,出生日期,B.课程号,B.成绩
```

主窗口显示结果如下:

```
记录号 学号    姓名   出生日期 B->课程号 B->成绩
   1  0940401 王丽丽  06/05/90 C001      89
```

3. 利用其他表的数据将当前表中的数据更新

如果要修改的当前表中的数据是源于另外一个表的数据时,用户可以使用数据表更新的方法批量地修改数据,把一个数据表中的数据通过一种运算加到另外一个数据表中,其命令格式为:

```
UPDATE  ON <关键字段> FROM <工作区号>|<别名> REPLACE <字段名 1> WITH
<表达式 1> [RANDOM]
```

其中各参数和选项的含义如下:

<关键字段>:该选项能够出现的字段必须是两个表中均含有的字段名。

<别名>:别名是提供数据的数据表所在工作区的别名。

REPLACE 子句的作用是确定具体的更新操作。其中<字段名 1>是目标数据表中的字段,即要被更改数据的字段名;<表达式 1>是源数据表或目标数据表中的字段及其他运算对象组成的表达式。需要注意的是,若在表达式中出现源数据表的字段,则必须用"别名->字段"或"别名.字段"的形式来表示。

RANDOM:有该选项表示目标数据表按<关键字>索引过;若不使用该选项则表示两个数据表文件必须均按<关键字段>以升序的顺序排序或索引过。

例 5.39 以课程信息表建立课程信息副表,将副表中的课程名与学分清空,再将课程信息表中的所有课程名添加到副表中,并将学分加 5 分后添加到课程信息副表中。

```
USE  课程信息  IN 1    && 在工作区 1 打开课程信息表
COPY  TO  课程信息副表    && 将课程信息表复制到课程信息副表中
INDEX  ON  课程号  TO  AA  && 在课程信息表中以课程号建立索引
USE  课程信息副表  IN 2  && 在工作区 2 打开课程信息副表
SELECT 2          && 选择工作区 2
LIST             && 显示课程信息副表信息
INDEX  ON  课程号  TO  BB  && 在课程信息副表中以课程号建立索引
REPLACE  ALL 课程名  WITH  "00000000"  && 将副表中所有课程名清空为 00000000
REPLACE  ALL 学分  WITH  0  && 将副表中所有学分清空为 0
LIST             && 显示当前副表的信息
UPDATE  ON  课程号  FROM  课程信息  REPLACE  课程名  WITH  A.课程名
                  && 将课程信息表中的课程名添加到课程信息副表中的课程名中
```

```
UPDATE  ON  课程号  FROM  课程信息  REPLACE  学分  WITH  A.学分 + 5
                      && 将课程信息表中的学分加 5 分后添加到课程信息副表中的学分中
LIST                  && 显示当前副表的信息
```

主窗口显示结果如下：

记录号	课程号	课程名	学分
1	C001	高等数学	4.0
2	C002	大学英语	5.0
3	C003	Visual FoxPro程序设计	3.5
4	C004	大学体育	2.5
5	C005	汉语言文学	2.0
6	C006	线性代数	2.0
7	C007	大学听力	2.0
8	C008	计算机文化基础	3.0

记录号	课程号	课程名	学分
1	C001	00000000	0.0
2	C002	00000000	0.0
3	C003	00000000	0.0
4	C004	00000000	0.0
5	C005	00000000	0.0
6	C006	00000000	0.0
7	C007	00000000	0.0
8	C008	00000000	0.0

记录号	课程号	课程名	学分
1	C001	高等数学	9.0
2	C002	大学英语	10.0
3	C003	Visual FoxPro程序设计	8.5
4	C004	大学体育	7.5
5	C005	汉语言文学	7.0
6	C006	线性代数	7.0
7	C007	大学听力	7.0
8	C008	计算机文化基础	8.0

5.7.3 表之间的关联

表之间的联系是基于索引建立的一种永久联系。这种联系存储在数据库中，可以在查询设计器或视图设计器中自动作为默认联系条件保持数据库表之间的联系。永久联系在数据库设计器中显示为表索引之间的连接线。

虽然永久联系在每次使用表时不需要重新建立，但永久联系不能控制不同工作区中表记录指针的联动。所以在开发 Visual FoxPro 应用程序时，不仅需要永久联系，有时也需要使用能够控制表间记录指针关系的临时联系，这种临时联系称为关联。建立了临时关系的表之间记录指针是同步的，且这种临时关系在数据库关闭后就消失，如果下一次打开数据库后还要使用则必须再次建立。

使用 SET RELATION 命令建立表之间的临时联系格式：

```
SET  RELATION  TO 表达式  INTO  <工作区>|<别名>
```

其中，表达式指定建立临时联系的索引关键字，一般应该是父表的主索引、子表的普通索引。用工作区或表的别名说明临时联系是由当前工作区表到哪个表的。

例 5.40 设当前工作区是 1 号，通过"学号"索引建立学生基本信息表与学生成绩表之间的临时联系。

```
OPEN  DATABASE  学生管理
USE  学生基本信息 IN  1  ORDER 学号
USE  学生成绩 IN  2  ORDER 学号
SELETE  1
SET  RELATION  TO  学号 INTO  学生成绩
                      && 通过学号字段建立学生基本信息表与学生成绩表的临时联系
GO  3                 && 将记录指针定位在记录号为 3 的记录上
```

```
DISPLAY                        && 显示学生基本信息表中记录号为 3 的记录
SELETE  2                      && 选择工作区 2
?学号,成绩                      && 显示学生成绩表中当前记录的学号与成绩
SET  RELATION  TO             && 关闭临时联系
```

主窗口显示结果如下：

记录号	学号	姓名	性别	出生日期	政治面貌	联系电话	家庭住址
3	0940403	王昱	男	08/20/90	群众	13944139022	上海虹口区

0940403   78

通过本例我们能够发现，当学生基本信息表记录的指针变动时，学生成绩表记录的指针也随之变动。

若临时联系不再需要，用户可以使用命令 SET RELATION TO 取消当前表到所有表的临时联系。如果只是取消某个具体的临时联系，应该使用命令：

```
SET  RELATION  OFF  INTO <工作区号>|<别名>
```

例 5.41 利用 SET RELATION TO 命令建立学生基本信息表与学生成绩表之间的一对多的联系。

```
SELECT  1
USE  学生基本信息
INDEX  ON 学号 TO HH
SELECT  2
USE  学生成绩
INDEX  ON学号 TO H
SELECT  1                 && 选择工作区 1
SET  RELATION  TO  学号 INTO 学生成绩
GO  1                     && 将记录指针定位在记录号为 1 的记录上
SELECT  2                 && 选择工作区 2
LIST  FOR 学号 = A -> 学号
                         && 在学生成绩表中显示学生基本信息表中记录号为 1 的同学的信息
```

主窗口显示结果如下：

记录号	学号	姓名	课程号	成绩
1	0940401	王丽丽	C001	89
5	0940401	王丽丽	C003	95
12	0940401	王丽丽	C007	70
14	0940401	王丽丽	C008	95

5.8 排序

表记录通常按输入的先后排列，用 LIST 等命令显示表时将按此顺序输出。若要以一种特定的顺序来输出记录便需要对表进行排序或索引。索引可以使用户按照某种顺序浏览或查询表中的记录，这时的顺序是逻辑的，是通过索引关键字实现的。同时 Visual FoxPro 数据库管理系统还提供了一种物理排序的命令，它可以将表中的记录物理地按顺序重新排列。排序后将产生一个新表，其记录按新的顺序排列，但原文件不变。

排序的命令格式：

```
SORT TO <新文件名> ON <字段名 1 > [/A|/D] [/C],<字段名 2 > [/A/D] [/C] … ][<范围>] [FOR <条件 1>]
```

[WHILE<条件 2>][FIELDS<字段名表>|FIELDS　LIKE<通配字段名>|FIELDS EXCEPT <通配字段名>]

其中各参数和选项的含义如下：

ON 子句的字段名表示排序字段，记录将随字段值的增大（升序）或减小（降序）来排序。选项/A 和/D 分别用来指定升序或降序，默认按升序排序。选项/C 表示不区分字段值中字母大小写。需要注意的是，用户不能选用备注型或通用型字段来排序。

可在 ON 子句中使用多个字段名实现多重排序，即先按主排序字段<字段名 1>]排序，对于字段值相同的记录再按第二排序字段<字段名 2>排序，以此类推。

<范围>,FOR<条件 1>和 WHILE<条件 2>等子句用于指定要参加排序字段需满足的条件。

FIELDS 子句用于指定新表应包含的字段，若无该选项，则默认包含原表所有字段。

例 5.42　将学生成绩表按以下要求排序：按学号的升序排列，学号相同的按成绩的降序排序且新表中只包含学号、姓名、成绩三个字段。

```
USE  学生成绩
SORT  TO XH ON  学号/A ,成绩/D  fields 学号,课程号,成绩
USE  XH
LIST
```

主窗口显示结果如下：

记录号	学号	课程号	成绩
1	0940401	C003	95
2	0940401	C008	95
3	0940401	C001	89
4	0940401	C007	70
5	0940402	C001	95
6	0940402	C004	95
7	0940402	C007	90
8	0940403	C003	80
9	0940403	C002	78
10	0940404	C004	80
11	0940405	C005	90
12	0940405	C008	86
13	0940406	C005	95
14	0940407	C006	85
15	0940408	C006	92

本章小结

本章主要讲解 Visual FoxPro 数据库的应用与基本操作。重点讲解了数据库表的建立、表结构的修改、记录的插入、删除、恢复、排序与表的统计命令。同时，本章对数据表索引的建立、数据库表与自由表的转换、数据库表之间建立联系以及参照完整性的应用进行了详细的介绍。

习题

一、选择题

1. 建立名为学生管理的数据库的命令是【　　】。

    A. CREATE　DATABASE　学生管理　　　　B. CREATE　学生管理

    C. CREATE　TABLE　学生管理　　　　　　D. CREATE　DBF　学生管理

2. 打开名为学生管理的数据库的命令是【 】。

 A. USE DATABASE 学生管理   B. USE 学生管理

 C. OPEN TABLE 学生管理   D. OPEN DATABASE 学生管理

3. 关闭数据库的命令是【 】。

 A. USE DATABASE   B. CLEAR TABLE

 C. CLOSE DATABASE   D. CLOSE TABLE

4. 打开数据库设计器的命令是【 】。

 A. MODIFY DATABASE   B. CREATE DATABASE

 C. USE DATABASE   D. OPEN TABLE

5. 删除数据库的命令是【 】。

 A. ESC DATABASE   B. DELETE DBF

 C. ESC TABLE   D. DELETE DATABASE

6. 建立名为学生信息的数据表的命令是【 】。

 A. CREATE DATABASE 学生信息 B. CREATE 学生信息

 C. USE TABLE 学生信息   D. USE DBF 学生信息

7. 打开名为学生的数据表的命令是【 】。

 A. USE DBF 学生   B. USE 学生

 C. OPEN TABLE 学生   D. OPEN DBF 学生

8. 不能关闭数据表的命令是【 】。

 A. USE   B. QUIT

 C. CLOSE TABLE   D. CLOSE ALL

9. 修改数据表结构的命令是【 】。

 A. MODIFY TABLE   B. EDIT STRUCT

 C. MODIFY STRUCT   D. EDIT TABLE

10. 删除数据库表的命令是【 】。

 A. REMOVE DATABASE   B. DELETE DBF

 C. REMOVE TABLE   D. DELETE TABLE

11. 在表尾增加空白记录的命令是【 】。

 A. APPEND   B. EDIT BLANK

 C. CHANGE   D. APPEND BLANK

12. 恢复逻辑删除表中记录的命令是【 】。

 A. RECALL   B. REPLACE

 C. ESC   D. PACK

13. 删除表中的全部记录的命令是【 】。

 A. BACK   B. DELETE

 C. PACK   D. ZAP

14. 不能修改数据表中记录的命令是【 】。

 A. EDIT   B. CHANGE

 C. BROWSE   D. DISPLAY

15. 不能滑动记录指针的命令是【　　】。

    A. GOTO　3　　　　　　　　　　　B. SKIP　3

    C. TOP　3　　　　　　　　　　　　D. GO　3

16. 不能完成查找表中记录的命令是【　　】。

    A. LOCATE　　　　　　　　　　　B. SEEK

    C. FIND　　　　　　　　　　　　　D. FOUND

17. 指定工作区的命令是【　　】。

    A. IN　　　　　　　　　　　　　　B. USE

    C. SELECT　　　　　　　　　　　　D. OPEN

18. 命令 SELECT 0 的功能是【　　】。

    A. 选择编号最小的工作区　　　　　B. 选择编号最小的未使用的工作区

    C. 选择 0 号工作区　　　　　　　　D. 关闭当前工作区的表

19. 建立索引的命令是【　　】。

    A. SET　ORDER　TO　　　　　　B. INDEX　ON

    C. SET　INDEX　TO　　　　　　　D. SORT　TO

20. 能够对数据表进行分类汇总的命令是【　　】。

    A. SUM　　　　　　　　　　　　　B. AVERAGE

    C. TOTAL　ON　　　　　　　　　　D. COUNT

21. 在 Visual FoxPro 中,对于字段值为空值 NULL 叙述正确的是【　　】。

    A. 空值等同于空字符串　　　　　　B. 空值表示字段还没有确定值

    C. 不支持字段值为空值　　　　　　D. 空值等同于 0

22. 要逻辑删除当前表中年龄大于 16 的女生,以下正确的命令是【　　】。

    A. DELETE　FOR 年龄＞16 AND 性别＝"女"

    B. DELETE　FOR 年龄＞16 OR 性别＝"女"

    C. ZAP　FOR 年龄＞16 AND 性别＝"女"

    D. ZAP　FOR 年龄＞16 OR 性别＝"女"

23. 在当前表中查找汉族学生的记录,应输入的命令是【　　】。

    A. LOCATE　FOR　民族＝"汉"

       LOOP

    B. LOCATE　FOR　民族＝"汉"

       SKIP

    C. LOCATE　FOR　民族＝"汉"

       CONTINUE

    D. LOCATE　FOR　民族＝"汉"

       NEXT

24. 当前打开的表中有字符型字段"图书号",要求将图书号以字母 A 开头的图书记录全部设置删除标记,常用的命令是【　　】。

    A. DELETE　FOR 图书号＝"A"

    B. DELETE　WHILE　图书号="A"

    C. DELETE　FOR 图书号="A＊"

    D. DELETE　FOR 图书号 LIKE "A％"

25. 如果设定职工年龄有效性规则在 19～30 岁之间,我们必须定义【　　】。

    A. 实体完整性　　　　　　　　　　　B. 域完整性

    C. 参照完整性　　　　　　　　　　　D. 记录完整性

26. 设有两个数据库表,父表和子表之间是一对多的联系,为控制子表和父表的关联,可以设置参照完整性规则,为此要求这两个表是【　　】。

    A. 在父表连接字段上建立普通索引,在子表连接字段上建立主索引

    B. 在父表连接字段上建立主索引,在子表连接字段上建立普通索引

    C. 在父表与子表的连接字段上均建立主索引

    D. 在父表与子表的连接字段上均建立普通索引

27. 要为当前所有女职工的工资增加 100 元,应使用的命令是【　　】。

    A. REPLACE　ALL　工资　WITH　工资＋100

    B. REPLACE　ALL　工资　WITH　工资＋100　FOR　性别="女"

    C. CHANGE　ALL　工资　WITH　工资＋100

    D. CHANGE　ALL　工资　WITH　工资＋100　FOR　性别="女"

28. ZAP 命令的描述正确的是【　　】。

    A. ZAP 命令只能删除当前表的当前记录

    B. ZAP 命令只能删除当前表中带有删除标记的记录

    C. ZAP 命令能删除当前表的全部记录

    D. ZAP 命令能删除表的结构和全部记录

29. 在数据库表上的字段有效性规则是【　　】。

    A. 逻辑表达式　　　　　　　　　　　B. 字符表达式

    C. 数字表达式　　　　　　　　　　　D. 以上三种都有可能

30. 在 Visual FoxPro 的数据库表中只能有一个的索引是【　　】。

    A. 候选索引　　　　　　　　　　　　B. 普通索引

    C. 主索引　　　　　　　　　　　　　D. 唯一索引

31. 不允许出现重复字段值的索引是【　　】。

    A. 候选索引和主索引　　　　　　　　B. 普通索引和唯一索引

    C. 唯一索引和主索引　　　　　　　　D. 唯一索引和候选索引

32. 为了设置两个表之间的数据参照完整性,要求这两个表是【　　】。

    A. 同一个数据库的两个表　　　　　　B. 两个自由表

    C. 一个是自由表和一个数据库表　　　D. 没有限制

33. 已知当前表中有 10 条记录,当前记录号为 4,执行 SKIP 2 后,当前的记录号为【　　】。

    A. 2　　　　　　　　　　　　　　　　B. 4

    C. 6　　　　　　　　　　　　　　　　D. 8

34. 已知当前表中有 10 条记录,当前记录号为 3,在无索引的状态下执行 LIST

NEXT 4 后,主窗口中显示的记录范围是【　　】。

    A. 2～6　　　　　　　　　　　　　　B. 3～6

    C. 3～7　　　　　　　　　　　　　　D. 4～8

35. 在 Visual FoxPro 的表结构中,逻辑型、日期型、整型、备注型字段的宽度分别是【　　】。

    A. 1、8、4、4　　　　　　　　　　　B. 1、8、4、任意

    C. 1、8、10、4　　　　　　　　　　D. 3、8、4、任意

36. 在 Visual FoxPro 中以下叙述正确的是【　　】。

    A. 关系也被称为表单　　　　　　　　B. 数据库文件不存储用户数据

    C. 表文件的扩展名是.dbc　　　　　　D. 多个表存储在一个物理文件中

37. 下列有关数据库表和自由表的叙述中,错误的是【　　】。

    A. 数据库表和自由表都可以用表设计器建立

    B. 数据库表和自由表都支持表间联系和参照完整性

    C. 自由表可以添加到数据库中成为数据库表

    D. 数据库表可以从数据库中移出来成为自由表

38. 有一个学生表文件,且通过表设计器已经为该表建立了若干普通索引。其中一个索引的表达式为姓名字段,索引名为 XM。现假设学生表已经打开,且处于当前工作工作区中,那么可以将上述索引设置为当前索引的命令是【　　】。

    A. SET　INDEX　TO　姓名

    B. SET　INDEX　TO　XM

    C. SET　ORDER　TO　姓名

    D. SET　ORDER　TO　XM

39. 下列关于定义参照完整性的说法,不正确的是【　　】。

    A. 只有在数据库设计器中建立两个表的联系,才能建立参照完整性

    B. 建立参照完整性必须在数据库设计器中进行

    C. 建立参照完整性之前,首先要清理数据库

    D. 只有自由表才能创建参照完整性规则

40. 将当前表文件全部复制到指定的表文件中,可以使用命令【　　】。

    A. COPY　STRUCTURE　TO ＜表文件名＞

    B. COPY　TO　＜表文件名＞

    C. COPY　FILE　TO　＜表文件名＞

    D. MODIFY　STRUCTURE

二、填空题

1. 在 Visual FoxPro 中修改表结构的非 SQL 命令是【1】。

2. 要逻辑删除当前表中年龄大于 20 的男生记录,应用命令【2】。

3. 假设当前记录号为 4,若想让记录指针向上滑动 2 个位置,则应用命令【3】。

4. 在 Visual FoxPro 中,使用 LOCATE FOR 命令按条件查找记录,当查找到满足条件的第一条记录后,如果还需要查找下一条满足条件的记录,应使用【4】。

5. 在 Visual FoxPro 中的四种索引类型中,可通过 INDEX 命令创建【5】和【6】,但不可以建立【7】。

6. 创建两个表的临时性联系的命令是【8】。

7. 在 Visual FoxPro 中,将当前打开的表中带有逻辑删除标记的记录物理删除的命令是【9】。

8. 在 Visual FoxPro 中,通过建立数据库表的主索引可以实现数据的【10】完整性。

9. 成绩表中有语文、数学、英语、计算机四个字段,要将每个学生的四科成绩总分汇总后存放到总分字段中,应使用命令【11】。

10. 定义表结构时,要定义表中每个字段的【12】、【13】和【14】等。

11. 数据表由【15】和【16】两部分组成,其扩展名为【17】。

12. Visual FoxPro 中数据表分为【18】和【19】两种。

13. 在数据表中,图片型数据应存储在【20】字段中。

14. 数据库表之间的一对多的联系可以通过在父表中建立【21】索引和子表中建立【22】索引完成。

15. 自由表中不可建立【23】索引。

16. 同一个表的多个索引可以创建在一个索引文件中,该索引文件名与相关的表同名,这类索引称为【24】,扩展名为【25】。

17. 在 Visual FoxPro 表设计器的【字段】选项卡中可以建立【26】索引。

18. Visual FoxPro 中参照完成性规则包括【27】、【28】和【29】。

19. 在 Visual FoxPro 中创建数据库时,系统会自动生成同名的数据库【30】文件和数据库【31】文件。

20. 在 Visual FoxPro 数据表中当前记录的前方插入记录的命令是【32】。

三、上机题

1. 建立商品信息管理数据库,数据库中包括部门表与商品表。其中商品表信息如表5.3所示,部门表信息如表5.4所示。

表 5.3　商品表

部门号	商品号	商品名称	单价	数量	地产
40	0101	A 牌电风扇	200.00	10	广东
40	0104	A 牌微波炉	350.00	10	广东
40	0105	B 牌微波炉	600.00	10	广东
20	1032	C 牌传真机	1000.00	20	上海
40	0107	D 牌微波炉-A	420.00	10	北京
20	0110	A 牌电话机	200.00	50	广东

表 5.4　部门表

部门号	部门名称	部门号	部门名称
40	家用电器部	20	电话手机部
10	电视录摄像机部	30	计算机部

(1) 建立部门表与商品表之间的一对多的永久联系。

(2) 定义部门表与商品表之间的参照完成性,其中删除规则为"级联",更新规则为"限制",插入规则为"忽略"。

（3）为商品表中的数量字段建立域完整性规则，要求数量必须是大于 10 的正整数，当输入出错时要求有相应的提示信息，且商品数量的默认值为 10。

（4）删除部门表与商品表的永久性联系，并将部门表移出商品信息管理数据库。

（5）以部门表的结构建立部门副表，并将部门副表添加到商品信息管理数据库中。

2. 已知某单位的职工工资表如表 5.3 所示。

表 5.3　工资表

职 工 号	姓 名	年 龄	职 称	工 资
3001	张立	36	讲师	1690
3002	王方	31	讲师	1690
3003	李平	22	助教	1120
3004	朱岩	46	副教授	2960
3005	陈剑	51	教授	3100
3006	陈国青	50	副教授	2920
3007	赵丽	47	教授	3500
3008	陈平	52	教授	3500

（1）建立工资表，并在该表中的职工号字段上建立候选索引，职称字段上建立唯一索引，将职称字段上的索引设置为当前索引，显示表中信息。

（2）修改表结构，增加（性别，C，2）字段。

（3）利用表的统计命令，计算讲师、副教授及教授的平均工资。

（4）根据人事政策，对年满 50 岁（含）以上的员工工资增加 200 元。

（5）用命令显示年满 50 岁（含）以上的教授的信息。

（6）将记录指针定位在最后一条记录，测试当前的记录号以及 EOF() 的值。

（7）在表尾增加一条新记录（"3009"，"赵红梅"，26，"助教"，1360）。

（8）建立工资副表，并将所有人的年龄增加 3 岁。

（9）在工资副表中，统计所有员工的工资总和。

（10）以工资降序，年龄升序显示工资表的信息。

第6章

关系数据库标准语言SQL

6.1 SQL 概述

Visual FoxPro 6.0 中集成了一种称为 SQL 的数据操作语言,以帮助数据库设计和管理人员方便和快速地进行各种数据操作。SQL 语言和基于 SQL 的关系数据库系统是计算机工业最重要的基础技术之一,在过去的 20 多年里,SQL 已经从最初的商业应用发展成为一种计算机产品,成为当今标准的计算机数据库语言。

6.1.1 SQL 语言

SQL 全称是"结构化查询语言(Structured Query Language)",是关系数据库的标准数据语言,是一种组织、管理和检索计算机数据库存储数据的工具。用于存取数据以及查询、更新和管理关系数据库系统,所有的关系数据库管理系统都支持 SQL。SQL 使用的是一个特殊类型的数据库,即关系数据库。

SQL 本身不是一个数据库管理系统,也不是一个独立的产品。我们不能走进一家计算机商店去购买 SQL。SQL 是数据库管理系统不可缺少的组成部分,它是与数据库管理系统(DBMS)通信的一种语言和工具。

当需要从数据库中检索数据时,可以使用 SQL 语言做出请求,DBMS 会处理这个 SQL 请求,检索请求的数据并将它返回给用户。从数据库中请求数据并返回结果的过程称为数据库查询——这就是结构化查询语言名字的由来。虽然检索数据是 SQL 最重要的功能之一,但实际上 SQL 不仅仅只是一个查询工具,SQL 除了数据检索功能,还可以使用 SQL 来控制 DBMS 为其用户提供数据定义功能、数据操纵功能、访问控制功能等多种功能。因此,SQL 是一种综合性语言,用来控制并与数据库管理系统进行交互作用。

SQL 语言包含四个部分:

(1) 数据查询语言(DQL): SELECT 语句。

(2) 数据定义语言(DDL): CREATE、DROP、ALTER 语句。

(3) 数据操纵语言(DML): INSERT、UPDATE、DELETE 语句。

(4) 数据控制语言(DCL): GRANT、REVOKE、COMMIT、ROLLBACK 语句。

本章节将主要介绍前三种类别的语句:数据查询语言(DQL)、数据定义语言(DDL)及数据操作语言(DML)。

所有的 SQL 语句都有相同的基本形式，如图 6.1 所示。

每一条 SQL 语句都以一个动词开始，这个动词是一个描述这条语句具体做什么的关键字。CREATE、INSERT、DELETE、SELECT 是典型的动词，语句后跟一条或多条子句。一条子句可能指定数据通过语句而起作用或提供关于语句是做什么的更多细节。每条子句

图 6.1　SQL 语句的结构

也以一个关键字例如 WHERE、FROM 和 HAVING 开始。某些子句是可选的，而另一些子句是必需的。每一条子句的具体结构和内容都不同。许多子句包含表或字段名，而另一些可能包含附加的关键字、常量或表达式。

6.1.2　SQL 标准

最早的 SQL 是 IBM 公司的圣约瑟研究实验室为其关系数据库管理系统 SYSTEM R 开发的一种查询语言，它的前身是 SQUARE 语言。SQL 标准最早于 1986 年 10 月由美国国家标准化学会（American National Standards Institute，ANSI）公布，后为国际标准化组织（International Standards Organization，ISO）采纳为国际标准，它也被称为 SQL-86。标准的出台使 SQL 作为标准的关系数据库语言的地位得到加强。这个标准在 1992 年进行了修订 SQL-92，1999 年再次修订 SQL-99。SQL-99 之后又发布了三个版本，分别为 SQL-2003、SQL-2006、SQL2008。SQL 标准几经修改和完善，从 SQL-99 到 SQL-2008，可以看到标准修订的周期越来越短，多少也反映了对技术的需求变化之快。

6.1.3　SQL 的特点

SQL 作为操作数据库的标准语言，其语法虽然非常简单，但功能非常强大，可以进行复杂的数据操作。很多数据库开发工具都将 SQL 直接集成到自身语言当中，以便于使用。

SQL 具有如下主要特点：

- SQL 是一种一体化的语言，它包括了数据查询、数据定义、数据操纵、数据控制等方面的功能，它可以完成数据库活动中的全部工作。
- SQL 是一种高度非过程化的语言，它不必一步一步地告诉计算机"如何去做"，而只需告诉计算机"做什么"，SQL 语言就可以将要求交给系统，自动完成全部工作。
- SQL 语言非常简洁，虽然只有为数不多的几条语句，但功能非常强大。另外，SQL 语言非常接近英文自然语言，容易学习和使用。
- SQL 既可以直接以命令方式交互使用，也可以嵌入程序设计语言中以程序方式使用，无论以何种方式使用，SQL 的语法基本都是一致的。

6.2　SQL 的数据查询功能

查询是 SQL 的核心。用于表示 SQL 查询的 SELECT 语句是 SQL 语句中最强大也是最复杂的，它的基本形式由 SELECT-FROM-WHERE 查询块组成。多个查询块可以嵌套

使用,但 Visual FoxPro 6.0 只支持两层嵌套。

本节查询的例子全部基于一个小型学生管理的简单关系数据库。此数据库存储实现一个小型学生成绩处理程序所需的数据信息,包括学生的信息、课程信息、成绩信息。具体的表及记录值如下:

学生基本信息:

学号	姓名	性别	出生日期	政治面貌	联系电话	家庭住址	奖惩情况	照片
0940401	王丽丽	女	06/05/90	团员	13944139011	北京海淀区	memo	Gen
0940402	王建业	男	02/12/89	党员	13944139028	大连中山区	memo	Gen
0940403	王旻	男	08/20/90	群众	13944139022	上海虹口区	memo	Gen
0940404	李晓勇	男	12/10/89	团员	13944139019	上海黄浦区	memo	Gen
0940405	李红英	女	03/04/90	党员	13944139029	大连金州区	memo	Gen
0940406	李筱玥	女	11/20/90	团员	13944139027	北京朝阳区	memo	Gen
0940407	赵恒	男	09/09/89	团员	13944139031	北京东城区	memo	Gen
0940408	赵潇潇	女	09/05/90	团员	13944139025	深圳福田区	memo	Gen
0940409	孙玉英	女	02/15/90	团员	13944139030	深圳罗湖区	memo	Gen
0940410	孙晓瑞	男	10/28/89	党员	13944139018	.NULL.	memo	Gen
0940411	杨玉鑫	男	11/05/90	群众	13944139012	.NULL.	memo	Gen

课程信息:

课程号	课程名	学分
C001	高等数学	4.0
C002	大学英语	5.0
C003	Visual FoxPro 程序设计	3.5
C004	大学体育	2.5
C005	汉语言文学	2.0
C006	线性代数	2.0
C007	大学听力	2.0
C008	计算机文化基础	3.0
C009	日语	3.0

学生成绩:

学号	姓名	课程号	成绩
0940401	王丽丽	C001	89
0940402	王建业	C001	95
0940403	王旻	C002	78
0940403	王旻	C003	80
0940401	王丽丽	C003	95
0940404	李晓勇	C004	80
0940402	王建业	C004	95
0940405	李红英	C005	90
0940406	李筱玥	C005	95
0940407	赵恒	C006	85

0940408	赵潇潇	C006	92
0940401	王丽丽	C007	70
0940402	王建业	C007	90
0940401	王丽丽	C008	95
0940405	李红英	C008	86

建议读者能够建立如上的数据库及数据库表,并且运行本节中给出的例子,将有利于读者理解和掌握 SELECT 语句的使用。

6.2.1　SELECT 语句

SELECT 语句从数据库中检索数据并以查询结果的形式把它返回给用户。Visual FoxPro 6.0 的 SQL SELECT 命令的语法格式如下:

```
SELECT [ALL | DISTINCT] [TOP nExpr [PERCENT]]
[Alias.] Select_Item [AS Column_Name]
[, [Alias.] Select_Item [AS Column_Name] ...]
FROM [FORCE]
[DatabaseName! ]Table [[AS] Local_Alias]
[[INNER | LEFT [OUTER] | RIGHT [OUTER] | FULL [OUTER] JOIN
DatabaseName! ]Table [[AS] Local_Alias]
[ON JoinCondition ... ]
[[INTO Destination]
| [TO FILE FileName [ADDITIVE] | TO PRINTER [PROMPT]
| TO SCREEN]]
[PREFERENCE PreferenceName]
[NOCONSOLE]
[PLAIN]
[NOWAIT]
[WHERE JoinCondition [AND JoinCondition ...]
[AND | OR FilterCondition [AND | OR FilterCondition ...]]]]
[GROUP BY GroupColumn [, GroupColumn ...]]
[HAVING FilterCondition]
[UNION [ALL] SELECTCommand]
[ORDER BY Order_Item [ASC | DESC] [, Order_Item [ASC | DESC] ...]]
```

从命令格式上看,SELECT 语句似乎很复杂,但实际上 SELECT 语句的完整形式只由 6 个子句组成。语句中的 SELECT 和 FROM 子句是必需的,其余的 4 个子句是可选的,只有在想要使用它们提供的功能时才把它们包括在一个 SELECT 语句中。下面列出了每个子句的功能:

(1) SELECT 子句:列出了要被检索的数据项。这些项通常被一个选择列表指定,选择列表是中间用逗号分开的选择项列表。列表中的每个选择项按从左到右的顺序生成查询的结果。选择项可以是下面所列的项目之一:

- 字段名:当字段名作为一个选择项出现时,SQL 简单地从数据库表的每条记录中取得那一字段的值,并将其放到查询结果的相应记录中。
- 常量:规定相同的常量值要出现在每个查询结果中。

SQL 表达式：要经过 SQL 计算放到查询结果中的值，其格式应符合查询表达式的要求。

(2) FROM 子句列出了要查询的数据来自哪个或哪些表，即可以对单个或多个表进行查询。

(3) WHERE 子句说明查询的条件，即选择记录的条件。

(4) GROUP BY 子句用于对查询结果进行分组，可以用来进行分组汇总。

(5) HAVING 子句必须接在 GROUP BY 的后面使用，用来限定分组必须满足的条件。

(6) ORDER BY 子句用来对最终的查询结果进行排序。

用 SELECT 查询命令可以构成各种各样的查询，使用非常灵活。本节将通过大量的例子来介绍几种类型的查询，也是要重点掌握的几类查询。

6.2.2 简单查询

简单查询是基于单个表的查询，得到的查询结果数据来自一个表，体现在命令形式上是在 FROM 短语后只列出一个表名。可以由 SELECT 和 FROM 短语构成无条件查询，也可以由 SELECT、FROM 和 WHERE 短语构成条件查询。

SELECT 短语指定表中的字段，相当于关系运算中的投影操作。

WHERE 短语用于限定查询条件，只筛选出满足条件的记录，即相当于关系运算中的选择操作。置于 WHERE 短语后的查询条件是任意复杂的逻辑表达式。SQL 中的关系和逻辑运算符如表 6.1 所示。

表 6.1 关系和逻辑运算符

运算符	功　能	运算符	功　能
>	大于	!=	不相等
>=	大于或等于	AND	逻辑与
<	小于	OR	逻辑或
<=	小于或等于	NOT	逻辑非
=	相等		

例 6.1 从学生基本信息中查询所有学生的政治面貌。

SELECT 政治面貌 FROM 学生基本信息

查询结果如图 6.2 所示。

由图中可以看出查询结果中有重复值，在本例中，重复值没有意义，如果要去掉重复值，需用 DISTINCT 短语。如下修改查询语句：

SELECT DISTINCT 政治面貌 FROM 学生基本信息

此时查询结果如图 6.3 所示，查询结果已经没有重复。

例 6.2 列出所有团员的学号、姓名和联系电话。

SELECT 学号,姓名,联系电话 FROM 学生基本信息;
WHERE 政治面貌 = "团员"

图 6.2 例 6.1 查询结果(1)

查询结果如图 6.4 所示。

政治面貌
党员
群众
团员

图 6.3 例 6.1 查询结果(2)

学号	姓名	联系电话
0940401	王丽丽	13944139011
0940404	李晓勇	13944139019
0940406	李筱玥	13944139027
0940407	赵恒	13944139031
0940408	赵潇潇	13944139025
0940409	孙玉英	13944139030

图 6.4 例 6.2 查询结果(1)

有的时候需要检索所有表中的字段到结果中，为了方便操作，SQL 允许在选择列表处使用一个“ * ”号作为“所有字段”的一个缩写。例如例 6.2 中的语句修改如下：

```
SELECT * FROM 学生基本信息 WHERE 政治面貌 = "团员"
```

那么结果将如图 6.5 所示，即学生基本信息中所有的字段都出现在结果当中。

学号	姓名	性别	出生日期	政治面貌	联系电话	家庭住址	奖惩情况	照片
0940401	王丽丽	女	06/05/90	团员	13944139011	北京海淀区	memo	Gen
0940404	李晓勇	男	12/10/89	团员	13944139019	上海黄浦区	memo	gen
0940406	李筱玥	女	11/20/90	团员	13944139027	北京朝阳区	memo	gen
0940407	赵恒	男	09/09/89	团员	13944139031	北京东城区	memo	gen
0940408	赵潇潇	女	09/05/90	团员	13944139025	深圳福田区	memo	gen
0940409	孙玉英	女	02/15/90	团员	13944139030	深圳罗湖区	memo	gen

图 6.5 例 6.2 查询结果(2)

SELECT 语句中被检索的数据项还可以是计算所得的字段(这些字段值是通过对存储的数据值进行计算得到的)。要请求一个计算字段，就要在选择列表中指定一个 SQL 表达式，SQL 表达式可以包含加、减、乘和除运算，也可以使用括号来构建更复杂的表达式。当然，在算术表达式中引用字段必须是数值类型的。如果尝试加、减、乘或除包含文本数据的字段，SQL 将报告一个错误。

例 6.3 列出每个学生的学号、姓名和年龄。

```
SELECT 学号,姓名,YEAR(DATE( )) - YEAR(出生日期) FROM 学生基本信息
```

查询结果如图 6.6 所示。

在本例的结果中，可以看到第 3 列就是一个计算字段的结果，由于此例中的计算字段没有指定查询结果中的列名，所以在这里的结果列名是系统默认的列名“Exp_3”，我们可以将语句修改为：

```
SELECT 学号,姓名,YEAR(DATE( )) - YEAR(出生日期) AS 年龄 FROM 学生基本信息
```

修改后运行的查询结果如图 6.7 所示。可以看到利用“AS”选项可以指定查询结果中的列名。

学号	姓名	Exp_3
0940401	王丽丽	20
0940402	王建业	21
0940403	王 昊	20
0940404	李晓勇	21
0940405	李红英	20
0940406	李筱玥	20
0940407	赵 恒	21
0940408	赵潇潇	20
0940409	孙玉英	20
0940410	孙晓瑞	21
0940411	杨玉鑫	20

图 6.6 例 6.3 查询结果(1)

学号	姓名	年龄
0940401	王丽丽	20
0940402	王建业	21
0940403	王 昊	20
0940404	李晓勇	21
0940405	李红英	20
0940406	李筱玥	20
0940407	赵 恒	21
0940408	赵潇潇	20
0940409	孙玉英	20
0940410	孙晓瑞	21
0940411	杨玉鑫	20

图 6.7 例 6.3 查询结果(2)

6.2.3 联接查询

1. 简单的联接查询

联接是关系的基本操作之一，联接查询是一类基于多个关系的查询(要查询的结果数据出自多个关系)，即 FROM 之后有多个表。

在联接查询中，SELECT 后的多个字段名可以来自不同的关系。这时，如果不同的关系中含有相同的字段名，就必须用关系前缀指明所属的关系，其运算符是“.”。“.”之前是关系名，之后是字段名。也可以使用为关系名指定的别名作为前缀。

两个关系通过相同内容的字段进行联接，两个关系的联接相关字段的值相等是联接条件，将联接条件置于 WHERE 短语后。只有满足联接条件时才出现在查询结果中，从而实现关系的等值联接操作。

例 6.4 查询学生王丽丽的各科成绩，要求在结果中看到学号、姓名、课程号、课程名、成绩、学分。

```
SELECT 学生成绩.学号, 学生成绩.姓名, 课程信息.课程号,;
课程信息.课程名,学生成绩.成绩, 课程信息.学分 ;
FROM  课程信息,学生成绩 ;
WHERE 学生成绩.姓名 = "王丽丽" ;
    AND 课程信息.课程号 = 学生成绩.课程号
```

查询结果如图 6.8 所示。

学号	姓名	课程号	课程名	成绩	学分
0940401	王丽丽	C001	高等数学	89	4.0
0940401	王丽丽	C003	Visual FoxPro程序设计	95	3.5
0940401	王丽丽	C007	大学听力	70	2.0
0940401	王丽丽	C008	计算机文化基础	95	3.0

图 6.8 例 6.4 查询结果

此查询涉及课程信息和学生成绩两个表，某一门课程的信息存放在课程信息表中，学生的不同课程成绩则存放在学生成绩表中，课程号是两个表所共有的相同内容字段，即两个表通过课程号建立了一对多的关系，所以“课程信息.课程号 = 学生成绩.课程号”是联接条件。

当 FROM 之后的多个关系中含有相同的字段时,这时必须用关系前缀直接指明属性所属的关系,例如"课程信息.课程号",". "前面是关系名,后边为字段名。

在联接查询中经常使用表名作为前缀,使输入变得非常麻烦,为了简化输入,SQL 中可以使用别名来代替表名,方法是先在 FROM 短语中为表名定义别名,然后再使用。格式为:

FROM <表名> <别名>

在本例中,采用别名作为前缀可以改写为:

```
SELECT B.学号, B.姓名, A.课程号,;
A.课程名,B.成绩, A.学分;
FROM   课程信息 A,学生成绩 B;
WHERE B.姓名 = "王丽丽";
AND A.课程号 = B.课程号
```

查询结果与前面是一样的,如图 6.8 所示。

2. 自联接查询

前面的简单联接查询是通过对多个关系实施联接操作来实现的,SQL 还可以将同一个关系与其自身进行联接,这种联接称为自联接。能够实现自联接的前提是,该关系中的两个字段具有相同的值,即关系中的一些记录,根据出自同一值域的两个不同字段,可以与另外一些记录有一种对应关系。自联接是一种特殊的联接,它是指相互联接的表在物理上为同一张表,但可以在逻辑上分为两张表。在实现自联接操作时,必须为表起别名。为了说明自联接关系,假设有一个雇员的关系:

雇员(雇员号码,姓名,经理)

其中雇员号码和经理两个字段出自同一个值域,同一条记录的这两个字段值是"上、下级"的关系,其具体数据如表 6.2 所示。

表 6.2　雇员表数据

雇员号码	姓名	经理
001	李林	
003	刘扬	001
006	王飞	001
008	孙杰	003

例 6.5　根据雇员表数据列出上一级经理及其所领导的职员清单。

```
SELECT A.姓名,"领导",B.姓名 FROM 雇员 A, 雇员 B;
WHERE A.雇员号码 = B.经理
```

查询结果为:

```
李林      领导      刘扬
李林      领导      王飞
刘扬      领导      孙杰
```

雇员表中的"雇员号码"和"经理"两个字段出自同一个值域,同一记录的这两个字段值具有领导与被领导的关系。另外,在 SELECT 短语中可以有常量,例如此例子中的"领导"。

3. 超联接查询

超联接查询是基于多个关系的查询。超联接首先保证一个关系中满足条件的记录都出现在结果中,然后将满足联接条件的记录与另一个关系中的记录进行联接;若不满足联接条件,就把来自另一个关系的字段值置为空值。

超联接有三种,左联接、右联接和全联接。

左联接是在结果表中包含第一个表中满足条件的所有记录,如果有满足联接条件的记录,则第二个表返回相应的值,否则第二个表返回空值。

右联接是在结果表中包含第二个表中满足条件的所有记录,如果有满足联接条件的记录,则第一个表返回相应的值,否则第一个表返回空值。

全联接,即两个表中的记录不管是否满足联接条件都在目标表或查询结果中出现,不满足联接条件的记录对应部分返回空值。

SQL 中的左联接和右联接运算符分别是"＊＝"和"＝＊",但 Visual FoxPro 不支持超联接运算符"＊＝"和"＝＊"。Visual FoxPro 支持 SQL SELECT 语句中的超联接语法格式。下面从 SELECT 语句的完整语法格式中只提出与超联接有关的语法格式,如下所示:

```
SELECT …
FROM Table INNER|LEFT|RIGHT|FULL JOIN Table
ON JoinCondition
WHERE …
```

其中:

　　INNER JOIN 等价于 JOIN,是普通联接,在 Visual FoxPro 中称为内部联接;

　　LEFT JOIN 为左联接;

　　RIGHT JOIN 为右联接;

　　FULL JOIN 为全联接;

　　ON 后面是联接条件。

该格式中,联接类型出现在 FROM 短语后面,联接条件出现在联接类型后面的 ON 短语中,而不同于在本小节开始时介绍的简单联接查询,简单联接查询的联接条件出现在 WHERE 短语中。

例 6.6　用 JOIN 短语,即内部联接命令做一个查询如下:

```
SELECT 学生基本信息.学号, 学生基本信息.姓名, 学生成绩.课程号,;
    学生成绩.成绩;
FROM   学生基本信息 JOIN 学生成绩;
ON   学生基本信息.学号 ＝ 学生成绩.学号
```

查询结果如图 6.9 所示。

由结果可以看出内部联接查询为只有满足联接条件的记录才出现在查询结果中。如下两种命令格式与例题也是等价的,结果都如图 6.9 所示。

```
SELECT 学生基本信息.学号, 学生基本信息.姓名, 学生成绩.课程号,;
```

```
  学生成绩.成绩;
FROM  学生基本信息 INNER JOIN 学生成绩;
ON  学生基本信息.学号 = 学生成绩.学号
```

和

```
SELECT 学生基本信息.学号, 学生基本信息.姓名, 学生成绩.课程号,;
  学生成绩.成绩;
FROM  学生基本信息,学生成绩;
WHERE  学生基本信息.学号 = 学生成绩.学号
```

例 6.7 左联接,即除了满足联接条件的记录出现在查询结果中外,第一个表中不满足联接条件的记录也出现在查询结果中,例如:

```
SELECT 学生基本信息.学号, 学生基本信息.姓名, 学生成绩.课程号,;
  学生成绩.成绩;
FROM  学生基本信息 LEFT JOIN 学生成绩;
ON  学生基本信息.学号 = 学生成绩.学号
```

查询结果如图 6.10 所示。

查询

学号	姓名	课程号	成绩
0940401	王丽丽	C001	89
0940402	王建业	C001	95
0940403	王 昊	C002	78
0940403	王 昊	C003	80
0940401	王丽丽	C003	95
0940404	李晓勇	C004	80
0940402	王建业	C004	95
0940405	李红英	C005	90
0940406	李筱玥	C005	95
0940407	赵 恒	C006	85
0940408	赵潇潇	C006	92
0940401	王丽丽	C007	70
0940402	王建业	C007	90
0940401	王丽丽	C008	95
0940405	李红英	C008	86

图 6.9 例 6.6 查询结果

查询

学号	姓名	课程号	成绩
0940401	王丽丽	C001	89
0940401	王丽丽	C003	95
0940401	王丽丽	C007	70
0940401	王丽丽	C008	95
0940402	王建业	C001	95
0940402	王建业	C004	95
0940402	王建业	C007	90
0940403	王 昊	C002	78
0940403	王 昊	C003	80
0940404	李晓勇	C004	80
0940405	李红英	C005	90
0940405	李红英	C008	86
0940406	李筱玥	C005	95
0940407	赵 恒	C006	85
0940408	赵潇潇	C006	92
0940409	孙玉英	.NULL.	.NULL.
0940410	孙晓瑞	.NULL.	.NULL.
0940411	杨玉鑫	.NULL.	.NULL.

图 6.10 例 6.7 查询结果

此例子中,第一个表是“学生基本信息”,第二个表是“学生成绩”。查询结果包含了“学生基本信息”中所有的记录,不满足联接条件“学生基本信息.学号 = 学生成绩.学号”的学生为“0940409 孙玉英”、“0940410 孙晓瑞”、“0940411 杨玉鑫”所以返回的课程号、成绩字段值为“.NULL.”值。

为了看到右联接以及全连接的运行效果,假设在学生成绩中插入如下一条记录:

学号,姓名,课程号,成绩分别为:

```
"0940420", "李飞","C003","76"
```

例 6.8 右联接,即除了满足联接条件的记录出现在查询结果中外,第二个表中不满足联接条件的记录也出现在查询结果中。例如:

```
SELECT 学生基本信息.学号, 学生基本信息.姓名, 学生成绩.课程号,;
```

```
 学生成绩.成绩;
FROM  学生基本信息 RIGHT JOIN 学生成绩;
ON  学生基本信息.学号 = 学生成绩.学号
```

查询结果如图 6.11 所示。

此例中,查询结果包含了除了查询出满足联接条件的记录以外,第二个表“学生成绩”中不满足联接条件的记录“0940420 李飞 C003 76”也被查询出来,由于本例中 SELECT 语句后面选择检索的字段为“学生基本信息.学号,学生基本信息.姓名”,即结果中的学号和姓名都来自表“学生基本信息”,而在学生基本信息中又没有“0940420 李飞”这个学生的信息,所以返回的关于学号为“0940420”的学生成绩中学号、姓名均为“.NULL.”值,如图 6.11 中最后一条记录所示。

例 6.9 全联接,即除了满足联接条件的记录出现在查询结果中外,两个表中不满足联接条件的记录也出现在查询结果中。

```
SELECT 学生基本信息.学号, 学生基本信息.姓名, 学生成绩.课程号,;
 学生成绩.成绩;
FROM  学生基本信息 FULL JOIN 学生成绩;
ON  学生基本信息.学号 = 学生成绩.学号
```

查询结果如图 6.12 所示。

查询

学号	姓名	课程号	成绩
0940401	王丽丽	C001	89
0940402	王建业	C001	95
0940403	王 昊	C002	78
0940403	王 昊	C003	80
0940401	王丽丽	C003	95
0940404	李晓勇	C004	80
0940402	王建业	C004	95
0940405	李红英	C005	90
0940406	李筱玥	C005	95
0940407	赵 恒	C006	85
0940408	赵潇潇	C006	92
0940401	王丽丽	C007	70
0940402	王建业	C007	90
0940401	王丽丽	C008	95
0940405	李红英	C008	86
.NULL.	.NULL.	C003	76

图 6.11 例 6.8 查询结果

查询

学号	姓名	课程号	成绩
0940401	王丽丽	C001	89
0940401	王丽丽	C003	95
0940401	王丽丽	C007	70
0940401	王丽丽	C008	95
0940402	王建业	C001	95
0940402	王建业	C004	95
0940402	王建业	C007	90
0940403	王 昊	C002	78
0940403	王 昊	C003	80
0940404	李晓勇	C004	80
0940405	李红英	C005	90
0940405	李红英	C008	86
0940406	李筱玥	C005	95
0940407	赵 恒	C006	85
0940408	赵潇潇	C006	92
0940409	孙玉英	.NULL.	.NULL.
0940410	孙晓瑞	.NULL.	.NULL.
0940411	杨玉鑫	.NULL.	.NULL.
.NULL.	.NULL.	C003	76

图 6.12 例 6.9 查询结果

此例中,第一个表和第二个表中所有满足联接条件,以及两个表中不满足联接条件的记录全部被查询出来。

6.2.4 嵌套查询

嵌套查询是一类基于多个关系的查询,是指相关的条件涉及多个关系,即 WHERE 短语后的逻辑表达式中含有对其他表的查询。比如,要查询关系 A 中的记录,它的查询条件依赖于对关系 B 进行查询后得到 B 中的记录的字段值。在嵌套查询中,有两个 SELECT-FROM 查询块,即内层查询块和外层查询块。

虽然嵌套查询是基于多个关系的查询,但它的最终查询结果数据却出自一个关系,出自于外层查询的 FROM 短语后所指定的表，Visual FoxPro 6.0 最多支持两层嵌套。

例 6.10 查询所有确定成绩的学生的信息。

```
SELECT * FROM 学生基本信息 WHERE 学号 IN;
(SELECT 学号 FROM 学生成绩)
```

查询结果如图 6.13 所示。

查询

学号	姓名	性别	出生日期	政治面貌	联系电话	家庭住址	奖惩情况	照片
0940401	王丽丽	女	06/05/90	团员	13944139011	北京海淀区	memo	Gen
0940402	王建业	男	02/12/89	党员	13944139028	大连中山区	memo	Gen
0940403	王 旻	男	08/20/90	群众	13944139022	上海虹口区	memo	gen
0940404	李晓勇	男	12/10/89	团员	13944139019	上海黄浦区	memo	gen
0940405	李红英	女	03/04/90	党员	13944139029	大连金州区	memo	gen
0940406	李筱玥	女	11/20/90	团员	13944139027	北京朝阳区	memo	gen
0940407	赵 恒	男	09/09/89	团员	13944139031	北京东城区	memo	gen
0940408	赵潇潇	女	09/05/90	团员	13944139025	深圳福田区	memo	gen

图 6.13 例 6.10 查询结果

在这个命令中含有两个 SELECT-FROM 查询块，即内层查询块和外层查询块，本例的查询结果出自学生基本信息，由外层查询的 FROM 短语指定，内层查询查找出已经有了成绩的学生学号，可以写出等价的命令：

```
SELECT * FROM 学生基本信息 WHERE 学号 IN;
("0940401"," 0940402"," 0940403"," 0940404",;
" 0940405"," 0940406"," 0940407","0940408")
```

例 6.11 查询学分为 2.5 分以上的课程的成绩。这个查询也可以被描述为：除了学分小于或等于 2.5 分的课程以外其他课程的成绩，可以写成如下的 SQL 命令：

```
SELECT * FROM 学生成绩 WHERE 课程号 NOT IN;
(SELECT 课程号 FROM 课程信息 WHERE 学分 <= 2.5)
```

查询结果如图 6.14 所示。

内层 SELECT-FROM-WHERE 查询块检索出所有学分小于或等于 2.5 分的课程的课程号集合，然后从学生成绩中检索课程号不在该集合的所有记录。

例 6.12 查询所有课程为"高等数学"的学生成绩。

```
SELECT * FROM 学生成绩 WHERE 课程号 = ;
(SELECT 课程号 FROM 课程信息 WHERE 课程名 = "高等数学")
```

查询结果如图 6.15 所示。

查询

学号	姓名	课程号	成绩
0940401	王丽丽	C001	89
0940402	王建业	C001	95
0940403	王 旻	C002	78
0940403	王 旻	C003	80
0940401	王丽丽	C003	95
0940401	王丽丽	C008	95
0940405	李红英	C008	86

图 6.14 例 6.11 查询结果

查询

学号	姓名	课程号	成绩
0940401	王丽丽	C001	89
0940402	王建业	C001	95

图 6.15 例 6.12 查询结果

6.2.5 排序

实现排序的短语是 ORDER BY,格式如下:

```
ORDER BY Order_Item [ASC | DESC] [, Order_Item [ASC | DESC] ...]
```

其中:

ASC 是指定按升序排序;DESC 是指定按降序排序;ORDER BY 后面可以跟多列,允许按一列或多列排序;在使用 ORDER BY 的时候可以不声明 ASC 或 DESC,即省略这两个选项,那么 ORDER BY 默认的是按照升序排序;ORDER BY 只能对最终的查询结果进行排序,不能对中间查询结果进行排序;在嵌套查询中,只能对外层查询结果进行排序,不能对内层查询结果进行排序。

例 6.13 按课程的学分升序检索出所有课程信息。

```
SELECT * FROM 课程信息 ORDER BY 学分
```

查询结果如图 6.16 所示。

如果需要将结果按降序排列,只要加上 DESC,语句改为:

```
SELECT * FROM 课程信息 ORDER BY 学分 DESC
```

则结果将变为如图 6.17 所示。

图 6.16 例 6.13 查询结果(1)　　　　图 6.17 例 6.13 查询结果(2)

SQL 语句中不仅可以按照一个字段值进行排序,还可以按照多个字段值进行排序。

例 6.14 先按政治面貌,再按照学号排序并检索出所有学生信息。

```
SELECT * FROM 学生基本信息 ORDER BY 政治面貌,学号
```

查询结果如图 6.18 所示。

图 6.18 例 6.14 查询结果

需要注意的是,ORDER BY 是对最终的查询结果进行排序,不可以在子查询中使用该短语。

6.2.6 分组与计算查询

1. 计算查询

SQL 不仅具有查询表中数据的能力,而且还具有计算查询的功能。例如,查询课程的平均分,查询某个学生的各科成绩的总分等。

计算查询是计算函数实现的,在使用时计算函数被放在 SELECT 短语中。SQL 提供的用于计算查询的函数如表 6.3 所示。

表 6.3 计算函数

函　数　名	功　　能	函　数　名	功　　能
AVG	求平均值	MIN	求最小值
COUNT	计数	SUM	求和
MAX	求最大值		

这些函数可以用在 SELECT 语句中对查询结果进行计算。

例 6.15 求当前学生总共有多少种政治面貌。

```
SELECT COUNT(DISTINCT 政治面貌) FROM 学生基本信息
```

参见前面给出的学生基本信息的记录,共有三种政治面貌:群众、团员、党员,所以结果为 3。除非对关系中的记录个数进行计数,否则一般 COUNT 函数应该使用 DISTINCT。

例 6.16 求当前学生的总人数。

```
SELECT COUNT( * ) FROM 学生基本信息
```

因为要查询的内容是学生的人数,即学生基本信息当中有几条记录就代表有多少个学生,所以这个时候是对关系中的记录个数进行统计,所以本例中不用使用 DISTINCT 选项。

结果为:11。

例 6.17 求王丽丽所选择课程的总学分。

```
SELECT SUM(课程信息.学分);
FROM  学生成绩 INNER JOIN 课程信息;
ON  课程信息.课程号 = 学生成绩.课程号;
WHERE 学生成绩.姓名 = "王丽丽"
```

结果为:12.5。

例 6.18 求王丽丽各科成绩的平均分数。

```
SELECT AVG(成绩) FROM 学生成绩 WHERE 姓名 = "王丽丽"
```

结果为:87。

例 6.19 求王丽丽各科成绩取得的最高分。

```
SELECT MAX(成绩) FROM 学生成绩 WHERE 姓名 = "王丽丽"
```

结果为:95。

与 MAX 函数相对应的是 MIN 函数(求最小值),修改上面的 SQL 语句：

```
SELECT MIN(成绩) FROM 学生成绩 WHERE 姓名 = "王丽丽"
```

结果为：70,即王丽丽各科成绩取得的最低分。

2. 分组计算查询

计算查询是对整个关系的计算查询,只能查询出一个结果值。不能通过一条查询语句获得多个计算值。通过先分组后计算就能够在一次查询中获得多个计算值,因此分组计算查询使用得更广泛。

分组查询的 SQL 语句为 GROUP BY,其语法格式如下：

```
GROUP BY GroupColumn [, GroupColumn ...] [HAVING FilterCondition]
```

从语法的格式看出,GROUP BY 后面可以跟多个字段,即可按一列或多列分组,还可以进一步用 HAVING 限定分组的条件。

在分组与计算查询中,查询过程为：首先按 GROUP BY 后面的字段进行分组,然后对每个分组进行计算查询。GROUP BY 短语通常跟在 WHERE 短语之后,若无 WHERE 短语,跟在 FROM 短语之后。

HAVING 短语不能离开 GROUP BY 短语而单独使用,它总是在 GROUP BY 短语的后面。若在一个查询语句中既有 WHERE 短语又有 HAVING 短语,查询过程是先用 WHERE 短语限定关系中的记录,对满足条件的记录进行分组,然后用 HAVING 短语限定分组,满足条件的分组才作为查询的结果。即 WHERE 限定记录,HAVING 限定分组。

例 6.20　计算一下各不同的政治面貌各有多少个学生。

```
SELECT 政治面貌,COUNT( * ) AS 人数 FROM 学生基本信息;
GROUP BY 政治面貌
```

查询结果如图 6.19 所示。

在这个查询中,首先按照政治面貌分组,然后计算人数。GROUP BY 子句要跟在 WHERE 子句之后,如果没有 WHERE 子句则跟在 FROM 子句之后。GROUP BY 子句还可以根据多个字段进行分组。

在分组查询中,有的时候需要分组满足某个条件的查询结果,这时可以用 HAVING 子句来限定分组。

例 6.21　求人数大于两人的政治面貌有哪些。

```
SELECT 政治面貌,COUNT( * ) AS 人数 FROM 学生基本信息;
GROUP BY 政治面貌 HAVING COUNT( * )> 2
```

查询结果如图 6.20 所示。

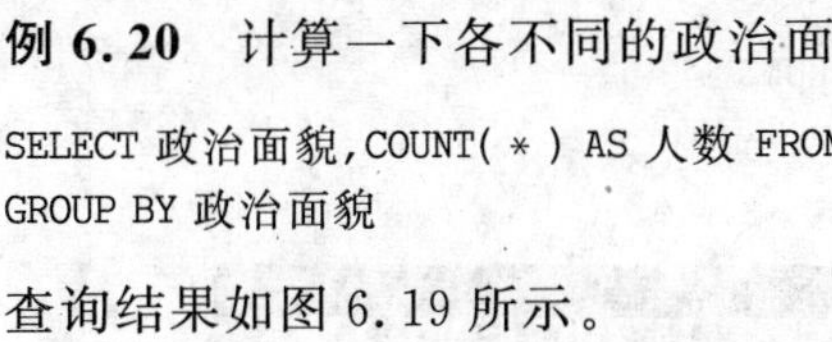
查询

政治面貌	人数
党员	3
群众	2
团员	6

图 6.19　例 6.20 查询结果

查询

政治面貌	人数
党员	3
团员	6

图 6.20　例 6.21 查询结果

在这个查询中,首先按照政治面貌分组,计算人数。然后为了计算人数大于 2 的政治面貌在 FROM 短语之后接上 HAVING 子句限定分组。

6.2.7　利用空值查询

SQL 支持空值,当然也可以利用空值进行查询。

例 6.22　找出还没有填写家庭住址的学生信息。

SELECT * FROM 学生基本信息 WHERE 家庭住址 IS NULL

查询结果如图 6.21 所示。

学号	姓名	性别	出生日期	政治面貌	联系电话	家庭住址	奖惩情况	照片
0940410	孙晓瑞	男	10/28/89	党员	13944139018	.NULL.	memo	gen
0940411	杨玉鑫	男	11/05/90	群众	13944139012	.NULL.	memo	gen

图 6.21　例 6.22 查询结果

注意查询空值的时候要使用 IS NULL,而不是＝NULL,因为空值是一个不确定的值,所以查询的时候不能用"＝"这样的运算符进行比较。

可以使用 IS NOT NULL 来检索不为空的情况。

例 6.23　找出已经填写家庭住址的学生信息。

SELECT * FROM 学生基本信息 WHERE 家庭住址 IS NOT NULL

查询结果如图 6.22 所示。

学号	姓名	性别	出生日期	政治面貌	联系电话	家庭住址	奖惩情况	照片
0940401	王丽丽	女	06/05/90	团员	13944139011	北京海淀区	memo	Gen
0940402	王建业	男	02/12/89	党员	13944139028	大连中山区	memo	Gen
0940403	王昊	男	08/20/90	群众	13944139022	上海虹口区	memo	gen
0940404	李晓勇	男	12/10/89	团员	13944139019	上海黄浦区	memo	gen
0940405	李红英	女	03/04/90	党员	13944139023	大连金州区	memo	gen
0940406	李筱玥	女	11/20/90	团员	13944139027	北京朝阳区	memo	gen
0940407	赵恒	男	09/09/89	团员	13944139031	北京东城区	memo	gen
0940408	赵潇潇	女	09/05/90	团员	13944139025	深圳福田区	memo	gen
0940409	孙玉英	女	02/15/90	团员	13944139030	深圳罗湖区	memo	gen

图 6.22　例 6.23 查询结果

6.2.8　使用量词和谓词查询

在前面 6.2.4 节嵌套查询中已经学习过 IN 和 NOT IN 运算符,其实除此之外还有两类和子查询有关的运算符,有以下两种形式:

<表达式><比较运算符>[ANY|ALL|SOME](子查询)
[NOT]EXISTS(子查询)

ANY、ALL 和 SOME 是量词,其中 ANY 和 SOME 是同义词,在进行比较运算的时候只要子查询中有一条记录能使结果为真,则结果就为真;ALL 则要求子查询中所有的记录都能使结果为真,结果才为真。

EXISTS 是谓词,EXISTS 或者 NOT EXISTS 的作用是用来检查在子查询中是否有结果返回,即存在记录或不存在记录,它本身没有任何运算或者比较。

下面通过几个例子来说明这些量词和谓词在 SQL 语句查询中的用法和用途。

例 6.24 检索出所有没有任何成绩的学生信息。

```
SELECT * FROM 学生基本信息 WHERE NOT EXISTS;
(SELECT * FROM 学生成绩 WHERE 学号 = 学生基本信息.学号)
```

查询结果如图 6.23 所示。

图 6.23　例 6.24 查询结果

这里的内层查询引用了外层查询的表,只有这样,使用谓词 EXISTS 或 NOT EXISTS 才有意义,所以这类查询也都是内、外层相互关联的嵌套查询。

以上的查询等价于:

```
SELECT * FROM 学生基本信息 WHERE 学号 NOT IN;
(SELECT 学号 FROM 学生成绩)
```

例 6.25 检索至少有一门成绩的学生信息。

```
SELECT * FROM 学生基本信息 WHERE EXISTS;
(SELECT * FROM 学生成绩 WHERE 学号 = 学生基本信息.学号)
```

等价于:

```
SELECT * FROM 学生基本信息 WHERE 学号 IN;
(SELECT 学号 FROM 学生成绩)
```

查询结果如图 6.24 所示。

图 6.24　例 6.25 查询结果

例 6.26 检索出分数大于或等于李红英所得到成绩中任何一个科目分数的学生成绩信息。

```
SELECT * FROM 学生成绩 WHERE 成绩>= ANY;
```

(SELECT 成绩 FROM 学生成绩 WHERE 姓名 = "李红英")

等价于：

SELECT ∗ FROM 学生成绩 WHERE 成绩>= ;
(SELECT MIN(成绩) FROM 学生成绩 WHERE 姓名 = "李红英")

查询结果如图 6.25 所示。

例 6.27　检索出分数大于或等于李红英所得到成绩中所有科目分数的学生成绩信息。

SELECT ∗ FROM 学生成绩 WHERE 成绩>= ALL;
(SELECT 成绩 FROM 学生成绩 WHERE 姓名 = "李红英")

等价于：

SELECT ∗ FROM 学生成绩 WHERE 成绩>= ;
(SELECT MAX(成绩) FROM 学生成绩 WHERE 姓名 = "李红英")

查询结果如图 6.26 所示。

学号	姓名	课程号	成绩
0940401	王丽丽	C001	89
0940402	王建业	C001	95
0940401	王丽丽	C003	95
0940402	王建业	C004	95
0940405	李红英	C005	90
0940406	李筱玥	C005	95
0940408	赵潇潇	C006	92
0940402	王建业	C007	90
0940401	王丽丽	C008	95
0940405	李红英	C008	86

图 6.25　例 6.26 查询结果

学号	姓名	课程号	成绩
0940402	王建业	C001	95
0940401	王丽丽	C003	95
0940402	王建业	C004	95
0940405	李红英	C005	90
0940406	李筱玥	C005	95
0940408	赵潇潇	C006	92
0940402	王建业	C007	90
0940401	王丽丽	C008	95

图 6.26　例 6.27 查询结果

6.2.9　范围测试

范围测试(BETWEEN)提供了一种不同形式的搜索条件，其用来检查一个数据值是否介于两个给定的值之间。它涉及三个 SQL 表达式，第一个表达式定义要给测试的值，第二个和第三个表达式定义检查范围的上限和下限。三个表达式的数据类型必须是可比较的。下面这个例子显示了一个典型的范围测试。

例 6.28　检索出成绩介于 80～90 分之间的所有科目成绩信息。

SELECT ∗ FROM 学生成绩 WHERE 成绩 BETWEEN 80 AND 90

查询结果如图 6.27 所示。

范围测试的否定形式(NOT BETWEEN)检查位于范围以外的值，如例 6.29。

例 6.29　检索出成绩不在 80～90 分之间的学生成绩信息。

SELECT ∗ FROM 学生成绩 WHERE 成绩 NOT BETWEEN 80 AND 90

查询结果如图 6.28 所示。

图 6.27 例 6.28 查询结果

图 6.28 例 6.29 查询结果

BETWEEN 测试可以表达为两个比较测试,测试范围:

```
A  BETWEEN  B  AND  C
```

完全等价于:

```
(A >= B) AND (A <= C)
```

在 BETWEEN 测试中制定的测试表达式可以是任何有效的 SQL 表达式,但是在实际应用中,它通常是一个字段名,就像在前面的例子中一样,测试的表达式为学生成绩这个表当中的成绩字段。

ANSI/ISO 标准定义了在 BETWEEN 测试中处理 NULL 值的一些比较复杂的规则:

- 如果测试表达式生成一个 NULL 值,或者如果定义范围的两个表达式生成了 NULL 值,那么 BETWEEN 测试返回一个 NULL 值。
- 如果定义范围下限的表达式生成一个 NULL 值,并且测试值比上限大,BETWEEN 测试返回 FALSE。否则,返回 NULL。
- 如果定义范围上限的表达式生成一个 NULL 值,并且测试值比下限小,BETWEEN 测试返回 FALSE。否则,返回 NULL。

6.2.10 模式匹配测试

使用 SQL 的模式匹配测试 LIKE 来检索数据,可以实现用一个简单的比较测试来检索文本字段的内容匹配一些特定文本的记录,LIKE 测试必须应用到具有字符串数据类型的字段。要实现模式匹配测试需要用到几个通配符,下面分别来介绍 SQL 中两种通配符:百分号“%”和下划线“_”。

百分号“%”通配符匹配任何顺序的 0 个或多个的字符。

例 6.30 检索出姓氏为“王”的所有学生成绩信息。

```
SELECT * FROM 学生基本信息 WHERE 姓名 LIKE "王%"
```

查询结果如图 6.29 所示。

下划线“_”通配符匹配任意单个字符。如果把上一个例子修改为:

```
SELECT * FROM 学生基本信息 WHERE 姓名 LIKE "王_"
```

则查询结果如图 6.30 所示。

查询

学号	姓名	性别	出生日期	政治面貌	联系电话	家庭住址	奖惩情况	照片
0940401	王丽丽	女	06/05/90	团员	13944139011	北京海淀区	memo	Gen
0940402	王建业	男	02/12/89	党员	13944139028	大连中山区	memo	Gen
0940403	王昊	男	08/20/90	群众	13944139022	上海虹口区	memo	gen

图 6.29　例 6.30 查询结果(1)

查询

学号	姓名	性别	出生日期	政治面貌	联系电话	家庭住址	奖惩情况	照片
0940403	王昊	男	08/20/90	群众	13944139022	上海虹口区	memo	gen

图 6.30　例 6.30 查询结果(2)

通配符字符可以出现在模式字符串的任何地方,几个通配符字符也可以在一个字符串内。例如上面例子中的 LIKE 语句如果修改为“ LIKE "王%丽" ”表示检索以“王”开头以“丽”结尾的任何长度的名字,如果修改为“ LIKE "王_丽" ”则表示检索以“王”开头以“丽”结尾的总长度占有 3 个字符长的名字。

可以使用模式匹配测试的 NOT LIKE 形式来定位不匹配模式的字符串。

例 6.31　检索出姓氏不是“王”的所有学生成绩信息。

```
SELECT * FROM 学生基本信息 WHERE 姓名 NOT LIKE "王%"
```

查询结果如图 6.31 所示。

查询

学号	姓名	性别	出生日期	政治面貌	联系电话	家庭住址	奖惩情况	照片
0940404	李晓勇	男	12/10/89	团员	13944139019	上海黄浦区	memo	gen
0940405	李红英	女	03/04/90	党员	13944139029	大连金州区	memo	gen
0940406	李筱玥	女	11/20/90	团员	13944139027	北京朝阳区	memo	gen
0940407	赵恒	男	09/09/89	团员	13944139031	北京东城区	memo	gen
0940408	赵潇潇	女	09/05/90	团员	13944139025	深圳福田区	memo	gen
0940409	孙玉英	女	02/15/90	团员	13944139030	深圳罗湖区	memo	gen
0940410	孙晓瑞	男	10/28/89	党员	13944139018	.NULL.	memo	gen
0940411	杨玉鑫	男	11/05/90	群众	13944139012	.NULL.	memo	gen

图 6.31　例 6.31 查询结果

6.2.11　集合的并运算

SQL 支持集合的并运算,运算符是 UNION。并运算是将两个 SELECT 语句的查询结果合并成一个查询结果;要求两个查询结果具有相同的字段个数,且对应字段的值要出自同一个值域,即具有相同的数据类型和取值范围。

例 6.32　检索出政治面貌为团员和群众的所有学生的信息。

```
SELECT * FROM 学生基本信息 WHERE 政治面貌 = "团员";
UNION SELECT * FROM 学生基本信息 WHERE 政治面貌 = "群众"
```

查询结果如图 6.32 所示。

图 6.32　例 6.32 查询结果

6.2.12　Visual FoxPro 中 SQL SELECT 的几个特殊选项

本节介绍在 Visual FoxPro 中 SQL SELECT 的几个常用的特殊选项。

1. 显示部分结果

有时只需要显示满足条件的前几条记录，即要显示查询的部分结果，可以使用 TOP nExpr[PERCENT]短语。TOP 短语不可以单独使用，要与 ORDER BY 短语同时使用才有效。

TOP 短语的 nExpr 是数字表达式。当不使用 PERCENT 短语时，nExpr 是 1～32767 之间的整数，用来说明显示查询结果的前 nExpr 个记录；当使用 PERCENT 短语时，nExpr 是 0.01～99.99 之间的实数，说明显示查询结果的前百分之几的记录。

例 6.33　显示出学分最高的 2 门课程的信息。

SELECT * TOP 2 FROM 课程信息 ORDER BY 学分 DESC

查询结果如图 6.33 所示。

课程号	课程名	学分
C002	大学英语	5.0
C001	高等数学	4.0

图 6.33　例 6.33 查询结果

注意：在 Visual FoxPro 中 TOP 和数字 2 中间要有一个空格。

例 6.34　显示出学分最高的前 50％的课程的信息。

SELECT * TOP 50 PERCENT FROM 课程信息 ORDER BY 学分 DESC

查询结果如图 6.34 所示。

课程号	课程名	学分
C002	大学英语	5.0
C001	高等数学	4.0
C003	Visual FoxPro程序设计	3.5
C008	计算机文化基础	3.0
C009	日语	3.0

图 6.34　例 6.34 查询结果

2．将查询结果存放到数组中

要将查询结果存放在数组中，可以使用 INTO ARRAY ArrayName 短语实现。其中，ArrayName 是数组变量名。将查询结果存放到数组中可以非常方便地在程序中使用。

一般用于存放查询结果的数组是二维数组，每行存放一条记录，每列存放查询结果的一列。

例 6.35　将查询结果存放到数组中。

```
SELECT * FROM 课程信息 INTO ARRAY tmp
```

tmp(1,1)存放的是第一条记录的课程号的字段值，tmp(1,3)存放的是第一条记录的学分的字段值。

3．将查询结果存放到临时文件中

将查询结果存放到临时文件中，可以使用 INTO CURSOR CursorName 短语实现。其中 CursorName 是临时文件名。该文件是一个只读的.dbf 文件，当查询结束后成为当前文件，可以像一般的.dbf 文件一样使用。当关闭文件时，自动删除该临时文件。

例 6.36　将查询结果存放到临时文件中。

```
SELECT * FROM 课程信息 INTO CURSOR tmp1
```

将查询到的课程信息存放到 tmp1.dbf 文件中，当使用完后 tmp1.dbf 会自动删除。

4．将查询结果存放到永久表中

要将查询结果存放到永久表中(dbf 文件)，可以用 INTO DBF|TABLE TableName 短语实现。

例 6.37　将查询结果存放到永久表中。

```
SELECT * FROM 课程信息 INTO TABLE tmp1
```

5．将查询结果存放到文本文件中

要将查询结果存放到文本文件中，可以用 TO FILE FileName [ADDITIVE]短语实现。将查询到的信息存放到由 FileName 指定的文本文件中，默认扩展名是.txt。如果使用 ADDITIVE，将查询结果信息追加到该文件的末尾，否则将覆盖原有文件。

例 6.38　将查询结果存放到文本文件中。

```
SELECT * FROM 课程信息 TO FILE tmp1
```

6．将查询结果直接输出到打印机

要将查询结果直接输出到打印机，可以使用 TO PRINTER [PROMPT]短语实现。如果使用 PROMPT，在开始打印之前会弹出打印机设置对话框。例如：

```
SELECT * FROM 课程信息 TO PRINTER PROMPT
```

6.3 SQL 的数据定义功能

标准 SQL 的数据定义功能非常广泛,包括数据库的定义、表的定义、视图的定义、存储过程的定义、规则的定义和索引的定义等若干部分。在此,主要介绍 Visual FoxPro 支持的表定义功能。

6.3.1 表的定义

Visual FoxPro 中表的建立可以通过表设计器来实现,也可以通过 SQL 的 CREATE TABLE 命令来实现。CREATE TABLE 命令的格式如下:

```
CREATE TABLE | DBF TableName1 [NAME LongTableName] [FREE]
(FieldName1 FieldType [(nFieldWidth [, nPrecision])])
[NULL | NOT NULL]
[CHECK lExpression1 [ERROR cMessageText1]]
[DEFAULT eExpression1]
[PRIMARY KEY | UNIQUE]
[REFERENCES TableName2 [TAG TagName1]]
[NOCPTRANS]
[, FieldName2...]
[, PRIMARY KEY eExpression2 TAG TagName2
|, UNIQUE eExpression3 TAG TagName3]
[, FOREIGN KEY eExpression4 TAG TagName4 [NODUP]
REFERENCES TableName3 [TAG TagName5]]
[, CHECK lExpression2 [ERROR cMessageText2]])
| FROM ARRAY ArrayName
```

用 CREATE TABLE 命令建立表可以完成用表设计器完成的所有功能,命令中各参数说明如下:

(1) *TableName1* 指定要创建的表的名字。

(2) NAME *LongTableName* 为表指定一个长的名字。只有当数据库打开的时候才能为表指定长名字,这是因为长的名字保存在数据库中。

(3) FREE 指定该表将不被添加到打开的数据库中。

(4)(*FieldName1 FieldType* [(*nFieldWidth* [, *nPrecision*])])分别指定字段名、类型、宽度和精度。

(5)[NULL | NOT NULL]指定是否允许空值。默认值是允许空值。

(6) CHECK *lExpression1* 指定字段的验证规则。

(7) ERROR *cMessageText1* 指定当字段的验证规则发现错误时所显示的错误消息。

(8) DEFAULT *eExpression1* 为该字段指定一个默认值。

(9) PRIMARY KEY 创建一个主索引标志。

(10) UNIQUE 创建一个与字段名相同的候选索引标志。

(11) REFERENCES *TableName2*[TAG *TagName1*]]指定与它建立一致性关系的父表。

(12) NOCPTRANS 阻止字符或备注字段被转换成一个不同的代码页。

(13) PRIMARY KEY *eExpression2* TAG *TagName2* 指定创建一个主索引。

(14) UNIQUE *eExpression3* TAG *TagName3* 创建一个候选索引。

(15) FOREIGN KEY *eExpression4* TAG *TagName4* ［NODUP］创建一个外部键，并且同父表之间建立关系。

(16) REFERENCES *TableName3* ［TAG *TagName5*］指定与它建立一致性关系的父表。

(17) CHECK *lExpression2* ［ERROR *cMessageText2*］指定表的验证规则。

(18) FROM ARRAY *ArrayName* 指定一个已经存在的数组名，该数组的内容是临时表中每个字段的名称、类型、精度和宽度。

表 6.4 列出了在 CREATE TABLE 命令中可以使用的数据类型及说明。

表 6.4　数据类型说明

字段类型	字段宽度	小数位	说　明
C	n	—	字符型字段的宽度为 n
D	—	—	日期类型(Date)
T	—	—	日期时间类型(DateTime)
N	n	d	数值字段类型，宽度为 n，小数位为 d(Numeric)
F	n	d	浮点数值字段类型，宽度为 n，小数位为 d(Float)
I	—	—	整数类型(Integer)
B	—	d	双精度类型(Double)
Y	—	—	货币类型(Currency)
L	—	—	逻辑类型(Logical)
M	—	—	备注类型(Memo)
G	—	—	通用类型(General)

例 6.39　用 CREATE TABLE 命令在学生管理数据库下建立课程信息表。要求：表名为课程信息，字段(课程号 C(4)，课程名 C(30)，学分 N(4,1))，其中课程号是主索引，为学分字段添加有效性规则，学分字段的值大于 0。

用 SQL CREATE 命令建立课程信息表：

```
CREATE TABLE 课程信息;
(课程号 C(4) PRIMARY KEY,课程名 C(30),;
学分 N(4,1) CHECK (学分>0) ERROR "学分应该大于 0!")
```

如上命令在当前打开的学生管理数据库中建立了表课程信息，其中课程号是主索引(主关键字，用 PRIMARY KEY 说明)，用 CHECK 为学分字段说明了有效性规则(学分>0)，用 ERROR 为该有效性规则说明了出错提示信息"学分应该大于 0!"。

注意：命令中出现的符号都是半角英文符号。

例 6.40　用 CREATE TABLE 命令在学生管理数据库下建立学生成绩表。要求：表名为学生成绩，字段(学号 C(7)，姓名 C(10)，课程号 C(4)，成绩 I)。

用 SQL CREATE 命令建立表学生成绩：

```
CREATE TABLE 学生成绩 (学号 C(7),姓名 C(10),课程号 C(4),成绩 I,;
FOREIGN KEY 课程号 TAG 课程号 REFERENCES 课程信息)
```

如上命令用 CREATE TABLE 建立了表学生成绩,并且用短语"FOREIGN KEY 课程号 TAG 课程号 REFERENCES 课程信息"说明了学生成绩与课程信息的联系;用 "FOREIGN KEY 课程号"在该表的课程号字段上建立一个普通索引,同时说明该字段是连接字段,通过引用表课程信息的主索引"课程号"(TAG 课程号 REFERENCES 课程信息)与表学生成绩建立关系。

以上建立的表的命令执行完后可以在数据库设计器中看到如图 6.35 所示的界面,从图中可以看到通过 CREATE TABLE 命令不仅可以建立表,同时还建立了表之间的关系。

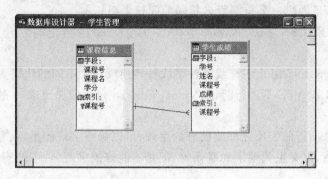

图 6.35 查询结果

如果建立自由表(当前没有打开的数据库或使用了 FREE),那么 CREATE TABLE 命令中的很多选项就不能使用,例如 NAME、CHECK、DEFAULT、FOREIGN KEY、PRIMARY KEY 和 REFRENCES 等。

6.3.2 表结构的修改

修改表结构的命令为 ALTER TABLE,通过此命令可以对表的如下内容进行修改:字段名、字段类型、精度、是否允许空值、引用完整性规则等。ALTER TABLE 命令有三种格式,用于完成不同的修改功能。

格式 1:

```
ALTER TABLE TableName1
ADD | ALTER [COLUMN] FieldName1
FieldType [(nFieldWidth [, nPrecision])]
[NULL | NOT NULL]
[CHECK lExpression1 [ERROR cMessageText1]]
[DEFAULT eExpression1]
[PRIMARY KEY | UNIQUE]
[REFERENCES TableName2 [TAG TagName1]]
[NOCPTRANS]
[NOVALIDATE]
```

参数说明:

(1) TableName1 指定要修改结构的表名。

（2）ADD［COLUMN］*FieldName1* 指定要向表中增加的字段。

（3）ALTER［COLUMN］*FieldName1* 指定要修改的一个已经存在的字段名。

（4）*FieldType*［(*nFieldWidth*［，*nPrecision*]）]指定新增或修改以后的字段的类型、宽度、精度等特性。

（5）NULL｜NOT NULL 指定是否允许空值。默认值是允许空值。

（6）CHECK *lExpression1* 指定字段的验证规则。

（7）ERROR *cMessageText1* 指定当字段的验证规则发现错误时所显示的错误消息。

（8）DEFAULT *eExpression1* 为该字段指定一个默认值。

（9）PRIMARY KEY 创建一个主索引标志。

（10）UNIQUE 创建一个与字段名相同的候选索引标志。

（11）REFERENCES *TableName2*［TAG *TagName1*]指定与它建立一致性关系的父表。

（12）NOCPTRANS 阻止字符或备注字段被转换成一个不同的代码页。

（13）NOVALIDATE 不进行验证，Visual FoxPro 允许做违反表的完整性验证规则的表结构改变。

该格式用于添加新的字段或修改已有的字段，可以修改字段的类型、宽度、有效性规则、错误信息和默认值，定义主关键字和联系等，但是不能修改字段名，不能删除字段，不能删除已定义的规则等。

例 6.41 为表学生基本信息增加一个年龄属性，并且加上有效性检查及错误信息提示，默认值为 18 岁。

```
ALTER TABLE 学生基本信息 ADD 年龄 I DEFAULT 18;
CHECK 年龄>0 ERROR "年龄应该大于 0!"
```

例 6.42 将课程信息表的课程名字段的宽度由原来的 30 改为 26。

```
ALTER TABLE 课程信息 ALTER 课程名 C(26)
```

格式 2：

```
ALTER TABLE TableName1
ALTER [COLUMN] FieldName2
[NULL | NOT NULL]
[SET DEFAULT eExpression2]
[SET CHECK lExpression2 [ERROR cMessageText2]]
[DROP DEFAULT]
[DROP CHECK]
[NOVALIDATE]
```

参数说明：

（1）ALTER［COLUMN］*FieldName2* 指定要修改的一个已经存在的字段名。

（2）SET DEFAULT *eExpression2* 为一个已经存在的字段指定一个新的默认值。

（3）SET CHECK *lExpression2* 为一个已经存在的字段指定一个新的验证规则。

（4）ERROR *cMessageText2* 指定当字段的验证规则发现错误时所显示的错误消息。只有通过 Browse 或 Edit 窗口改变了数据的值时该错误消息才显示。

（5）DROP DEFAULT 从一个已经存在的字段中删除默认的值。

（6）DROP CHECK 从一个已经存在的字段中删除验证规则。

该格式用于定义、修改和删除有效性规则和定义默认值，不能用来添加新的字段。

例 6.43 修改学生基本信息表中年龄的有效性规则为大于 7。

```
ALTER TABLE 学生基本信息 ALTER 年龄;
SET CHECK 年龄> 7 ERROR "年龄应该大于 7!"
```

例 6.44 删除学生基本信息表中年龄的有效性规则。

```
ALTER TABLE 学生基本信息 ALTER 年龄 DROP CHECK
```

以上格式 1 和格式 2 两种格式都不能删除字段，也不能修改字段名称。格式 3 就是在这些方面对以上两种格式的补充。

格式 3：

```
ALTER TABLE TableName1
[DROP [COLUMN] FieldName3]
[SET CHECK lExpression3 [ERROR cMessageText3]]
[DROP CHECK]
[ADD PRIMARY KEY eExpression3 TAG TagName2 [FOR lExpression4]]
[DROP PRIMARY KEY]
[ADD UNIQUE eExpression4 [TAG TagName3 [FOR lExpression5]]]
[DROP UNIQUE TAG TagName4]
[ADD FOREIGN KEY [eExpression5] TAG TagName4 [FOR lExpression6]
REFERENCES TableName2 [TAG TagName5]]
[DROP FOREIGN KEY TAG TagName6 [SAVE]]
[RENAME COLUMN FieldName4 TO FieldName5]
[NOVALIDATE]
```

参数说明：

（1）DROP [COLUMN] *FieldName3* 删除指定的字段。

（2）SET CHECK *lExpression3* 指定表的验证规则。*Expression3* 的结果必须是逻辑值，它可能是一个用户自定义数据或是一个存储过程。

（3）ERROR *cMessageText3* 指定当字段的验证规则发现错误时所显示的错误消息。只有通过 Browse 或 Edit 窗口改变了数据的值时该错误消息才显示。

（4）DROP CHECK 删除表的验证规则。

（5）ADD PRIMARY KEY *eExpression3* TAG *TagName2* 为表增加一个主索引。eExpression3 指定主索引键的表达式，*TagName2* 指定主索引标志的名称。如果省略了 TAG TagName2，并且 eExpression3 是一个单独的字段，则主索引标志与 eExpression3 指定字段具有相同的名字。

（6）DROP PRIMARY KEY 删除主索引和索引标志。

（7）ADD UNIQUE *eExpression4* 为表增加一个候选索引。

（8）DROP UNIQUE TAG *TagName4* 删除候选索引和索引标志。

（9）ADD FOREIGN KEY [*eExpression5*] TAG *TagName4* 为表增加一个外部（非主）索引。

(10) REFERENCES *TableName2* ［TAG *TagName5*］指定与它建立一致性关系的父表。

(11) DROP FOREIGN KEY TAG *TagName6* ［SAVE］删除索引标志为 TagName6 的一个外部键。

(12) RENAME COLUMN *FieldName4* TO *FieldName5* 允许你改变表中某一个字段的名字。

该格式可以删除字段，可以修改字段名称，可以定义、修改、删除表一级的有效性规则。

例 6.45　将学生基本信息表的联系电话字段名称改为电话。

```
ALTER TABLE 学生基本信息;
RENAME COLUMN 联系电话 TO 电话
```

例 6.46　删除学生基本信息表中的年龄字段。

```
ALTER TABLE 学生基本信息 DROP COLUMN 年龄
```

例 6.47　将学生基本信息表中的姓名和性别定义为候选索引，索引名称为 hx_suoyin。

```
ALTER TABLE 学生基本信息 ADD UNIQUE;
姓名 + 性别 TAG hx_suoyin
```

例 6.48　删除学生基本信息表的候选索引。

```
ALTER TABLE 学生基本信息 DROP UNIQUE TAG hx_suoyin
```

6.3.3　表的删除

删除表的命令格式如下：

```
DROP TABLE TableName
```

此命令直接从磁盘上删除由 *TableName* 所对应的 .dbf 表文件。如果 *TableName* 所指定的表不是自由表而是数据库中的表，并且此数据库是当前正在操作打开的数据库，那么既从磁盘上删除表文件，也从数据库中删除表。如果该表所属的数据库不是当前数据库，则删除表时，虽然从磁盘上删除了表文件（.dbf 文件），但记录在数据库文件（.dbc 文件）中的信息并没有删除，以后会出现错误提示。因此，要删除数据库中的表时，应使数据库是当前打开的数据库，在数据库中进行删除表的操作。

例 6.49　将学生基本信息表从学生管理数据库中删除。

```
DROP TABLE 学生基本信息
```

6.4　SQL 的数据操纵功能

SQL 的数据操纵功能是指对数据库中数据的修改功能，主要包括数据的插入、更新、删除等三个方面的内容。

6.4.1 插入 INSERT

INSERT 命令是向当前表末尾追加一个记录，这个记录可以包含指定的字段值。Visual FoxPro 支持两种插入命令的格式。其命令格式分别如下：

格式 1：

```
INSERT INTO dbf_name [(fname1 [, fname2, ...])]
VALUES (eExpression1 [, eExpression2, ...])
```

格式 2：

```
INSERT INTO dbf_name FROM ARRAY ArrayName | FROM MEMVAR
```

参数说明：

(1) INSERT INTO *dbf_name* 指定所要插入数据的表名称。

(2) *fname1*, *fname2*, …指定数据表中的有关字段。

(3) VALUES (*eExpression1* [, *eExpression2*, …])指定相应字段的赋值或者赋值表达式。

(4) FROM ARRAY *ArrayName* 从指定的数组中插入记录值。

(5) FROM MEMVAR 说明根据同名的内存变量来插入记录值，如果同名变量不存在，则相应的字段为默认值或空值。

格式 1 要求在命令中给定要插入的具体记录值，在 INTO 后指定要插入数据的表名。当插入的不是一个完整的记录时，需要在表名后用 FieldName1，FieldName2…指定带值的属性名，注意属性名要由一对圆括号括起来；在 VALUES 后的一对圆括号内给出具体的记录值，注意在 VALUES 后列出的具体值要与表名指定的属性名一一对应。

格式 2 中 FROM ARRAY ArrayName 从 ArrayName 所指定的数组中插入记录值；FROM MEMVAR 根据与属性名同名的内存变量来插入记录值，如果同名的内存变量不存在，那么相应的属性值为默认值或空值。

例 6.50 向表学生成绩中插入记录：

学号："0940402"

姓名："王建业"

课程号："C006"

成绩："89"

```
INSERT INTO 学生成绩 ;
VALUES("0940402","王建业","C006",89)
```

对于以上的例子，假设课程号不确定，那么只能先插入学号、姓名和成绩，此时可以用如下的命令：

```
INSERT INTO 学生成绩(学号,姓名,成绩);
VALUES("0940402","王建业",89)
```

此时所被添加进来记录的课程号字段没有被赋值。

6.4.2　更新 UPDATE

UPDATE 命令用于更新表中记录的值。命令格式为：

```
UPDATE [DatabaseName1!]TableName1
SET Column_Name1 = eExpression1
[, Column_Name2 = eExpression2 ...]
WHERE FilterCondition1 [AND | OR FilterCondition2 ...]]
```

参数说明：

(1) [*DatabaseName1!*]*TableName1* 指定要用新值更新记录的表名。

(2) SET *Column_Name1 = eExpression1*[, *Column_Name2 = eExpression2 ...*]指定要更新的列以及更新的值。

(3) WHERE FilterCondition1 [AND | OR *FilterCondition2 ...*]指定要更新的记录的条件。

一次可以更新表中的一个或多个字段的值，需要更新的字段在 SET 短语后列出。用 WHERE 短语限定对满足条件的记录进行更新。若默认 WHERE 短语，对表中的全部元组进行更新。

例 6.51　调整学生成绩，全部成绩减少 10 分。

```
UPDATE 学生成绩 SET 成绩 = 成绩 - 10
```

此例中没有 WHERE 短语，即对表中的所有记录的成绩属性值进行更新。

假设对于此例只调整王丽丽的成绩减少 10 分，可以用如下的命令：

```
UPDATE 学生成绩 SET 成绩 = 成绩 - 10 WHERE 姓名 = "王丽丽"
```

此时只对表中姓名字段为"王丽丽"的记录进行更新。

6.4.3　删除 DELETE

删除是为表中指定的记录添加删除标记，命令格式为：

```
DELETE FROM [DatabaseName! ]TableName
[WHERE FilterCondition1 [AND | OR FilterCondition2 ...]]
```

参数说明：

(1) FROM [*DatabaseName !*]*TableName* 指定要删除记录的表。

(2) [WHERE *FilterCondition1* [AND | OR *FilterCondition2 ...*]]定义表中要打上删除标记的记录。

其中，FROM 指定从哪个表中删除数据；WHERE 指定被删除的记录所要满足的条件，若省略 WHERE 短语，则删除该表中全部记录。

在 Visual FoxPro 中该命令是逻辑删除，即为记录加上删除标记，如果要物理删除，需要继续使用 PACK 命令。

例 6.52 为课程信息中课程号为 C009 的课程记录加上删除标记。

`DELETE FROM 课程信息 WHERE 课程号 = "C009"`

对于此例,如果要把所有课程信息表中的记录全部加上删除标记,去掉 WHERE 短语即可。

本章小结

本章主要讲述了关系数据库标准语言 SQL 语句的用法。包括数据查询功能、数据定义功能、数据操纵功能。

数据查询功能通过 SELECT 语句来实现,查询是 SQL 语句的核心,是关系数据库标准语言中最复杂的一个语句。SELECT 语句的基本形式由 SELECT-FROM-WHERE 查询块组成,可以实现多种复杂的查询功能。

数据定义功能,包括数据库的定义、表的定义、视图的定义等多个部分,本章主要介绍了表定义功能。表的定义包括:建立表的语句 CREAT TABLE 命令、修改表结构的语句 ALTER TABLE 命令、删除表的语句 DROP TABLE 等命令。

数据操纵功能是指对数据库中数据的修改功能,包括数据的插入 INSERT、更新 UPDATE、删除 DELETE 等命令。

习题

一、选择题

1. SQL 的数据操纵(修改)语句不包括【   】。
   - A. DELETE
   - B. INSERT
   - C. UPDATE
   - D. CHANGE

2. SQL 语句中,用于删除表的命令是【   】。
   - A. ERASE TABLE
   - B. DELETE TABLE
   - C. DELETE DBF
   - D. DROP TABLE

3. 向表中插入数据的 SQL 命令是【   】。
   - A. INSERT
   - B. INSERT INTO
   - C. INSERT IN
   - D. INSERT BEFORE

4. 删除表中数据的 SQL 命令是【   】。
   - A. DROP
   - B. ERASE
   - C. CANCLE
   - D. DELETE

5. SQL 的查询语句是【   】。
   - A. SELECT
   - B. ALTER
   - C. UPDATE
   - D. QUERY

6. SQL 语句中 SELECT 命令的 JOIN 短语建立表之间联系应接在【　　】短语之后。

    A. WHERE
                    B. GROUP BY

    C. FROM
                      D. ORDER

7. HAVING 短语不能单独使用，必须接在【　　】短语之后。

    A. ORDER BY
                  B. FROM

    C. WHERE
                      D. GROUP BY

8. 用于显示部分查询结果的 TOP 语句，必须与【　　】同时使用，才有效果。

    A. ORDER BY
                  B. FROM

    C. WHERE
                      D. GROUP BY

9. 将查询结果放在数组中应使用【　　】短语。

    A. INTO CURSOR
              B. TO ARRAY

    C. INTO TABLE
              D. INTO ARRAY

10. SQL 实现分组查询的短语是【　　】。

    A. ORDER BY
                  B. GROUP BY

    C. HAVING
                    D. ASC

11. 在 SQL 的计算查询中，用于求平均值的函数是【　　】。

    A. AVG
                      B. AVERAGE

    C. average
                    D. AVE

12. 用 SQL 语句建立表时为属性定义有效性规则，应使用短语【　　】。

    A. DEFAULT
                  B. PRIMARY KEY

    C. CHECK
                    D. UNIQUE

13. SQL 语句中条件短语的关键字是【　　】。

    A. WHERE
                    B. FOR

    C. WHILE
                    D. CONDITION

14. SQL 语句中，用于修改表结构的 SQL 命令是【　　】。

    A. ALTER STRUCTURE
      B. MODIFY STRUCTURE

    C. ALTER TABLE
           D. MODIFY TABLE

15. SQL 的核心是【　　】。

    A. 数据查询
                  B. 数据修改

    C. 数据定义
                  D. 数据控制

16. 假定学生关系是 S(S♯,SNAME,SEX,AGE)，课程关系是 C(C♯,CNAME,TEACHER)，学生选课关系是 SC(S♯,C♯,GRADE)。要搜索选修"COMPUTER"课程的"女"学生姓名，将涉及关系【　　】。

    A. S
         B. SC,C
         C. S,SC
         D. S,C,SC

17. 若用如下的 SQL 语句创建一个 student 表：

```
CREATE TABLE student(NOC(4) NOT  NULL,;
NAME  C(8) NOT  NULL,SEX  C(2),AGE  N(2))
```

可以插入到 student 表中的是【　　】。

A．('1031'，'曾华'，男，23)　　　　　　B．('1031'，'曾华'，NULL，NULL)

C．(NULL，'曾华'，男，23)　　　　　　D．('1031'，NULL，'男'，23)

18．若要在基本表 S 中增加一列 CN(课程名)，可用【　　】。

A．ADD TABLE S(CN C(8))

B．ADD TABLE S ALTER(CN C(8))

C．ALTER TABLE S ADD(CN C(8))

D．ALTER TABLE S (ADD CN C(8))

19．学生关系模式 S(S♯，Sname，Sex，Age)，S 的属性分别表示学生的学号、姓名、性别、年龄。要在表 S 中删除一个属性"年龄"，可选用的 SQL 语句是【　　】。

A．DELETE Age from S

B．ALTER TABLE S DROP Age

C．UPDATE S Age

D．ALTER TABLE S 'Age'

20．有关系 S(S♯，SNAME，SAGE)，C(C♯，CNAME)，SC(S♯，C♯，GRADE)。其中 S♯是学生号，SNAME 是学生姓名，SAGE 是学生年龄，C♯是课程号，CNAME 是课程名称。要查询选修"ACCESS"课的年龄不小于 20 的全体学生姓名的 SQL 语句是 SELECT SNAME FROM S,C,SC WHERE 子句。这里的 WHERE 子句的内容是【　　】。

A．S.S♯ ＝ SC.S♯ and C.C♯ ＝ SC.C♯ and SAGE＞＝20 and CNAME＝'ACCESS'

B．S.S♯ ＝ SC.S♯ and C.C♯ ＝ SC.C♯ and SAGE in＞＝20 and CNAME in 'ACCESS'

C．SAGE in＞＝20 and CNAME in 'ACCESS'

D．SAGE＞＝20 and CNAME＝' ACCESS'

21．设关系数据库中一个表 S 的结构为 S(SN，CN，grade)，其中 SN 为学生名，CN 为课程名，二者均为字符型；grade 为成绩，数值型，取值范围 0～100。若要把"张二的化学成绩 80 分"插入 S 中，则可用【　　】。

A．ADD INTO S VALUES('张二'，'化学'，'80')

B．INSERT INTO S VALUES('张二'，'化学'，'80')

C．ADD INTO S VALUES('张二'，'化学'，80)

D．INSERT INTO S VALUES('张二'，'化学'，80)

22．设关系数据库中一个表 S 的结构为：S(SN，CN，grade)，其中 SN 为学生名，CN 为课程名，二者均为字符型；grade 为成绩，数值型，取值范围 0～100。若要更正王二的化学成绩为 85 分，则可用【　　】。

A．UPDATE S SET grade＝85 WHERE SN＝'王二' AND CN＝'化学'

B．UPDATE S SET grade＝'85' WHERE SN＝'王二' AND CN＝'化学'

C．UPDATE grade＝85 WHERE SN＝'王二' AND CN＝'化学'

D．UPDATE grade＝'85' WHERE SN＝'王二' AND CN＝'化学'

23．在 SQL 语言中，子查询是【　　】。

A．返回单表中数据子集的查询语言

B．选取多表中字段子集的查询语句

C. 选取单表中字段子集的查询语句

D. 嵌入到另一个查询语句之中的查询语句

24. SQL 是一种【　　】语言。

A. 高级算法　　　　B. 人工智能　　　　C. 关系数据库　　　　D. 函数型

25. 有关系 S(S＃,SNAME,SEX),C(C＃,CNAME),SC(S＃,C＃,GRADE)。其中 S＃是学生号,SNAME 是学生姓名,SEX 是性别,C＃是课程号,CNAME 是课程名称。要查询选修"数据库"课的全体男生姓名的 SQL 语句是 SELECT SNAME FROM S,C,SC WHERE 子句。这里的 WHERE 子句的内容是【　　】。

A. S. S＃ ＝ SC. S＃ and C. C＃ ＝ SC. C＃ and SEX＝'男' and CNAME＝'数据库'

B. S. S＃ ＝ SC. S＃ and C. C＃ ＝ SC. C＃ and SEX in'男'and CNAME in'数据库'

C. SEX '男' and CNAME '数据库'

D. S. SEX＝'男' and CNAME＝'数据库'

二、填空题

1. SQL 支持集合的并运算,运算符是【1】。

2. 在 SQL 语句中空值用【2】表示。

3. 在 Visual FoxPro 中 SQL DELETE 命令是【3】删除记录。

4. SQL 中取消查询结果中重复值的短语是【4】。

5. 在 SQL 中用于将最终查询结果排序的短语是【5】。

6. 在自联接查询中,必须为表起【6】。

7. 在 SQL SELECT 中用于计算检索的函数有 COUNT、【7】、【8】、MAX 和 MIN。

8. 在定义基本表的 SQL 语句 CREATE TABLE 中,如果要定义某个属性不能取空值,应在该属性后面使用的约束短语是【9】。

9. SQL SELECT 语句为了将查询结果存放到临时表中应使用【10】短语。

下面各题使用如下的"教师"表和"学院"表

"教师"表

职工号	姓名	职称	年龄	工资	系号
1102001	肖天海	副教授	35	2000.00	01
1102002	王艳艳	教授	40	3000.00	02
1102003	刘启明	讲师	25	1500.00	01
1102004	张月新	讲师	28	1500.00	03
1102005	李明宇	教授	34	2000.00	01
1102006	孙民山	教授	47	2100.00	02
1102007	肖滨	教授	49	2200.00	03

"学院"表

系号	系名
01	英语
02	会计
03	工商管理

10. 使用 SQL 语句将一条新的记录插入学院表。

INSERT【11】学院(系号,系名)【12】("04","计算机")

11. 使用 SQL 语句求"工商管理"系所有员工的工资总和。

SELECT【13】(工资) FROM 教师
WHERE 系号 IN (SELECT 系号 FROM【14】WHERE 系名 = "工商管理")

12. 使用 SQL 语句完成如下操作(将所有教授的工资提高 5%)。

【15】教师 SET 工资 = 工资 * 1.05【16】职称 = "教授"

三、简答题

设有一个供货管理数据库,包括:供货商表、零件表、工程项目表、供应情况表,四个关系:

供货商表(供货商代码,供货商姓名,供货商状态,所在城市);
零件表(零件代码,零件名称,颜色,重量);
工程项目表(项目代码,项目名称,项目所在城市);
供应情况表(供货商代码,零件代码,项目代码,供应数量).

使用 SQL 语言完成如下各项操作。

1. 求项目代码为 J1 的项目所需零件的供货商代码。

2. 求项目代码为 J1 的项目中所需零件代码为 P1 的供货商代码。

3. 求项目代码为 J1 的项目中零件为红色的供货商代码。

4. 求没有使用天津供货商生产的红色零件的工程项目代码。

5. 找出所有供货商的姓名和所在城市。

6. 找出所有零件的名称、颜色、重量。

7. 找出工程项目代码为 J2 的项目使用的各种零件的名称及其数量。

8. 把全部红色零件的颜色改成蓝色。

9. 将项目 J4 所需零件 P6 的供货商 S5 修改为供货商 S3(J4 为项目代码;P6 为零件代码;S5、S3 为供货商代码)。

10. 从供货商表中删除代码为 S2 的供货商记录,并从供应情况表中删除相应的记录。

第7章 查询与视图

查询和视图是 Visual FoxPro 提供的,用于从数据库中提取有用信息的两个基本工具。查询和视图都可以从一个或几个相关联的表中快速检索出满足条件的记录,并将结果显示出来。

7.1 查询

建立数据库并存储大量数据的目的之一就是便于用户查询所需数据,查询可以说是数据库系统中最常见的一种操作。

7.1.1 查询的创建

在 Visual FoxPro 中,可以通过 SQL SELECT 语句实现数据库的查询,但这对于初学者并不是非常容易,因此 Visual FoxPro 系统提供了查询向导和查询设计器,以可视化的方式完成相应的查询任务。

无论使用查询向导还是使用查询设计器创建查询,通常都包括以下几个步骤:

(1) 打开"查询向导"或"查询设计器"窗口。

(2) 指定被查询的数据表或视图。

(3) 选择查询结果中应出现的字段。

(4) 设置查询的条件。

(5) 设置排序依据及对查询结果进行分组。

(6) 选择查询结果的输出类型。

(7) 保存查询设置并建立查询文件。

(8) 运行查询。

与 SQL SELECT 语句不同,利用查询向导和查询设计器可以生成独立的查询文件,查询文件的扩展名为.qpr,查询文件的内容是根据用户在查询向导或查询设计器中所做的设置自动产生的 SQL SELECT 语句。

1. 使用查询向导创建查询

如果想要快速创建查询,可以使用"查询向导"来建立查询,下面举例说明使用查询向导创建查询的操作方法。

例 7.1 利用"查询向导"创建一个单表查询,查找"学生基本信息"表中男学生的基本信息,要求查询结果中包括学号、姓名、性别、出生日期、政治面貌、联系电话、家庭住址 7 个字段的信息,查询结果按学号的升序排列。

操作步骤如下:

(1)打开"学生管理"数据库,进入"数据库设计器"窗口,如图 7.1 所示。

(2)在系统主菜单中,在"文件"菜单中选择"新建"命令,打开"新建"对话框,在"新建"对话框中选择"查询"单选按钮,如图 7.2 所示。

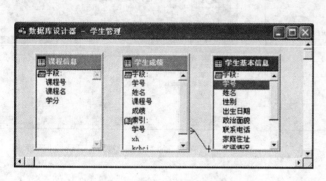

图 7.1 "数据库设计器"窗口   图 7.2 "新建"对话框

(3)单击"向导"按钮,打开"向导选取"对话框,如图 7.3 所示。

(4)在"向导选取"对话框中,选择"查询向导"选项,单击"确定"按钮,打开"查询向导"对话框,如图 7.4 所示。

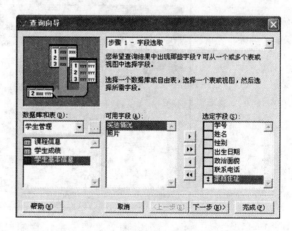

图 7.3 "向导选取"对话框   图 7.4 "查询向导"对话框

(5)进入"步骤 1- 字段选取"对话框,在"数据库和表"选项区中选择"学生管理"数据库,选择"学生基本信息"表,在"可用字段"中双击"学号"、"姓名"、"性别"、"出生日期"、"政治面貌"、"联系电话"、"家庭住址"7 个字段,将其选入到"选定字段"中。

(6)单击"下一步"按钮,进入"步骤 3- 筛选记录",为查询结果设置筛选条件(对于单表查询,单击"下一步"按钮,会直接进入"步骤 3- 筛选记录",对于多表查询,会进入"步骤 2 - 为表建立关系",再进入步骤 3)。在"字段"下拉列表框中选择"学生基本信息.性别",在"操作符"下拉列表框中选择"等于",在"值"文本框中输入"男",如图 7.5 所示。

(7) 单击"下一步"按钮,进入"步骤 4 - 排序记录",在"可用字段"中选择用于排序的字段"学生基本信息.学号",单击"添加"按钮,将其选入到选定字段中,并选择排序方式为"升序",如图 7.6 所示。

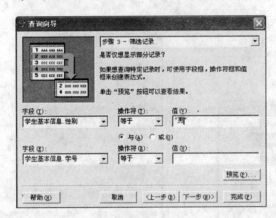
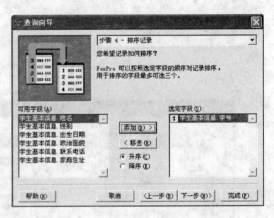

图 7.5　"步骤 3-筛选记录"对话框　　　　　图 7.6　"步骤 4-排序记录"对话框

(8) 单击"下一步"按钮,进入"步骤 4a - 限制记录",本例在"数量"中选择"所有记录"单选按钮,如图 7.7 所示。如果需要显示部分记录,可以在"部分类型"选项区选择部分类型并在"数量"选项区中设置部分值。

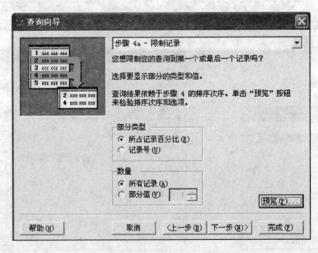

图 7.7　"步骤 4a-限制记录"对话框

(9) 在此对话框中,可以通过"预览"按钮检查前面的设置是否正确,如图 7.8 所示。

(10) 关闭"预览"窗口,返回到"步骤 4a - 限制记录"对话框,如果不需要修改相关的设置,则单击"下一步"按钮,进入"步骤 5 - 完成"对话框,如图 7.9 所示,本例选择"保存查询",单击"完成"按钮,打开"另存为"对话框。

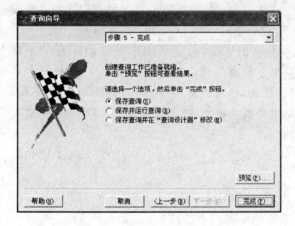

图 7.8　预览查询结果

（11）在"另存为"对话框中，输入查询文件的名称"男学生信息查询. qpr"，选择合适的
保存路径，如图 7.10 所示，单击"保存"按钮，即完成了查询文件的建立。

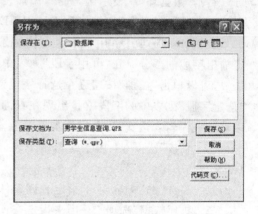

图 7.9　"步骤 5-完成"对话框　　　　　　图 7.10　"另存为"对话框

2．使用查询设计器创建查询

（1）启动查询设计器的方法

① 打开"文件"菜单，选择"新建"命令，在打开的"新建"对话框中选择"查询"，然后单击
"新建文件"按钮，打开查询设计器，如图 7.11 所示。

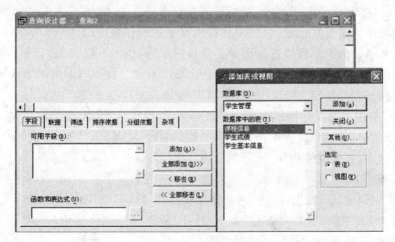

图 7.11　查询设计器

② 在"命令"窗口中输入 CREATE QUERY 命令同样可以打开查询设计器。

③ 在项目管理器中选择"数据"或"全部"选项卡,选择文件类型为"查询",然后单击"新建"按钮,弹出"新建查询"对话框,在此对话框中单击"新建查询"按钮,打开查询设计器。

(2) 查询设计器的使用

实际上,查询就是一个预先定义好的 SQL SELECT 语句,查询设计器上方的数据环境显示区和下方的 6 个选项卡,与 SQL SELECT 语句中的各个参数是相互对应的。如果理解了 SQL SELECT 语句,查询设计器的使用就不难理解了。

① "数据环境"显示区:查询设计器上方的空白区域是"数据环境"显示区。打开查询设计器的同时,"添加表或视图"对话框会同时打开,在此对话框中选择建立查询所依据的表或视图,相应的表或视图就被添加到"数据环境"中。如果"添加表或视图"对话框已经关闭,可以右击"数据环境"显示区,选择"添加表"或"移去表"命令,可以向数据环境中添加或移去表。"数据环境"显示区对应于 SQL SELECT 语句中的 FROM 子句。

② "字段"选项卡:用于指定查询结果中包含的字段,对应于 SQL SELECT 语句中指定输出字段的部分。在"可用字段"列表中列出了数据环境中数据表的所有字段,根据查询需要,可以单击"添加"按钮逐个选择字段进行添加,也可以单击"全部添加"添加所有字段。"选定字段"列表中的字段就是出现在查询结果中的字段。在"函数和表达式"编辑框中也可以输入或编辑表达式,为查询添加新的字段。

③ "联接"选项卡:用于编辑多个表或视图的联接条件,对应于 SQL SELECT 语句的 JOIN ON 子句。

④ "筛选"选项卡:用于指定查询条件,对应于 SQL SELECT 语句的 WHERE 子句。

⑤ "排序依据"选项卡:用来指定查询结果的排列顺序,可以指定多个字段作为排序的依据,并可对每个字段的排序方式指定是"升序"或"降序"。对应于 SQL SELECT 语句的 ORDER BY 子句。

⑥ "分组依据"选项卡:用来指定查询结果分组所依据的字段,分组实际上是将某个字段具有相同内容的多个记录作为一组,压缩成一个结果记录。通常是与诸如 SUM、AVG、COUNT 等累计函数结合使用,完成基于一组记录的计算。对应于 SQL SELECT 语句的 GROUP BY 子句和 HAVING 子句。

⑦ "杂项"选项卡:用于设置一些特殊的查询条件。如果选择"无重复记录"复选框,就会在查询结果中清除重复记录,否则将允许重复记录的存在,对应于 SQL SELECT 语句的 DISTINCT 短语。如果不需要查询出满足条件的全部记录,可以在"列在前面的记录"选项区中取消选中"全部"复选框,可以选择"百分比"或"记录个数",用于指定查询结果中包含多少条记录,对应于 SQL SELECT 语句的 TOP 子句。

例 7.2　利用查询设计器创建一个多表查询,查找选修了"汉语言文学"课程,并且成绩在 90 分以上的学生的信息,要求查询结果中包括学号、姓名、课程名、成绩字段,查询结果按成绩的降序排序,如果成绩相同,按照学号的升序排序。

操作步骤如下:

① 打开"学生信息"数据库,进入"数据库设计器"窗口。

② 打开"文件"菜单,选择"新建"命令,打开"新建"对话框,选择"查询"单选按钮,单击"新建文件"按钮,打开"查询设计器"对话框。

③ 添加数据源,由查询要求得出查询所依据的数据源是"学生成绩"表和"课程信息"表,在"添加表或视图"对话框将它们添加到数据环境中,添加完成后单击"关闭"按钮,如图7.12所示。

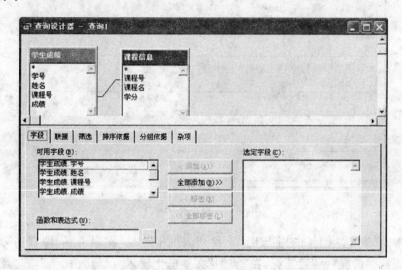

图7.12 添加数据源

④ 选择"字段"选项卡,从"可用字段"中依次选择"学生成绩.学号"、"学生成绩.姓名"、"课程信息.课程名"、"学生成绩.成绩"字段,把它们添加到"选定字段"中,可以在"选定字段"中用鼠标拖曳各字段名前面的按钮以调整它们的排列顺序,如图7.13所示。

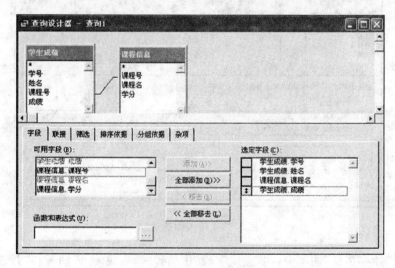

图7.13 选定查询字段

⑤ 选择"联接"选项卡,查看联接条件,如图7.14所示。本例中使用默认的联接条件,无须修改。若在数据库中已经建立了表间的永久关系,查询设计器会使用相应的永久关系作为联接条件。否则,查询设计器在步骤③添加数据源的过程中,会根据表间的共有字段自动设置两个表之间的联接关系。

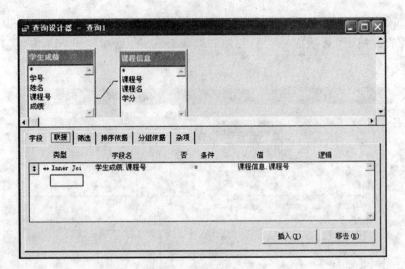

图 7.14　输入联接条件

⑥ 选择"筛选"选项卡,在"字段名"下拉列表框中选择"课程信息.课程名"命令,在"条件"下拉列表框中选择"＝"运算符,在"实例"文本框中输入"汉语言文学",在"逻辑"下拉列表框中选择两个筛选条件之间的逻辑关系"AND",设置第二个筛选条件,"字段名"中选择"学生成绩.成绩","条件"中选择"＞＝","实例"中输入"90",如图 7.15 所示。

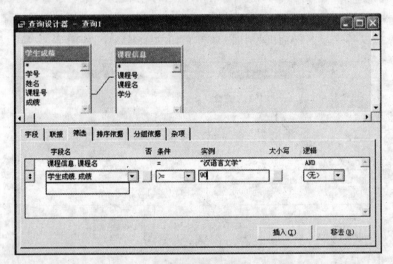

图 7.15　输入筛选条件

⑦ 选择"排序依据"选项卡,在"选定字段"中选择"学生成绩.成绩",在"排序选项"中选择"降序",添加到"排序条件"中;再将"学生成绩.学号"字段添加到"排序条件"中,此步骤中需要注意两个排序条件的顺序,如图 7.16 所示。

⑧ 保存查询设置,单击主窗口"常用"工具栏上的"保存"按钮,或按 Ctrl＋S 键。在弹出的"另存为"对话框中,选择适当的保存路径,输入查询文件的名称"课程成绩查询.qpr"。

⑨ 单击"常用"工具栏中的 ❗ 按钮,运行查询,结果如图 7.17 所示。

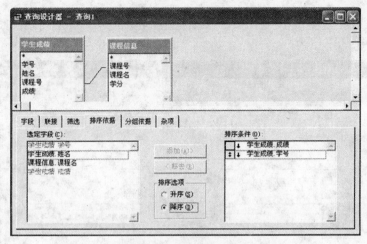

图 7.16 输入排序依据

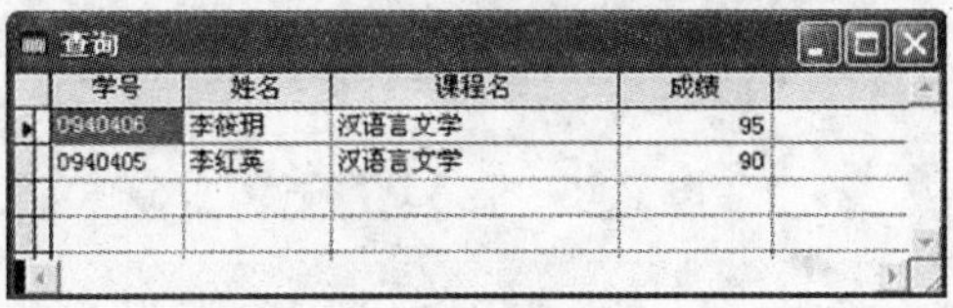

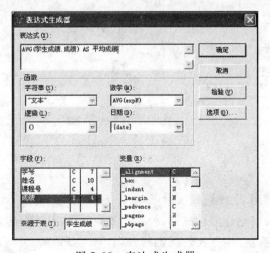

图 7.17 浏览查询结果

例 7.3 设计一个多表查询,查询各门课程的平均成绩,要求查询结果中包括课程号、课程名、平均成绩字段,结果按课程号的升序排序。

(1) 打开"学生管理"数据库。

(2) 添加数据源,由查询要求得出查询所依据的数据源是"学生成绩"表和"课程信息"表,在"添加表或视图"对话框将它们添加到数据环境中。

(3) 选择"字段"选项卡,从"可用字段"中选择"课程信息.课程号"、"课程信息.课程名"字段,将它们添加到"选定字段"中。再单击"函数和表达式"文本框右侧的"⋯"按钮,打开"表达式生成器",编辑计算表达式"AVG(学生成绩.成绩) AS 平均成绩",如图 7.18 所示。

图 7.18 表达式生成器

（4）单击"确定"按钮，返回查询设计器窗口，单击"添加"按钮，将计算表达式添加到"可用字段"中，如图 7.19 所示。

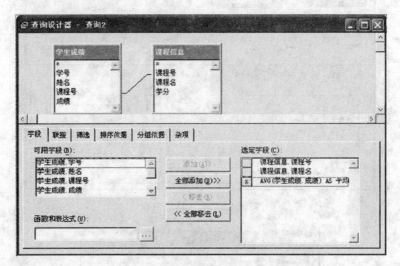

图 7.19　输入选定字段

（5）选择"排序依据"选项卡，在"选定字段"中选择"课程信息.课程号"，"排序选项"中选择"升序"，将其添加到"排序条件"中。

（6）选择"分组依据"选项卡，在"可用字段"列表框中选择"课程信息.课程名"，单击"添加"按钮，将其添加到"分组字段"中，如图 7.20 所示。

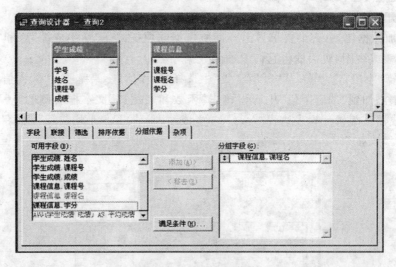

图 7.20　输入分组依据

（7）按 Ctrl＋S 键保存查询设置，将此查询文件命名为"平均成绩查询.qpr"。单击 ![] 按钮，运行查询，结果如图 7.21 所示。

利用查询设计器可以创建多种查询，但并不是所有的查询都可以利用查询设计器完成。实际上查询设计器只能建立那些比较规则的查询，对于复杂的查询，例如内外层嵌套查询等就无法用设计器来建立，只能通过编写 SQL SELECT 语句来实现。

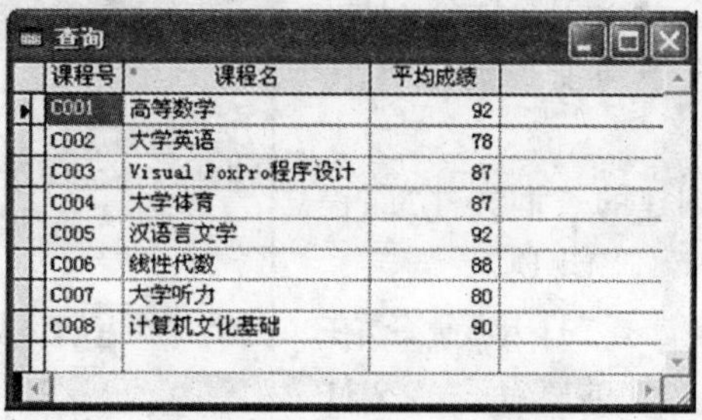

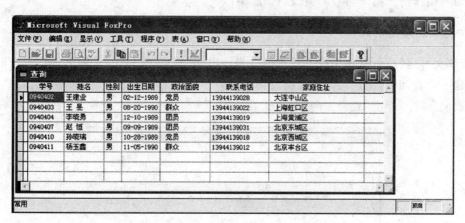

图 7.21　分组查询结果

7.1.2　查询的使用

1. 查询的运行

查询文件创建完成后,可以使用如下方法运行查询:

(1) 打开查询文件之后,单击主窗口"常用"工具栏上的 ! 按钮。

(2) 打开查询文件之后,打开"查询"菜单,选择"运行查询"命令。

(3) 右击"查询设计器"窗口,在弹出的快捷菜单中选择"运行查询"命令。

(4) 在命令窗口中输入 DO 命令,其格式为 DO ＜查询文件名＞,要在命令窗口中正确运行查询,查询文件的扩展名.qpr 不能缺省。DO 命令可以在不打开查询文件的情况下直接执行。

例 7.4　在不打开例 7.1 创建的查询文件"男学生信息查询.qpr"的情况下,运行该查询。

在命令窗口中输入命令"DO 男学生信息查询.qpr",按回车键得到运行结果,如图 7.22 所示。

图 7.22　DO 命令运行结果

2. 查看 SQL 语句

在查询设计器中建立查询时,系统会根据用户的设置自动产生对应的 SQL SELECT 语句,相应语句保存在扩展名为.qpr 的查询文件中。若需要查看系统自动产生的 SQL SELECT 语句,可在查询设计器窗口中右击,在弹出的快捷菜单中选择"查看 SQL"命令,或者执行"查询"菜单中的"查看 SQL"命令,即可在打开的窗口中看到对应于当前查询的 SQL SELECT 语句。

例 7.5 查看例 7.2 创建的查询文件"课程成绩查询.qpr"所对应的 SQL SELECT 语句。

(1) 打开"文件"菜单,选择"打开"命令,在"打开"对话框中选择查询文件的路径,在"文件类型"下拉列表框中选择"查询(＊.qpr)",选择文件名"课程成绩查询.qpr",如图 7.23 所示。

(2) 执行"查询"菜单下的"查看 SQL"命令,弹出窗口如图 7.24 所示。

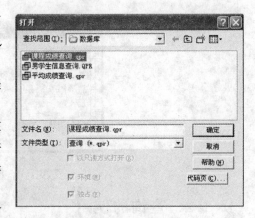

图 7.23　"打开"对话框

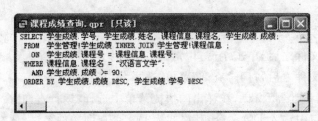

图 7.24　查看 SQL 语句

在窗口中的 SQL SELECT 语句是不能修改的,但可以复制到命令窗口中执行,也可以插入到程序中执行。用户可以对照在查询设计器中所做的操作,逐行理解对应的 SQL SELECT 语句的功能。通过本例可以看出,扩展名为.qpr 的查询文件实际上是一个文本文件,因而可用任何文本编辑器对其进行编辑修改。

3. 查询的输出格式

查询文件运行后,默认情况下将查询结果输出到"浏览"窗口中,实际上,使用"查询设计器"创建一个查询时,用户可以指定将查询结果以不同的形式输出。打开"查询"菜单,选择"查询去向"命令,弹出"查询去向"对话框,如图 7.25 所示。

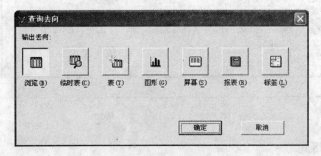

图 7.25　"查询去向"对话框

"查询去向"对话框中共包含 7 个按钮,对应查询结果 7 种不同的输出形式:

(1) 浏览:系统默认的查询去向,查询结果显示在浏览窗口中,是默认的输出形式。

（2）临时表：查询结果输出到一个临时的数据表中，对应于 SQL SELECT 语句的 INTO CURSOR＜临时表名＞子句。

（3）表：查询结果输出到一个数据表文件中，对应于 SQL SELECT 语句的 INTO TABLE|DBF ＜表文件名＞子句。查询文件独立于数据库文件而存在，所以该数据表不会自动加到数据库中。

（4）图形：使用 Microsoft Graph 程序将查询结果以图形的形式输出。

（5）屏幕：查询结果直接在 Visual FoxPro 主窗口工作区中显示，选定"屏幕"按钮后，还可以指定输出到打印机或文本文件中。

（6）报表：查询结果输出到报表文件中。

（7）标签：查询结果输出到标签文件中。

指定查询结果的输出去向，再单击工具栏上的 ▐ 按钮，或用其他方式运行查询，查询的结果将输出到所指定的目的地中。

例 7.6 将例 7.3 创建的查询文件"平均成绩查询.qpr"以图形的形式输出。

操作步骤如下：

（1）打开查询文件"平均成绩查询.qpr"。

（2）打开"查询"菜单，选择"查询去向"命令，弹出"查询去向"对话框，将输出去向设置为"图形"，单击"确定"按钮。

（3）单击 ▐ 按钮运行查询，弹出"图形向导"对话框，如图 7.26 所示。

（4）在图形向导的"步骤 2 - 定义布局"中，将"平均成绩"字段由"可用字段"拖曳到"数据系列"中。注意，拖曳到"数据系列"的字段必须是数值型字段。再将"课程名"字段由"可用字段"拖曳到"坐标轴"中。

（5）单击"下一步"按钮，进入图形向导的"步骤 3 - 选择图形样式"，选择第 1 行第 5 列的"柱状图"，如图 7.27 所示。

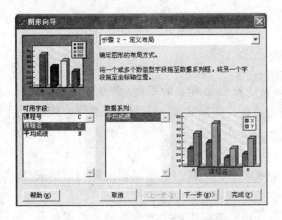

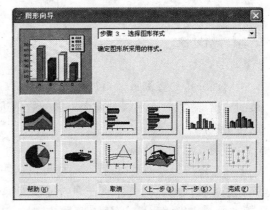

图 7.26 "步骤 2-定义布局"对话框　　图 7.27 "步骤 3-选择图形样式"对话框

（6）单击"下一步"按钮，进入图形向导的"步骤 4 - 完成"，在"输入图形标题"文本框中输入"平均成绩对照表"，如图 7.28 所示。

（7）可以单击"预览"按钮查看结果，如图 7.29 所示。

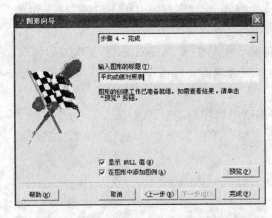

图7.28　"步骤4-完成"对话框

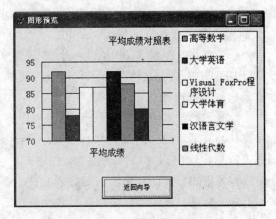

图7.29　"图形预览"对话框

（8）单击"返回向导"按钮，如果无须修改，单击"完成"按钮打开"保存"对话框，将图形向导生成的结果保存为表单并进入表单设计界面。

7.1.3　查询的修改

对于创建完成的查询文件，可根据需要采用以下方法进行修改：

（1）打开"文件"菜单，选择"打开"命令，在"打开"对话框中选择要修改的查询文件，单击"确定"按钮进入查询设计器进行修改。

（2）在命令窗口输入命令"MODIFY QUERY＜查询文件名＞"，在弹出的查询设计器中对打开的查询文件进行修改。

（3）在项目管理器中，选择要修改的查询文件，单击右边的"修改"按钮，进入查询设计器进行修改。

7.2　视图

前面介绍的查询虽然可以很方便地从数据表中检索出所需的数据，也可以指定查询结果的输出形式，但是不能对查询出来的数据进行修改。如果既要查询数据又要修改数据，可以使用视图。

视图具有如下特点：

（1）视图与查询类似，视图同样可以从一个或多个相关联的表中提取所需的数据信息，而且创建视图的过程与创建查询的过程比较相似。

（2）视图与查询最大的不同是，视图不仅能从一个或多个表中提取所需的数据信息，更重要的是视图中的数据可以修改，并且会把更新结果反映到源数据表中，即可以通过视图更新源表中的数据，而查询的结果是只读的。

（3）视图只能依赖于某一数据库而存在，视图保存在数据库中，只有在打开相应的数据库后，才能创建和使用视图。视图一旦创建，便成为数据库中的一个对象，与普通的数据表相似，有名字、字段、记录等数据表特征，也可以被当作表使用，即可以作为数据来源。

（4）由于视图的数据是从数据库表中提取出来的，所以数据库中只保存它的定义，如视图中的表名、字段名等。也就是说，视图中并不真正含有数据，只是一个虚拟表，所以只有在包含该视图的数据库打开时才能使用。视图在数据库每次打开时重新检索数据，数据库关闭时数据也就随之释放。

根据数据来源不同，视图可以分为本地视图和远程视图。使用当前数据库中的表或其他视图建立的视图称为本地视图，使用当前数据库之外的数据源中的表建立的视图称为远程视图。

7.2.1　创建本地视图

建立视图的方法或步骤与建立查询非常相似，包括数据源的指定、所需字段的选择、筛选条件的设置等。创建本地视图的方式有两种，利用"视图向导"创建视图和利用"视图设计器"创建视图。

1. 使用视图向导创建本地视图

下面举例说明使用"视图向导"创建本地视图的操作方法。

例7.7　利用"视图向导"创建单表视图，查看北京籍的学生信息，要求视图中包含学号、姓名、性别、联系电话、家庭住址字段，按照姓名的升序排序。

操作步骤如下：

（1）打开"学生管理"数据库。

（2）在系统主菜单中，打开"文件"菜单，选择"新建"命令，在打开的"新建"对话框中选择"视图"，再单击"向导"按钮，打开"本地视图向导"对话框，如图7.30所示。

（3）进入"步骤1-字段选取"对话框，在"数据库和表"选项区中选择"学生基本信息"表，在"可用字段"中依次双击"学号"、"姓名"、"性别"、"联系电话"、"家庭住址"，将它们选入到"选定字段"中。

（4）单击"下一步"按钮，进入"步骤3-筛选记录"对话框，在"字段"下拉列表框中选择"学生基本信息.家庭住址"，在"操作符"下拉列表框中选择"等于"或选择"包含"，在"值"文本框中输入"北京"，如图7.31所示。

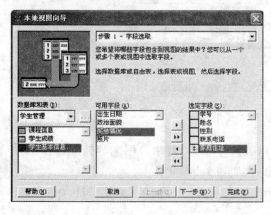
图7.30　"步骤1-字段选取"对话框

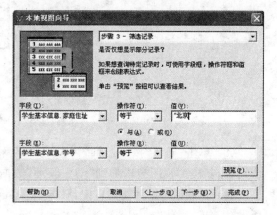
图7.31　"步骤3-筛选记录"对话框

（5）单击"下一步"按钮，进入到"步骤4-排序记录"对话框，在"可用字段"中选择"学生信息表.姓名"，单击"添加"按钮，将其添加到"选定字段"中，并选择排序方式为"升序"，如图7.32所示。

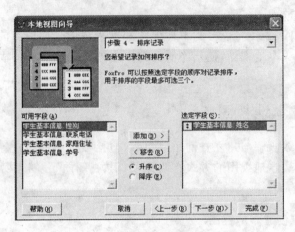

图7.32 "步骤4-排序记录"对话框

（6）单击"下一步"按钮，进入到"步骤4a-限制记录"对话框，本例在此步骤中不需要做任何修改。

（7）单击"下一步"按钮，进入到"步骤5-完成"对话框，选择"保存本地视图"单选按钮，单击"完成"按钮，打开"视图名"对话框，输入新创建视图的名字"北京籍学生信息视图"，如图7.33所示。

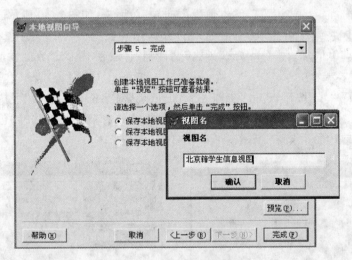

图7.33 "视图名"对话框

（8）单击"确认"按钮，返回到Visual FoxPro系统主窗口，使用视图向导建立视图的操作结束，新建的视图被添加到"学生管理"数据库中，如图7.34所示。

（9）在数据库设计器窗口中，双击"北京籍学生信息视图"，打开视图浏览窗口，如图7.35所示。

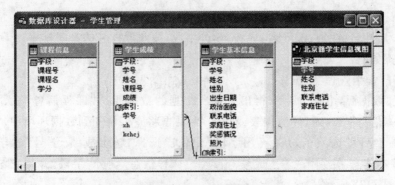

图 7.34　新建视图添加到数据库中

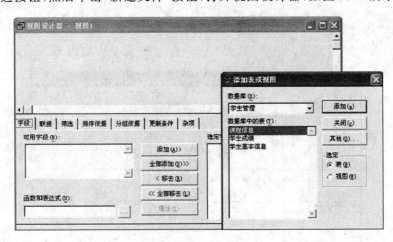

图 7.35　浏览视图

2. 使用视图设计器创建本地视图

启动视图设计器的方法如下：

(1) 打开创建视图的数据库，打开"文件"菜单，选择"新建"命令，在"新建"对话框中选择"视图"单选按钮，然后单击"新建文件"按钮，打开视图设计器，如图 7.36 所示。

图 7.36　视图设计器

(2) 打开创建视图的数据库，在命令窗口中输入 CREATE VIEW 命令同样可以打开视图设计器。

(3) 在项目管理器中选择"数据"或"全部"选项卡，将相应的数据库展开，并选择"本地视图"，然后单击"新建"按钮，弹出"新建查询"对话框，在此对话框中单击"新建查询"按钮，打开视图设计器。

例 7.8　利用"视图设计器"创建多表视图,查看"王建业"同学选修课程的情况,要求视图中包含学号、姓名、性别、课程名、成绩、学分字段,按照课程名的升序排序。

操作步骤如下:

(1) 打开"学生管理"数据库。

(2) 添加数据源,由查询要求得出查询所依据的数据源是"课程信息"表、"学生成绩"表、"学生基本信息"表,通过"添加表或视图"对话框将它们添加到数据环境中。

(3) 选择"字段"选项卡,从"可用字段"中依次选择"学生成绩.学号"、"学生成绩.姓名"、"学生基本信息.性别"、"学生成绩.成绩"、"课程信息.学分"字段,并把它添加到"选定字段"中,如图 7.37 所示。

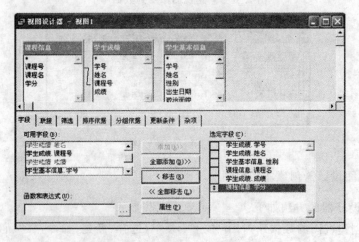

图 7.37　输入选定字段

(4) 选择"筛选"选项卡,在"字段名"下拉列表框中选择"学生成绩.姓名",在"条件"下拉列表框中选择"="运算符,在"实例"文本框中输入"王建业",如图 7.38 所示。

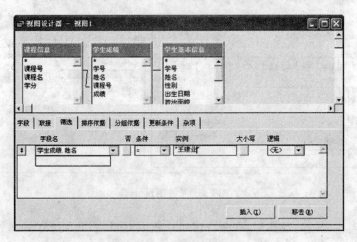

图 7.38　输入筛选条件

(5) 选择"排序依据"选项卡,在"选定字段"中选择"课程信息.课程名",在"排序选项"中均选择"升序",将其添加到"排序条件"中,如图 7.39 所示。

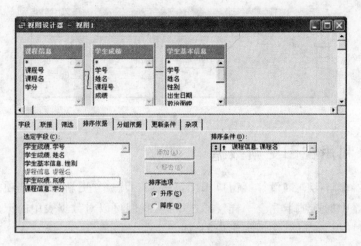

图 7.39 输入排序依据

（6）保存视图设置，按 Ctrl＋S 键，打开"保存"对话框，输入视图名"选修课程情况视图"，如图 7.40 所示。

图 7.40 "保存"对话框

（7）单击"确定"按钮，返回到 Visual FoxPro 系统主窗口，使用视图设计器建立视图的操作结束，新建的视图被添加到"学生管理"数据库中，如图 7.41 所示。

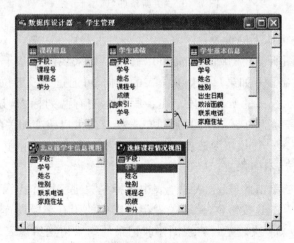

图 7.41 新建视图添加到数据库中

（8）在数据库设计器窗口中，双击"选修课程情况视图"，打开视图浏览窗口，如图 7.42 所示。

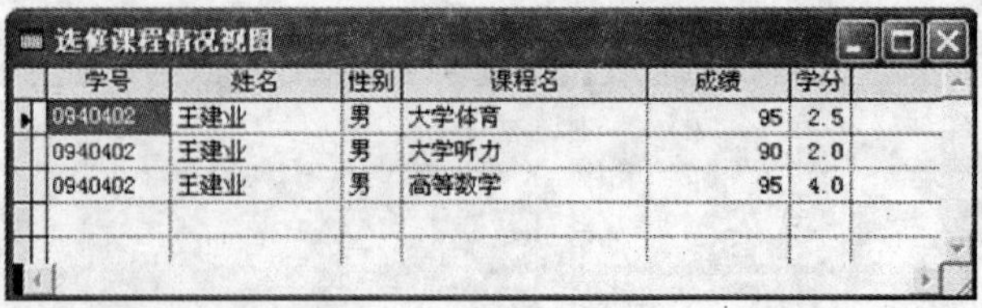

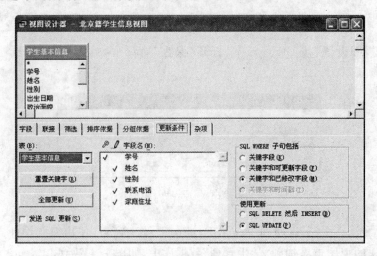

图 7.42　浏览"选修课程情况视图"

7.2.2　利用视图更新数据

视图设计器窗口与查询设计器窗口相比,只是多了一个"更新条件"选项卡,其他的选项卡和查询设计器中的选项卡完全一样。通过视图,我们可以对数据表中的记录进行修改,这一功能就是通过"更新条件"选项卡实现的,如图 7.43 所示。

图 7.43　"更新条件"选项卡

该选项卡可以进行如下的设置:

(1) 表:指定视图所使用的哪些表是可以修改。如果视图是基于多个表的,默认可以更新"全部表"的相关字段;如果只更新某个表的数据,可通过"表"下拉列表框进行选择。

(2) 字段名:显示视图的所有字段。在字段名左侧有两列标志,其中"钥匙"符号列为关键字段,"铅笔"符号列为可更新字段,通过单击相应列可以改变相关的状态。系统默认可以更新所有非关键字段。建议不要改变关键字的状态。视图字段中必须要有关键字段,否则源表中的任何字段都不能修改。

(3) 重置关键字:单击此按钮,从每个表中选择主关键字段作为视图的关键字段。

(4) 全部更新:单击此按钮,将除了关键字段以外的所有字段设置为可更新字段。

(5) 发送 SQL 更新:决定是否将视图修改记录的结果传送给源表。想要让视图中更新的数据保存到源表中,必须选中此项。

(6) SQL WHERE 子句包括:此选项用于管理多个用户访问同一数据时,如何更新记录。在更新之前,检查源表中的相应字段在其数据被提取到视图之后,是否又发生了变化。如果源表中的这些数据在此期间已被修改,则不允许再进行更新操作。此选项组包括如下选项:

① 关键字段：如果在基本表中有一个关键字段被更改时，更新失败。

② 关键字和可更新字段：如果另一用户已经修改了关键字段和任何可更新的字段时，更新失败。

③ 关键字和已修改字段：当在视图中改变的任一字段的值在源表中已被改变时，更新失败。

④ 关键字与时间戳：应用于远程视图中。

（7）使用更新：指定字段更新方式。

① SQL DELETE 然后 INSERT：先用 SQL 的 DELETE 命令删除源表中需要更新的记录，再用 SQL 的 INSERT 命令向源表插入更新后的记录。

② SQL UPDATE：直接使用 SQL 的 UPDATE 命令更新源表。

例 7.9 利用例 7.7 中建立的"北京籍学生信息视图"，将"李筱玥"的联系电话修改为"13944131234"。

操作步骤如下：

（1）打开"学生管理"数据库，进入"数据库设计"窗口。

（2）右击"北京籍学生信息视图"，在弹出的快捷菜单中选择"修改"命令，打开"视图设计器"，选择"更新条件"选项卡。

（3）在"字段名"列表框中"学号"字段左侧的"钥匙"标记列下单击，设定"借书证号"为关键字段。本例要求更新"联系电话"字段，因此在"联系电话"字段左侧的"铅笔"标记所在的列下单击，将"联系电话"字段设置为可修改字段。并选中"发送 SQL 更新"复选框，其他设置本例无须更改，更新条件的设置如图 7.44 所示。

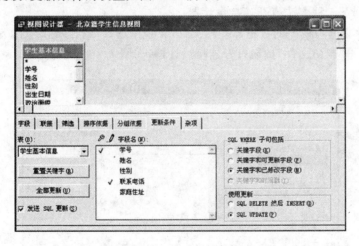

图 7.44　输入更新条件

（4）按 Ctrl+S 键保存设置，双击"北京籍学生信息视图"，打开浏览窗口，将"李筱玥"的联系电话修改为"13944131234"。

（5）此时若直接双击"学生基本信息"表浏览记录，会发现源表对视图的更新并没有反映。要查看更新，可首先将视图关闭再重新打开该视图，然后双击"学生基本信息"表，就可以在看到更改后的数据了；也可以关闭数据库后再重新打开，同样可以看到更改后的数据。浏览"学生基本信息"表，如图 7.45 所示。

学号	姓名	性别	出生日期	政治面貌	联系电话	家庭住址	奖惩情况	照片
0940401	王丽丽	女	06-05-1990	团员	13944139011	北京海淀区	memo	Gen
0940402	王建业	男	02-12-1989	党员	13944139028	大连中山区	memo	Gen
0940403	王昱	男	08-20-1990	群众	13944139022	上海虹口区	memo	gen
0940404	李晓勇	男	12-10-1989	团员	13944139019	上海黄浦区	memo	gen
0940405	李红英	女	03-04-1990	党员	13944139029	大连金州区	memo	gen
0940406	李筱玥	女	11-20-1990	团员	13944131234	北京朝阳区	memo	gen
0940407	赵恒	男	09-09-1989	团员	13944139031	北京东城区	memo	gen
0940408	赵潇潇	女	09-05-1990	团员	13944139025	深圳福田区	memo	gen
0940409	孙玉英	女	02-15-1990	团员	13944139030	深圳罗湖区	memo	gen
0940410	孙皎瑞	男	10-28-1989	党员	13944139018	北京西城区	memo	gen
0940411	杨玉鑫	男	11-05-1990	群众	13944139012	北京丰台区	memo	gen

图 7.45　浏览源表的数据更新

7.2.3　建立远程视图

远程视图使用的是当前数据库之外的数据源,通过远程视图,可以对远程数据源进行访问、更新、添加等操作,从而实现对远程数据源的修改。

远程视图是通过 ODBC 从远程数据源建立的视图,ODBC 为 Open DateBase Connectivity(开放式数据库连接性)的英文缩写,它是一个标准的数据库接口。

因为远程视图使用的是当前数据库以外的数据源,所以要建立远程视图,必须首先建立远程数据的"连接","连接"是 Visual FoxPro 数据库的一个对象。

1. 创建连接

在 Viusal FoxPro 中,可以利用"连接设计器"创建远程数据的连接。

可以采用如下三种方法打开连接设计器:

(1) 打开建立远程视图的数据库,在"文件"菜单中选择"新建"命令,在"新建"对话框中选择"连接",单击"新建文件"按钮打开连接设计器,如图 7.46 所示。

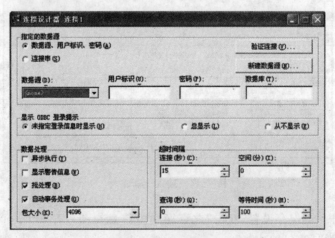

图 7.46　连接设计器

(2) 在命令窗口中输入命令 CREATE CONNECTION,也可以打开连接设计器。

(3) 在项目管理器中选择"数据"或"全部"选项卡,单击相应的数据库左侧的"＋",将数据库展开,选择"连接",然后单击"新建"按钮,打开连接设计器。

打开连接设计器后,在"数据源"下拉列表框中选择需要的数据源,单击"验证连接"按钮可以验证是否能够成功地连接到远程数据库,提示连接成功后保存连接。

2. 远程视图的创建

建立同远程数据源的连接后,远程数据源就可以像本地的数据源一样使用。建立远程视图与建立本地视图不同的是,在打开视图设计器之前,首先打开"选择连接或数据源"对话框,如图 7.47 所示,选择"连接"或"可用的数据源"后才能进入"添加表和视图"对话框进行远程视图设计,接下来的设置与创建本地视图基本相同。

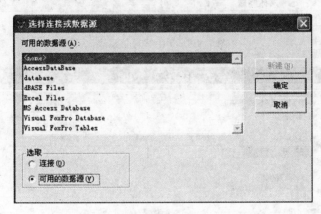

图 7.47 "选择连接或数据源"对话框

例 7.10 使用 Access 创建"学生宿舍管理"数据库,在该数据库中建立"学生宿舍信息表",创建一个远程视图更新远程数据源中的记录。

操作步骤如下:

(1) 打开 Access 2007,单击"Office 按钮",选择"新建"选项,创建一个空白数据库,选择适当的存放位置,输入数据库名,如图 7.48 所示。

(2) 单击"创建"按钮,进入数据库设计界面,在左侧窗格中右击"表 1:表",在弹出的快捷菜单中选择"设计视图"命令,打开"另存为"对话框,在此对话框中输入表名"学生宿舍信息"。

图 7.48 新建空白数据库

(3) 单击"确定"按钮,进入表结构的设计,输入表结构后按 Ctrl+S 键保存,在左侧的窗格中双击表名"学生宿舍信息",输入数据。表结构及相关数据如图 7.49 所示。

(4) 打开"学生管理"数据库。

(5) 在"文件"菜单中选择"新建"命令,在"新建"对话框中选择"连接",单击"新建文件"按钮,打开"连接设计器"对话框,在"数据源"下拉列表框中选择 MS Access Database,如图 7.50 所示。

(6) 验证是否成功连接数据库。单击"验证连接"按钮,打开"选择数据库"对话框,选择数据库存放位置,并在数据库名列表中选择"学生宿舍管理.accdb",如图 7.51 所示,单击"确定"按钮,出现"连接成功"消息框即表示连接已完成。

学号(文本型,7)	姓名(文本型,10)	性别(文本型,2)	班级(文本型,5)	宿舍号(文本型,4)
0940401	王丽丽	女	09404	A201
0940402	王建业	男	09404	B306
0940403	王　旻	男	09404	B307
0940404	李晓勇	男	09404	B306
0940405	李红英	女	09404	A201
0940406	李筱玥	女	09404	A202
0940407	赵　恒	男	09404	B306
0940408	赵潇潇	女	09404	A202
0940409	孙玉英	女	09404	A202
0940410	孙晓瑞	男	09404	B306
0940411	杨玉鑫	男	09404	B307

图 7.49　学生宿舍信息表

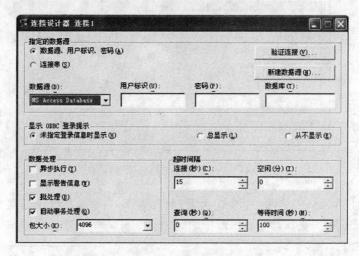

图 7.50　选择数据源

（7）按 Ctrl＋S 键保存连接，打开"保存"对话框，输入连接名称"学生宿舍管理连接"，单击"确定"按钮保存连接。

（8）新建远程视图。在"文件"菜单中选择"新建"命令，在"新建"对话框中选择"远程视图"，单击"新建文件"按钮，打开"选择连接或数据源"对话框，选择"学生宿舍管理连接"，如图 7.52 所示。

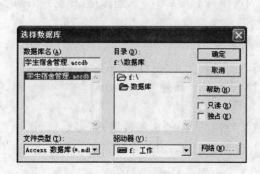

图 7.51　选择数据库

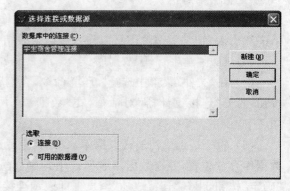

图 7.52　选择连接或数据源

（9）单击"确定"按钮,打开"选择数据库"对话框,如图 7.51 所示,本步骤的设置与步骤（6）相同。

（10）在"选择数据库"对话框中,单击"确定"按钮,打开"视图设计器",如图 7.53 所示。

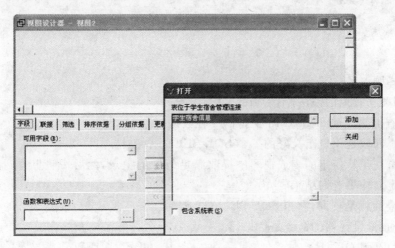

图 7.53　视图设计器

（11）将"学生宿舍信息"表添加到数据环境中;在"字段"选项卡中选择全部字段;在"更新条件"选项卡中,将"学号"设置为关键字段;将"宿舍号"设置为可更新字段,并选中"发送 SQL 更新"复选框。

（12）保存视图,输入视图名"学生宿舍信息视图",将新建视图添加到"数据库设计器"中。

（13）浏览"学生宿舍信息视图",将"王建业"的宿舍号由"B306"修改为"B406",关闭该视图再重新打开。

（14）在 Access 中打开"学生信息管理"数据库,查看"学生宿舍信息"表是否有变化。

7.2.4　视图的修改

可以采用以下方法修改视图:

（1）打开视图所在的数据库,在命令窗口输入命令"MODIFY VIEW ＜视图名＞",打开视图设计器进行修改。

（2）打开视图所在的数据库,进入"数据库设计器",右击需要修改的视图,在弹出的快捷菜单中选择"修改"命令。

本章小结

视图与查询既有相似之处,又有各自的特点,主要区别如下:

（1）视图可以更新数据并返回源表,而查询中的数据不能被修改。

（2）视图只能从属于某一个数据库,而查询是一个独立的文件,它不属于任何一个数据库。

（3）视图既可以访问本地数据源，又可以访问远程数据源，而查询只能访问本地数据源。

（4）视图只能输出到数据表中，而查询有多种输出方式。

习题

一、选择题

1. 下列关于查询的说法，不正确的是【　　】。

　A. 查询是 Visual FoxPro 支持的一种数据对象

　B. 查询就是预先定义好的一个 SQL SELECT 语句

　C. 查询是从指定的表或视图中提取满足条件的记录，然后按照想得到的输出类型定向输出查询结果

　D. 查询就是查询，它与 SQL SELECT 语句无关

2. 打开查询设计器的命令是【　　】。

　A. OPEN QUERY　　　　　　　　　B. OPEN VIEW

　C. CREATE QUERY　　　　　　　　D. CREATE VIEW

3. 查询设计器中的选项卡依次为【　　】。

　A. 字段、联接、筛选、排序依据、分组依据

　B. 字段、联接、排序依据、分组依据、杂项

　C. 字段、联接、筛选、排序依据、分组依据、更新条件、杂项

　D. 字段、联接、筛选、排序依据、分组依据、杂项

4. 在 Visual FoxPro 中，查询设计器中的选项卡与【　　】语句相对应。

　A. SQL SELECT　　　　　　　　　B. SQL INSERT

　C. SQL UPDATE　　　　　　　　　D. SQL DROP

5. 在查询设计器中，选定"杂项"选项卡中的"无重复记录"复选框，与执行 SQL SELECT 语句中的【　　】等效。

　A. WHERE　　　　　　　　　　　B. JOIN ON

　C. ORDER BY　　　　　　　　　　D. DISTINCT

6. 查询设计器中的"筛选"选项卡用来【　　】。

　A. 编辑联接条件　　　　　　　　　B. 指定查询条件

　C. 指定排序属性　　　　　　　　　D. 指定是否要重复记录

7. 在 Visual FoxPro 中，当一个查询基于多个表时，要求表【　　】。

　A. 之间不需要有联系　　　　　　　B. 之间必须是有联系的

　C. 之间一定不要有联系　　　　　　D. 之间可以有联系可以没联系

8. 下列运行查询的方法中，不正确的一项是【　　】。

　A. 打开项目管理器中的"数据"选项卡，选择要运行的查询，单击"运行"按钮

　B. 选择"查询"菜单中的"运行查询"命令

　C. 按 Ctrl+D 快捷键

　D. 执行 DO＜查询文件名＞命令

9. 下面关于视图的说法不正确的是【　　】。

　A. 在 Visual FoxPro 中视图是一个定制的虚拟表

　B. 视图可以是本地的、远程的,但不可以带参数

　C. 视图可以引用一个或多个表

　D. 视图可以引用其他视图

10. 在视图设计器的"更新条件"选项卡中,如果出现"铅笔"标志,表示【　　】。

　A. 该字段为关键字　　　　　　　　B. 该字段为非关键字

　C. 该字段可以更新　　　　　　　　D. 该字段不可以更新

11. 查询设计器和视图设计器的主要不同表现在【　　】。

　A. 查询设计器有"更新条件"选项卡,没有"查询去向"选项

　B. 视图设计器没有"更新条件"选项卡,有"查询去向"选项

　C. 视图设计器有"更新条件"选项卡,也有"查询去向"选项

　D. 查询设计器没有"更新条件"选项卡,有"查询去向"选项

12. 在 Visual FoxPro 中,建立视图的命令是【　　】。

　A. CREATE QUERY　　　　　　　　B. OPEN VIEW

　C. OPEN QUERY　　　　　　　　　D. CREATE VIEW

二、选择题

1. 在 Visual FoxPro 中,查询文件的扩展名为【1】。

2. SQL SELECT 语句中的 GROUP BY 和 HAVING 短语对应查询设计器上的【2】选项卡。

3. 使用当前数据库中的数据库表建立的视图是【3】,使用当前数据库之外的数据源中的表创建的视图是【4】。

4. 视图中的数据取自数据库中的【5】或【6】。

5. 建立远程视图之前必须首先建立与远程数据库的【7】。

6. 视图时在数据库表的基础上创建的一种虚拟表,只能存在于【8】中。

第8章

程序设计基础

程序设计本身是一种创造性的工作,简单地说,程序设计也就是编写程序,即根据实际问题的需要,将一系列的命令按照一定的逻辑结构有序地组织在一起,在输入计算机后可以自动连续地加以执行。本章主要讲述了程序设计的基础内容,包括程序与程序文件、结构化程序设计的三种基本结构、子程序和过程的使用方法。

8.1 程序与程序文件

8.1.1 基本概念

在前面的学习中,对数据库的建立、维护和使用,都是通过菜单选择方式或直接在命令窗口中输入命令完成的,每输入一个命令或进行一次菜单选择,立即会得到一个结果,这种方式比较直观、方便、灵活。但在实际工作中,面对复杂的任务,需要大量的操作,其中很多操作过程需要重复执行多次,每重复一次,都要在命令窗口中重复输入一组命令或执行一次相同的菜单选择,显然这种方式难以胜任复杂的工作,而程序可以完成这类工作,因此需要编写一些程序。

人们采用某种程序设计语言(如 C 语言、Visual FoxPro 语言等),将需要计算机完成的工作,表达为一组有序的指令(命令)集合,即称之为程序。将程序中的指令依次输入计算机并按照文件的形式保存在存储器中,即建立了一个程序文件。当给出相应命令之后,程序文件被调入内存,按照指令的顺序自动加以执行,以完成指定的任务。另外,一个程序可以根据需要执行多次。

例 8.1 编写程序,根据矩形的两条边长,求矩形的面积。

程序如下:

```
SET TALK OFF
CLEAR
a = 2.4
b = 4.8
s = a * b
?"矩形的面积为: "
??s
SET TALK ON
```

程序设计具有很强的实践性和可操作性,在学习的过程中,在记忆和理解 Visual

FoxPro 语法知识的基础上,一定要多阅读程序,多思考问题的解决方法,多上机实践和编程,以提高自己实际的编程能力。

8.1.2 程序文件的创建与修改

Visual FoxPro 的程序是一种标准的 ASCII 码文本,因此可以用任何文本编辑器来创建或打开,而 Visual FoxPro 自身也提供了文本编辑器(也可称为程序编辑器)。进入 Visual FoxPro 自身的程序编辑器的方法有两种:命令方式和菜单方式。

1. 命令方式

格式:MODIFY COMMAND [<程序文件名>]

功能:打开 Visual FoxPro 自带的程序编辑器,创建或修改指定的程序文件。

说明:

- Visual FoxPro 程序文件的扩展名为.prg,可以看成 program 的简写,在命令行中可以省略程序文件的扩展名,系统会自动加上。
- 程序文件名也可以省略,系统会为新建的程序提供一个默认的文件名"程序1.prg"。
- 若指定的程序文件名为新文件名时,此命令创建一个程序;若指定的程序文件名为已有文件名时,此命令在程序编辑器中打开该文件供编辑修改。

例 8.2 创建一个名为 Main.prg 的程序文件。

其命令为

```
MODIFY COMMAND Main.prg
```

例 8.3 创建一个程序求矩形的面积。

(1) 在"命令"窗口中输入 MODIFY COMMAND,按回车键后,弹出程序编辑器窗口,如图 8.1 所示。

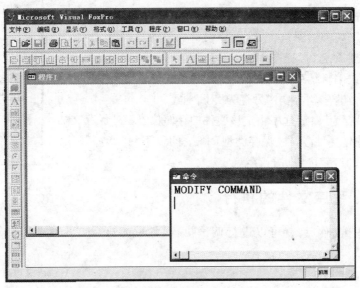

图 8.1 MODIFY COMMAND 命令

（2）在程序编辑器窗口中输入例 8.1 所示的程序，如图 8.2 所示。

（3）程序输入完毕，按 Ctrl＋S 组合键存盘，弹出"另存为"对话框，如图 8.3 所示。

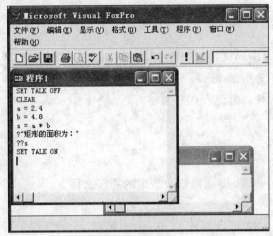

图 8.2　编辑程序　　　　　　　　　　图 8.3　"另存为"对话框

（4）系统自动为新建的程序文件命名为"程序 1"，在"保存文档为"文本框中给文件改名为 MyProg. prg，同时可以指定文件的存储位置，单击"保存"按钮进行存盘，即创建了一个名为 MyProg. prg 的程序文件。

2. 菜单方式

用菜单方式建立程序文件的步骤如下：

（1）在 Visual FoxPro 的系统菜单栏中打开"文件"菜单，选择"新建"命令，弹出"新建"对话框，如图 8.4 所示。

（2）在"新建"对话框中选择"程序"单选按钮，再单击"新建"按钮，弹出程序编辑器窗口。

（3）在程序编辑器窗口中，输入和编辑程序内容，系统自动为新建的程序文件命名为"程序 1"。

（4）输入或编辑结束后，选择"文件"菜单中的"保存"命令，或按 Ctrl＋S 组合键存盘，弹出"另存为"对话框。

（5）在"另存为"对话框中指定该文件的存储位置，在"保存文档为"文本框中指定文件名，在"保存类型"中选择"程序（＊. prg）"。

（6）单击"保存"按钮进行存盘。

图 8.4　"新建"对话框

8.1.3　程序文件的执行

建立好程序文件后，就可以进行调试执行，常见的执行方式有两种：命令方式和菜单方式。

1. 命令方式

格式：DO ＜程序文件名＞

功能：执行指定的程序文件。

例如，若要运行例 8.3 中的程序 MyProg.prg，则在命令窗口中输入 DO MyProg，如果程序没有错误，执行结果在主窗口中显示，如图 8.5 所示。

如果在执行 Myprog.prg 时出现了错误，系统自动中断程序的运行，弹出"程序错误"对话框，错误的程序行反白显示，如图 8.6 所示。

图 8.6 中，"程序错误"对话框提供了几种选择：

图 8.5 执行程序

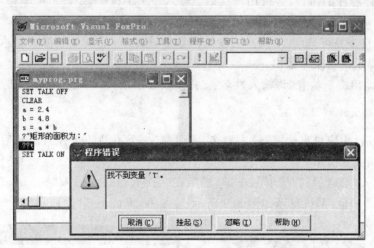

图 8.6 程序出错示例

（1）取消：取消程序的运行，释放该程序在内存中所有的变量，该项为默认项。

（2）挂起：挂起程序，暂时中断程序的执行，但是并不释放程序在内存中的变量，当再次运行时可从中断处继续执行。

（3）忽略：继续程序的执行，直到执行完毕或下一次出错为止。

2. 菜单方式

使用菜单方式运行程序文件的操作步骤如下：

（1）打开"程序"菜单，选择"运行"命令，弹出"运行"对话框，如图 8.7 所示。

（2）选择要运行的程序文件，或在"执行文件"文本框中输入将执行的程序文件名，单击"运行"按钮，启动运行该程序文件。

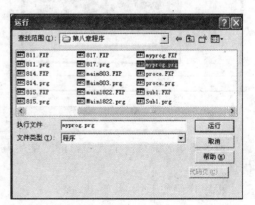

图 8.7 "运行"对话框

8.2 程序中的常用命令

8.2.1 简单的输入输出命令

在程序的执行过程中,计算机经常需要和用户进行交流,通常是需要用户交互地输入一些数据,常用的交互式输入命令包括 ACCEPT、INPUT 和 WAIT 等。

1. ACCEPT 命令

ACCEPT 命令可称为输入字符串命令。

格式：ACCEPT ［＜提示信息＞］ TO ＜内存变量＞

功能：暂停程序的执行,等待用户从键盘输入一个字符串,并将字符串存入指定的内存变量中。

＜提示信息＞是可选项,对用户的输入内容加以提示,可以是字符型表达式或字符串,命令执行时,提示信息原样输出。

例 8.4 输出提示信息"请输入姓名："并接收数据,输入的数据将存入变量 name 中。

```
ACCEPT "请输入姓名：" TO name
```

命令执行后,主窗口显示"请输入姓名：",并有一个不动的光标紧跟其后,提示用户的输入内容,如图 8.8 所示。

若用户输入"李晓勇"并按下回车键,然后在"命令"窗口中输入"? name",就会在主窗口中显示 name 的值,系统显示如图 8.9 所示,变量 book 的值是"李晓勇"。

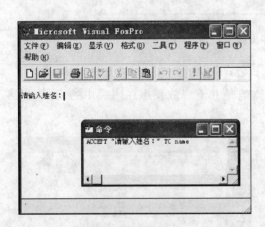

图 8.8　ACCEPT 命令

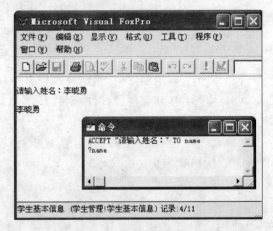

图 8.9　显示输出结果

例 8.5 试编写一个程序,打开"学生基本信息"表,根据输入的学生姓名查看学生基本信息。

程序代码如下：

```
SET TALK OFF
```

```
USE "学生基本信息"
ACCEPT "请输入姓名:"  TO name
LOCATE FOR 姓名 = name
DISPLAY
SET TALK ON
```

程序运行三次,分别输入"王丽丽"、"孙晓瑞"、"李红英",结果如下:

请输入姓名:王丽丽									
记录号	学号	姓名	性别	出生日期	政治面貌	联系电话	家庭住址	奖惩情况	照片
1	0940401	王丽丽	女	06-05-1990	团员	13944139011	北京海淀区	memo	Gen
请输入姓名:孙晓瑞									
记录号	学号	姓名	性别	出生日期	政治面貌	联系电话	家庭住址	奖惩情况	照片
10	0940410	孙晓瑞	男	10-28-1989	党员	13944139018	北京西城区	memo	gen
请输入姓名:李红英									
记录号	学号	姓名	性别	出生日期	政治面貌	联系电话	家庭住址	奖惩情况	照片
5	0940405	李红英	女	03-04-1990	党员	13944139029	大连金州区	memo	gen

2. INPUT 命令

INPUT 命令可称为输入表达式命令。

格式:INPUT ［<提示信息>］ TO ＜内存变量＞

功能:暂停程序的执行,等待用户从键盘输入一个表达式,按回车键结束输入,系统首先计算表达式的值,再将表达式的值存入指定的内存变量中。

说明:

(1) 可以输入数值型、字符型、逻辑型、日期型和日期时间型的表达式,表达式在形式上可以是常量、变量和函数,但不能不输入任何内容就直接按回车键,内存变量的类型由输入表达式的类型决定。

(2) 使用 ACCEPT 命令输入字符串时,不需用定界符,而使用 INPUT 命令时,如果输入字符串,必须使用定界符。

例 8.6 INPUT 命令示例。

(1) r = 3.8

　　INPUT "请输入求解圆面积的数值表达式:" TO area

命令执行后,主窗口显示提示信息,然后用户输入相关的表达式,如下所示:

请输入求解圆面积的数值表达式: 3.14159 * r * r

表达式输入后,系统首先计算表达式的值,然后将计算结果 45.3645596 存入变量 area 中。

(2) INPUT "请输入课程名:" TO course

命令执行后,主窗口显示提示信息,然后用户输入相关的表达式,如下所示:

请输入课程名: "高等数学"

表达式输入后,系统将"高等数学"存入变量 course 中。注意,输入"高等数学"时必须使用定界符。

(3) INPUT "请输入出生日期:" TO birthday

命令执行后,主窗口显示提示信息,然后用户输入相关的表达式:

请输入出生日期：CTOD("12/21/90")

表达式输入后，系统首先计算表达式的值，然后将计算结果{^1990-12-21}存入变量birthday中。

3. WAIT 命令

WAIT 命令可称为输入单字符命令。

格式：WAIT [<提示信息>][TO<内存变量>][WINDOW [AT<行>,<列>]][TIMEOUT<数值表达式>]

功能：暂停程序的执行，等待用户从键盘上输入一个字符，输入字符后程序继续执行。

各选项的意义如下：

(1) <提示信息>：原样输出提示信息。如果省略，则显示系统默认的提示信息"按任意键继续……"。

(2) TO<内存变量>：用户输入单个字符后，将字符存入指定的内存变量中。如果省略，输入的字符不保存。

(3) WINDOW [AT<行>,<列>]：屏幕中出现一个窗口以显示提示信息，如果省略此项，提示信息通常会显示在主窗口中。

(4) AT<行>,<列>：设置了提示窗口的在屏幕中所处的行、列位置。屏幕左上角的坐标是(0,0)，向右方向是 x 轴的正向，向下方向是 y 轴的正向，以一个字符的宽度和高度作为单位。

(5) TIMEOUT<数值表达式>：指定暂停的秒数，如果省略，则一直等待，直到用户输入。

例 8.7　WAIT 命令示例。

(1) WAIT "您确定要关闭吗?(Y/N)" WINDOWS TIMEOUT 6

命令执行后，主窗口的右上角会出现一个包含"您确定要关闭吗？（Y/N）"的 WAIT 提示窗口，当用户按任意键或超过 6 秒钟后，提示窗口关闭，程序继续执行。

(2) WAIT "输入错误,请重新输入 ……" WINDOW AT 1,1

命令执行后，系统会在屏幕左上角显示包含"输入错误，请重新输入……"的 WAIT 提示窗口。

三条输入命令的比较：

* ACCEPT 命令只能接受字符型数据，因此不需用定界符，输入完毕按回车键结束。
* INPUT 命令可接受数值型、字符型、逻辑型、日期型和日期时间型的表达式，如果输入的是字符串，需用定界符，输入完毕按回车键结束。
* WAIT 命令只能接受单个字符，且不需用定界符，输入完毕不需按回车键。

4. 定位输出命令

格式：@<行,列> SAY<表达式>

功能：在指定的行、列坐标位置输出表达式的值。

说明：表达式可以是各种类型的表达式。

例 8.8　定位输出命令示例。

（1）在屏幕第 6 行第 6 列输出当前日期。

```
@6,6 SAY DATE()
```

（2）在屏幕第 2 行 30 列输出"欢迎进入学生管理系统"。

```
@2,30 SAY "欢迎进入学生管理系统"
```

8.2.2　其他常用辅助命令

1．程序注释命令

在适当的位置给程序加上注释可以提高程序的可读性。

注释命令有三种格式：

格式 1：NOTE ＜注释内容＞

格式 2：* ＜注释内容＞

格式 3：&& ＜注释内容＞

功能：注释命令在程序的运行过程中并不执行，只是起到解释说明程序的作用。

说明：格式 1、格式 2 一般用于给一段程序做注释说明，格式 3 则用于给某条命令做注释说明。

例 8.9　注释命令示例。

```
NOTE 本程序用于查看学生的基本信息
NOTE 程序员：李欣　完成时间：2010.11.16
* 以下程序用于显示学生基本信息表的记录
OPEN DATABASE 学生管理        &&.打开指定的数据库文件
USE 学生基本信息              &&.打开指定的数据表文件
DISPLAY ALL                  &&.显示当前数据表的记录
```

2．关闭/开启人机会话命令

格式：SET TALK OFF|ON

功能：确定是否显示 Visual FoxPro 命令执行的状态。

说明：当人机会话方式开启时，很多 Visual FoxPro 命令执行后，系统会在状态栏自动显示执行后的结果状态，因此影响了程序的运行速度，所以往往在程序的最开头有一条 SET TALK OFF 命令，关闭人机对话，非输出命令不再显示相应输出，在程序结束前，应再放置一条 SET TALK ON 命令，恢复人机会话方式。

例如，在 SET TALK ON 状态下，执行 LOCATE FOR 命令时，如果找到符合条件的记录系统会在状态栏自动显示被找到的记录号，否则会显示"已到文件尾"。但一般在程序中是不需要这些显示的，找到了记录就直接显示出来，没找到一般用一个对话框来给出更清楚的提示，所以在程序一开始往往要设置一条 SET TALK OFF 命令。

3．控制程序运行命令

（1）格式：RETURN［MASTER］

功能：终止程序执行，返回调用它的上级程序，若无上级程序则返回命令窗口状态。

说明：如果选择了 MASTER 选项，则返回到最上级主程序。

（2）格式：CANCEL

功能：终止程序执行，释放程序在内存中的变量，返回命令窗口状态。

（3）格式：QUIT

功能：终止所有程序的执行，关闭所有文件，释放所有内存变量，退出 Visual FoxPro 系统，返回到 Windows 操作系统状态。

4．清屏命令

格式：CLEAR

功能：清除 Visual FoxPro 主窗口或当前活动窗口中的信息。

5．设置打印状态命令

格式：SET PRINT ON/OFF

功能：设置输出结果是否送入打印机打印，默认为 OFF 状态。

6．设置文件搜索路径

格式：SET PATH TO ＜路径名称＞

功能：设置 Visual FoxPro 的文件搜索路径。

8.3　程序的基本结构

为了编写出好的程序，必须掌握正确的程序设计方法，结构化程序设计作为一种经典的程序设计方法，得到了广泛的应用。

结构化程序设计以模块化设计为中心，将一个待开发的软件系统划分为几个独立的模块，每个模块还可以进一步划分为几个小的模块，每一个模块完成一定的功能，从而把复杂的问题简化为一系列简单模块的设计。结构化程序设计包含三种基本控制结构：顺序结构、选择结构和循环结构，已经证明，任何复杂庞大的程序都可以转换为这三种标准形式的组合。结构化程序设计还采用了"单入口、单出口"的控制结构。因此，结构化的程序具有清晰的结构及良好的可读性、可靠性和可维护性。

8.3.1　顺序结构

顺序结构程序中的各条命令是按照它们出现的先后顺序执行的，是一种最基本、最简单的程序结构，其流程如图 8.10 所示，其中命令序列 A、B 可以是一条命令或多条命令。

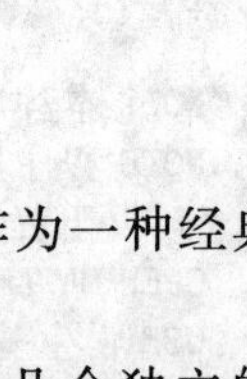

例 8.10　统计选修了"线性代数"的学生人数。

源程序清单如下：

```
＊程序名 Amout.prg
SET TALK OFF
OPEN DATABASE 学生管理
USE 课程信息
```

命令序列A

命令序列B

图 8.10　顺序结构
流程图

```
LOCATE FOR 课程名 = "线性代数"
number = 课程号
USE 学生成绩
COUNT FOR 课程号 = number TO amount
?"选修线性代数的人数为:", amount
SET TALK ON
```

运行本程序:

```
DO Amount.prg
```

Visual FoxPro 主窗口显示运行结果:

选修线性代数的人数为:　　　2

这是一个简单的顺序结构程序,程序从第一行命令开始,按照命令出现的先后顺序依次执行,直到最后一条语句。

8.3.2　选择结构

在日常学习和生活中,经常需要依据给定的条件进行分析判断,从而决定采取不同的行为或操作。例如,求解分段函数:$y = \begin{cases} \sin(x)/x & x \neq 0 \\ 1 & x = 0 \end{cases}$,需要对 x 的值进行判断,才能决定 y 的取值。显然顺序结构无法处理这样的问题,解决此类问题常常用到选择结构,选择结构是计算机描述各种分支问题的重要手段,其特点是,对给定的条件进行判断,根据条件成立与否决定程序的走向。

在 Visual FoxPro 中,有三种语句可以实现选择结构:判断选择语句、双分支选择语句和多分支选择语句,而且各种语句可以自行嵌套或相互嵌套使用。

1. 判断选择语句

格式:
IF ＜条件表达式＞
　　＜命令序列＞
ENDIF

功能:首先计算＜条件表达式＞的值,若＜条件表达式＞的值为真,则执行 IF 和 ENDIF 之间的＜命令序列＞,然后继续执行 ENDIF 后面的语句;若〈条件表达式〉的值为假,则不执行＜命令序列＞而直接执行 ENDIF 后面的语句。此语句执行过程如图 8.11 所示。

说明:

(1)〈条件表达式〉可以是各种表达式或函数的组合,其值必须是逻辑值。

(2)〈命令序列〉可以包含任意数量的 Visual FoxPro 命令。

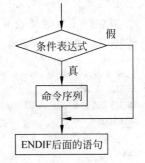

图 8.11　判断选择语句流程图

（3）ENDIF 语句表明了语句的终点，IF 语句与 ENDIF 语句必须成对使用，且各占一行。

另外，在书写或输入 IF 和 ENDIF 之间的语句序列时，建议各条语句均向右缩进 4 个空格，适当的语句层次缩进可以增加程序的可读性，是保证代码整洁、层次清晰的重要手段。

例 8.11 编写一个程序，根据输入的姓名查询学生基本信息。

源程序清单如下：

```
* 程序名 Query.prg
CLEAR
USE 学生基本信息
ACCEPT "请输入学生姓名：" TO name
LOCATE FOR 姓名 = name
IF .NOT. EOF( )
    DISPLAY
ENDIF
MESSAGEBOX("查询结束")
USE
RETURN
```

程序执行 LOCATE 命令时，从首记录开始查找用户输入的姓名，如果记录指针从表的首记录一直移动到最后一条记录都未发现该学生姓名，则记录指针最后停在文件尾，此时 EOF() 的值为真；相反，若 EOF() 的值为假，则表示记录指针已经停在待查的学生记录上，即当.NOT. EOF() 为真时，表示查找到了指定的记录。另外，程序中的.NOT. EOF() 也可用 FOUND( ) 来代替。

2. 双分支选择语句

IF<条件表达式>
　　　<命令序列 1>
ELSE
　　　<命令序列 2>
ENDIF

功能：首先计算<条件表达式>的值，如果<条件表达式>的值为真时，则执行<命令序列 1>中的命令，否则，执行<命令序列 2>中的命令。执行完<命令序列 1>或<命令序列 2>后都将执行 ENDIF 后面的语句。此语句执行过程如图 8.12 所示。

例 8.12 编写一个程序根据通话时间计算应付话费。假设固定电话收费标准为：通话不超过 3 分钟一律收费 0.2 元，每超时 1 分钟加收 0.1 元。

源程序清单如下：

```
* 程序名 TeleRate.prg
SET TALK OFF
INPUT "通话时间：" TO minute
IF minute <= 3
    ?"应付话费：0.2 元"
ELSE
    rate = (minute - 3) * 0.1 + 0.2
```

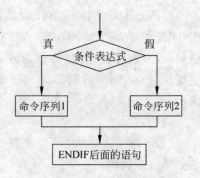

图 8.12　双分支选择语句流程图

```
  ?"应付话费: " + STR(rate, 6, 2) + "元"
ENDIF
SET TALK ON
```

运行本程序后,Visual FoxPro 主窗口显示运行结果:

```
通话时间: 89
应付话费:   8.80 元
```

例 8.13 编写一个程序,对系统管理员密码进行校验,假设管理员密码为 1234。
源程序清单如下:

```
SET TALK OFF
CLEAR
ACCEPT "请输入系统管理员密码: " TO password
IF password = "1234"
    ?"当前时间: ", date(), time()
ELSE
    ?"管理员密码错误!"
    WAIT "按任意键退出……"
    QUIT
ENDIF
SET TALK ON
```

运行本程序两次,Visual FoxPro 主窗口显示运行结果:

```
请输入系统管理员密码: 1234
当前时间: 10/08/10 15:35:18
请输入系统管理员密码: 4567
管理员密码错误!
按任意键退出……
```

3. 多分支选择语句

当问题比较复杂分支数目较多时,为避免程序结构的混乱不清,增强程序的可读性,
Visual FoxPro 提供了专门的多分支选择语句,即 DO CASE 语句。
格式:
DO CASE
    CASE<条件表达式 1>
        <命令序列 1>
    CASE<条件表达式 2>
        <命令序列 2>
       …
     CASE<条件表达式 n>
       <命令序列 N>
    [OTHERWISE
        <命令序列 N+1>]
ENDCASE

功能：从<条件表达式 1>开始，依次判断各条件表达式，当遇到第一个结果为真的条件表达式时，就执行它后面的命令序列，并结束 DO CASE 语句，继续执行 ENDCASE 后面的语句。如果所有的条件表达式均为假，若程序中有 OTHERWISE 选项，则执行<命令序列 N+1>，否则，直接执行 ENDCASE 后面的语句。此语句执行过程如图 8.13 所示。

注意：DO CASE 必须与 ENDCASE 成对出现。

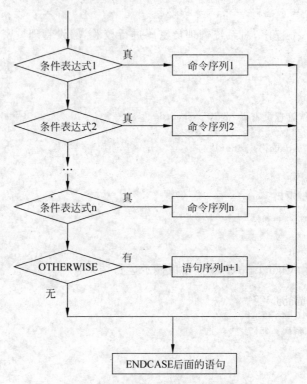

图 8.13　多分支选择语句流程图

例 8.14　试编写一个程序，根据我国 2008 年 3 月 1 日起施行的"个人所得税法"，计算应征收的个人所得税。税法规定：公民的工资、薪金所得应按月征收个人所得税，以每月收入额减掉 2000 元后的余额，作为应纳税的所得额。个人所得税九级超额累进税率表如表 8.1 所示。

表 8.1　个人所得税九级超额累进税率

级数	应纳税所得额	税率（%）	速算扣除数
1	不超过 500 元的	5	0
2	超过 500 元至 2000 元的部分	10	25
3	超过 2000 元至 5000 元的部分	15	125
4	超过 5000 元至 20 000 元的部分	20	375
5	超过 20 000 元至 40 000 元的部分	25	1375
6	超过 40 000 元至 60 000 元的部分	30	3375
7	超过 60 000 元至 80 000 元的部分	35	6375
8	超过 80 000 元至 100 000 元的部分	40	10375
9	超过 100 000 元的部分	45	15375

缴税金额＝全月应纳税所得额＊税率－速算扣除数

源程序清单如下：

```
* 程序名：IncomeTax.prg
SET TALK OFF
CLEAR
INPUT  "请输入收入金额："  TO income
r = income - 2000
DO  CASE
   CASE  r <= 500
      tax = r * 0.05
   CASE  r <= 2000
       tax = r * 0.10 - 25
   CASE  r <= 5000
      tax = r * 0.15 - 125
   CASE  r <= 20000
      tax = r * 0.20 - 375
   CASE  r <= 40000
      tax = r * 0.25 - 1375
   CASE  r <= 60000
      tax = r * 0.30 - 3375
   CASE  r <= 80000
      tax = r * 0.35 - 6375
   CASE  r <= 100000
      tax = r * 0.40 - 10375
   OTHERWISE
      tax = r * 0.45 - 15375
ENDCASE
?  "应征收的税金为：",tax
SET TALK ON
RETURN
```

运行本程序后，Visual FoxPro 主窗口显示运行结果：

```
请输入收入金额：5896
应征收的税金为：      459.40
```

4. 选择结构的嵌套

在上述三种选择结构的语句中，＜命令序列＞可以包含任意合法的 Visual FoxPro 命令，当然也可以包括合法的选择结构语句，也就是说，选择结构可以嵌套使用。

一个选择语句嵌入另外一个选择语句时，应当注意：

(1) IF 必须与 ENDIF 一一对应，互相匹配，程序中 IF 的个数应与 ENDIF 的个数相同。

(2) Visual FoxPro 允许选择结构的嵌套，但层次必须清楚，不允许交叉嵌套。判断是否发生交叉嵌套的方法为：将每个 IF 和它相应 ENDIF 用一条线连接起来，如果线彼此发生交叉，则出现了交叉嵌套，如图 8.14 所示。

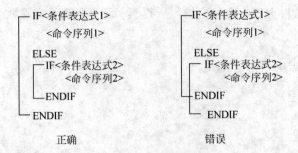

图 8.14　选择结构嵌套

例 8.15　编写一个程序,求解一元二次方程 $ax^2 + bx + c = 0(a \neq 0)$。

分析:根据系数 a、b、c 的取值,可分为以下几种情况:

当 a=0 时,如果 $b \neq 0$,方程有一个根 $x = -c/b$;

　　　　　如果 b=0,方程无意义。

当 $a \neq 0$ 时,delta $= b^2 - 4ac$;

　　　　　如果 delta$\geq$0,方程有两个实根;

　　　　　如果 delta<0,方程有两个共轭复数根:

其中,实部 $r_1 = -b/2a$,虚部 $r_2 = \sqrt{b^2 - 4ac}/2a$,$x_{1,2} = r_1 \pm r_2 i$。

源程序清单如下:

```
* 选择结构嵌套程序举例 Equation.prg
SET TALK OFF
CLEAR
INPUT "a = " TO a
INPUT "b = " TO b
INPUT "c = " TO c
IF  a = 0
    IF  b <> 0
        x = -c / b
        ? "方程仅有一个根:" + Str(x, 7, 2)
    ELSE
        ? "方程无意义"
    ENDIF
ELSE
    delta = b ^ 2 - 4 * a * c
    IF  delta >= 0
        s = Sqrt(delta)
        x1 = (-b + s) / 2 * a
        x2 = (-b - s) / 2 * a
        ? "方程有两个实根: x1 =" + Str(x1, 7, 2) + ",  x2 =" + Str(x2, 7, 2)
    ELSE
        s = Sqrt(-delta)
        realpart = -b / 2 * a
        imagpart = s / 2 * a
        ?"方程有两个复数根: x1 =" + Str(realpart, 7, 2) + ;
        "+" + Str(imagpart, 7, 2) + "i"
```

```
    ?? ", x2 = " + Str(realpart, 7, 2) + " - " + Str(imagpart, 7, 2) + "i"
  ENDIF
 ENDIF
SET TALK ON
```

运行本程序后,Visual FoxPro 主窗口显示运行结果:

```
a = 8
b = 12
c = 56
```

方程有两个复数根:x1 = -48.00 + 162.38i, x2 = -48.00 - 162.38i

对于嵌套的程序,最重要的就是要做到内外层的层次分明,当选择结构嵌套的层数较多时,常常会降低程序的可读性,结构层次混乱不清,此时可用 DO CASE 语句代替。

8.3.3 循环结构

在实际应用中,常常需要重复执行一些语句,例如求 $\sum_{i=1}^{100} i$,即 $1+2+3+\cdots+100$,每一次的计算都是累加,相应的 Visual FoxPro 程序为:

```
STORE 0 TO sum
STORE sum + 1 TO sum
STORE sum + 2 TO sum
…
STORE sum + 100 TO sum
```

显然这类问题如果用前面介绍的结构来处理,程序十分烦琐,令人难以忍受,有些程序甚至是不能实现的,实际上这样的程序适合用循环结构来处理,循环是指在程序当中,反复地执行同一个程序块的过程。在 Visual FoxPro 中,提供了三种循环语句: DO WHILE 循环语句、FOR 循环语句及 SCAN 循环语句。

1. DO WHILE 循环语句

DO WHILE 循环语句又称为"当"型循环语句,即当条件满足的时候重复执行某一操作。
格式:
DO WHILE <条件表达式>
　　<语句序列>
　　[EXIT]
　　[LOOP]
ENDDO
其中,DO WHILE 语句可称为循环起始语句,ENDDO 语句可称为循环终端语句,这两个语句之间的所有语句称为循环体。

执行过程:程序执行时,首先判断<条件表达式>的值,如果<条件表达式>的值为真,则执行 DO WHILE 和 ENDDO 之间的循环体,循环体执行结束,程序自动返回 DO WHILE 语句,重新判断<条件表达式>的值。当<条件表达式>的值为假时,结束循环,转去执行 ENDDO 后面的语句。执行过程如图 8.15 所示。

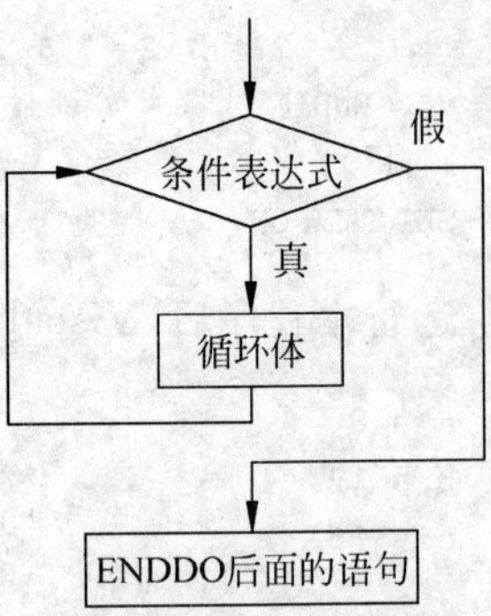

说明：

（1）如果循环体包含 EXIT 命令，则当遇到 EXIT 时，直接跳出循环，转去执行 ENDDO 后面的语句。

（2）如果循环体包含 LOOP 命令，则当遇到 LOOP 时，提前结束循环体的本次执行，不再执行它后面的语句，返回到循环起始语句，重新判断<条件表达式>。

（3）EXIT 和 LOOP 命令可以放在循环体内的任何位置，而且这两个语句只能用在循环体中，不能单独使用，并且常与条件判断语句相结合。

（4）循环体中一定要有使循环趋于结束的语句，避免死循环，通常用一个变量控制循环的次数，这样的变量称为循环控制变量。

（5）DO WHILE 和 ENDDO 必须成对使用。

图 8.15　DO WHILE 循环
语句流程图

例 8.16　试编写程序，求 $\sum\limits_{i=1}^{100} i$ 的值。

源程序清单如下：

```
* 程序名 Sum.prg
SET TALK OFF
CLEAR
sum = 0
i = 1
DO WHILE i <= 100
   sum = sum + i
   i = i + 1
ENDDO
? "1 + 2 + 3 + … + 100 = ", sum
SET TALK ON
RETURN
```

源程序清单如下：

运行本程序后，Visual FoxPro 主窗口显示运行结果：

```
1 + 2 + 3 + … + 100 =   5050
```

此程序使用了一个循环控制变量 i，i 的初值为 1，每执行一次循环体，i 的值增 1，直到 i 的值超过了 100，循环结束。i 不但控制了循环的次数，而且通过 i 获得了 1 到 100 这 100 个数。程序中还使用了一个变量 sum，用来存放这 100 个数的累加和，先把 0+1 的和放入 sum 中，再把 sum+2 的和存放在 sum 中，以此类推，直到求出 100 个数的和。

例 8.17　编写程序，逐条显示"学生基本信息"表中党员的信息。

源程序清单如下：

```
SET TALK OFF
CLEAR
OPEN DATABASE 学生管理
USE 学生基本信息
```

```
DO   WHILE .NOT. EOF()
   IF   政治面貌 = "党员"
      DISPLAY
   ENDIF
   SKIP
ENDDO
CLOSE DATABASE
SET TALK ON
RETURN
```

需要对表文件中的记录自上而下或自下而上地逐条进行操作时,常常用到下面的循环结构:

```
DO   WHILE  .NOT. EOF()
   <语句序列>
   SKIP [−1]
ENDDO
```

2. FOR 循环语句

FOR 循环语句也称为"步长"型循环语句,即循环的次数取决于循环控制变量的初值、终值和步长,在已知循环次数的情况下,使用 FOR 循环语句比较方便。

格式:

FOR <循环控制变量>=<初值> TO <终值> [STEP<步长>]
    <循环体>
ENDFOR|NEXT

执行过程:首先给<循环控制变量>赋<初值>,然后判断该值是否超过<终值>,若超过终值,则结束循环,转而执行 ENDFOR 或 NEXT 后面的语句。若不超过终值,则执行循环体,循环体执行一次后,将<循环控制变量>的值增加一个<步长>单位,再判断循环控制变量的当前值是否超过终值,若超过则结束循环,否则继续执行循环体,直到循环控制变量的值超过终值为止。

说明:

(1) FOR 循环适用于循环次数已知的情况,而 DO-WHILE 循环可以事先并不清楚循环的次数。

(2) <步长>是循环控制变量每次的增量,可以是正数也可以是负数,但不能为 0,如果省略 STEP 子句,系统默认步长为 1。

(3) <初值>、<终值>和<步长>可以是数值常量或数值表达式,它们的值仅在循环语句开始执行时计算一次。在循环语句执行过程中,初值、终值和步长不发生变化,并由此确定循环的次数。

(4) 在 FOR 循环语句的循环体中,同样也可以出现 EXIT 和 LOOP 命令。遇到 EXIT 命令时,直接跳出循环体,执行后续的命令;遇到 LOOP 命令时,结束本次循环,循环变量增加一个步长值,返回 FOR 语句判断循环条件是否成立。

(5) ENDFOR 和 NEXT 作用相同,用以表明本循环结构的终点,FOR 与 ENDFOR|NEXT

也必须成对使用。

例 8.18 采用 FOR 循环语句,计算 $\sum\limits_{i=1}^{100} i$ 的值。

源程序清单如下:

```
SET TALK OFF
CLEAR
sum = 0
FOR n = 1 TO 100
  sum = sum + n
ENDFOR
?"sum = ", sum
SET TALK ON
RETURN
```

3. SCAN 循环语句

SCAN 循环语句又称为"指针"型循环控制语句,即根据表中的当前记录指针,决定循环体内语句的执行次数。

格式:

SCAN[<范围>][FOR<条件表达式 1>[WHILE <条件表达式 2>]]

　　<循环体>

ENDSCAN

执行过程: SCAN 循环语句是为了方便操作数据表记录而产生的,从当前表的首记录开始自动、逐个地移动记录指针扫描每一条记录,对于符合条件的记录执行循环体规定的操作,直到所有记录都检查完毕。

说明:

(1) 只有在<范围>子句内指定的记录才能被扫描到,如果省略<范围>,默认值为 ALL。

(2) 循环体内同样也可以使用 EXIT 和 LOOP 语句,作用与其他循环结构类似。

(3) SCAN 与 ENDSCAN 必须配对使用,且各占一行。

例 8.19 采用 SCAN 循环语句,改写例 8.17 的程序。

源程序清单如下:

```
SET TALK OFF
CLEAR
OPEN DATABASE 学生管理
USE 学生基本信息
SCAN FOR 政治面貌 = "党员"
   DISPLAY
ENDSCAN
CLOSE DATABASE
SET TALK ON
RETURN
```

SCAN 语句逐一遍历当前表中每一条记录,其功能等价于以下的循环结构:

```
DO WHILE .NOT. EOF()
    <语句序列>
    SKIP
ENDDO
```

4. 循环语句的嵌套

循环语句的嵌套,即在一个循环语句的循环体内又包含了另一个循环结构,也称为多重循环。

以"当"型循环结构为例,多重循环的一般格式为:

```
DO WHILE <条件表达式 1>
    <语句序列 11>
    DO WHILE <条件表达式 2>
        <语句序列 21>
        DO WHILE <条件表达式 3>
            <语句序列 31>
        ENDDO
        <语句序列 22>
    ENDDO
    <语句行序列 12>
ENDDO
```

在 Visual FoxPro 系统中,循环嵌套的层数没有限制,但内层循环的所有语句必须完全嵌套在外层循环中;否则,会引起循环结构的交叉,造成程序逻辑结构的混乱,判断交叉嵌套的方法和选择结构相同。

例 8.20 编写程序,输出"九-九"乘法口诀表,输出格式如下所示:

```
1×1= 1
2×1= 2  2×2= 4
3×1= 3  3×2= 6  3×3= 9
4×1= 4  4×2= 8  4×3=12  4×4=16
5×1= 5  5×2=10  5×3=15  5×4=20  5×5=25
6×1= 6  6×2=12  6×3=18  6×4=24  6×5=30  6×6=36
7×1= 7  7×2=14  7×3=21  7×4=28  7×5=35  7×6=42  7×7=49
8×1= 8  8×2=16  8×3=24  8×4=32  8×5=40  8×6=48  8×7=56  8×8=64
9×1= 9  9×2=18  9×3=27  9×4=36  9×5=45  9×6=54  9×7=63  9×8=72  9×9=81
```

源程序清单如下:

```
SET TALK OFF
CLEAR
x = 1
DO  WHILE  x <= 9
   y = 1
   DO  WHILE  y <= x
```

```
            z = x * y
            ?? STR(x, 1) +" * " + STR(y, 1) + " = " + STR(z, 2) +"    "
            y = y + 1
        ENDDO
        ?
        x = x + 1
    ENDDO
SET TALK ON
RETURN
```

例 8.21　编写程序,输出 3~100 之间素数并统计个数。

分析:素数是指那些大于 1,除了 1 和它本身外,不能被其他数整除的自然数,实际上除 2 之外,所有的素数均为奇数,所以只需判断 3~100 之间的奇数即可。

判断一个数 n 是否为素数,可以用 2、3、4…n−1 这些数逐个的去除 n,若其间 n 能被某一个数整除,则 n 不是素数;若这些数都不能将 n 整除,则 n 就是素数。

源程序清单如下:

```
* 程序名: PrimeNum.prg
SET TALK OFF
CLEAR
amount = 0
?"3~100 之间的素数有: "
FOR  n = 3  TO 100
    FOR  i = 2  TO  n−1
        IF  MOD(n, i) = 0
            EXIT                && 退出本层 FOR 循环
        ENDIF
    ENDFOR
    IF i = n                    && i = n 说明没有数能将 n 整除,n 是素数
        ?? n
        amount = amount + 1 && 素数的个数加 1
    ENDIF
ENDFOR
?"总计" + str(amount, 2) + "个"
SET TALK ON
RETURN
```

运行本程序后,Visual FoxPro 主窗口显示运行结果:

3~100 之间的素数有:　　　3　5　7　11　13　17　19　23　29　31　37　41　43　47　53　59
　　　　　　　　61　67　71　73　79　83　89　97
总计 24 个

8.4　过程与过程文件

结构化程序设计采用模块化的思想,提倡把复杂的问题划分为若干个子问题(模块),而每个子问题的解决,都可以通过编写一个子程序或过程来完成,即每个子程序或过程都可看

成是组成应用系统的一个小部件。每个子程序或过程可以称为一个程序模块。

在程序设计的过程中，需要重复出现的程序段可以定义为一个子程序或过程，子程序或过程一旦定义好后，可以被一个或多个程序任意调用，不必反复编写，从而避免了程序的冗长，即提高代码的可读性和可维护性，又节省了存储空间。

8.4.1　子程序

子程序也是一段独立的程序，与一般的程序一样，以同样的方式创建和修改，以同样的文件格式存储在磁盘，具有同样的扩展名.prg；不同的是，子程序一般不能独立运行，需要由其他程序调用。通常，子程序能被其他程序调用，也能调用其他程序，而主程序可以调用其他程序，却不能被其他程序调用。

1. 子程序的调用

例 8.22　编写一个程序，已知 m 和 n，计算组合 C_m^n，公式为 $C_m^n = \dfrac{m!}{n! \ast (m-n)!}$

分析：此程序要求计算 3 次阶乘，计算阶乘的方法相同，只是每次对不同的数进行计算，因此采用子程序进行程序设计，编写一个求阶乘的子程序，分三次进行调用即可。

```
* 主程序: Main1.prg
SET TALK OFF
CLEAR
INPUT "请输入 m 的值: " TO m
INPUT "请输入 n 的值: " TO n
* 计算 m!
temp = m
DO SUB1                        && 调用子程序
c = temp                       && c 保存计算结果
* 计算 n!
temp = n
DO SUB1
c = c / temp
* 计算(m - n)!
temp = m - n
DO SUB1
c = c / temp
? c
SET TALK ON
* 子程序: Sub1.prg
k = 1
FOR i = 1 TO temp
    k = k * i
NEXT
temp = k
RETURN
```

2. 子程序的嵌套

子程序嵌套的执行过程如图 8.16 所示。

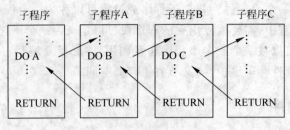

图 8.16　子程序的嵌套

8.4.2　过程和过程文件

一个实用的应用系统通常含有大量的子程序,每个子程序都需要独立存储,系统每调用一个子程序,都要将相应的程序文件从外存调入内存,调用的次数越多,访问外存的次数也就越多,相应地,系统运行速度也就越慢,因此,Visual FoxPro 提供了过程文件。

过程与子程序类似,均可看成是完成某一特定功能的程序段,可以将多个过程放入同一个过程文件,执行时,只要将过程文件打开,所包含的过程一次全部调入内存,以后就可以随意调用其中任何过程,从而减少了访问外存的次数。

过程与子程序的区别:
* 子程序的开头加上一个过程说明语句,即可称之为"过程",过程文件是过程的集合,不能含有子程序。

  过程说明语句的格式:PROCEDURE ＜过程名＞
* 当应用程序所需的过程较少时,可将过程直接放在调用它的程序的尾部,而子程序必须单独编写。

1. 过程文件的创建和修改

过程文件的创建和修改方法与程序文件相同,可以使用 MODIFY COMMAND ［＜过程文件名＞］命令来建立。

过程文件的结构一般为:

PROCEDURE ＜过程名 1＞
　　＜命令序列 1＞
RETURN
PROCEDURE ＜过程名 2＞
　　＜命令序列 2＞
RETURN
…
PROCEDURE ＜过程名 N＞
　　＜命令序列 N＞
RETURN

2. 过程文件的打开

调用某过程文件中的过程时,必须先打开该过程文件,打开过程文件命令为:

格式：SET PROCEDURE　TO［＜过程文件名＞］

任何时候系统只能打开一个过程文件，打开一个新的过程文件时，自动关闭原来已经打开的过程文件。

3. 过程文件的关闭

关闭过程文件可用下列命令：

格式 1：SET PROCEDURE TO

格式 2：CLOSE　PROCEDURE

例 8.23　用过程文件实现对学生管理数据库的"学生基本信息"表进行查询、删除和插入操作。

主程序如下：

```
* 主程序名　Main.prg
SET TALK OFF
CLEAR
OPEN DATABASE 学生管理
SET PROCEDURE TO Proce       && 打开过程文件
USE 学生基本信息
INDEX ON 姓名 TO xm
CLEAR
@ 2,20 SAY  "学生管理系统"
@ 4,20 SAY  "A:查询学生信息"
@ 6,20 SAY  "B:删除学生信息"
@ 8,20 SAY  "C:插入学生信息"
@ 10,20 SAY  "D:退出"
choise = " "
WAIT "请选择 A、B、C、D: " WINDOW AT 18,20 TO choise
DO  CASE
    CASE  choise = "A"
            DO proce1
    CASE  choise = "B"
            DO proce2
    CASE  choise = "C"
            DO proce3
    CASE  choise = "D"
            QUIT
ENDCASE
SET PROCEDURE TO              && 关闭过程文件
CLOSE DATABASE
SET TALK ON
```

过程文件如下：

```
* 过程文件名 Proce.prg
PROCEDURE  proce1            && 查询过程
CLEAR
ACCEPT  "请输入学生姓名：" TO  name
SEEK name
```

```
IF  FOUND()
    DISPLAY
ELSE
    ? "该生的信息不存在"
ENDIF
RETURN
PROCEDURE  proce2              && 删除记录过程
CLEAR
INPUT "请输入要删除的学生姓名:" TO name
SEEK name
DELETE
WAIT "物理删除吗 Y/N:" TO flag
IF flag = "Y" .OR. flag = "y"
    PACK
ENDIF
RETURN
PROCEDURE  proce3              && 插入新的记录过程
CLEAR
APPEND
RETURN
```

8.4.3　自定义函数

Visual FoxPro 中,除了系统提供的标准函数之外,用户还可以根据实际需要自己定义一些函数。

自定义函数的命令格式如下:

[FUNCTION <函数名>]

[PARAMETER <形式参数表>]

　　<函数体命令序列>

[RETURN <表达式>]

说明:

(1) FUNCTION 语句指出了函数名。若以 FUNCTION <函数名>语句开头,表示该函数包含在调用它的程序中;若缺省该语句,表示该函数独立存储在一个程序文件中,该程序文件名即为函数名。

(2) RETURN 语句用于返回函数值,即函数运行后所得到的<表达式>的值。若缺省该语句,则返回的函数值为.T.。

(3) 自定义函数与系统提供的标准函数调用方法完全相同,其形式为:

函数名([<实际参数表>])

例 8.24　采用自定义函数的方法计算 t 的值,$t = 1! + 2! + 3! + 4! + 5!$。

```
* 主程序: Main.prg
SET TALK OFF
CLEAR
t = 0
FOR i = 1 to 5
```

```
    ?STR(i,1) + "的阶乘 = ", STR(jc(i), 3)
    t = t + jc(i)              && 调用自定义函数 jc
NEXT
?"1 + 2! + 3! + 4! + 5! = ", STR(t, 3)
SET TALK ON
* 自定义函数：Jc.prg
FUNCTION Jc
PARAMETERS  n                 && 定义形式参数
s = 1
FOR j = 1 TO n
    s = s * j
NEXT
RETURN s                      && 返回函数值
```

运行本程序后，Visual FoxPro 主窗口显示运行结果：

```
1 的阶乘 =   1
2 的阶乘 =   2
3 的阶乘 =   6
4 的阶乘 =  24
5 的阶乘 = 120
1!+ 2!+ 3!+ 4!+ 5!= 153
```

8.4.4 参数传递

程序模块相互调用时，各模块之间经常需要传递一些数据，调用模块将数据传送给被调用模块，经被调用模块处理后，再把结果传回到调用模块中。在调用的过程中，需要传递的数据称为参数。

调用模块可称为主调模块，被调用模块可称为被调模块。程序模块之间进行参数传递时，被调模块中需要设置接受参数命令，相应地，主调模块中应设置调用模块命令。

1. 接受参数命令

格式：PARAMETERS <形式参数 1>[，<形式参数 2>，…]

PARAMETERS命令必须是被调用模块中的第一条可执行命令。形式参数可以是任意合法的内存变量名。

2. 调用模块程序命令

格式 1：DO <程序文件名> WITH <实际参数 1>[，<实际参数 2，…>]

格式 2：<程序文件名>(<实际参数 1>[，<实际参数 2，…>])

实参可以是常量、变量，还可以是表达式。

说明：

(1) 主调模块调用被调模块时，主调模块中出现的参数称为实际参数；相应的被调模块中，PARAMATERS命令中的参数称为形式参数。实际参数与形式参数应该相容，即个数相同、类型和位置一一对应。

(2) 若实际参数的个数少于形式参数的个数，多余的形式参数的值为逻辑假.F.；若形式参数的个数少于实际参数的个数,系统会产生运行时错误。

　　(3)当主调模块中采用格式1调用相应模块时,参数传递规则为:如果实际参数是常数或表达式则传值,即实际参数的值;如果实际参数是变量则传址,即变量的地址,这样,形参和实参实际上是一个变量,被调模块中对形参变量值的改变也将使实参变量值改变。

　　(4)当主调模块中采用格式2调用相应模块时,默认情况下传递实参的值。可以设置参数传递方式,相应命令格式如下:

SET UDFPARMS TO VALUE|REFERENCE

若选择 VALUE,表示传递实参的值;若选择 REFERENCE,表示传递实参的地址。

3. 返回命令

　　当主调模块执行到调用相应模块的命令时,程序转到被调模块中执行相关命令,被调模块执行完毕,仍要返回到主调模块中,返回命令如下:

　　格式:RETURN [<表达式>]

　　功能:该命令将<表达式>的值返回给主调函数。若缺省<表达式>,则返回逻辑真.T.。

　　若被调模块中缺省 RETURN 语句,被调模块中所有命令执行完毕,自动执行一条隐含的 RETURN 命令。

　　例 8.25　采用子程序编程,计算圆的面积。

```
* 主程序 Main.prg
SET TALK OFF
CLEAR
STORE 0 TO r1, area
DO WHILE .T.
    INPUT " 请输入圆的半径: " TO r1
    DO sub WITH  r1, area
    ? "半径为" + ALLTRIM(STR(r1)) + "的圆的面积是: ", area
    WAIT "还要继续计算吗(Y/N)?" TO answer
    IF UPPER(answer) = "Y"
        LOOP
    ELSE
        CANCEL
    ENDIF
ENDDO
SET TALK ON
* 子程序 Sub.prg
PARAMETERS r2,s
s = 3.1415926 * r2^2
RETURN
```

8.4.5　变量的作用域和参数传递

　　一个内存变量除了其数据类型和取值之外,还有一个重要的属性就是它的作用域。内存变量的作用域也就是变量的有效范围。在 Visual FoxPro 中,根据作用域可将内存变量分为三类：公共变量、私有变量和本地变量。

1．公共变量

公共变量在所有程序模块中均可以使用。定义公共变量的命令如下：

格式：PUBLIC ＜内存变量表＞

说明：

（1）公共变量必须先定义后使用。

（2）公共变量在定义它的程序模块运行结束后并不释放，因此可以在任何模块中使用。

（3）公共变量一旦建立就一直有效，即使程序执行完毕也不会释放，只有执行了 CLEAR MEMORY、RELEASE、QUIT 等命令后，公共变量才能被释放。

（4）在命令窗口中创建的任何变量都默认为公共变量。

2．私有变量

私有变量可以在创建它的模块以及相应的低层模块中使用，当创建它的模块运行结束，私有变量自动被释放。定义私有变量的命令如下：

格式：PRIVATE ＜内存变量表＞

说明：

（1）私有变量可以不加定义，直接使用（系统自动加以定义），也就是说，程序中未经特殊定义的内存变量，系统自动默认为私有变量。

（2）PRIVATE 命令可以将高层模块中创建的同名变量隐藏起来。即本模块中定义的私有变量，可以与高层模块中的内存变量同名，但它们是不同的变量，在执行本模块和相应的低层模块期间，高层模块中的同名变量将被隐藏。

3．本地变量

本地变量也称局部变量，只能在创建它的程序模块中使用，任何其他模块不能访问此变量。当创建它的程序模块运行结束时，本地变量自动被释放。定义本地变量的命令如下：

格式：LOCAL ＜内存变量表＞

说明：本地变量也必须先定义后使用。

了解：变量的类型是不能预先定义的，无论是 PUBLIC 定义的公共变量、用 LOCAL 定义的本地变量、用 PRIVATE 定义的私有变量，定义后其默认的数据类型都是逻辑型，其值均为假（.f.），定义后将其初始化，便可明确其数据类型。

例 8.26　变量的隐藏与恢复示例。

首先建立以下程序文件：

```
* 程序名 Circle.prg
PARAMETER r
PRIVATE va
va = 2 * 3.14 * r
? "程序中："
LIST MEMORY LIKE v *
RETURN
```

然后在命令窗口中输入下列命令：

```
CLEAR
RELEASE ALL
va = 1
vr = 9.6
?"命令窗口中: "
LIST MEMORY LIKE v *
DO circle.prg WITH vr
?"返回命令窗口后: "
LIST MEMORY LIKE v *
```

运行本程序后，Visual FoxPro 主窗口显示运行结果：

```
命令窗口中:
VA          Pub     N   1             (           1.00000000)
VR          Pub     N   9.6           (           9.60000000)

程序中:
VA          (hid)   N   1             (           1.00000000)
VR          (hid)   N   9.6           (           9.60000000)
VA          Priv    N   60.288        (          60.28800000)  circle

返回命令窗口后:
VA          Pub     N   1             (           1.00000000)
VR          Pub     N   9.6           (           9.60000000)
```

例 8.27　公共变量、私有变量、本地变量及其作用域示例。
程序清单如下：

```
* 主程序 Main.prg
RELEASE ALL                    && 清除所有用户定义的内存变量
CLEAR
PUBLIC ma1, ma2
ma1 = 10
ma2 = "abc"
LOCAL mb1
mb1 = .T.
STORE 100 TO mc1
?"主程序中:"
LIST MEMORY LIKE m *
DO subs
?"返回主程序后:"
LIST MEMORY LIKE m *
RETURN
* 子程序 subs.prg
ma1 = 20
ma2 = 30
mc1 = 200
mc2 = "xyz"
?"子程序中: "
LIST MEMORY like m *
RETURN
```

运行本程序后，Visual FoxPro 主窗口显示运行结果：

```
主程序中:
MA1        Pub       N    10              (           10.00000000)
MA2        Pub       C    "abc"           (           10.00000000)
MB1        本地      L    .T.   mains
MC1        Priv      N    100             (          100.00000000) mains

子程序中:
MA1        Pub       N    20              (           20.00000000)
MA2        Pub       N    30              (           30.00000000)
MB1        本地      L    .T.   mains
MC1        Priv      N    200             (          200.00000000) mains
MC2        Priv      C    "xyz"  subs

返回主程序后:
MA1        Pub       N    20              (           20.00000000)
MA2        Pub       N    30              (           30.00000000)
MB1        本地      L    .T.   mains
MC1        Priv      N    200             (          200.00000000) mains
```

8.5　程序的调试

　　编写程序时错误在所难免,因此在写完所有代码后,还有一件非常重要的工作,那就是对程序的调试(DEBUG),调试的目的就是找出程序错误的原因,关键是确定出错的位置。系统在编译的程序时,大部分工作是检查代码的基本正确性,检查命令和文本串的拼写、表达式的有效性和命令的基本结构,如果程序中有此类语法错误,运行到错误的语句时系统就会停下来,显示一个"程序错误"对话框,并给出简单的出错信息,如图8.6所示。

　　但有些时候,程序中的语句并没有错误,但是运行的结果却不是我们预期的,这往往是因为编程的逻辑有误,而逻辑错误比语法错误更难于解决,因为逻辑错误不像语法错误那么明显,例如,语句的先后顺序放置不当。如果程序存在逻辑错误,往往需要跟踪程序的运行才能确定出错位置,为了帮助我们完成这项工作,Visual FoxPro向我们提供了功能强大的调试工具——调试器。

8.5.1　调试器窗口

　　调用"调试器"的方法一般有两种:在系统主窗口中选择"工具"菜单中的"调试器"命令,或在命令窗口中输入DEBUG命令,两种方式都可以打开"调试器"窗口,如图8.17所示:

　　"调试器"窗口有自己的菜单栏和工具栏,并含有五个子窗口:跟踪、监视、局部、调用堆栈、调试输出,选择"窗口"菜单中的相应命令可以打开每个子窗口,下面分别介绍这些子窗口:

1. 跟踪窗口

　　在调试程序的过程中,最为有效的方法就是跟踪代码的运行,"跟踪"窗口就是用于调试和观察代码的执行情况。

　　在"调试器"窗口,选择"文件"菜单中的"打开"命令,在"打开"对话框中,选择需要调试的程序,相应的代码就显示在"跟踪"窗口中,如图8.18所示。

　　"跟踪"窗口左端的灰色区域会显示一些符号,其中:

⇨ 当前行指示器,指向正在执行的代码行。

● 断点,程序执行到设有断点的代码行时,中断程序的执行。

图 8.17　"调试器"窗口

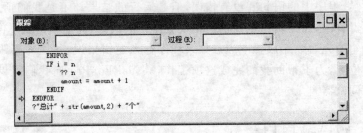

图 8.18　"跟踪"窗口

2．监视窗口

调试过程中，可能会发现某些变量没有获得预期的值，我们想知道为什么，这时可以使用"监视"窗口，"监视"窗口就是用于监视指定表达式的取值变化情况。

要设置监视表达式，可在"监视"文本框输入一个有效的 Visual FoxPro 表达式，按回车键后，表达式便被添加到文本框下方的列表框中，程序调试执行时，所有监视表达式的当前值和类型就会显示在列表框中，如图 8.19 所示。

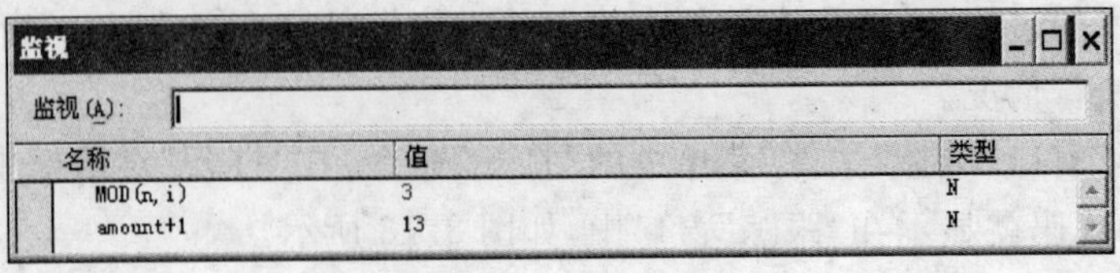

图 8.19　"监视"窗口

双击列表框中的某一监视表达式,就可以对它进行编辑;右击某一监视表达式,在弹出的快捷菜单中选择"删除监视"命令,就可以删除一个监视表达式。

3. 局部窗口

"局部"窗口用于显示程序、过程或方法里面所有内存变量(简单变量、数组、对象及对象元素)的名称、类型和当前值。

从"位置"下拉列表框中选择一个模块程序(程序、过程或方法程序),下方的列表框中将显示该模块程序内所有有效的内存变量的当前值,如图 8.20 所示。

局部			_ □ ×
位置(L):	primenum.prg		▼
名称	值		类型
amount	13		N
n	44		N
i	43		N

图 8.20 "局部"窗口

4. 调用堆栈窗口

"调用堆栈"窗口用于显示当前处于执行状态的程序、过程或方法,如果正在执行的程序是子程序,子程序名和主程序名都会显示在该窗口中,如图 8.21 所示。

"调用堆栈"窗口中,程序名左端会显示一些符号,其中:

⇨:指向当前正在执行的命令行所在的模块程序。

序号:序号小的程序是调用程序模块,位于上层;序号大的程序是被调用程序模块,位于下层,序号最大的程序模块是当前正在执行的程序模块。

右击该窗口,在弹出的快捷菜单中选择"原位置"和"当前过程"命令可以控制上述两个符号是否显示。

5. 调试输出窗口

程序中可以放置一些调试输出命令。

格式:DEBUGOUT<表达式>

当模块程序调试执行到此命令时,会计算出表达式的值,并将计算结果送入"调试输出"窗口,如图 8.22 所示。

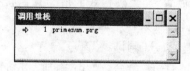

图 8.21 "调用堆栈"窗口

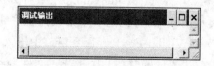

图 8.22 "调试输出"窗口

若要保存"调试输出"窗口中的内容,选择"文件"菜单中的"另存输出"命令即可;若要清除该窗口中的内容,在相应的菜单下选择"清除"命令即可。

8.5.2　设置断点

设置断点可以中断程序的执行,从而缩小逐步调试代码的范围,在 Visual FoxPro 中,可以设置四种类型的断点。

1．在定位处中断

该类型是指在程序中指定一个代码行,当调试执行到该代码行时,中断程序的运行,默认的断点类型是"在定位处中断"。

例8.28　调试例 8.21 中建立的程序 PrimeNum. prg,在程序中设置"在定位处中断"类型的断点,每找到一个素数时就中断程序执行,观察程序运行状态

(1) 在 Visual FoxPro 命令窗口中输入 DEBUG,打开"调试器"窗口。

(2) 在"调试器"窗口中,选择"文件"菜单中的"打开"命令,弹出"添加"对话框,选中 PrimeNum. prg,单击"确定"按钮后,"跟踪"窗口中显示该程序代码。

(3) 在"跟踪"窗口中,找到要设置断点的代码行,即"?? n",双击该行左端的灰色区域,该处会显示一个实心红点,表明该行已经设置了一个断点,或把光标放在该行中并按下回车键或空格键,也可以完成断点的设置,如图 8.23 所示。

图 8.23　设置"在定位处中断"断点

(4) 选择"调试"菜单中的"继续执行"命令,程序每次执行到该行时都会发生中断,此时可通过各个子窗口观察目前程序的运行状态。

2．如果表达式的值为真则在定位处中断

该类型是指在程序中指定一个代码行以及一个表达式,当程序执行到该代码行时,若表达式为真,就中断程序的执行。

例8.29　调试 PrimeNum. prg 程序,在程序中设置"如果表达式的值为真,则在定位处中断"类型的断点,每找到一个素数时就中断程序执行,观察程序运行状态。

(1) 在 Visual FoxPro 命令窗口中输入 DEBUG,打开"调试器"窗口。

(2) 在"调试器"窗口中,选择"文件"菜单中的"打开"命令,弹出"添加"对话框,选中 PrimeNum. prg,单击"确定"按钮后,"跟踪"窗口中显示该程序代码。

(3) 在"调试器"窗口中,选择"工具"菜单栏中的"断点"命令,弹出"断点"对话框,如图 8.24 所示。

(4) 在"断点"对话框中,从"类型"下拉列表框中选择相应断点类型。

(5) 在"定位"文本框中输入适当的断点位置,如"PrimeNum,8",表示在程序

PrimeNum 的第 8 行设置中断。

（6）在"文件"文本框中指定模块程序所在的文件。文件可以是程序文件、过程文件、表单文件等。

（7）在"表达式"文本框中输入相应的表达式，如"MOD(n,i) = 0"，单击"添加"按钮，将该断点添加到"断点"列表框中，如图 8.25 所示。

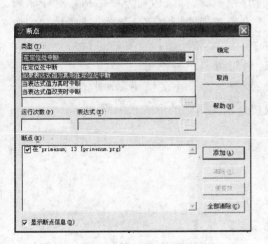

图 8.24 设置"断点"类型

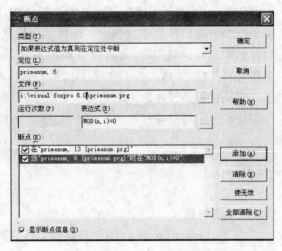

图 8.25 设置"如果表达式为真则在定位处中断"断点

（8）单击"确定"按钮，关闭"断点"对话框，完成了断点的设置。

（9）选择"调试"菜单中的"继续执行"命令，当表达式为真时，程序执行到第 8 行就会中断，此时可通过各个窗口观察程序的运行状态。

3. 当表达式为真时中断

该类型是指在程序中指定一个表达式，在程序调试执行过程中，当表达式值为真时发生中断。

设置方法基本与"如果表达式的值为真则在定位处中断"类型的断点相同，只是在选择断点类型应选择"当表达式为真时中断"。

4. 当表达式值改变时中断

该类型是指在程序中指定一个表达式，在程序调试执行过程中，当表达式发生改变时发生中断。

设置方法基本与"如果表达式的值为真则在定位处中断"类型的断点相同，只是在选择断点类型应选择"当表达式值改变时中断"。

本章小结

本章主要介绍了程序设计的基础内容，包括程序文件、结构化程序设计和模块化程序设计。

使用 MODIFY COMMAND [<程序文件名>]命令可以完成程序文件的创建和修改；使用 DO <程序文件名>命令可以运行一个程序文件；程序文件中常用的输入命令有 ACCEPT、INPUT 和 WAIT,其中 ACCEPT 命令只能接受字符型数据,WAIT 命令只能接收单个字符,INPUT 命令可以接受多种类型的数据；在程序文件中适当地加上注释可以提高程序的可读性。

Visual FoxPro 程序有三种基本控制结构：顺序结构、选择结构和循环结构。顺序结构按照命令书写的顺序依次执行；选择结构根据给定的条件选择不同的操作,选择结构的语句有判断选择语句、双分支选择语句和多分支选择语句；循环结构重复的执行某一个命令序列,循环结构的语句有 DO WHILE 语句、FOR 语句和 SCAN 语句。

模块化程序设计的思想是将一个复杂的问题划分为多个小的模块,分别加以实现。一个模块化程序可以按过程的形式来组织,也可以按自定义函数的形式来组织。

习题

一、选择题

1. 在 Visual FoxPro 中,创建程序文件的命令是【   】。
   A. OPEN COMMAND<文件名>   B. MODIFY COMMAND<文件名>
   C. CREATE COMMAND<文件名>   D. 以上均可

2. 可以接受逻辑型数据的交互式输入命令有【   】。
   A. ACCEPT   B. WAIT
   C. INPUT   D. INPUT 和 WAIT

3. 下列关于 ACCEPT 命令的说法正确的是【   】。
   A. 将输入作为数值接收   B. 将输入作为字符接收
   C. 将输入作为逻辑型数据接收   D. 将输入作为备注型接收

4. 在 WAIT、ACCEPT 和 INPUT 三条命令中,需要以回车键结束输入的命令是【   】。
   A. WAIT、ACCEPT   B. INPUT、WAIT
   C. ACCEPT、INPUT   D. WAIT、ACCEPT、INPUT

5. 打开图书信息表,在屏幕的第 2 行第 3 列输出书名(C,25),出版日期(D)和单价(N, 6,2)三个字段的值,应该使用命令【   】。
   A. @ 2,3 SAY 书名,出版日期,单价
   B. @ 2,3 SAY 书名＋出版日期＋单价
   C. @ 2,3 SAY 书名＋ DTOC(出版日期)＋ STR(单价,6,2)
   D. @ 2,3 SAY 书名＋ CTOD(出版日期)＋ STR(单价,6,2)

6. 结构化程序设计的三种基本结构是【   】。
   A. 选择结构、循环结构和嵌套结构   B. 顺序结构、选择结构和循环结构
   C. 选择结构、循环结构和模块结构   D. 顺序结构、模块结构和循环结构

7. 在 Visual FoxPro 中,DO CASE-ENDCASE 语句属于【   】。

　　A. 顺序结构　　　　　　B. 选择结构　　　　C. 循环结构　　　　　D. 嵌套结构

8. 在 Visual FoxPro 中,属于循环结构的语句包括【　　】。

　　A. DO WHILE-ENDDO　　　　　　　B. FOR-ENDFOR

　　C. SCAN-ENDSCAN　　　　　　　　D. 以上都是循环结构的语句

9. 在 DO WHILE-ENDDO 循环中,若循环条件为.T.,退出循环应使用的命令是【　　】。

　　A. LOOP　　　　　　　　B. EXIT　　　　　　C. CLOSE　　　　　D. CLEAR

10. 在一个过程文件中,每个过程的第一条语句是【　　】。

　　A. ＜过程名＞　　　　　　　　　　B. DO ＜过程名＞

　　C. PARAMETER　　　　　　　　　　D. PROCEDURE ＜过程名＞

11. 打开过程文件 abc. prg 命令是【　　】。

　　A. OPEN PROCEDURE TO abc　　　　B. DO PROCEDURE　abc

　　C. SET PROCEDURE TO abc　　　　 D. RUN PROCEDURE　abc

12. 模块调用时,下列关于参数传递的说法正确的是【　　】。

　　A. 实参与形参的数量必须相等,否则出现运行时错误

　　B. 当实参的数量多于形参的数量时,出现运行时错误

　　C. 当形参的数量多于实参的数量时,多余的实参为.F.

　　D. 上面 B 和 C 都对

13. 下列可以将变量 a、b 的值互换的一组语句是【　　】。

　　A. a＝b　　　　　　　　　　　　　B. a＝(a＋b)/2

　　　　b＝a　　　　　　　　　　　　　　b＝(a－b)/2

　　C. a＝a＋b　　　　　　　　　　　　D. a＝c

　　　　b＝a－b　　　　　　　　　　　　　c＝b

　　　　a＝a－b　　　　　　　　　　　　　b＝c

14. 命令窗口中创建的变量默认的作用域是【　　】。

　　A. 公共　　　　　　　　B. 私有　　　　　　C. 本地　　　　　D. 不确定

15. 在命令窗口中输入 DEBUG 命令的结果是【　　】。

　　A. 打开跟踪窗口　　　　　　　　　B. 打开局部窗口

　　C. 打开监视窗口　　　　　　　　　D. 打开调试器窗口

16. 下列程序的运行结果是【　　】。

```
a = 10
IF a = 10
    s = 0
ENDIF
s = 1
?s
```

　　A. 0　　　　　　　　　　　　　　　B. 1

　　C. 10　　　　　　　　　　　　　　 D. 结果无法确定

17. 执行下列语句序列后,变量 b 的值是【　　】。

```
a = 2200
```

```
DO CASE
  CASE a<1000
      b = 5/100
  CASE a > 1000
      b = 10/100
  CASE a > 2000
      b = 15/1000
  CASE a > 3000
      b = 20/100
ENDCASE
```

    A. 0.05　　　　　　　B. 0.10　　　　　　　C. 0.15　　　　　　　D. 0.20

18. 有如下的程序,运行此程序后运行结果是【　　】。

```
SET TALK OFF
m = 0
n = 0
DO WHILE n > m
  m = m + n
  n = n - 10
ENDDO
?m
RETURN
```

    A. 0　　　　　　　　B. 10　　　　　　　　C. 100　　　　　　　D. 99

19. 执行如下程序,如果输入 n 的值为 5,运行结果是【　　】。

```
SET TALK OFF
s = 0
i = 1
INPUT "n = ?" TO n
DO WHILE s < = n
  s = s + 1
  i = i + 1
  ENDDO
?s
SET TALK ON
```

  A. 1　　　　　　　B. 3　　　　　　　C. 5　　　　　　　D. 6

20. 运行下列程序后,语句?"123"被执行的次数是【　　】。

```
i = 0
DO WHILE i < 10
  IF INT( i/2) = i/2
      ?"123"
  EDNIF
  ?"ABC"
  i = i + 1
ENDDO
RETURN
```

    A. 10　　　　　　　B. 5　　　　　　　C. 11　　　　　　　D. 6

二、填空题

1. PUBLIC 用于定义【1】,PRIVATE 用于定义【2】。

2. 命题"n 是小于正整数 k 的偶数"用逻辑表达式表示是【3】。

3. 程序 a.prg 的功能是求 1～100 之间所有整数的平方和并输出结果,请填空。

```
SET TALK OFF
CLEAR
s = 0
x = 1
DO WHILE x <= 100
    【4】
    【5】
ENDDO
?s
RETURN
```

4. 阅读下列程序,写出运行结果,x 的值为【6】,y 的值为【7】。

```
SET TALK OFF
CLEAR
STORE 1 TO x
STORE 20 TO y
DO WHILE x <= y
    IF INT(x / 2) <> x / 2
        x = 1 + x ^ 2
        y = y + 1
        LOOP
    ELSE
        x = x + 1
    ENDIF
ENDDO
?x
?y
SET TALK ON
RETURN
```

5. 计算机等级考试的查分程序如下,请填空:

```
SET TALK OFF
USE student
ACCEPT "请输入准考证号: " TO num
LOCATE FOR 准考证号 = num
IF【8】
    ?姓名 + "的成绩是: " + STR(成绩,3,0)
ELSE
    ?"没有此考生!"
ENDIF
USE
SET TALK ON
```

6. 有如下程序,最后一条命令执行后显示的结果是12.56,请填空。

```
* SUB.PRG
PARAMETERS r, a
pi = 3.14
a = pi * r * r
RETURN
```

在命令状态下执行了如下命令序列:

```
area = 0
【9】
? area
```

7. 假设有一个工资数据表 gz.dbf,有实发工资和税金字段,下列程序要求计算每位职工的税金,并将计算结果填入相应职工的税金字段(本单位职工最高工资为2500元),请填空。

```
* 主程序 MAIN.PRG
SET TALK OFF
tax = 0
USE gz
DO WHILE .NOT. EOF()
    sfgz = 实发工资
    DO SUB【10】
    ?tax
    REPLACE 税金 WITH tax
    【11】
ENDDO
USE
RETURN
* 子程序 SUB.PRG
【12】
x = 0
DO CASE
    CASE a > 800 .AND. a < 1300
        x = (a - 800) * 0.05
    CASE a >= 1300 .AND. a < 1800
        b = a - 1300
        x = b * 0.1 + 500 * 0.05
    CASE a > 1800 .AND. a < 2500
        b = a - 1800
        x = b * 0.15 + 500 * 0.1 + 500 * 0.05
ENDCASE
RETURN
```

第9章 表单设计与应用

表单是 Visual FoxPro 提供的一种可视化工具,是建立应用程序界面的最主要的工具之一。通过表单中包含的各种控件以及利用事件驱动的编程机制,可以实现可视化编程。本章首先介绍面向对象的基本概念,然后介绍表单的属性、方法、事件及表单的操作方法,最后介绍常用表单控件的使用。

9.1 面向对象的概念

与传统的面向过程的编程方法不同,Visual FoxPro 采用的是面向对象、事件驱动的编程方法。面向对象的编程方法不再以"过程"为中心考虑应用程序的结构,而是面向可视的"对象"考虑如何响应用户的动作。通过建立若干可视的对象以及为每个对象设计由用户事件驱动的小程序,从而构成一个大型的应用系统,这种编程方法就是面向对象的"可视化编程"。

9.1.1 对象与类

(1) 对象

客观世界里的任何实体都可以被看成是对象,对象可以是具体的物,也可以指某些概念,每个对象都有自己的行为。对象可以是有形的,如一个学生、一辆汽车。也可以是无形的,如一次会议、一次考试。在 Visual FoxPro 的可视化编程中,常见的对象有表单、命令按钮、文本框、标签等。

每个对象都具有自己的一组静态特征和一组动态行为。例如,一个学生具有姓名、年龄、性别、所在学校等静态特征,又具有吃饭、睡觉、学习、参加考试等动态行为。对象的静态特征用属性来表示,而对象的动态行为用方法来描述。

使用面向对象的方法解决问题的首要任务就是要从客观世界里识别出相应的对象,并抽象出为解决问题所需要的对象属性和对象方法。

对象的属性(Attribute)用来描述对象的一个静态特征,每个对象都由若干属性来描述。如汽车的属性有颜色、型号、马力、生产厂家等。在 Visual FoxPro 中,一个命令按钮是一个对象,它有名称(Name)、标题(Caption)、是否可见(Visible)等属性。通过设置对象的属性,可以有效地控制对象的外观和操作。

对象的事件(Event)是由 Visual FoxPro 预先定义好的、由用户或系统触发的动作。如单击(Click)事件、双击(DblClick)事件,初始化(Init)事件、载入(Load)事件等。事件作用于对象,由对象识别并做出相应反应。当事件由用户触发(如用户用鼠标单击一个命令按钮引发 Click 事件)或由系统触发(如表单运行时系统引发 Load 事件)时,对象会对事件做出响应,并执行相应的事件代码。Visual FoxPro 中的事件集是固定的,用户不能建立新的事件。

对象的方法(Method)是与对象相关联的过程,用来描述对象的行为。在面向对象的方法里,对象被定义为由属性和相关方法组成的包。方法是描述对象行为的过程,是对当某个对象接受了某个消息后所采用的一系列操作的描述。

(2) 类

类(Class)是一类对象关系的性质描述。这些对象具有相同种类的属性及方法。类好比是一类对象的模板,有了类定义后,基于类就可以生成这类对象中的任何一个对象,这些对象虽然采用相同的属性来表示状态,但它们在属性上的取值完全可以不同。在类的定义中,可以为某个属性指定一个值,作为它的默认值。

通常,我们把基于某个类生成的对象称为这个类的实例。例如,定义一个"教师"类,类的定义中包括属性:姓名、性别、职称、工资等,类的定义中还包括方法:授课、评职称、调工资等。在"教师"类基础上创建的每个教师对象都具有类中定义的属性和方法。

Visual FoxPro 系统提供了丰富的基础类,用户可以根据这些基类创建对象,也可以根据需要扩展基类创建自己的新类。

注意:方法尽管定义在类中,但执行方法的主体是对象。

9.1.2　子类与继承

继承是指基于现有的类创建新类时,新类继承了现有类里的方法和属性。

类具有继承性,子类可以继承父类。子类继承了父类的属性和方法,并可以添加自己的新的属性和方法。如定义运输工具为父类,汽车、飞机、轮船为其子类,子类不仅具有交通工具的共同特性,而且具有各自的特征。

一个子类的成员一般包括:

(1) 由其父类继承的成员,包括属性和方法。

(2) 由子类自己定义的成员,包括属性和方法。

继承可以使在一个父类所作的改动反映到它所有的子类上。

9.2　Visual FoxPro 基类简介

在 Visual FoxPro 环境下,要进行面向对象的程序设计或创建应用程序,必须要使用 Visual FoxPro 系统提供的基类(Base Class)。

9.2.1　Visual FoxPro 基类

Visual FoxPro 基类是系统内含的、并不存放在某个类库中。用户可以基于基类生成所需要的对象,也可以扩展基类创建自己的类。表 9.1 是 Visual FoxPro 基类的清单。

表 9.1 Visual FoxPro 基类

类 名	含 义	类 名	含 义
ActiveDoc	活动文档	Lable	标签
CheckBox	复选框	Line	线条
Column	（表格）列	Listbox	列表框
ComboBox	组合框	OleControl	OLE 容器控件
CommandButton	命令按钮	OleBoundControl	OLE 绑定控件
CommandGroup	命令按钮组	OptionButton	选项按钮
Container	容器	OptionGroup	选项按钮组
Control	控件	Page	页
Custom	制定	PageFrame	页框
EditBox	编辑框	ProjectHook	项目挂钩
Form	表单	Separator	分隔符
Formset	表单集	Shape	形状
Grid	表格	Spinner	微调控件
Header	（列）标头	Textbox	文本框
HyperLink	超级链接	Timer	定时器
Image	图像	Toolbox	工具栏

　　每个 Visual FoxPro 基类都有自己的一套属性、方法和事件。当扩展某个基类创建用户自定义类时，该基类就是用户自定义类的父类，用户自定义类继承该基类中的属性、方法和事件。表 9.2 列出了 Visual FoxPro 基类的最小属性集。

表 9.2 Visual FoxPro 基类的最小属性集

属 性	说 明
class	类名，当前对象基于哪个类生成
BaseClass	基类名，当前类从哪个 Visual FoxPro 基类派生而来
ClassLibrary	类库名，当前类存放在哪个类库中
ParentClass	父类名，当前类从哪个类直接派生而来

　　在编程方式里，对象的生成通常使用 create object 函数来完成。该函数的格式如下：
CREATE　OBJECT(<类名>[,<参数 1>,<参数 2>,...])
　　函数基于指定的类生成一个对象，并返回对象的引用。通常，可以把函数返回的对象引用赋给某个变量，然后，通过这个变量来标识对象、访问对象属性以及调用对象方法。对象属性访问以及对象方法调用的基本格式如下：
　　<对象引用>.<对象属性>
　　<对象引用>.<对象方法>[(...)]
　　例如：

```
Form1.Command1.Catption = "保存"
```

9.2.2 容器与控件

　　Visual FoxPro 中的类可分为两种类型：容器类和控件类。相应地，可分别生成容器（对象）和控件（对象）。控件是一个可以以图形化的方式显示出来并能与用户进行交互的对象,控件通常被放在一个容器里。容器可以被认为是一种特殊的控件,它能包含其他的控件或容器,这里把对象称为那些被包容对象的父对象。表9.3列出了常用的容器及其所能包容的对象。

表 9.3　Visual FoxPro 常用的容器及其所能包容的对象

容　　器	能包容的对象
表单集	表单、工具栏
表单	任意控件以及页框、Container 对象、命令按钮组、选项按钮组、表格等对象
表格	列
列	标头和除表单集、表单、工具栏、定时器及其他列之外的任意对象
页框	页
页	任意控件及 Container 对象、命令按钮组、选项按钮组、表格等对象
命令按钮组	命令按钮
选项按钮组	选项按钮
Container 对象	任意控件以及页框、命令按钮组、选项按钮组、表格等对象

在对象的嵌套层次关系中,要引用其中的某个对象,也需要指明对象在嵌套层次中的位置。经常用到的几个属性或关键字如表9.4所示。

表 9.4　容器层次中的对象应用属性或关键字

属性或关键字	引　　用
Parent	当前对象的直接容器对象
This	当前对象
ThisForm	当前对象所在表单
ThisFormSet	当前对象所在的表单集

这里 Parent 是对象的一个属性,属性值为对象引用,后面三个是关键字,只能用在方法代码和事件代码中。

9.2.3　事件

事件是由系统预先定义而由用户或系统发出的动作。事件作用于对象,对象识别事件并做出相应的反应。事件可以由系统引发,也可以由用户引发。

与方法集可以无限扩展不同,事件集是固定的。用户不能定义新的事件。表9.5列出了 Visual FoxPro 基类的最小事件集。

表 9.5　Visual FoxPro 基类的最小事件集

事　　件	说　　明
Init	当对象生成时引发
Destroy	当对象从内存中释放时引发
Error	当方法或事件代码出现运行错误时引发

事件代码既能在事件引发时执行,也可以像方法一样被显式调用。比如,在产生一个表单对象 Form 时,系统会自动执行 init 事件代码,用户也可以用下面的命令显示调用该表单

对象的 init 事件代码：Form. Init。

每个对象识别并处理属于自己的事件。但这个原则不适合于命令按钮组和选项按钮组。在命令按钮组或选项按钮组中，如果为按钮组编写了某事件代码，而组中某个按钮没有与该事件相关联的代码，那么当这个按钮的事件引发时，将执行组事件代码。

9.3 创建和运行表单

在 Visual FoxPro 系统中，表单是数据库应用系统的主要工作界面。表单的设计是面向对象可视化编程的基础，也是学习面向对象可视化编程的最重要环节。表单设计器和表单向导是创建表单的两种常用方法。通过运行表单可以生成表单对象，表单运行后所打开的窗口提供了应用程序和用户之间交互的界面。

9.3.1 通过表单向导创建表单的方法

通过表单向导创建一个表单，把一个表的常用操作统一放在一个表单中。表单向导提供了两种向导：表单向导和一对多表单向导，前者适用于单表表单，后者适用于一对多关系的两个表的表单。表单向导用于创建一个数据访问表单，其中数据只来自单个表；而一对多表单向导所创建表单中的数据来自多个表。

1. 用表单向导创建单个表的表单

由于各种向导的步骤有很多相似的地方，下面简要介绍使用向导创建表单的操作步骤。

例 9.1 用表单向导为数据表"学生成绩表"创建单表表单，新表单的文件名为"学生成绩表. scx"。

操作步骤如下：

(1) 选择"工具"|"向导"|"表单"，进入如图 9.1 所示的"向导选取"对话框。

(2) 选择"表单向导"，单击"确定"按钮，进入如图 9.2 所示的表单向导"步骤 1-字段选取"对话框。选取表单所用的表，并从表的字段中选取字段。本例为学生成绩表和相应的全部字段。

图 9.1 "向导选取"对话框

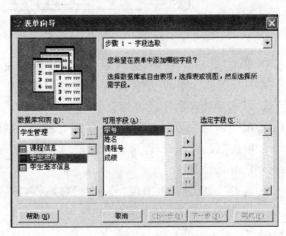

图 9.2 表单向导的步骤 1

（3）单击"下一步"按钮，进入如图9.3所示的表单向导"步骤2-选择表单样式"对话框。在该对话框中选择表单的样式和按钮的类型。本例为"浮雕式"和"文本按钮"。

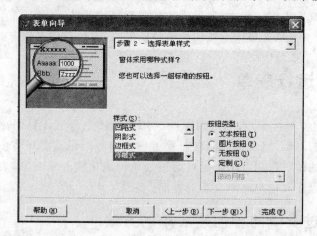

图9.3　表单向导的步骤2

（4）单击"下一步"按钮，进入图9.4所示的表单向导"步骤3-排序字段"对话框。本步骤可不选。

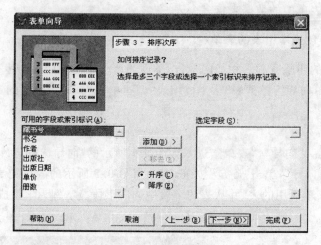

图9.4　表单向导的步骤3

（5）单击"下一步"按钮，进入如图9.5所示的表单向导"步骤4-完成"对话框。此步骤中，可以输入表单标题，并选择保存方式。如果选中"使用字段映射"复选框，可以使用"工具"|"选项"命令指定的字段映像。如果选中"为容不下的字段加入页"复选框，则当一个表单页不能容下所选字段时，会自动建立多页表单。别的项目与其他向导类似。

（6）单击"预览"按钮，即可预览创建的表单。单击预览窗口中的"返回向导"按钮，重新返回表单向导的步骤4。

（7）单击"完成"按钮，出现"另存为"对话框，输入创建的表单名后，单击"保存"按钮进行保存。本例表单名为"学生信息"。

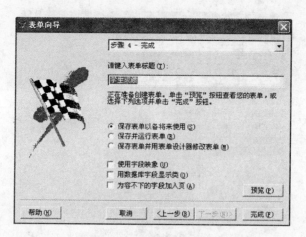

图 9.5 表单向导的步骤 4

2. 用一对多表单向导创建表单

例 9.2 创建学生成绩情况表单。要求表单包括学号、姓名、成绩。

表单字段来自图书信息表和图书借出信息表,因此要使用表单向导中的一对多表单向导。

操作步骤如下:

(1) 打开如图 9.1 所示的"向导选取"对话框,从中选定"一对多表单向导"选项,然后单击"确定"按钮,将出现如图 9.6 所示的"一对多表单向导"对话框。在一对多表单向导的"步骤 1-从父表中选定字段"对话框中选定所需字段。本例父表为学生基本信息表,选定字段为学号、姓名。

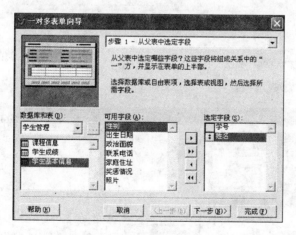

图 9.6 "一对多表单向导"对话框

(2) 单击"下一步"按钮,进入如图 9.7 所示的一对多表单向导的"步骤 2-从子表中选定字段"对话框。本例为从学生成绩表中选取的字段成绩。

(3) 单击"下一步"按钮,进入如图 9.8 所示的一对多表单向导的"步骤 3-建立表之间的关系"对话框。本例为学生基本信息表中的学号和学生成绩表的学号建立联系。

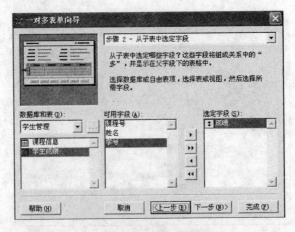

图 9.7　一对多表单向导的步骤 2

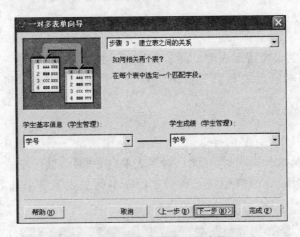

图 9.8　一对多表单向导的步骤 3

　　（4）单击"下一步"按钮，进入如图 9.9 所示的一对多表单向导的"步骤 4-选择表单样式"对话框，本例选中默认选项。

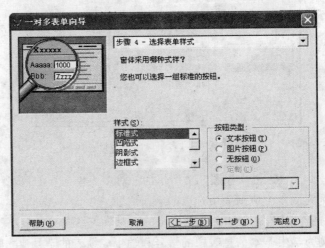

图 9.9　一对多表单向导的步骤 4

（5）单击"下一步"按钮，进入如图 9.10 所示的一对多表单向导的"步骤 5-排序次序"对话框。本例为学号。

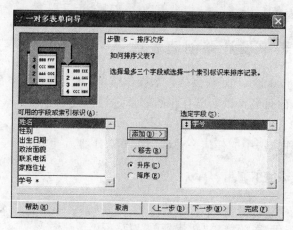

图 9.10　一对多表单向导的步骤 5

（6）单击"下一步"按钮，进入图 9.11 所示的一对多表单向导的"步骤 6-完成"对话框。单击"完成"按钮，系统会自动生成表单，并给出运行结果，如图 9.12 所示。

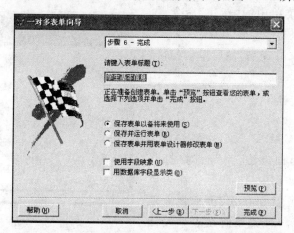

图 9.11　一对多表单向导的步骤 6

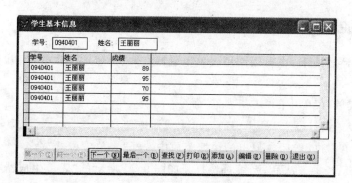

图 9.12　运行结果窗口

由此可见,向导的功能是非常强大的,它替用户完成很多工作。当然,用户的具体要求可能会是千差万别的,而且用户界面的功能需求也会与生成的表单不太一致,这时可以利用表单设计器动手设计表单。

9.3.2 使用表单设计器创建表单

表单设计器是 Visual FoxPro 提供的一个操作简单、灵活方便的界面设计工具,利用它不但可生成新的表单,而且还可以对已存在的表单进行修改和定制。表单在系统中是用户的主要界面,也有人把它称为屏幕或窗口。

可以使用下面三种方法中的任何一种调用表单设计器。

1．在项目管理器环境下调用

(1) 在"项目管理器"窗口中选中"文档"选项卡,然后选择其中的"表单"图标。

(2) 单击"新建"按钮,系统弹出"新建表单"对话框。

(3) 单击"新建表单"图标按钮。

2．菜单方式调用

(1) 选择"文件"菜单中的"新建"命令,打开"新建"对话框。

(2) 选择"表单"文件类型,然后单击"新建文件"按钮。

3．命令方式调用

在命令窗口输入 CREATE FORM 命令。

不管采用上面哪种方法,系统都将打开"表单设计器"窗口,如图 9.13 所示。在表单设计器环境下,用户可以交互式、可视化地设计完全个性化的表单。有关如何在表单设计器中设计表单,将在后面章节中陆续介绍。

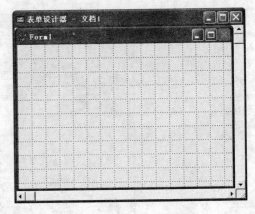

图 9.13　表单设计器窗口

9.3.3 使用表单生成器创建表单

在表单设计器环境下,也可以调用表单生成器方便、快速地产生表单。调用表单生成器的方法有以下三种:

(1) 选择"表单"菜单中的"快速表单"命令。

(2) 单击"表单设计器"工具栏中的表单生成器按钮 ▣。

(3) 右击表单窗口,然后在弹出的快捷菜单中选择"表单生成器"命令。

采用上面任意一种方法后,系统都将打开如图 9.14 所示的"表单生成器"对话框。在对话框中,用户可以从某个表或视图中选择若干字段,这些字段将以控件形式被添加到表单上。要寻找某个表或数据库,可以单击"数据库和表"下拉列表框右侧的"…"按钮,调出"打开"对话框,然后从中选定需要的文件。在"样式"选项卡中可以对添加的字段控件选择它们在表单上的显示样式。

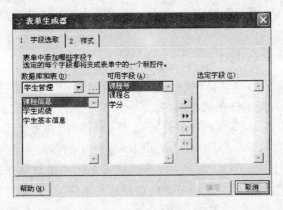

图 9.14 "表单生成器"对话框

利用表单生成器生成的表单一般不能满足特定应用的需要,还需要开发者在表单设计器中进一步编辑、修改和设计。

要保存设计好的表单,可以在表单设计器环境下,选择"文件"菜单中的"保存"命令,然后在打开的"另存为"对话框中指定表单文件的文件名。设计的表单将被保存在一个表单文件和一个表单备注文件里。表单文件的扩展名是.scx,表单备注文件的扩展名为.sct。

9.3.4 修改表单

一个表单被创建并保存后,还可以使用表单设计器进一步编辑修改。要修改已有的表单,可以使用下列方法打开表单文件并进入表单设计器。

(1)选择"文件"|"打开"命令,或者直接单击常用工具栏上的"打开"按钮,出现"打开"对话框,在"文件类型"下拉列表框中选择"表单(*.scx)",然后在列出的表单文件列表中选择所要打开的表单文件,单击"确定"按钮。

(2)在命令窗口中输入"MODIFY FORM <表单文件名>"命令,打开<表单文件名>指定的表单文件。如果指定的表单文件不存在,系统将自动启动表单设计器创建一个新表单。

(3)在"项目管理器"的"文档"选项卡中也可以打开表单设计器修改表单。

9.3.5 运行表单的方法

所谓运行表单,就是根据表单文件及表单备注文件的内容产生表单对象。可以采用下列方法通过表单设计器或表单向导创建表单文件。

(1)在"项目管理器"窗口中选择要运行的表单,然后单击窗口里面的"运行"按钮。

(2)在表单设计器环境下,选择"表单"菜单中的"执行表单"命令,或者单击标准工具栏上的"运行"按钮。

(3)在命令窗口中输入 DO FORM 命令:

DO FORM <表单文件名>[NAME<变量名>]WITH <实参 1>[,<实参 2>,…]
[LINKED][NOSHOW]

如果在命令窗口发出 DO FORM 命令，表单对象就和一个公共变量相关联，可以通过这个变量名来访问表单对象。

例如，在命令窗口发出下面的命令，打开一个名为 Student 的表单并改变它的标题。

```
DO FORM Student
Student.Caption = "学生情况登记"
```

如果包含 NAME 子句，系统将建立指定名字的变量，并使它指向表单对象；否则系统建立与表单文件同名的变量指向表单对象。

如果包含 WITH 子句，那么在表单运行引发 init 事件时，系统会将各实参的值传递给该事件代码 PARAMETERS 或 LPARAMTERS 子句中的各形参。

DO FORM 命令中的 LINKED 关键字允许将表单和表单对象变量链接起来，如果包含了 LINKED 关键字，当与表单对象相关联的变量超出范围时，表单将被释放。

例如，下面命令创建一个链接到对象变量 mystud2 的表单：DO FORM Student NAME mystud2 LINKED，当释放 mystud2 时，表单也关闭。

一般情况下，运行表单时，在产生表单对象后，将调用表单对象的 show 方法显示表单，如果包含 noshow 关键字，表单运行时将不显示，直至表单对象的 visible 属性设置为.T. 或者调用了 show 方法。

9.4　表单设计器

表单设计器启动后，Visual FoxPro 主窗口将出现"表单设计器"窗口、"属性"窗口、"表单控件"工具栏、"表单设计器"工具栏以及"表单"菜单。

9.4.1　表单设计器环境

1．表单菜单

表单菜单中的命令主要用于创建、编辑表单或表单集。

2．表单设计器工具栏

表单设计器工具栏提供了对表单进行设计的常用命令、布局以及颜色控件的快速访问方法，在设计和修改表单时要经常使用工具栏中的工具。表 9.6 中给出了表单设计器常用工具栏的说明，表 9.7 中给出了布局工具栏的说明。

表 9.6　表单设计器的工具栏

按钮	功　能	说　明
	设置"Tab"键次序	设置控件跳转符
	数据环境	显示或隐藏"数据环境设计器"
	属性窗口	显示或隐藏当前对象的"属性"窗口
	代码窗口	显示或隐藏当前对象的"代码"窗口
	表单控件工具栏	显示或隐藏窗体控件工具栏

续表

按钮	功　能	说　　明
	调色板工具栏	显示或隐藏调色板工具栏
	布局工具栏	显示或隐藏布局工具栏
	表单生成器	运行"表单生成器"，它为用户提供一种简单、交互的方法把字段作为控件添加到表单上，并可以定义表单的样式或布局
	自动格式	运行"自动格式生成器"，它为用户提供了一种简单、交互的方法为选定控件应用格式化样式。要使用此按钮应先选定一个或多个控件

表 9.7　布局工具栏

按　钮	功能说明	按　钮	功能说明
	左对齐		垂直方向上长度一致
	右对齐		水平和垂直方向上长度一致
	上对齐		排在表单的垂直正中间
	下对齐		排在表单的水平正中间
	垂直平分线对齐		移到其他控件的前面
	水平平分线对齐		移到其他控件的后面
	水平方向上长度一致		

3. 表单控件工具栏

使用表单设计器可以把字段和控件添加到表中，并通过"调整"和"对齐"这些控件来设计用户表单。

用户可以通过在表单控件工具栏上选择控件来添加新的控件，并把它们放在"表单设计器"窗口中。例如，可以在表单上为字段添加新的标签，以及添加诸如命令按钮、编辑框、列表框等新控件，或者添加图片、线条和形状来改善表单的外观。

"表单控件"工具栏如图 9.17 所示。利用"表单控件"工具栏可以方便地往表单添加控件：先单击"表单控件"工具栏中相应的控件按钮，然后将鼠标指针移至表单窗口的合适位置，单击后拖动鼠标以确定控件大小。

除了控件按钮，"表单控件"工具栏还包含以下四个辅助按钮。

图 9.17　"表单控件"
工具栏

（1）"选定对象"按钮：当按钮处于按下状态时，表示不可创建控件，此时可以对已经创建的控件进行编辑，如改变大小、移动位置等；当按钮处于未按下状态时，表示允许创建控件。

在默认情况下，该按钮处于按下状态，此时如果从"表单控件"工具栏中单击选定某种控件按钮，选定对象按钮就会自动弹起，然后再往窗口添加这种类型的一个控件后，选定对象按钮又会自动转为按下状态。

（2）"按钮锁定"按钮：当按钮处于按下状态时，可以从"表单控件"工具栏中单击选定某种控件按钮，然后在表单窗口中连续添加这种类型的多个控件。

（3）"生成器锁定"按钮 ：当按钮处于按下状态时，每次往表单添加控件，系统都会自动打开相应的生成器对话框，以便用户对该控件的常用属性进行设置。

也可以右击表单窗口中已有的某个控件，然后从弹出的快捷菜单中选择"生成器"命令来打开该控件相应的生成器对话框。

（4）"查看类"按钮 ：在可视化设计表单时，除了可以使用 Visual FoxPro 提供的一些基类，还可以使用保存在类库中的用户定义类，但应该先将它们添加到"表单控件"工具栏中。将一个类库文件中的类添加到"表单控件"工具栏中的方法是：单击工具栏上的"查看类"按钮，然后在弹出的菜单中选择"添加"命令，调出"打开"对话框，最后在对话框中选择所需的类库文件，并单击"确定"按钮。要使"表单控件"工具栏重新显示 Visual FoxPro 基类，可单击"查看类"按钮，在弹出的菜单中选择"常用"命令。

"表单控件"工具栏可以通过单击"表单设计器"工具栏中的"表单控件工具栏"按钮或通过"显示"菜单中的"工具栏"命令打开或关闭。

9.4.2　表单的属性、事件和方法

"属性"窗口如图 9.18 所示，包括对象框、属性设置框和属性、方法、事件列表框。属性窗口可以通过单击"表单设计器"工具栏中的"属性窗口"按钮或选择"显示"菜单中的"属性"命令打开或关闭。

对于表单及控件的绝大多数属性，其数据类型通常是固定的，有些属性可以设置值，有些属性在设计时是只读的，这些只读属性的默认值在列表框中以斜体显示。

在用表单设计器设计表单时，表单处于活动状态，即对表单所做的任何修改都可以立即在表单中反映出来。表 9.8、表 9.9、表 9.10 分别给出了表单的常用属性、事件和方法。

图 9.18　属性窗口

表 9.8　表单的常用属性

属　性	默认值	功　能
Caption	Form1	指定表单标题栏的显示文本
Name	Form1	指定表单对象名，在程序设计中可以通过引用表单对象名来引用表单
BorderStyle	3	决定表单边框 0-边框、1-单线边框、2-固定对话框、3-可调边框
MaxButton	. T.	控制表单是否具有最大化按钮
MinBuRon	. T.	控制表单是否具有最小化按钮
WindowState	普通	控制表单是普通(0)、最小化(1)、最大化(2)
Visible	. F.	指定表单等对象是否可见
WindowType	无模式	控制表单是无模式表单还是模式表单
		0-无模式：用户不必关闭表单就可访问其他界面；1-模式：用户必须关闭表单方可访问其他界面
DataSession	1	控制表单(集)能否在自己的数据工作期中运行。
		1-数据工作期；2-私有数据工作期，每个表单(集)都有独立的数据环境

表 9.9 表单的常用事件

事 件	触 发 事 件
Init	当表单第一次创建时触发,一般将表单的初始化代码放在其中
Load	创建表单前触发,事件发生在 Init 事件之前。因为此时表单中的任何控件尚未建立,所以该事件代码不能处理表单控件
UnLoad	释放表单时触发,该事件发生在 Destroy 事件之后
Click	鼠标单击表单时触发
DblClick	鼠标双击表单时触发
Destroy	当释放对象时触发
BeforeOpenTables	数据环境的表和视图打开之前触发
ArerCloseTables	数据环境的表和视图释放之后触发

表 9.10 表单的常用方法

方 法	功 能
Release	从内存中释放表单或表单集
Hide	设置 Visible 属性为.F. 来隐藏表单(集),使表单(集)不可见,但未从内存中清除
Show	设置 Visible 属性为.T. 来显示表单(集),使表单(集)变为活动对象。参数：1-模式、2-无模式(默认)
Move	移动一个对象
Cls	清除一个表单中的图形和文本
Print	在表单对象上显示一个字符串

9.4.3 控件的操作与布局

1. 控件的基本操作

(1) 选定控件

选定单个控件：单击控件；同时选定相邻的多个控件：拖动鼠标使出现的框围住所选的控件；同时选定不相邻的多个控件：按住 Shift 键的同时,依次单击各控件。

(2) 移动控件

选定控件,然后用鼠标拖动既可。如果拖动时按住了 Ctrl 键,可以使鼠标移动的步长减小。使用方向键也可以移动控件。

(3) 调整控件大小

先选定然后拖动四周的控点。

(4) 复制控件

先选定控件,选择“编辑”菜单中的“复制”命令,再选择“编辑”菜单中的“粘贴”命令,最后将复制产生的新控件拖动到新的位置。

(5) 删除控件

选定不需要的控件,按 Delete 键或选择“编辑”菜单中的“剪切”命令。

2. 设置 Tab 键次序

(1) 通过“工具”菜单的“选项”命令,打开“选项”对话框。

(2) 选择“表单”选项卡。

（3）在"Tab 键次序"下拉列表框中选择"交互"或"按列表"。

在交互方式下，设置 Tab 键次序的步骤如下：

（1）选择"显示"|"Tab 键次序"命令或单击"表单设计器"工具栏上的"设置 Tab 键次序"按钮，进入 Tab 键次序设置状态。此时控件左上方出现深色小方块，称为 Tab 键次序盒，显示该控件的 Tab 键次序号码，如图 9.19 所示。

（2）双击某个控件的 Tab 键次序盒，该控件将成为 Tab 键次序中的第一个控件。

（3）按希望的顺序依次单击其他控件的 Tab 键次序盒。

（4）单击表单空白处，确认设置并退出设置状态；按 Esc 键，放弃设置。

在列表方式下，设置 Tab 键次序的步骤如下：

（1）选择"显示"|"Tab 键次序"命令或单击"表单设计器"工具栏上的"设置 Tab 键次序"按钮，打开"Tab 键次序"对话框。在列表框中按 Tab 键次序显示各控件，如图 9.20 所示。

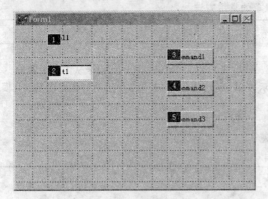

图 9.19　Tab 键次序号码　　　　　　图 9.20　Tab 键次序对话框

（2）通过拖动控件左侧的移动按钮移动控件，改变控件的 Tab 键次序。

（3）单击"按行"按钮，将各控件在表单上的位置从左到右、从上到下自动设置各控件的 Tab 键次序；单击"按列"按钮，将各控件在表单上的位置从上到下、从左到右自动设置各控件的 Tab 键次序。

9.4.4　表单的数据环境

1. 数据环境的常用属性

常用的两个数据环境是 AutoOpenTables 和 AutoCloseTables，其功能如表 9.11 所示。

表 9.11　数据环境的常用属性

属　性　名	含　义	默　认　值
AutoOpenTables	当运行或打开表单时，是否打开数据环境中的表和视图	.T.
AutoCloseTables	当释放和关闭表单时，是否关闭有数据环境指定的表和视图	.T.

2. 打开数据环境设计器

在表单设计器环境下，单击"表单设计器"工具栏上的"数据环境"按钮或选择"显示"菜单中的"数据环境"命令，即可打开数据环境设计器。

3．向数据环境添加表或视图

在数据环境设计器环境下,按下列方法向数据环境添加表或视图:

（1）选择"数据环境"菜单中的"添加"命令,或右击"数据环境设计器"窗口,然后在快捷菜单中选择"添加"命令,打开"添加表或视图"对话框。如果数据库原来是空的,那么在打开数据环境设计器时,该对话框会自动实现。

（2）选择要添加的表或视图并单击"添加"按钮。如果单击"其他"按钮,将调出"打开"对话框,用户可以从中选择需要的表。如果数据库原来是空的且没有打开的数据库,那么在打开数据环境设计器时,该对话框会自动实现。

4．从数据环境移去表或视图

在"数据环境设计器"窗口中,单击选择要移去的表或视图。

（1）选择"数据环境"菜单中的"移去"命令。

（2）当表从数据环境中移去时,与这个表有关的所有的关系也将随之消失。

5．在数据环境中设置关系

如果添加到数据环境的表之间具有在数据库中设置的永久关系,这些关系也会自动添加到数据环境中。如果表之间没有永久关系,可以根据需要在数据环境设计器下为这些表设置关系。

设置关系的方法:将主表的某个字段拖动到子表的相匹配的索引标记上即可。如果子表上没有与主表字段相匹配的索引,也可以将主表字段拖动到子表的某个字段上,这时应根据系统提示创建索引。

要解除表之间的关系,可以先单击选定表示关系的连线,然后按 Del 键。

6．在数据环境中编辑关系

先单击表示关系的连线选定关系,然后在"属性"窗口中选择关系属性并设置。常用的关系属性如表 9.12 所示。

表 9.12　数据环境中常用的关系属性

属　性　名	含　　义	属　性　名	含　　义
RelationalExpr	用于指定基于主表的关联表达式	ChildOrder	用于指定与关联表达式相匹配的索引
ParentAlias	用于指定主表的别名	OneToMany	用于指明关系是否为一对多关系
ChildAlias	用于指定子表的别名		

7．向表单添加字段

很多情况下,通过控件来显示和修改数据。比如,用一个文本框来显示或编辑一个字段数据,这时,应该设置文本框的 ControlSource 属性。

Visual FoxPro 提供了更好的方法,允许用户从"数据环境设计器"窗口、"项目管理器"窗口或"数据库设计器"窗口中直接将字段、表或视图拖入表单,系统将产生相应的控件并与字段向联系。

　　默认情况下,如果拖动的是字符型字段,将产生文本框控件;如果拖动的是备注型字段,将产生编辑框控件;如果拖动的是表或视图,将产生表格控件。用户可以选择"工具"菜单中的选项命令,打开"选项"对话框,然后在"字段映像"选项卡中修改这种映象关系。

9.5　常用的表单控件

　　表单设计离不开控件,而要很好地使用和设计控件,则需要了解控件的属性、方法和事件。本节主要以各种控件的主要属性为线索,分别介绍常用表单控件的使用和设计。

9.5.1　标签(Label)控件

　　标签控件 **A** (Label)的一般功能是显示各种文本类型的提示信息,可以用作标题、栏目名,或者用于对输入或输出区域的标识。标签本身没有数据处理的功能,只用于显示,所以无法用鼠标来获得焦点,也不需要用 Tab 键选择它。标签没有数据源,不能直接编辑标签,只需把显示的字符串直接赋给标签的标题即可。

　　下面介绍标签控件的一些常用属性。

1. Caption 属性

　　指定标签的标题文本。当创建一个新的对象时,其缺省标题为 Name 属性默认的设置。该缺省标题包括对象名和一个整数,如 Command1 或 Form1。为了获得一个描述更清楚的标签,应对 Caption 属性进行设置。

　　可以使用 Caption 属性赋予控件一个访问键。在标题中,在想要指定为访问键的字符前加一个 (\<) 符号。例如,下面代码在为标签设置 Caption 属性的同时,指定了一个访问键"X":

```
ThisForm.MyLabel.Caption = "选择项目(\< X)"
```

　　对于一般控件,按下相应的访问键,将激活该控件,使该控件获得焦点。而对于标签,按下相应的访问键,将把焦点传递给 Tab 键次序中紧跟着标签的下一个控件。比如,在某个列表框的上方放置一个标签,并把列表框的 Tab 键次序安排在标签之后,这样,按下标签访问键时,其下方的列表获得焦点。

　　访问键的使用方法受 KEYCOMP 设置(DOS 或 Windows)的影响。在当前表单激活的情况下,访问键的使用方法如表 9.13 所示。

表 9.13　访问键的使用方法

设 置 值	效　　果
DOS	直接按访问键选择对象。若当前焦点处于组合框、列表框等要接收键盘输入的对象时,访问键无效
Windows	一般情况下直接按访问键选择对象。若当前焦点处于组合框、列表框等要接收键盘输入的对象时,按组合键 Alt+<访问键>选择对象

Label 控件标题的大小没有限制。对于窗体和所有别的有标题的控件,标题大小的限制是 255 个字符。

提示:对于标签来说,将 AutoSize 属性设为 True,自动调整控件的大小以与其标题相适合。

2．Alignment 属性

该属性用于设置指定的标题文本在控件中显示的对齐方式。

语法

object. Alignment [= *number*],该属性的设置值如表 9.14 所述。

表 9.14　Alignment 的设置值

设　置　值	说　　明
0	(默认值)左对齐,文本显示在区域的左边
1	右对齐,文本显示在区域的右边
2	中央对齐,将文本居中排放,使左右两边的空白相等

例 9.3　表单中有 3 个标签,当单击任何一个标签时,都使其他两个标签的标题互换。

内容要点:假设 3 个标签的名称(Name 属性值)分别是 Label1、Label2、Label3,它们可以从属性窗口中获得。

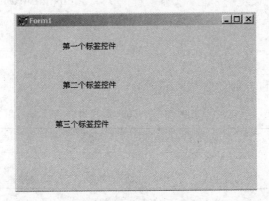

图 9.21　例 9.3 样图

标签 Label1 的 Click 事件代码为:

```
t = thisform. Label2. Captipn
thisform. Label2. Caption = thisform. Label3. Caption
thisform. Label3. Caption = t
```

标签 Label2 的 Click 事件代码为:

```
t = thisform.. label1. Caption
thisform. Label1. Caption = thisform. Label3. Caption
thisform. Label3. Caption = t
```

标签 Label3 的 Click 事件代码为:

```
t = thisform. Label1. Caption
thisform. Label1. Caption = thisform. Label2. Caption
thisform. Label2. Caption = t
```

操作步骤：

(1) 创建表单，然后在表单中添加 3 个标签按钮。

(2) 分别为 3 个标签控件设置 Caption 属性，如图 9.21 所示。

(3) 分别为 3 个标签控件设置 Click 事件代码。

9.5.2　命令按钮(CommandButton) 控件

CommandButton 控件可以开始、中断或者结束一个进程。选取这个控件后，CommandButton 显示按下的形状，所以有时也称之为下压按钮。为了在 CommandButton 控件上显示文本，需要设置其 Caption 属性。可以通过单击 CommandButton 选中这个按钮。为了能够在按回车键时也选中命令按钮，需要将其 Default 属性设置为 True。为了能够在按 Esc 键时也选中 CommandButton，则需要将 CommandButton 的 Cancel 属性设置成 True。

常用属性有以下几个：

1. default 属性

该属性用于返回或设置一个值，以确定哪一个 CommandButton 控件是窗体的默认命令按钮。

语法

object. Default [= *boolean*]

Default 属性语法包含部分见表 9.15 所示。

表 9.15　Default 属性语法

部　　分	描　　述
Object	对象表达式
Boolean	布尔表达式，指定该命令按钮是否为默认按钮

设置值

boolean 的设置值如表 9.16 所示。

表 9.16　boolean 的设置值

设　置　值	描　　述
True	该 CommandButton 是默认命令按钮
False	(默认值)该 CommandButton 不是默认命令按钮

窗体中只能有一个命令按钮可以为默认命令按钮。当某个命令按钮的 Default 设置为 True 时，窗体中其他的命令按钮自动设置为 False。

确认按钮的行为要受 KEYCOMP 设置(DOS 或 Windows)的影响。在"确认"按钮所在的表单激活的情况下，"确认"按钮的行为如表 9.17 所示。

表 9.17 "确认"按钮的行为

设 置 值	效 果
DOS	按 Ctrl+Enter 组合键,选择"确认"按钮,执行 Click 事件代码
Windows	当焦点不在命令按钮上时,按回车键,选择"确认"按钮,执行 Click 事件代码

2. Cancel 属性

使用 Cancel 属性使得用户可以取消未提交的改变,并把窗体恢复到先前状态。窗体中只能有一个 CommandButton 控件为取消按钮。当一个 CommandButton 控件的 Cancel 属性被设置为 True,窗体中其他 CommandButton 控件的 Cancel 属性自动地被设置为 False。当一个 CommandButton 控件的 Cancel 属性设置为 True 而且该窗体是活动窗体时,用户可以通过单击它,按 Esc 键,或者在该按钮获得焦点时按回车键来选择它。

3. Enabled 属性

Enabled 属性允许在运行时使窗体和控件成为有效或无效状态。默认值为.T.。

Enabled 属性使得用户(程序)可以根据应用的当前状态随时决定一个对象是有效的还是无效的,也可以限制一个对象的使用,如用一个无效的编辑框(Enabled=.F.)来显示只读信息。

说明:如果一个容器对象的 enable 属性值为.F.,那么它里面的所有对象也都不会响应用户引发的事件。

4. Visible 属性

指定对象可见还是隐藏。在表单设计器中,默认值为.T.,在程序代码中,默认值为.F.。一个对象即使是隐藏的,在代码中可以访问它。

当一个表单由活动变成隐藏时,最近活动的表单或其他对象将成为活动的。当一个表单的 Visible 属性由.F.设置成.T.时,表单将成为可见的,但并不成为活动的。要使一个表单成为活动的,可使用 Show 方法。Show 方法使表单成为可见的同时,使其成为活动的。

9.5.3 命令组(CommandGroup)控件

命令组控件是包含一组命令按钮的容器控件,用户可以单个或作为一组来操作其中的按钮。

在表单设计器中,为了选择命令组中的某个按钮,有如下两种方法:从属性窗口的对象下拉式组合框中选择所需的命令按钮;右击命令组,然后从弹出的快捷菜单中选择"编辑"命令,这样命令组就进入了编辑状态,用户可以通过单击来选择某个具体的命令按钮。

命令组控件常用的属性有以下几种。

1. ButtonCount 属性

指定命令组中命令按钮的数目。在表单中创建一个命令组时,ButtonCount 属性的默认值是 2,即包含两个命令按钮。可以通过改变 ButtonCount 属性的值来重新设置命令组中包含的命令按钮数目。

2．Buttons 属性

用于存取命令组中各按钮的数组。该属性数组在创建命令组时建立,用户可以利用该数组为命令组中的命令按钮设置属性或调用其方法。例如,下面代码可以放在与命令组 myCommand 处于同一表单中的某个对象的方法或事件代码中,其命令组中的第二个按钮设置成隐藏的:

```
ThisForm.myCommandG.Buttons(2).Visible = .F.
```

属性数组下标的取值范围应该在 1 至 ButtonCount 属性值之间。

该属性在设计时不可用。除了命令组,还适合于选项组。

3．Value 属性

指定命令组当前的状态。该属性的类型可以是数值型的,也可以是字符型的。如果命令组内的某个按钮有自己的 Click 事件代码,那么一旦单击该按钮,就会优先执行为它单独设置的代码,而不会执行命令组的 Click 事件代码。

该属性在设计和运行时可用。

9.5.4　文本框(TextBox)控件

文本框 **abl** (Text)控件用于在运行时显示用户输入的信息,或者在设计或运行时为控件的 Text 属性赋值。文本框控件提供了所有基本的文字处理功能,相当于一个小型的文字编辑器。文本框是一个非常灵活的数据输入工具,可以输入单行文本,也可以输入多行文本。它是设计交互式应用程序所不可缺少的部分。

标签与文本框的区别:

(1) 标签没有数据源,文本框有数据源。

(2) 标签不能直接编辑,文本框可以编辑。

(3) 标签不能用 Tab 键选择,文本框可以使用 Tab 键。

用户利用文本框可以在内存变量、数组元素或非备注型字段中输入或编辑数据。文本框可以编辑任何类型的数据。如果编辑的是日期型或日期时间型数据,那么在整个内容被选定的情况下,按"＋"或"－",可以使日期增加一天或减少一天。

文本框常用的属性有以下几种:

1．ControlSource 属性

一般情况下,可以利用该属性为文本框指定一个字段或内存变量。运行时,文本框首先显示该变量的内容。而用户对文本框的编辑结果,也会最终保存到该变量中。

该属性在设计和运行时可用。除了文本框,还适用于编辑框、命令组、选项按钮、选项组、复选框、列表框、组合框等控件。

2. Value 属性

返回文本框当前内容。该属性默认值是空串。如果 ControlSource 属性指定了字段或内存变量,则该属性将 ControlSource 属性指定的变量具有相同的数据和类型。为了在对话框中创建一个密码域应使用此属性。虽然能够使用任何字符,但是大多数基于 Windows 的应用程序使用(＊)号。此属性不影响 Text 属性;Text 准确地包括所输入或代码中所设置的内容。将 PassWordChar 设置为长度为 0 的字符串(""")(默认值),将显示实际的文本。能够将任意字符串赋予此属性,但只有第一个字符是有效的,所有其他的字符将被忽略。

注意:如果 MultiLine 属性被设为 True,那么设置 PassWordChar 属性将不起效果。

3. InputMask 属性

指定在一个文本框中如何输入和显示数据。

InputMask 属性值是一个字符串。该字符串通常有一些所谓的模式符组成,如表 9.18 所示,每个模式符规定了相应的位置上数据的输入和显示行为。

表 9.18 模式符

X	允许输入任何字符
9	允许输入数字和正负号
#	允许输入数字、空格和正负号
$	在固定位置上显示当前货币符号(由 SET CURRENCY 命令指定)
$ $	在数值前面相邻的位置上显示当前货币符号(浮动货币符)
＊	在数值左边显示 ＊
.	指定小数点的位置
,	分隔小数点左边的数字串

InputMask 属性值中可包含其他字符,这些字符在文本框中将会原样显示。

该属性在设计和运行时可用。除了文本框,还适用于组合框、列等控件。

例 9.4 用表单设计一个登录界面,如图 9.22 所示。当输入用户名和口令并单击"确认"按钮后,检验其输入是否正确。若正确(假定用户名为 ABCDEF,口令为 123456),就显示"欢迎使用……";若不正确,则显示"用户名或口令不对"。如果三次输入不正确,就显示"用户名或口令不对,登录失败!"并关闭。

要将"确认"按钮设置为 Default 按钮。另外,口令限制为 6 位数字,输入时显示 ＊ 号。

内容要点:

假设"用户名"文本框、"口令"文本框以及"确认"命令按钮的 Name 属性值分别为 Text1、Text2 和 Command1。Text2 的 InputMask 属性值为 999999,PassWordChar 属性值为 ＊。Command1 的 Default 属性值为.T.。

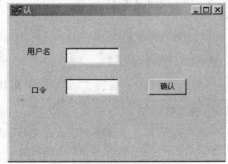

图 9.22 例 9.4 样图

命令按钮 Command1 的 Click 事件代码如下,其中 num 是为表单新添加的属性,用以保存本次登录输入的次数。

```
if thisform.text1.value = "ABCDEF" and thisform.text2.value = "123456"
    wait"欢迎使用......" window timeout 1
thisform.release
else
thisform.num = thisform.num + 1
if thisform.num = 3
WAIT"用户名或口令不对,登录失败!"window timeout 1
thisform.release
else
WAIT"用户名或口令不对,请重输!"window timeout 1
endif
endif
```

操作步骤:

(1) 创建表单,然后在表单上添加两个标签、两个文本框和一个命令按钮。

(2) 设置两个标签和一个命令按钮的 Caption 属性值,并将命令按钮的 Default 属性值设置为.T.。

(3) 设置文本框 Text2 的 InputMask 属性值。可在设置框直接输入 999999 或输入＝"999999"。设置文本框 Text2 的 PassWordChar 属性值。

(4) 从"表单"菜单中选择"新建属性"命令,打开"新建属性"对话框,为表单添加新属性 num。然后在"属性"窗口中将其默认值设为 0。

(5) 设置"确认"按钮的 Click 事件代码。

9.5.5　编辑框(EditBox)控件

功能与文本框相似,但它有自己的特点:编辑框实际上是一个完整的字处理器,利用它能够选择、剪切、粘贴以及复制正文;可以实现自动换行;能够有自己的垂直滚动条,可以用箭头键在正文里面移动光标。编辑框只能输入、编辑字符型数据,包括字符型内存变量、数组元素、字段以及备注字段里的内容。

编辑框控件常用属性有以下几种。

1. AllowTabs 属性

指定编辑框中能否使用 Tab 键。其属性值设置如表 9.19 所示。该属性在设计时和运行时均是可用的。

表 9.19　Tab 键属性值

设　置　值	说　　明
True (.T.)	编辑框里允许使用 Tab 键,按 Ctrl＋Tab 组合键时焦点移出编辑框
False (.F.)	编辑框里不能使用 Tab 键,按 Tab 键时焦点移出编辑框

2. HideSelection 属性

指定当前编辑框失去焦点时,编辑框中的选定的文本是否仍显示为选定状态。该属性在设计时和运行时均是可用的。除了编辑框,还适用于文本框、组合框等控件。其设置值如表 9.20 所示。

表 9.20 HideSelection 属性设置值

设 置 值	说 明
True（.T.）	（默认值）失去焦点时,编辑框中选定的文本不显示为选定状态。当编辑框再次获得焦点时,选定文本重新显示为选定状态
False（.F.）	失去焦点时,编辑框中选定的文本仍显示为选定状态

3. ReadOnly 属性

指定用户能够编辑编辑框中的内容。其属性设置如表 9.21 所示。ReadOnly 属性与 Enabled 属性是有区别的。尽管在 ReadOnly 为.T. 和 Enabled 为.F. 两种情况下,都使编辑框具有只读的特点,但在前一种情况下,用户仍能够移动焦点至编辑框上并使用滚动条,而后一种情况则不可能。该属性在设计时可用,在运行时可读写。除了编辑框,还适用于文本框、表格等控件。

表 9.21 ReadOnly 属性设置值

设 置 值	说 明
True（.T.）	不能编辑编辑框中的内容
False（.F.）	（默认值）能够编辑编辑框中的内容

4. SelStart 属性

返回用户在编辑框中所选文本的起始点位置（没有文本选定时）。也可用以指定要选文本的起始位置或插入点位置。属性的有效取值范围在 0 与编辑区中的字符总数之间。

该属性在设计时不可用,在运行时可读写。除了编辑框,还适用于文本框、组合框等控件。

5. SelLength 属性

返回用户在控件的文本输入区中所选定字符的数目,或指定要选定的字符数目。属性的有效范围在 0 与编辑区中的字符总数之间,若小于 0,将产生一个错误。

该属性在设计时不可用,在运行时可写。除了编辑框,还适用于文本框、组合框等控件。

6. SelTex 属性

返回用户编辑区内选定的文本,如果没有选定任何文本,则返回空串。该属性在设计时不可用,在运行时可读写。除了编辑框,还适用于文本框、组合框等控件。

SelStart 属性、SelLength 属性和 SelTex 属性配合使用,可以完成诸如设置插入点的位置、控制插入点的移动范围、选择字串、清除文本等的一些任务。

使用这些属性时,需要注意它们的以下行为:

如果把 SelLength 属性值设置成小于 0,将产生一个错误。

如果 SelStart 的设置值大于文本总字符数,系统将其调整为文本的总字符数,即插入点位于文本末尾。

如果改变了 SelStart 属性的值,系统将自动把 SelLength 属性值设置 0;如果把 SelStart 属性设置成一个新值,那么这个新值会去置换编辑区中的所选文本,并将 SelLength 置为 0。

如果 SelLength 值本来就是 0,那么新值就会被插入到插入点处。

例 9.5 表单里包含一个编辑框 Edit1 和两个命令按钮 Command1(查找)、Command2(替换),如图 9.23 所示。要求:单击 Command1 时,选择 edit1 里的某个单词 example;单击 Command2 时,用单词 exercise 置换选择的单词 example。

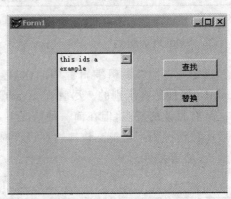

图 9.23　例 9.5 样图

内容要点:

编辑框的 HideSelection 属性值为.F.,这样"查找"命令按钮找到的字符串就会显示成选定状态。

命令按钮 Command1 的 Click 事件代码为:

```
n = at("example",thisform.edit1.value)
if n <> 0
thisform.edit1.selstart = n - 1
  thisform.edit1.sellength = len("example")
else
WAIT WINDOWS"没有相匹配的单词"TIMEOUT1
endif
```

命令按钮 Command2 的 Click 事件代码为:

```
if thisform.edit1.seltex = "example"
thisform.edit1.seltext = "excercise"
else
WAIT  WINDOWS"没有选择需要置换的单词"TIMEOUT1
endif
```

操作步骤:

(1) 创建表单,然后在表单上放置一个编辑框、两个命令按钮。

(2) 检查编辑框控件的 Name 属性值是否与题目中所说的名称一致。

(3) 如果不一致,应该进行设置,否则,就需要对上面的代码进行相应的修改。

(4) 设置编辑框的 Hide Selection 属性值。分别设置两个命令按钮的 Caption 属性值。

(5)分别为两个命令按钮设置 Click 事件代码。

9.5.6　复选框(CheckBox)控件

一个复选框用于标记一个两值状态,如真(.T.)或假(.F.)。当处于真状态时,复选框内显示一个对钩；否则，复选框内为空白。

1. Caption 属性

用来指定复选框旁边的文字。

2. Value 属性

用来指明复选框的当前状态。设置值有三种情况，如表 9.22 所示。

表 9.22　Value 属性设置值

属　性　值	说　明
0 或 .F.	（默认值），未被选中
1 或 .T.	被选中
2 或 .null.	不确定，只在代码中有效

3. ControlSource 属性

指明与复选框建立联系的数据源。作为数据源的字段变量或内存变量，其类型可以是逻辑型或数值型。对于逻辑型变量，值 .F.、.T. 和 .null. 分别对应复选框未被选中、被选中和不确定。对于数值型变量，值 0、1 和 2（或 .null.）分别对应复选框未被选中、被选中和不确定。用户对复选框操作结果会自存储到数据源变量以及 Value 属性中。

复选框的不确定状态与不可选状态不同。不确定状态只表明复选框的当前状态值不属于两个正常状态之中的一个，但用户仍能对其进行选择操作，并使其变为确定状态。而不可选状态则表明用户现在不适合针对它进行某种选择。在屏幕上，不确定状态复选框以灰色显示，标题文字正常显示。而不可选状态复选框标题文字的显示颜色由 DiasbledBackcolor 和 DiasbledForecolor 决定。

9.5.7　选项组（OptionGroup）控件

选项按钮组是包含选项按钮的容器。通常，选项按钮允许用户指定对话框中几个操作选项中的一个，而不是输入数据。

设置选项按钮组中的选项按钮数目

在表单中创建一个选项按钮组时，它默认地包含两个选项按钮，改变 ButtonCount 属性可以设置选项按钮组中的选项按钮数目。

1. ButtonCount 属性

设置 ButtonCount 属性，表示所需的选项按钮数目。

2. Value 属性

选项按钮组的 Value 属性表明用户选定了哪一个按钮。例如，选项按钮组有六个选项按钮，如果用户选择了第四个选项，选项按钮组的 Value 属性就是 4。

3. ControlSource 属性

指明与选项组建立联系的数据源。作为选项组数据源的字段变量或内存变量,其类型可以是数值型或字符型。比如,变量值为数值型 3,则选项组中第三个按钮被选中;若变量值为字符型"option3",则 Caption 属性值为"option3"的按钮被选中。用户对选项组操作结果会自动存储到数据源变量以及 Value 属性中。

4. Buttons 属性

还可以在运行时刻使用 Buttons 属性,并指定选项按钮在组中的索引号来设置这些属性。

9.5.8　列表框(ListBox)控件

列表框提供一组条目(数据项),用户可以从中选择一个或多个条目。一般情况下,列表框显示其中的若干条目,用户可以通过滚动条浏览其他条目。

列表框控件常用的属性有以下几种。

1. RowSourceType

RowSourceType 属性指明列表框中条目数据源的类型,RowSource 属性指定列表框的条目数据源。

RowSourceType 属性的取值范围及含义如表 9.23 所示。

表 9.23　RowSourceType 属性的取值范围及含义

属性值	说　明
0	无(默认值)。在程序运行时,通过 AddItem 方法添加列表框条目,通过 RemoveItem 方法移去列表框条目
1	值。通过 RowSource 属性手工指定具体的列表框条目
2	别名。将表中的字段值作为列表框的条目。ColumnCount 属性指定要取的字段数目,也就是列表框的列数。指定的字段总是表中最前面的若干字段
3	SQL 语句。将 SQL SELECT 语句的执行结果作为列表框的条目的数据源
4	查询(.qpr)。将.qpr 文件执行产生的结果作为列表框条目的数据源
5	数组。将数组中的内容作为列表框条目的来源
6	字段。将表中的一个或几个字段作为列表框条目的数据源
7	文件。将某个驱动器和目录下的文件名作为列表框的条目,在运行时,用户可以选择不同的驱动器和目录,可以利用文件名框架指定一部分文件。如要在列表框中显示当前目录下 Visual FoxPro 表文件清单,可将 RowSource 属性设置为 *.dbf
8	结构。将表中的字段名作为列表框的条目,由 RowSource 属性指定表。若 RowSource 属性值为空,则列表框显示当前表中的字段名清单
9	弹出式菜单。将弹出式菜单作为列表框条目的数据源

2. List 属性

用以存取列表框中数据条目的字符串数组。

该属性在设计时不可用,在运行时可读写。还适合于组合框。

3. ListCount 属性

指明列表框中数据条目的数目。
该属性在设计时不可用,在运行时只读。还适合于组合框。

4. ColumnCount 属性

指定列表框的列数。
对于列表框和组合框,该属性在设计和运行时可用。还适合于组合框和表格。

5. Value 属性

返回列表框中被选中的条目。该属性值可以是数值型也可以是字符型。

6. BoundColumn 指明的列上的数据项。

对于列表框和组合框。该属性只读,该属性的取值及类型总是与 ControlSource 属性所指定的字段或内存变量的取值及类型保持一致。

7. ControlSource 属性

该属性在列表框中的用法与其他控件中的用法有所不同。在这里,用户可以通过该属性指定的一个字段或变量用以保存用户从列表框中选择的结果。

8. Select 属性

指定列表框内的某个条目是否处于选定状态。

9. MultiSelect 属性

指定用户能否在列表框控件内进行多重选定。

9.5.9 组合框(ComBox)控件

组合框和列表框类似,主要区别在于:
(1)组合框只有一个条目是可见的。组合框不提供多重选择的功能。
(2)组合框有两种形式:下拉组合框和下拉列表框,通过设置 Style 属性可选择想要的形式。

9.5.10 表格(Grid)控件

表格是一个容器对象,和表单集包含表单一样,表格包含列。这些列除了包含标头和控件外,每一个列还拥有自己的一组属性、事件和方法程序,从而为表格单元提供了大量的控件。
表格设计的基本操作有以下几种。

1. 调整表格中列的宽度

(1) 在表格设计方式下,将鼠标指针置于表格列的标头之间,这时鼠标指针变为带有左右两个方向箭头的竖条。将列拖动到需要的宽度

(2) 在"属性"窗口中设置列的 Width 属性。

2. 调整表格中行的高度

在表格设计方式下,将鼠标指针置于"表格"控件左侧的第一个按钮和第二个按钮之间,这时鼠标指针将变成带有向上和向下箭头的横条。拖动到需要的宽度。

提示:将 AllowRowSizing 设置为"假"(.F.),可以防止用户在运行时刻改变表格行的高度。

3. 调用表格生成器设计表格

步骤如下:

(1) 先在表单上放置一个表格。

(2) 右击表格,在弹出的快捷菜单中选择"表单生成器"命令,打开"表单生成器"对话框,然后设置有关参数。

(3) 表格生成器选项卡的设置。

(4) 表格项指定要在表格中显示的字段。

(5) 样式指定表格显示的样式。

(6) 布局指定列标题和控件类型。

(7) 关系指定表格字段与表字段之间的关系。

4. 常用的表格属性

(1) SecordSourceType 属性

RecordSourceType 属性指明表格数据源的类型,如表 9.24 所示。

表 9.24　RecordSourceType 属性值

属性值	说　　明
0	表。数据来源于由 RecordSource 属性指定的表,该表被自动打开
1	别名(默认值)。数据来源于已打开的表,由 RecordSource 属性指定该表的别名
2	提示。运行时,由用户根据提示选择表格数据源
3	查询。数据来源于查询,由 RecordSource 属性指定一个查询文件
4	SQL 语句,数据来源于 SQL 语句,由 RecordSource 属性指定一条 SQL 语句

设置了表格的 RecordSource 属性后,可以通过 ControlSource 属性为表格中的一列指定它所要显示的内容,如果不指定,该列将显示表格数据源中下一个没有显示的字段。

(2) ColumnCount 属性

指定列的数目。如果 ColumnCount 设置为 -1,表格将具有和表格数据源中字段数一样多的列。

（3）LinkMasker 属性

显示在表格中的子记录的父表。

（4）ChildOrder 属性

和父表的主关键字相联接的子表中的外部关键字。

（5）常用的列属性

表 9.25 列出了在设计时常用的列属性。

表 9.25　常用的列属性

属　　　性	说　　　明
ControlSource	在列中要显示的数据。常见的是表中的一个字段
Sparse	如果将 Sparse 属性设置为"真"（.T.），表格中控件只有在列中的单元被选中时才显示为控件（列中的其他单元仍以文本形式显示）。将 Sparse 设置为"真"（.T.），允许用户在滚动一个有很多显示行的表格时能快速重画
CurrentControl	表格中哪一个控件是活动的。默认值为 Text1。如果在列中添加了一个控件，则可以将它指定为 CurrentControl

交互地在表格列中添加控件，操作步骤如下：

（1）表单中添加一个表格。

（2）在"属性"窗口中，将表格的 ColumnCount 属性设置为需要的列数。

例如，如果需要一个两列的表格则输入"2"。

（3）在"属性"窗口的"对象"框中为控件选择父列。

例如，要选择 Column1 来添加控件，当选择这一列时，表格的边框发生变化，表明正在编辑一个包含其中的对象。

（4）在"表单控件"工具栏中选择所要的控件，然后单击父列。

（5）在表单设计器中，新控件不在表格列中显示，但在运行时会显示出来。

（6）在"属性"窗口中，要确保该控件缩进显示在"对象"框中父列下面。如果新控件是一个复选框，应将复选框的 Caption 属性设置为" "，并将列的 Sparse 属性设置"假"（.F.）。

（7）将父列的 ControlSource 属性设置为需要的表字段。

9.5.11　页框（pageframe）控件

页框是包含页面的容器对象，页面又可包含控件。可以在页框、页面或控件级上设置属性。

1．查看使用页框

操作如下：

运行 Solution. app，该文件位于 Visual Studio …\Samples\Vfp98\Solution 目录下。

在目录树视图中，单击 Controls，然后选取 Page frame。

可以把页框想像为有多层页面的三维容器，只有最上层页面（或在页框的顶部）中的控件才是可见和活动的。

表单上一个页框可有多个页面，页框定义了页面的位置和页面的数目，页面的左上角固定在页框的左上角。控件能放置在超出页框尺寸的页面上。这些控件是活动的,但如果不从程序中改变页框的 Height 和 Width 属性,那么这些控件不可见。

使用页框和页面,可以创建带选项卡的表单或对话框,和"项目管理器"中见到的一样。

此外,用页框还能在表单中定义一个区域,在这个区域中可以方便地将控件换入换出。例如,在向导中,表单的大部分内容是保持不变的,但有一个区域在每一步都要更改。此时不必为向导的不同步骤创建五个表单,而只需创建一个带有页框的表单,页框中有五个页面即可。

2.将页框添加到表单

操作步骤如下:

(1) 在"表单控件"工具栏中,选择"页框"按钮并在"表单"窗口拖动到想要的尺寸。

(2) 设置 PageCount 属性,指定页框中包含的页面数。

向页框中添加控件的操作步骤如下:

(1) 从页框的快捷菜单中选择"编辑"命令,将页框激活为容器。页框的边框变宽,表示它处于活动状态。

(2) 同与向表单中添加控件的方法,向页框中添加控件。

注释:和其他容器控件一样,必须选择页框,并右击,在弹出的快捷菜单中选择"编辑"命令,或在"属性"窗口的"对象"下拉列表框中选择容器。这样,才能先选择这个容器(具有宽边),再朝正设计的页面中添加控件。在添加控件前,如果没有将页框作为容器激活,控件将添加到表单中而不是页面中,即使看上去好像是在页面中。

在页框中选择不同的页面的操作方法如下:

(1) 右击,将页框作为容器激活,然后选择"编辑"命令。

(2) 选择要使用的页面选项卡。

将控件添加到页面上的操作方法:

如果将控件添加到页面上,它们只有在页面活动时才可见和活动。

(1) 在"属性"窗口的"对象"框中选择页面,页框的周围出现边框,表明可以操作其中包含的对象。

(2) 在"表单控件"工具栏中,选择想要的控件按钮并在页面中调整到想要的大小。

(3) 管理"页面"选项卡上的长标题如果太长,不能在给定页框宽度和页面数的选项卡上显示出来,可以有下面两种选择:

① 将 TabStretch 属性设置为"1-单行",这样只显示能放入选项卡中的标题字符,"单行"是默认设置。

② 将 TabStretch 属性设置为"0-多重行",这样选项卡将层叠起来,以便所有选项卡中的整个标题都能显示出来。

3.常用的页框属性

表 9.26 列出了在设计时常用的页框属性。

表 9.26 页框属性

属 性	说 明
Tabs	确定页面的选项卡是否可见
TabStyle	是否选项卡都是相同的大小，并且都与页框的宽度相同
PageCount	页框的页面数

本章小结

表单是 Visual FoxPro 中最能体现面向对象的可视化编程的的内容，是 Visual FoxPro 设计的重点应用之一。由于表单是图形化的界面，并且可以通过拖入控件、修改属性由用户自行设计，实践自由度较大，另外，由于我们已经学习过了程序设计的基础，那么在表单中可以结合一些程序语句实现更多更实用的功能。把握利用文本框、复选框、按钮等多种控件以及程序代码的在表单中的综合应用方法，提高综合运用表单设计和程序设计知识解决实际问题的能力。

习题

一、选择题

1. 在 Visual FoxPro 中，为了将表单从内存中释放，可将表单中退出命令按钮的 Click 事件代码设置为【 】。

    A. thisform. refresh   B. thisform. delete

    C. thisform. hide   D. thisform. release

2. 有关控件对象的 Click 事件的正确叙述是【 】。

    A. 用鼠标双击对象时引发   B. 用鼠标单击对象时引发

    C. 用鼠标右键单击对象时引发   D. 用鼠标右键双击对象时引发

3. 表单文件的扩展名为【 】。

    A. . scx   B. . sct   C. . pjx   D. . vct

4. 在表单对象中，有些控件可以设置选择多项，下面叙述正确的是【 】。

    A. 列表框和组合框都可以设置多重选择

    B. 列表框和组合框都不可以设置多重选择

    C. 列表框可以设置多重选择，组合框不可以设置多重选择

    D. 列表框不可以设置多重选择，组合框可以设置多重选择

5. 下面关于类、对象、属性和方法的叙述中，错误的是【 】。

    A. 类是对一类相似对象的描述，这些对象具有相同种类的属性和方法

    B. 属性用于描述对象的状态，方法用于表示对象的行为

    C. 基于同一类产生的两个对象可以分别设置自己的属性值

    D. 通过执行不同对象的同名方法，其结果必然是相同的

二、设计题

1. 创建表单,包含三个标签,一个文本框,一个命令按钮。表单运行后,可以在文本框text1中反复输入数值,左击命令按钮,则由两个标签分别显示累加值和输入次数。两个标签开始无显示。

2. 设计一个表单,表单中有一个微调,一个文本框,一个命令按钮,命令按钮的标题为下一个。程序运行时,点击按钮,文本框和微调中的内容随之改变,并且可以通过微调修改基本工资,每次增加或减少10元。

第10章

菜单设计与应用

　　一个操作方便、界面友好的应用程序,一般要有一套完善的菜单系统。通过操作菜单,能够方便、快捷地使用应用程序中所提供的各种功能。例如,在具备了完善的信息系统的各种数据库和表之后,会设计对各种数据的查询、视图、报表等程序,这时就需要设计一个系统菜单能够把它们有机地融合在一起,并能够清晰、方便地调用这些模块,以完成特定的信息处理任务。本章的内容就是介绍如何创建所需的菜单,并且把那些零散创建的应用模块相互衔接、有机地融合在一个应用程序中。

10.1　Visual FoxPro 系统菜单

10.1.1　菜单的结构和种类

　　利用系统菜单是用户调用 Visual FoxPro 系统功能的一种方式,因此首先必须了解 Visual FoxPro 系统菜单的结构、特点和行为,这是用户设计自己菜单系统的基础。

1. 基本概念

　　Visual FoxPro 中的菜单包括两种:条形菜单和弹出式菜单。典型的菜单系统一般是一个下拉式菜单,由一个条形菜单和一组弹出式菜单组成。一般来讲,条形菜单是主菜单。当单击条形菜单上的菜单项时会激活弹出式菜单。Visual FoxPro 中的系统菜单及菜单的一般结构如图 10.1 所示。

　　每个菜单项对应一个动作,一般包括:

- 激活另一个菜单,被激活的菜单也称为子菜单。
- 执行一个过程。
- 执行一条命令。

　　菜单一般通过鼠标选择进行操作,但是也可以通过快捷键或热键快速选择一个菜单项。

　　快捷键是由 Ctrl 键和另外一个字符键构成的组合键,如图 10.1 所示的 Ctrl＋N 键(相当于选择"文件"|"新建"命令)、Ctrl＋O 键(相当于选择"文件"|"打开"命令)等。热键通常是一个字符,当一个菜单打开时,可以通过热键直接选择相应的菜单项,如图 10.1 所示的 C 键(关闭)等。

　　注意快捷键和热键的区别,快捷键是在任何时候都可以直接选择相应的菜单项,而热键只有在菜单打开或激活时才能直接选择相应的菜单项。

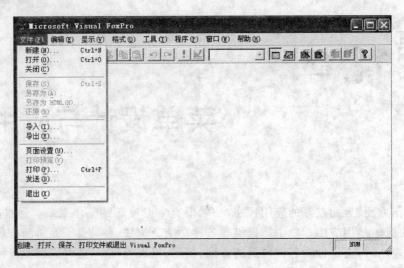

图 10.1　菜单系统的结构

2. 系统菜单的结构和组成

条形菜单都有一个内部名字和一组菜单选项,每个菜单选项都有一个名称(标题)和内部名字。每一个弹出式菜单也有一个内部名字和一组菜单选项,每个菜单选项则有一个名称(标题)和选项序号。菜单项的名称显示于屏幕供用户识别,菜单及菜单项的内部名字或选项序号则用于在代码中引用。

表 10.1~表 10.8 给出了 Visual FoxPro 系统菜单的名称和内部名。

Visual FoxPro 系统菜单的名称是_MSYSMENU,表 10.1 列出了相应的菜单和内部名称。

表 10.1　系统主菜单的名称和内部名称

菜 单 名 称	内 部 名 称	菜 单 名 称	内 部 名 称
文件(File)	_MSM_FILE	工具(Tools)	_MSM_TOOLS
编辑(Edit)	_MSM_EDIT	程序(Program)	_MSM_PROG
显示(Data Session)	_MSM_VIEW	窗口(Window)	_MSM_WINDO
格式(Format)	_MSM_TEXT	帮助(Help)	_MSM_SYSTM

表 10.2 列出了"文件"菜单及其所属菜单项的名称和内部名称。

表 10.2　"文件"菜单及其所属菜单项的名称和内部名称

菜单和菜单项	内部名称	菜单和菜单项	内部名称
"文件"菜单	_MFILE	还原	_MFI_REVRT
新建	_MFI_NEW	导入	_MFI_IMPORT
打开	_MFI_OPEN	导出	_MFI_EXPORT
关闭	_MFI_CLOSE	页面设置	_MFI_PGSET
全部关闭	_MFI_CLALL	打印预览	_MFI_PREVU
保存	_MFI_SAVE	打印	_MFI_SYSPRINT
另存为	_MFI_SAVES	发送	_MFI_SEND
另存为 HTML	_MFI_SAVASHTML	退出	_MFI_QUIT

表 10.3 列出了"编辑"菜单及其所属菜单项的名称和内部名称。

表 10.3　"编辑"菜单及其所属菜单项的名称和内部名称

菜单和菜单项	内部名称	菜单和菜单项	内部名称
"编辑"菜单	_MEDIT	查找	_MED_FIND
撤销	_MED_UNDO	再次查找	_MED_FINDA
重做	_MED_REDO	替换	_MED_REPL
剪切	_MED_CUT	定位行	_MED_GOTO
复制	_MED_COPY	插入对象	_MED_INSOB
粘贴	_MED_PASTE	对象	_MED_OBJ
选择性粘贴	_MED_PSTLK	链接	_MED_LINK
清除	_MED_CLEAR	属性	_MED_PREF
全部选定	_MED_SLCTA		

表 10.4 列出了"显示"菜单及其所属菜单项的名称和内部名称。

表 10.4　"显示"菜单及其所属菜单项的名称和内部名称

菜单和菜单项	内部名称	菜单和菜单项	内部名称
"显示"菜单	_MVIEW	工具栏	_MVI_TOOLB

表 10.5 列出了"工具"菜单及其所属菜单项的名称和内部名称。

表 10.5　"工具"菜单及其所属菜单项的名称和内部名称

菜单和菜单项	内部名称	菜单和菜单项	内部名称
"工具"菜单	_MTOOLS	代码范围分析器	_MTL_COVERAGE
向导	_MTL_WZRDS	修饰	_MED_BEAUT
拼写检查	_MTL_SPELL	运行 Active Document	_MTL_RUNACTIVEDOC
宏	_MST_MACRO	调试器	_MTL_DEBUGGER
类浏览器	_MTL_BROWSER	选项	_MTL_OPTNS
组件管理库	_MTL_GALLERY		

表 10.6 列出了"程序"菜单及其所属菜单项的名称和内部名称。

表 10.6　"程序"菜单及其所属菜单项的名称和内部名称

菜单和菜单项	内部名称	菜单和菜单项	内部名称
"程序"菜单	_MPROG	继续执行	_MPR_RESUM
运行	_MPR_DO	挂起	_MPR_SUSPEND
取消	_MPR_CANCL	编译	_MPR_COMPL

表 10.7 列出了"窗口"菜单及其所属菜单项的名称和内部名称。

表 10.7　"窗口"菜单及其所属菜单项的名称和内部名称

菜单和菜单项	内部名称	菜单和菜单项	内部名称
"窗口"菜单	_MWINDOW	清除	_MWI_CLEAR
全部重排	_MWI_ARRAN	循环	_MWI_ROTAT
隐藏	_MWI_HIDE	命令窗口	_MWI_CMD
全部隐藏	_MWI_HIDE	数据工作期	_MWI_VIEW
全部显示	_MWI_SHOWA		

表 10.8 列出了"帮助"菜单及其所属菜单项的名称和内部名称。

表 10.8　"帮助"菜单及其所属菜单项的名称和内部名称

菜单和菜单项	内部名称
"帮助"菜单	_MSYSTEM
Microsoft Visual FoxPro 帮助主题	_MST_HPSCH
目录	_MST_MSDNC
索引	_MST_MSDNI
搜索	_MST_MSDNS
技术支持	_MST_TECHS
Microsoft on the Web	_HELPWEBVFPFREESTUFF
关于 Microsoft Visual FoxPro	_MST_ABOUT

通过 SET SYSMENU 命令可以允许或者禁止在程序执行时访问系统菜单,也可以重新配置系统菜单:

SET SYSMENU ON|OFF|AUTOMATIC

|TO[<弹出式菜单名表>]

|TO[<条形菜单项名表>]

|TO[DEFAULT] |SAVE | NOSAVE

说明:

ON:允许程序执行时访问系统文件。

OFF:禁止程序执行时访问系统菜单。

AUTOMATIC:可使系统菜单显示出来,可以访问系统菜单。

TO<弹出式菜单名表>:重新配置系统菜单,以内部名字列出可用的弹出式菜单。例如,命令"SET SYSMENU TO _ MFILE,_ MWINDOW"将使系统菜单只保留"文件"和"窗口"两个子菜单。

TO<条形菜单项名表>:重新配置系统菜单,以条形菜单项内部名表列出可用的子菜单。例如,上面的系统菜单配置命令也可以写成 SET SYSMENU。

TO DEFAULT:将系统菜单恢复为默认配置。

SAVE:将当前的系统菜单配置指定为默认配置。如果在执行了 SET SYSMENU SAVE 命令后,修改了系统菜单,那么执行 SET SYSMENU TO DEFAULT 命令,就可以恢复 SET SYSMENU SAVE 命令执行之前的菜单配置。

NOSAVE:将默认配置恢复成 Visual FoxPro 系统菜单的标准配置。要将系统菜单恢复成标准配置,可先执行 SET SYSMENU NOSAVE 命令,然后执行 SET SYSMENU TO DEFAULT 命令。

不带参数的 SET SYSMENU 命令将屏蔽系统菜单,使系统菜单不可用。

10.1.2　菜单设计的一般步骤

创建一个完整的菜单系统通常包括如下几个步骤:

(1)规划菜单系统。确定需要哪些菜单,出现在界面的何处,每个菜单所具有的子菜单等。对一个应用程序来说,菜单系统的质量将决定其实用性,因此,菜单系统的规划至关重要。在规划菜单系统时,应从以下几方面考虑。

① 按照用户所要执行的任务组织菜单系统,而不要按应用程序的层次组织菜单系统。应用程序的最终使用者是用户,因此菜单的组织应符合最终用户的思考习惯。

② 给每个菜单起一个有意义的、简洁的标题。

③ 尽量按照预计的菜单项使用频率、逻辑顺序或字母顺序组织菜单项。

④ 将菜单项按功能相近的原则分组,并在菜单项的逻辑组之间放置分隔线。

⑤ 将菜单项的数目限制在一屏之内,如超出则应为其中的一些菜单项创建子菜单。

⑥ 为菜单和菜单项设置访问键或快捷键。

⑦ 使用能够准确描述菜单项的文字。描述菜单项时,尽量使用日常用语而不要使用计算机术语。

(2)创建菜单和子菜单。利用菜单设计器创建菜单、各级子菜单及菜单项。

(3)指定各菜单项的任务。各菜单项的任务可以是显示一个表单、执行一个应用程序、也可以显示一个对话框等。如果需要,还可以建立初始化代码和清理代码。

(4)预览菜单系统。在菜单设计过程中可随时单击预览按钮查看菜单的显示情况,以便及时修改。

(5)生成菜单程序。菜单保存后,将生成以.mnx 为扩展名的菜单文件。该文件是一个表,存储与菜单系统有关的所有信息。选择“菜单”菜单中的“生成”命令将生成一个扩展名为.mpr 的菜单程序文件。

(6)运行菜单程序。选择“程序”菜单中的“执行”命令,打开“运行”对话框,在“运行”对话框中指定已生成的扩展名为.mpr 的菜单程序,或在相关的程序代码中及命令窗口输入“Do 菜单名.mpr”命令可以运行菜单程序。

10.2　下拉式菜单设计

10.2.1　菜单设计器的调用

创建菜单系统大量的工作是在 Visual FoxPro 提供的菜单设计器中实现的。下面介绍菜单设计器的启动方法。

1. 启动菜单设计器

在 Visual FoxPro 中,可以采用以下三种方式打开菜单设计器。

（1）通过项目管理器

① 新建或打开一个项目，在项目管理器中选择"其他"选项卡，如图 10.2 所示。

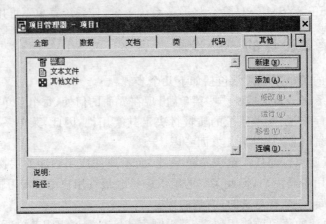

图 10.2 项目管理器"其他"选项卡

② 选择"菜单"项，单击"新建"按钮，弹出"菜单设计器"对话框，如图 10.3 所示。

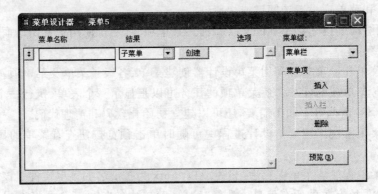

图 10.3 "菜单设计器"对话框

（2）使用系统菜单

① 选择"文件"菜单中的"新建"命令。

② 在"新建"对话框中选择"菜单"单选按钮，然后单击"新建文件"按钮。弹出"新建菜单"对话框，如图 10.4 所示。

③ 在"新建菜单"对话框有两个按钮，"菜单"按钮和"快捷菜单"按钮。其中"菜单"按钮用于创建系统菜单，"快捷菜单"按钮用于创建快捷菜单（右击弹出的菜单）。单击"菜单"按钮。弹出"菜单设计器"对话框，如图 10.3 所示。

（3）使用 Visual FoxPro 命令

在命令窗口中，用命令来启动"菜单设计器"。其命令格式如下：

CREATE MENU 菜单文件名

如果要用菜单设计器修改一个已有的菜单，可以从"文件"菜单

图 10.4 "新建菜单"对话框

中选择"打开"命令，打开一个菜单定义文件（. mnx 文件），打开"菜单设计器"窗口。也可以

用命令方式调用菜单设计器,打开"菜单设计器"窗口,进行菜单的建立或者修改。其命令格式如下:

MODIFY MENU 菜单文件名

10.2.2 菜单设计器简介

打开的"菜单设计器"窗口如图 10.3 所示。使用"菜单设计器"可以创建菜单、菜单项、菜单项的子菜单和分隔相关菜单组的线条等。"菜单设计器"中各项含义如下:

1．"菜单名称"列

在"菜单名称"文本框中输入的文本将作为菜单的提示字符串显示。设计良好的菜单都具有访问键,这样通过键盘同时按下 Alt 键和指定键就可以快速访问菜单项。如果要给菜单项设置访问键,可以在要设定为快捷键的字母前加反斜杠和小于号(\<)。例如,给"文件"菜单项设置快捷键为 F,只要在"菜单名称"文本框中输入"文件(\<F)"即可。

内容相关的菜单常常被分为一组,为了给菜单项进行逻辑分组,往往需要在组与组之间加上分隔线以提高菜单的可读性和易操作性。系统提供的实现方式是在两组相邻菜单项之间插入新的菜单项,并在"菜单名称"文本框中输入"\－"两个字符,在显示时,这两组相邻菜单项之间出现一条分隔线。

2．"移动"按钮

"移动"按钮指"菜单名称"列左边的双向箭头按钮。在设计时允许可视化地调整菜单名称的位置。

3．"结果"列

此列设定菜单项的功能类别,共有命令、子菜单、过程和填充名称四种选择。

(1) 子菜单(Submenu):如果所定义菜单项具有子菜单则应选择该项。选择此选项后,列表框右侧出现"创建"按钮,单击此按钮可以创建下一级子菜单。如子菜单已经创建,此按钮变成"编辑"按钮,单击后可对下一级子菜单进行编辑。

(2) 命令(Command):如果所定义菜单项的任务是执行一条命令,则应选择该项。当选择该选项后,右侧出现一个文本框,可在其中输入要执行的命令。

(3) 过程(Procedure):如果所定义菜单项是执行一组命令,则应选择该项。当选择该选项后,列表框右侧会出现"创建"按钮。单击该按钮进入"过程代码编辑"窗口,可在其中输入对应的一组命令。

注意:在输入过程代码时,不要用 PROCEDURE 语句。

(4) 填充名称/菜单项♯(PadName/Bar♯):用于标识由菜单生成过程所创建的菜单和菜单项。当定义主菜单时,显示"填充名称",选择此项可以在右侧的文本框中指定菜单项的内部名称;当定义子菜单时,显示"菜单项♯",选择此项可以在右侧的文本框中指定菜单项的序号。其主要目的是为了在程序中引用它。

4."选项"按钮

单击该按钮打开"提示选项"对话框,如图 10.5 所示,可以在其中为菜单项设置各种属性。

该对话框中主要设置如下:

(1) 快捷方式:用于定义菜单项快捷键。其中"键标签"用于定义快捷键;"键说明"用于定义在菜单项后显示的快捷键名称。例如,定义快捷键为 Ctrl+V,当按下 Ctrl+V 键时,"键标签"文本框中出现 Ctrl+V,"键说明"文本框内也出现相同内容,但该内容可以根据需要修改。"键标签"中的文本内容不是用输入法输入的,而是按下组合键后由系统产生的。

(2) 位置:设置菜单项标题位置。当在应用程序中编辑一个 OLE 对象时,用户可指定菜单项的标题位置。

图 10.5 "提示选项"对话框

(3) 跳过:定义菜单项禁用条件。在文本框中输入一个表达式,或单击右侧按钮进入"表达式生成器"对话框生成一个表达式,定义允许或禁用菜单项的条件。当表达式值为"假"时,菜单项为可用状态;否则为禁止状态,菜单项以灰色显示。

(4) 信息:定义菜单项说明信息。当鼠标指针指向菜单或菜单项时,在 Visual FoxPro 状态栏中显示说明其功能及用途的文字信息。这些信息必须用引号括起来。

(5) 菜单项:显示"主菜单名"对话框,可在其中指定可选的菜单标题。此选项仅在"菜单设计器"窗口的"结果"列显示为"命令"、"子菜单"或"过程"时可用。

(6) 备注:指定菜单备注信息。在文本编辑框中可输入用户注释内容。任何情况下注释内容不影响生成的代码,运行菜单程序时 Visual FoxPro 忽略所有注释。

5."菜单级"下拉列表框

菜单系统是分级的,最高一级是菜单栏菜单,其次是每个菜单的子菜单。从该下拉列表框选择某菜单级,可以进行相应级别菜单的设计。

6."菜单项"选项组

在"菜单项"选项组中有三个命令按钮,为菜单设计提供相应的操作功能。其功能如下:

(1) "插入"按钮:用于在当前菜单项前面插入一个新菜单项目,默认名称为"新菜单项"。

(2) "删除"按钮:用于删除当前菜单项。

(3) "插入栏"按钮:用于插入标准的 Visual FoxPro 6.0 系统菜单中的某些项目。单击该按钮打开"插入系统菜单栏"对话框,如图 10.6 所示。其中列出 Visual FoxPro 中所有标准菜单项目以供选择。当菜单级处于"菜单栏"时,该项不可用。

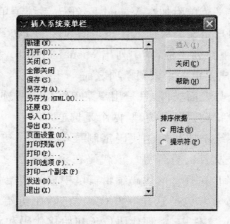

图 10.6　"插入系统菜单栏"对话框

7."预览"按钮

单击"预览"按钮,可以暂时屏蔽系统菜单,而显示用户所创建的菜单,同时在屏幕中显示"预览"对话框。每当用户选择一个菜单项后,在"预览"对话框中都会显示出正在预览的菜单的菜单名、提示和命令等信息。

10.2.3　菜单的"常规选项"和"菜单选项"

设计好菜单系统后,需要对菜单系统进行定制。这时可以通过"常规选项"对整个菜单系统进行定制,也可以利用"菜单选项"对主菜单或者指定的子菜单进行定制。启动菜单设计器后,在"显示"菜单中会出现下面两个菜单命令。

1. 常规选项

"常规选项"是针对整个菜单的,它的主要作用是:其一,为整个菜单指定一个过程;其二,可以确定用户菜单与系统菜单之间的位置关系;其三,为菜单增加一个初始化过程和清理过程。

选择"显示"|"常规选项"命令,打开如图 10.7 所示的"常规选项"对话框。该对话框主要由以下几部分组成:

(1) 过程:为整个菜单系统指定过程代码。如果菜单系统中某菜单项没有规定具体操作,当选择此菜单选项时,将执行该默认过程代码。可以在"过程"文本框中直接输入过程代码,也可以单击"编辑"按钮打开代码编辑窗口,输入、编辑过程代码。

(2) 位置:在这个选项组中有四种选择,决定用户菜单与系统菜单之间的位置关系。

- "替换":将用户定义菜单替换 Visual FoxPro 系统菜单,这是默认的选择。

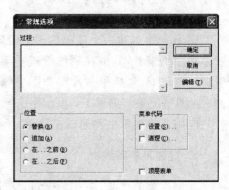

图 10.7　"常规选项"对话框

- "追加"：将用户定义菜单附加在 Visual FoxPro 系统菜单之后。
- "在…之前"：将用户定义菜单插入在指定的 Visual FoxPro 系统菜单项前面。选择该项后，右边出现下拉列表框，其中列出 Visual FoxPro 系统菜单的各个菜单项，从中选择一项，将用户菜单置于该菜单项之前。
- "在…之后"：意义与上面类似，只是用户菜单将置于所选择菜单项之后。

(3) 菜单代码：它包括"设置"和"清理"两个复选框。

- "设置"：向菜单系统添加初始化代码定制菜单系统。初始化代码可以包含环境设置、变量定义、相关文件的打开等。该代码在菜单显示之前执行。选中"设置"复选框，单击"确定"按钮，在打开的代码编辑窗口中输入初始化代码即可。
- "清理"：清理代码中常包括这样一些代码，它们在初始化时启动或废止某些菜单项。在菜单的.mpr 文件中，清理代码位于初始化代码和菜单定义代码之后，而位于主菜单及菜单项指定的代码之前。如果设计的菜单是应用程序的主菜单，则应该在清理代码中包含 READ EVENTS 命令，并为退出菜单系统的菜单命令指定一个 CLEAR EVENTS 命令。这样可以在应用程序运行期间禁止命令窗口，以防止应用程序的运行被过早地中断。选中"清理"复选框，单击"确定"按钮，在打开的代码编辑窗口输入清理代码即可。

(4) "顶层表单"复选框：菜单设计器创建的菜单系统默认位置是在 Visual FoxPro 系统窗口之中，如果希望菜单出现在表单中，需选中"顶层表单"复选框，同时还必须将对应表单设置为"顶层表单"。

2. 菜单选项

选择"显示"|"菜单选项"命令，打开"菜单选项"对话框。该对话框中主要有两项功能：一是为指定菜单编写一个过程，二是修改菜单项名称。如果用户正在编辑主菜单，则此处的文件名是不可改变的，即所有主菜单共享一个过程，如图 10.8 所示。如果用户正在编辑的是某个子菜单或菜单项，则该过程即为局部过程，对应子菜单或菜单项的名称可以更改。

下面通过具体实例说明下拉式菜单的设计过程。

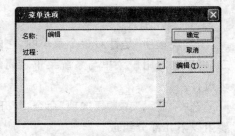

图 10.8　"菜单选项"对话框

例 10.1　创建一个简单的图书管理系统，在该系统中，包括系统管理、图书管理、读者管理和图书服务，其中在系统管理子菜单下，包括用户注册、修改密码和退出系统；在图书管理子菜单下，包括图书入库和图书修改；在读者管理子菜单下，包括读者录入和读者修改；在图书服务子菜单下，包括图书查询和借还图书。

应用系统菜单主要完成主菜单、子菜单项的设计。

1. 规划菜单系统

在创建菜单之前，应首先规划菜单系统。本系统菜单设计如图 10.9 所示。

下面通过"菜单设计器"完成该菜单系统的建立。

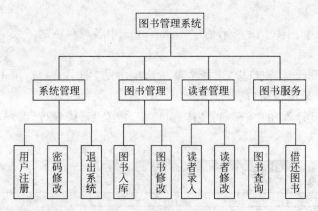

图 10.9　菜单系统设计图

2．创建主菜单

应用程序主菜单如图 10.9 所示,共有四个菜单项:系统管理、图书管理、读者管理、图书服务,其中系统管理具有菜单访问键 Alt+S。

操作步骤如下:

(1) 选择"文件"|"新建"命令,打开"新建"对话框。

(2) 在"新建"对话框中,单击选中"菜单"选项,再单击"新建文件"按钮,打开如图 10.4 所示的"新建菜单"对话框。

(3) 单击"菜单"按钮,进入"菜单设计器"窗口。

(4) 在"菜单设计器"窗口中,在"菜单名称"中输入"系统管理(\<s)",在"结果"项中选择"子菜单",单击"移动"按钮进入下一项,以此类推,定义主菜单中各菜单的选项名,如图 10.10 所示。

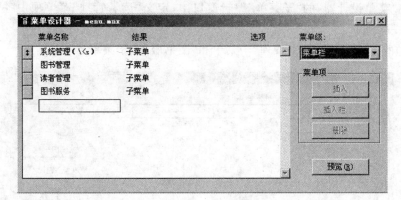

图 10.10　设置主菜单

3．创建子菜单

创建子菜单实际上是给主菜单定义子菜单选项。当菜单栏内的菜单添加完成后,可以针对每一个菜单项,单击"创建"按钮创建子菜单。进入子菜单的编辑窗口后,在"菜单级"下拉列表框中将显示出该子菜单名称。一个子菜单创建完成后,在"菜单级"下拉列表框中选择"菜单栏"选项,可以返回上一级菜单,即主菜单。在创建子菜单时,各个菜单项所对应的

"结果"可能不同。

按照图 10.11 和图 10.12 所示创建 menu.mnx 中各菜单项的子菜单。

操作步骤如下：

(1) 在"菜单设计器"窗口中，选择主菜单选项中的"图书管理"，单击"创建"按钮，进入"菜单设计器"子菜单编辑窗口。

(2) 在"菜单设计器"的"子菜单"编辑窗口中，定义"系统管理"菜单项中各子菜单选项名，如图 10.11 所示。

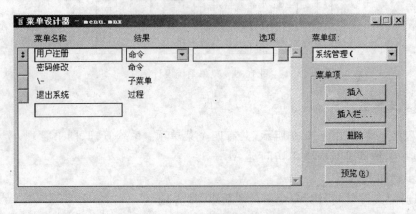

图 10.11　设置"系统管理"子菜单

其中，在"密码修改"和"退出系统"之间插入一个菜单项，在菜单名称中输入"\－"，运行菜单时，将在"密码修改"和"退出系统"之间出现一条分隔线。

(3) 在"图书管理"菜单设置完成后，单击"菜单级"的下拉箭头，在下拉列表中选择"菜单栏"选项，返回上一级菜单设置。

(4) 在"菜单设计器"的"子菜单"编辑窗口中，定义"读者管理"菜单项中各子菜单选项名，如图 10.12 所示。

用同样的方法，设置"图书管理"子菜单和"图书服务"子菜单。

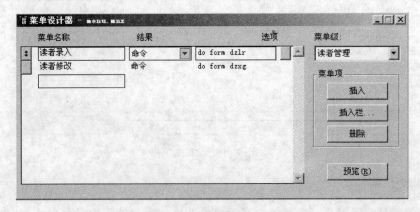

图 10.12　设置"读者管理"子菜单

4. 为菜单或菜单项指定任务

创建菜单系统时,需要考虑系统访问的简便性,必须为菜单和菜单项指定所执行的任务,如指定菜单访问键、添加键盘快捷键、显示表单等。菜单选项的任务可以是子菜单、命令或过程。菜单任务对应的命令必须明确指定,对应的过程必须输入相应的过程代码。

如表 10.9 所示,在"菜单设计器"中为各菜单项添加命令和过程。

表 10.9　为各菜单项添加命令和过程

菜单标题	菜单项名称	结果	结果框内容
系统管理	用户注册	命令	DO FORM yhzc
	密码修改	命令	DO FORM mmxg
	退出系统	过程	SET SYSMENU TO DEFAULT QUIT
图书管理	图书入库	命令	DO FORM tsrk
	图书修改	命令	DO FORM tsxg
读者管理	读者录入	命令	DO FORM dzlr
	读者修改	命令	DO FORM dzxg
图书服务	图书查询	命令	DO FORM tscx
	借还图书	命令	DO FORM jhts

5. 预览并保存菜单文件

在菜单设计过程中可随时单击"预览"按钮预览设计的菜单。菜单设计完成后,选择"文件"|"保存"命令,将菜单设计结果保存在菜单文件 menu. mnx 和备注文件 menu. mnt 中。

6. 生成菜单程序

菜单与表单不同,它不能直接在设计器中生成程序代码,必须专门生成菜单程序代码。所以用菜单设计器设计完菜单选项及每个菜单项任务后,菜单设计工作并未结束,用户还要通过系统提供的生成器,将其转换成程序文件方可使用。

用菜单设计器设计的菜单文件其扩展名为. mnx,通过生成器的转换,生成的程序文件其扩展名为. mpr。

将菜单文件 menu. mnx 生成菜单程序文件的操作步骤如下:

(1) 选择"菜单"|"生成"菜单命令,打开"生成菜单"对话框,如图 10.13 所示。

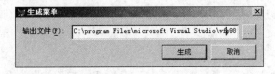

图 10.13　"生成菜单"对话框

(2) 输入菜单程序文件名(扩展名为. mpr),或者单击文本框右侧的"打开"按钮,在弹出的"另存为"对话框中输入菜单程序文件名,单击"生成"按钮,生成相应的菜单程序文件menu. mpr。

7. 运行菜单

运行菜单实际上是运行菜单程序,因此运行的方法与运行其他程序文件的方法是相似的。有三种方式。

(1) 菜单方式

选择"程序"|"运行"命令,在弹出的对话框中选择需要运行的菜单程序文件名。

(2) 命令方式

在命令窗口直接输入 DO<菜单文件名. mpr>命令。

(3) "项目管理器"方式

在"项目管理器"中选择相应菜单文件并单击"运行"按钮。如在命令窗口中输入: DO menu. mpr,命令执行结果如图 10.14 所示。单击主菜单,将弹出下拉菜单,单击其中的菜单项,将执行相应的菜单命令。

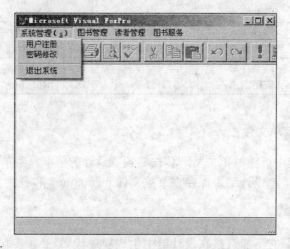

图 10.14　运行结果对话框

例 10.2　利用菜单设计器建立一个下拉式菜单,具体要求如下:

(1) 条形菜单的菜单项包括数据维护(W)、编辑(B)、退出(R),它们的结果分别是激活弹出式菜单 wh、激活弹出式菜单 bj、将系统菜单恢复为标准设置。

(2) 弹出式菜单 wh 菜单项包括录入记录、修改记录、浏览记录,它们的快捷键分别为 Ctrl+L,Ctrl+X,Ctrl+I,它们的结果分别是执行程序文件 lr. prg、xg. prg、11. prg。

(3) 弹出式菜单 bJ 包括剪切、复制和粘贴三个选项,它们分别调用相应的系统标准功能。

操作步骤如下:

(1) 在命令窗口输入命令: MODIFY MENU cdlx,打开"菜单设计器"窗口。

(2) 设置条形菜单的菜单项,如图 10.15 所示。

(3) 为菜单项"退出"定义过程代码:单击菜单项"结果"列上的"创建"按钮,打开文本编辑窗口,输入下面两行代码:

```
SET SYSMENU NOSAVE
SET SYSMENU TO DEFAULT
```

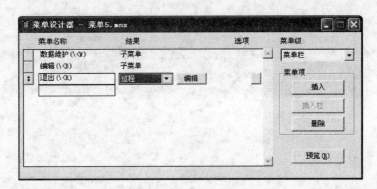

图 10.15 设置主菜单

（4）定义弹出式菜单 wh：单击"数据维护"菜单项"结果"列上的"创建"按钮，使设计器窗口切换到子菜单页，然后设置各菜单项，如图 10.16 所示。

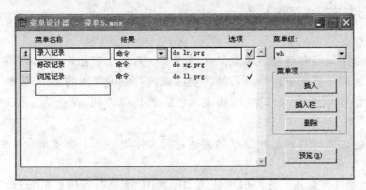

图 10.16 设置"数据维护"子菜单

（5）为菜单项"录入记录"设置快捷键：单击菜单项"选项"列上的按钮，打开"提示选项"对话框，然后单击"键标签"文本框，并在键盘上按 Ctrl＋L 组合键。用同样的方法为其他菜单项设置快捷键。

（6）设置弹出式菜单的内部名字：从"显示"菜单中选择"菜单选项"命令，打开"菜单选项"对话框，然后在"名称"文本框中输入 wh，如图 10.17 所示。

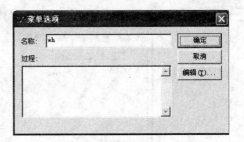

图 10.17 设置"数据维护"子菜单
的内部名字

从"菜单级"列表框中选择"菜单栏"，返回到主菜单页。

（7）定义弹出式菜单 bj：单击编辑菜单项"结果"列上的"创建"按钮，使设计器窗口切换到子菜单页；单击"插入栏"按钮，打开"插入系统菜单栏"对话框；从对话框的列表框中选择"粘贴"项并单击"插入"按钮。用同样方法插入"复制"和"剪切"项。

（8）为弹出式菜单 bj 设置内部名字，结果如图 10.18 所示。

（9）保存菜单定义：选择"文件"菜单中的"保存"命令，结果保存在菜单定义文件 cdlx.mnx 和菜单备注文件 cdlx.mnt 中。

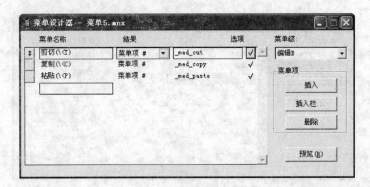

图 10.18　设置"编辑"子菜单

（10）生成菜单程序：选择"菜单"菜单中的"生成"命令。产生的菜单程序文件为 cdlx. mpr。

10.3　快捷菜单设计

快捷菜单是用鼠标右键在屏幕上某区域或某一对象上单击时弹出的菜单，该菜单中的功能和命令列表都是鼠标单击处屏幕的特定区域或对象可使用的菜单选项，一般说来，它们是系统菜单中的菜单选项，如同系统的工具栏中的快捷按钮，都是为了使用上的方便而设计的。

快捷菜单的创建与普通系统菜单的创建过程大体类似。下面就来介绍快捷菜单的创建过程。

（1）打开"项目管理器"，在"其他"选项卡中选中"菜单"，然后单击"新建"按钮。在弹出的"新建菜单"对话框中单击"快捷菜单"按钮，便打开了快捷菜单设计器，如图 10.19 所示。

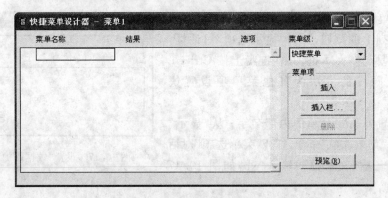

图 10.19　"快捷菜单设计器"对话框

（2）为了方便起见，我们借助于"快捷菜单设计器"中的"插入栏"按钮中所提供的"插入系统菜单栏"对话框，如图 10.3 所示，单击"插入栏"按钮。

在其中按下 Ctrl 键，单击选择如图 10.20 所示的六个菜单项，然后单击"插入"按钮。这时，在"快捷菜单设计器"中可看到已经插入的菜单项。单击"关闭"按钮，回到"快捷菜单设计器"。

（3）现将快捷菜单中的菜单项分成两组，即在两组之间加上分组分隔线。把"新建"、"打开"和"关闭"放置在一起，而剩余三项自成一组。单击选中"保存"菜单项，然后单击"插入"按钮，则在"保存"菜单项的位置之上插入了一个待设置的菜单项。把此项的菜单标题设置为"\"，并把"结果"指定为菜单项，即可完成分组。单击"预览"按钮，可查看分组效果，如图 10.21 所示。

图 10.20　"插入系统菜单栏"对话框

图 10.21　快捷菜单效果

10.4　表单菜单设计

一般情况下，使用"表单设计器"建立的菜单，是在 Visual FoxPro 窗口中运行的，也就是说，用户建立的菜单并不是运行在窗口的顶层，而是在第二层。要使菜单出现在顶层，可以通过表单菜单设计来实现。需要在菜单设计完成以后，在"常规选项"对话框中将其设置为"顶层表单"，菜单才能在表单中得以执行。

若要在表单中添加菜单，可以按如下步骤操作：

（1）在"菜单设计器"窗口中设计下拉式菜单。

（2）菜单设计时，在"常规选项"对话框中选择"顶层表单"复选框。

（3）将表单的 ShowWindow 属性值设置为 2，使其成为顶层表单。

（4）在表单的 Init 事件代码中添加调用菜单程序的命令，格式如下：

Do＜文件名＞WITH This[，＜菜单名＞]

＜文件名＞指定被定义的菜单程序文件，其中的扩展名.mpr 不能省略。This 表示当前表单对象的引用。通过＜菜单名＞可以为被添加的下拉式菜单的条形菜单指定一个内部名字。

（5）在表单的 Destroy 事件代码中添加清除菜单的命令，使得在关闭表单时能同时清除菜单，释放其所占用的内存空间。命令格式如下：

RELEASE MENU＜菜单名＞[EXTENDED]

其中的 EXTENDED 表示在清除条形菜单时一起清除其下属的所有子菜单。

下面通过具体实例说明为顶层表单添加菜单。

例 10.3　在顶层表单中添加菜单图书管理。

操作步骤如下：

（1）选择"文件"|"打开"命令，在"打开"对话框中选择要打开的菜单文件 menu.mnx，

单击"打开"按钮,打开"菜单设计器"。

(2)选择"显示"|"常规选项"命令,打开"常规选项"对话框,选中"顶层表单"复选框。

(3)单击"另存为"按钮,保存设计的菜单文件为 menu2.mnx。

(4)选择"菜单"|"生成"命令,打开"生成菜单"对话框。在"生成菜单"对话框中确定菜单程序的保存位置和菜单文件名 menu2.mpr,单击"生成"按钮。

(5)在"项目管理器"中,选中"表单",单击"新建"按钮,打开"表单设计器",在"表单设计器"中添加一个标签控件用于显示应用系统名称等信息。

(6)将表单的 ShowWindow 属性设置为"2-作为顶层表单"。

(7)在表单的 Init 事件代码中添加调用菜单程序的命令:

```
DO menu2.mpr WITH THIS,.T.
```

(8)保存并运行表单,结果如图 10.22 所示。

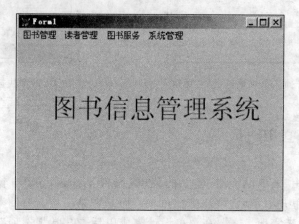

图 10.22　运行表单结果对话框

本章小结

本章首先介绍了 Visual FoxPro 的系统菜单,然后通过具体实例介绍了如何创建菜单。

Visual FoxPro 中的菜单包括两种:条形菜单和弹出式菜单。典型的菜单系统一般是一个下拉式菜单,由一个条形菜单和一组弹出式菜单组成。

在 Visual FoxPro 中,可以采用三种方式打开菜单设计器:

(1)通过项目管理器。

(2)使用系统菜单。

(3)使用 Visual FoxPro。

菜单设计器的组成:菜单名称、结果、选项、菜单级、菜单项和预览。

下拉式菜单的设计步骤包括:

(1)规划菜单系统。

(2)创建主菜单。

(3)创建子菜单。

(4)为菜单和菜单项指定任务。

（5）预览并保存菜单文件。

（6）生成菜单程序。

（7）运行菜单。

快捷菜单是右击鼠标时弹出的菜单。在"新建菜单"对话框中选择"快捷菜单"，然后定义菜单功能，生成.mpr文件，再将菜单文件添加进所属对象的RightClick事件中。

SDI顶层表单是可以添加进顶层表单的菜单。选择"显示"|"常规选项"|"顶层表单"命令，将表单的ShowWindow属性设置为"2-作为顶层表单"。在表单的Init事件代码中添加调用菜单程序的命令。

习题

一、选择题

1. 下列【　　】命令将屏蔽系统菜单。

　　A. SET SYSMENU AUTOMATIC　　　　B. SET SYSMENU ON

　　C. SET SYSMENU OFF　　　　　　　　D. SET SYSMENU TO DEFAULT

2. 为了从用户菜单返回到系统菜单，应使用【　　】命令。

　　A. SET SYSTEM TO DEFAULT　　　　B. SET DEFAULT TO SYSTEM

　　C. SET SYSMENU TO DEFAULT　　　　D. SET DEFAULT TO SYSMENU

3. 下列对于主菜单和弹出式菜单中"编辑"命令的内部名字，书写正确的是【　　】。

　　A. _MEDIT 和_MSM_EDIT　　　　　　B. _MSM_EDIT 和_MEDIT

　　C. _MED_EDIT 和_MEDIT　　　　　　D. _MEDIT 和_MAD_EDIT

4. 以下叙述正确的是【　　】。

　　A. 条形菜单不能分组　　　　　　　　B. 快捷菜单可以包含条形菜单

　　C. 弹出式菜单不能分组　　　　　　　D. "生成"的菜单才能预览

5. 如果菜单项的名称为"统计"，热键是T,在菜单名称一栏中应输入【　　】。

　　A. 统计(\<T)　　　B. 统计(Ctrl+T)　　　C. 统计(Alt+T)　　　D. 统计(T)

6. 在项目管理器的【　　】选项卡下管理菜单。

　　A. 菜单　　　　　　B. 文档　　　　　　C. 其他　　　　　　D. 代码

7. 假设建立了一个菜单menul,并生成了相应的菜单程序文件，为了执行该菜单程序应该使用命令【　　】。

　　A. DO MENU menul　　　　　　　　　B. RUN MENU menu1

　　C. DO menul　　　　　　　　　　　　D. DO menul. mpr

8. 建立菜单的命令是【　　】。

　　A. CREATE MENU　　　　　　　　　　B. CREATE PROJECT

　　C. NEW MENU　　　　　　　　　　　　D. NEW PROJECT

9. Visual FoxPro中，在"菜单设计器"中保存的文件类型为【　　】。

　　A. .mnx　　　　　　B. .frx　　　　　　C. .mpr　　　　　　D. .mnu

10. 设计菜单时，不需要完成的操作是【　　】。

　　A. 生成菜单程序　　　　　　　　　　B. 指定菜单任务

  C. 创建主菜单及子菜单   D. 浏览表单

11. Visual FoxPro 中,设计菜单要完成的最终操作是【 】。

  A. 创建主菜单和子菜单   B. 指定各菜单任务

  C. 生成可执行的菜单程序   D. 浏览菜单

12. 在"菜单设计器"窗口中,建立主菜单的菜单项时,若希望选择后产生一个子菜单,则该项的"结果"应为【 】。

  A. 命令   B. 过程   C. 子菜单   D. 菜单项

13. 在菜单设计器环境下,系统"显示"菜单会出现的两条命令是【 】。

  A. 常规选项和菜单选项   B. 添加和删除

  C. 常规选项和菜单设计   D. 条形菜单和弹出式菜单

14. 菜单设计器窗口中的【 】可用于上、下级菜单之间进行切换。

  A. 菜单级   B. 插入   C. 菜单项   D. 预览

15. 用于设置菜单访问键的是【 】。

  A. 菜单名称   B. "菜单级"下拉框

  C. "提示选项"对话框   D. "菜单选项"对话框

16. 为顶层表单添加菜单 mymenu 时,若在表单的 Destroy 事件代码为清除菜单而加入的命令是 RELEASE MENU aaa EXTENDED,那么在表单的 Init 事件代码中加入的命令应该是【 】。

  A. DO mymenu. mpr WITH THIS,"aaa"

  B. DO mymenu. mpr WITH THIS"aaa"

  C. DO mymenu. mpr WITH THIS,aaa

  D. DO mymenu WITHTHIS,'aaa'

17. 为表单建立快捷菜单时,调用快捷菜单的命令代码 DO mymenu. mpr WITH THIS 应该插入表单的【 】中。

  A. Destory 事件   B. Init 事件

  C. Load 事件   D. RightClick 事件

18. 所谓快捷菜单是指【 】。

  A. 当用户在某个对象上单击鼠标右键时弹出的菜单

  B. 运行速度较快的菜单

  C. "快速菜单"的另一种说法

  D. 可以为菜单项指定快速访问的方式

19. 为表单创建了一个快捷菜单,要打开这个菜单,应当【 】。

  A. 用快捷键 B. 用鼠标   C. 用菜单   D. 用热键

20. 要将一个已经设计好的菜单文件添加到表单中,则需要【 】。

  A. 在表单的 Init 事件中调用菜单程序

  B. 在表单的 Load 事件中调用菜单程序

  C. 在表单的 Click 事件中调用菜单程序

  D. 在表单的 GotFocus 事件中调用菜单程序

二、填空题

1. 用菜单设计器设计菜单文件 mymenu,并将其生成相应的菜单程序文件 mymenu. mpr,运行该菜单程序的命令是【1】。

2. 菜单设计器窗口中的【2】组合框用于上、下级菜单之间的切换。

3. 弹出式菜单可以分组,插入分组线的方法是在"菜单名称"项中输入【3】两个字符。

4. 当选择菜单中某个选项时,都会有一定的动作,它们是一个命令、一个过程和【4】。

5. 利用命令方式调用"菜单设计器"窗口,进行菜单的建立或修改,其命令格式为【5】。

6. 菜单设计器主要由菜单名称、菜单项、【6】、【7】、【8】、【9】六个部分组成。

7. 菜单设计器中负责插入 Visual FoxPro 系统菜单命令的按钮名称是【10】。

8. 如果在当前菜单项之前插入一个新的菜单行,可以单击菜单设计器中的【11】按钮。

9. 设计菜单要完成的最终操作是【12】。

10. 若要为表单设计下拉式菜单,要注意两点。其一是在菜单设计过程中,选择"常规选项"对话框中【13】复选框;其二是将附加表单的【14】属性值设置为"2-作为顶层表单",然后在表单的【15】事件代码中设置调用菜单程序的命令。

第11章

报表设计

在信息系统中,对收集的数据进行分类、统计和存储之后,不仅能用于信息查询等日常信息管理,还经常从系统中筛选和提取各种所需的数据,并以各种报表和标签的方式进行数据输出。所以,在应用程序开发中对各种不同类型的数据设计一个适当的报表和标签是非常重要的工作。本章具体介绍各种报表的创建和设计方法。

11.1 创建报表

报表主要包括两部分的内容:数据源和布局。数据源是报表的数据来源,通常是数据库中的表、查询、视图或临时表。视图和查询对数据库中的数据进行筛选、排序和分组,而报表的布局则定义了报表的打印格式。在定义了表、视图或查询之后,便可以创建报表。

Visual FoxPro 提供了三种创建报表的方法:使用报表向导创建报表、使用快速报表创建报表、使用数据环境设计器创建报表。

11.1.1 报表向导方式

在创建报表之前,要确定所需要报表的样式,根据应用的需要,报表布局可以是简单的,也可以是复杂的。Visual FoxPro 提供了各类报表布局,分别是列报表、行报表、一对多报表和多栏报表。

Visual FoxPro 有两种类型的报表向导:

- 单个表的报表向导。
- 一对多报表向导,使用表之间的父子关系来创建报表。

1. 使用报表向导创建一对一报表

启动报表向导有以下四种途径:

(1) 打开"项目管理器",选择"文档"选项卡,从中选择"报表"。然后单击"新建"按钮。在弹出的"新建报表"对话框中单击"报表向导"按钮,如图 11.1(a)所示。

(2) 从"文件"菜单中选择"新建"命令,或者单击工具栏上的"新建"按钮,打开"新建"对话框,在文件类型栏中选择报表,然后单击向导按钮。

(3) 在"工具"菜单中选择"向导"子菜单,选择"报表"命令,如图 11.1(b)所示。

(4) 直接单击工具栏上的"报表向导"图标按钮 █。

报表向导启动时,首先弹出"向导选取"对话框,如图11.2所示。如果数据源是一个表,应选取"报表向导",如果数据源包括父表和子表,则应选取"一对多报表向导"。

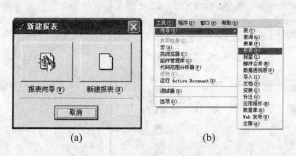

图11.1 启动报表向导的途径   图11.2 "向导选取"对话框

下面通过例子来说明使用报表向导的操作步骤。

例11.1 使用报表向导方式对"学生基本信息.dbf"创建报表。

(1) 打开"学生基本信息.dbf"文件,以该数据库表作为报表的数据源。

(2) 使用上面四种途径中的任意一种打开报表向导。

(3) 报表向导共有六个步骤,先后出现六个对话框屏幕。

步骤如下:

(1) 字段选取,如图11.3所示,在"数据库和表"列表框中选择需要创建报表的表或者视图,然后选取相应字段。

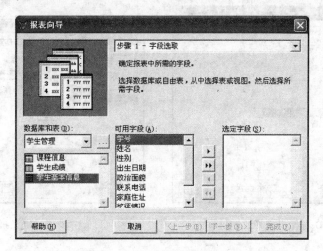

图11.3 "步骤1-字段选取"对话框

(2) 对记录进行分组,如图11.4所示。使用数据分组将记录分类和排序,这样可以很容易地读取它们。

只有按照分组字段建立索引后才能正确分组,最多可建立三层分组。本例没有指定分组选项。

(3) 选择报表样式,可以有五种标准的报表风格供用户选择,当单击任何一种样式时,向导都在放大镜中更新成该样式的示例图片,如图11.5所示。

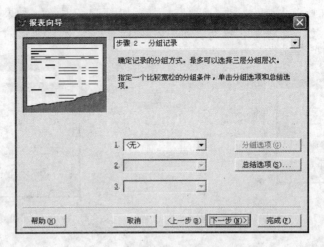

图 11.4　"步骤 2-分组记录"对话框

　　(4) 定义报表布局,如图 11.6 所示。该对话框可以定义报表显示的字段布局。当报表中的所有字段可以在一页中水平排满时,可以使用"列"风格来设计报表,这样可以在一个页面中显示更多的数据;而当每个记录都有很多的字段时,此时,一行中可能已经容纳不了所有的字段,就可以考虑"行"风格的报表布局。在"列数"选项中,用户可以决定在一页内显示的重复数据的列数。"方向"栏用来设置打印机的纸张设置,可以横向布局,也可以纵向布局,这取决于纸张的大小和用户的要求。

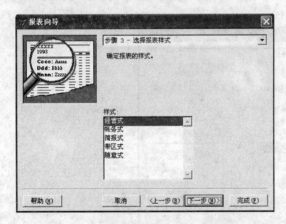

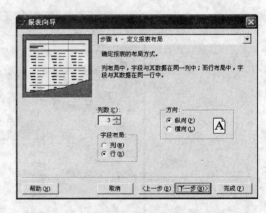

图 11.5　"步骤 3-选择报表样式"对话框　　　　图 11.6　"步骤 4-定义报表布局"对话框

　　当指定列数或布局时,可以随时通过向导左上角的放大镜,查看选定布局的实例图形。

　　(5) 排序记录,从可用字段或索引标志中选择用来排序的字段,并确定升降序规则,如图 11.7 所示。

　　(6) 定义报表标题并完成报表向导,如图 11.8 所示。

　　如果在报表的单行指定宽度之内不能放置选定数目的字段,Visual FoxPro 会自动将字段换到下一行上。如果不希望字段换行,可以清除"对不能容纳的字段进行折行处理"选项。单击"预览"按钮,可以在离开向导前显示报表。保存报表后,可以像其他报表一样在报表设计器中打开或修改它。

图 11.7 "步骤 5-排序记录"对话框

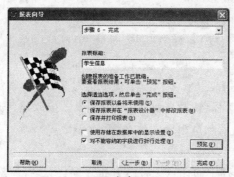

(a) 完成

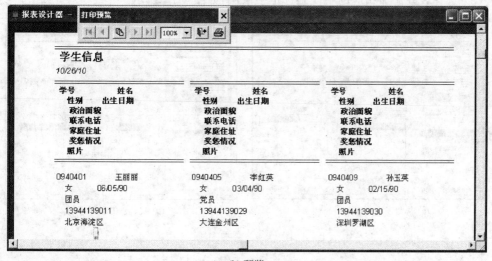

(b) 预览

图 11.8 预览报表

2．使用报表向导创建一对多报表

一对多的含义与在表单中的一对多是一致的，即该报表中的内容涉及两个表中的字段，其中一个称为"父"表，另一个则称为"子"表。两者间必须至少有一个公共字段，另外，对于该公共字段，在"父"表中要设置成主索引，在"子"表中须设置成普通索引。

通过创建一对多报表，可以将父表和子表的记录分组关联，并用这些表和相应的字段创建报表。要想创建"一对多报表"，可以按照以下步骤进行：

（1）确定父表，并从中选定希望建立报表的记录。这些字段将组成"一对多报表"关系中最主要的一方，并显示在报表的上半部。

（2）确定子表，并从中选取字段。子表的记录将显示在报表的下半部分。

（3）在父表与子表之间确立关系，从中确定两个表之间的相关字段。

（4）确定父表的排序方式，从可用字段或索引标志中选择用于排序的字段并确定升降序规则。

（5）选择报表样式，并添加总结样式。

（6）定义报表标题并完成"一对多报表"向导，用户可以单击"预览"按钮以查看报表输出效果，并随时单击"上一步"按钮更改设置。

例 11.2　根据"课程信息"（一方）和"学生成绩"（多方）两个表，通过一对多报表向导建立一个报表，报表中包含课程名、姓名、成绩三个字段。按课程名升序排序，报表样式为经营式，报表标题为"课程成绩信息"，报表文件名为 report。

步骤如下：

（1）通过上述四种途径中的任意一种打开报表向导，选择一对多报表向导。

（2）选择表并添加相应的字段到选定字段中，如图 11.9 所示。

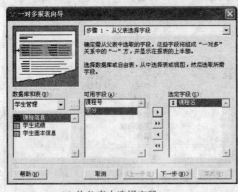
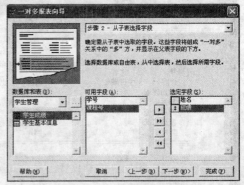

(a) 从父表中选择字段　　　　　　　　　　　　(b) 从子表中选择字段

图 11.9　添加字段

（3）按题目要求选择排序并设置报表样式。如图 11.10 所示。

（4）在"步骤 6-完成"对话框中输入报表标题，并输入报表文件名 report，如图 11.11 所示。

（5）预览报表，如图 11.12 所示。

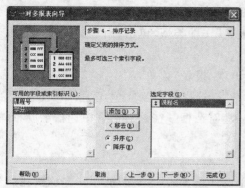

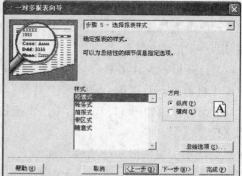

(a) 排序   (b) 报表样式

图 11.10　排序和样式

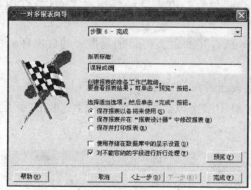

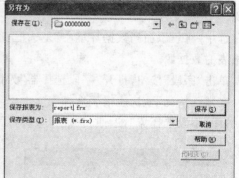

(a) 报表标题   (b) 报表名称

图 11.11　报表保存

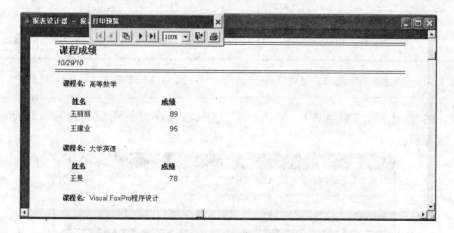

图 11.12　预览报表

11.1.2　快速报表的创建

除了使用报表向导之外，使用系统提供的快速报表功能也可以创建一个格式简单的报表。下面通过具体的实例来说明创建快速报表的操作步骤。

例 11.3　为"学生成绩.dbf"创建一个快速报表 report2。

（1）单击工具栏上的"新建"按钮，选择"报表"文件类型，单击"新建文件"，打开报表设计器，出现一个空白报表。

（2）打开报表设计器之后，在主菜单栏中出现"报表"菜单，从中选择"快速报表"命令。因为事先没有打开数据源，系统弹出"打开"对话框，选择数据源"学生管理.dbc"。

（3）系统弹出如图 11.13 所示的"快速报表"对话框。在该对话框中选择字段布局、标题和字段。

对话框中主要按钮和选项的功能如下：

字段布局：对话框中两个较大的按钮用于设计报表的字段布局，单击左侧按钮产生列报表，如果单击右侧的按钮，则产生字段在报表中竖向排列的行报表。

选中"标题"复选框，表示在报表中为每一个字段添加一个字段名标题。不选择"添加别名"复选框，表示在报表中不在字段前面添加表的别名。由于数据源是一个表，别名无实际意义。

选中"将表添加到数据环境中"复选框表示把打开的表文件添加到报表的数据环境中作为报表的数据源。

单击"字段"按钮，打开"字段选择器"为报表选择可用的字段，如图 11.14 所示。

在默认情况下，快速报表选择表文件中除通用型字段以外的所有字段。单击"确定"按钮，关闭"字段选择器"，返回"快速报表"对话框。

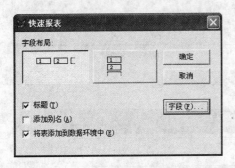
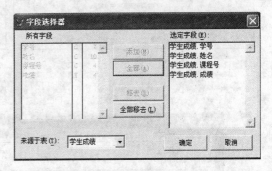

图 11.13　快速报表字段布局对话框图　　　　图 11.14　"字段选择器"对话框

（4）在"快速报表"对话框中，单击"确定"按钮，快速报表便出现在报表设计器中，如图 11.15 所示。

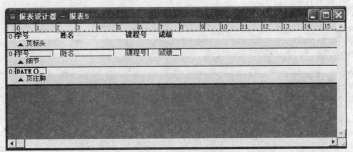

图 11.15　报表设计器

（5）单击工具栏上的"打印预览"图标按钮，或者从"显示"菜单中选择"预览"命令，打开
快速报表的预览窗口，如图 11.16 所示。

（6）单击工具栏上的"保存"按钮，将报表保存为"学生成绩表.frx"。

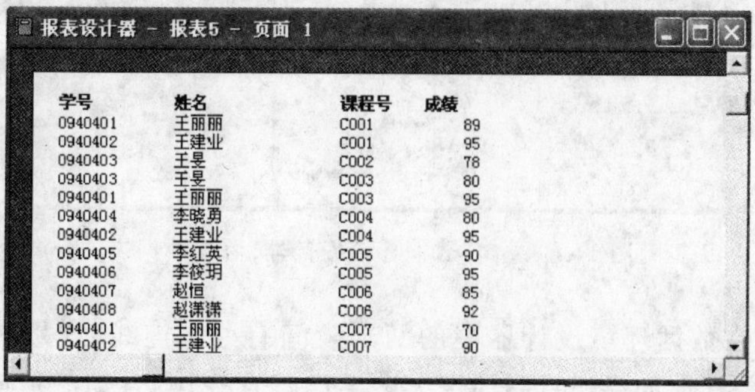

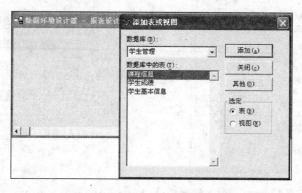

图 11.16 生成"快速报表"

11.1.3 用数据环境设计器创建数据分组报表

一般说来，用数据环境设计器创建的一对多快速报表并不能满足报表的需要，但这种报
表却为利用后面介绍的报表设计器做进一步的修改提供了方便条件。先创建一个一对多报
表，然后在介绍报表设计器的时候对它再做进一步修改。数据环境设计器创建一对多报表
的操作步骤如下：

（1）打开"学生管理.dbc"数据库，使用其中的"课程信息.dbf"和"学生成绩.dbf"。

（2）单击"新建"按钮。然后在弹出的"新建"对话框中单击"报表"选项，然后单击"确
定"按钮，于是便打开了"报表设计器"。

（3）启动数据环境设计器来设置数据环境。从系统的"显示"菜单中选择"数据环境"命
令，此时打开的数据环境设计器是空的，需要向其中添加表。在数据环境设计器中右击，从
快捷菜单中选择"添加"命令，弹出"添加表或视图"对话框，如图 11.17 所示。

图 11.17 "添加表或视图"对话框

（4）在其中选择学生管理数据库，在"数据库中的表"中分别选择表课程信息和学生成
绩，使用"添加"按钮分别将它们加入到数据环境设计器中，然后关闭该对话框，如图 11.18
所示。添加前要保证学生基本信息表建立了以课程号为主关键字的主索引，学生成绩建立
了以课程号为关键字的普通索引。

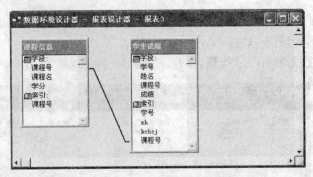

图 11.18　向"数据环境设计器"添加数据表

（5）可以看到在数据环境设计器中的两个表间有一个连线，这是两表间的永久关系。在两个表被添加进来时，如果两者间的永久关系已经存在，会自动显示连线。如果没有，则可通过鼠标从父表的字段拖到子表相应字段的索引来建立；如果想解除现有关联，可先选中连线，然后按下 Del 键来将其删除。

（6）在数据环境设计器中，在作为父表的学生基本信息表上右击，弹出其"属性"对话框。在"数据"选项卡中将其 order 属性修改为"课程号"（如果以课程号为关键字建立了索引，也可单击属性设置框右面的按钮进行选择），如图 11.19 所示。

（7）由于是一对多报表，所以还必须修改数据环境设计器中的 OneToMany 属性。在"属性"对话框顶部的下拉列表框中选择 Relation1 对象，然后将"数据"选项卡中的 OneToMany 属性值修改为". T.-真"，如图 11.20 所示。

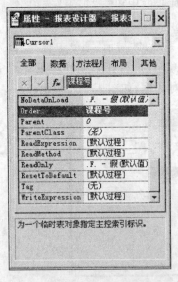

图 11.19　设置 Cursor1 对象属性图

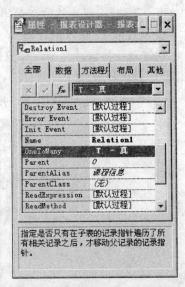

图 11.20　设置 Relation1 对象属性

（8）为了防止其他设计器对全局工作期的修改影响到此报表的数据工作期，激活"报表设计器"，在系统菜单上选择"报表"，执行其中的"私有数据工作期"命令。

（9）在系统菜单上选择"报表"，并执行其中的"快速报表"命令。在弹出的"快速报表"对话框中单击"字段"按钮，弹出"字段选择器"对话框，如图 11.21 所示。

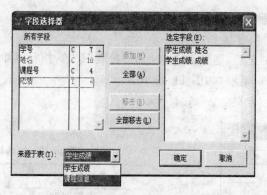

图 11.21 "字段选择器"对话框

单击打开此对话框底部的"来源于表"下拉列表框,这里显示了相关联的两个表。分别选择两个表,选出图 11.20 中"选定字段"窗口中所示的字段。然后单击"确定"按钮,回到"快速报表"对话框。接受其中的默认值,单击"确定"按钮得到如图 11.22 所示的报表。

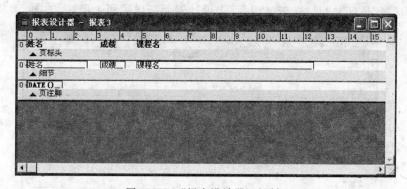

图 11.22 "报表设计器"对话框

一对多报表虽然建立起来了,但从报表效果来看仍不能满足需要。在系统学习了报表设计器的使用方法后,再对它进行修改和加工。

11.2 设计和修改报表

利用报表向导或快速报表来创建报表虽然简单、快捷,但生成的报表尚有很多不足之处,如形式单一,且不能处理所有类型的字段等。而利用报表设计器来创建和修改报表不仅能够弥补所有不足,而且还可以自己把字段和控件添加到报表中,并通过调整和对齐这些控件来美化报表,可以对报表的每一个部分进行灵活多样、颇具个性的设计。本节主要介绍用报表设计器创建和修改报表的方法。首先,先来熟悉一下有关报表设计器的设计环境。

11.2.1 设计报表布局

1. 报表设计器的带区

打开报表设计器之后,看到其中有三个带区:页标头、细节和页注脚。除此之外,报表设计器还可以使用标题带区和总结带区。

(1) 标题带区和总结带区

打开"报表设计器"之后,通过动态增加的"报表"菜单,执行其中的"标题"|"总结"命令,可以打开"标题/总结"对话框,如图 11.23 所示。

其中的各复选框的含义如表 11.1 所示。

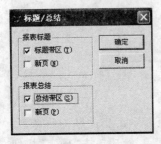

图 11.23　"标题/总结"对话框

表 11.1　复选框的含义

复选框名称		含　义
报表标题	标题带区	显示标题带区
	新页	打印标题带区后走一页纸
报表总结	总结带区	显示总结带区
	新页	打印总结带区后走一页纸

选中"标题"带区和"总结"带区后,报表设计器便新增了两个带区,如图 11.24 所示。

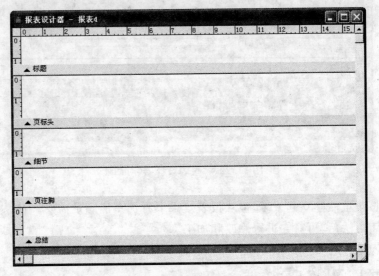

图 11.24　"报表设计器"中新增的带区

新增的两个带区的含义如表 11.2 所示。

表 11.2　带区的含义

带　　区	含　　义
标题带区	该带区的内容显示在报表的第一页的开头,一般显示报表标题名称、单位名等文本信息。打印时,每个报表打印一次
总结带区	该带区的内容显示在报表的底部,一般是一些总计的域控件。打印时每个报表打印一次

(2) "组标头"带区和"组注脚"带区

在实际应用中,有时需要把报表中的数据按某属性进行分组统计,此时,就出现了"组标头"带区和"组注脚"带区。下面举例说明这两个带区的引入。

在报表设计器处于打开状态下，执行"显示"菜单中的"数据环境"命令，则打开了数据环境设计器。在其中右击，并从快捷菜单中执行"添加"命令，将会打开"添加表或视图"对话框。

激活报表设计器，从动态菜单"报表"中执行"数据分组"命令，则弹出"数据分组"对话框，如图 11.25 所示。

单击对话框上部的用于编辑表达式的按钮，弹出"表达式生成器"对话框，如图 11.26 所示。

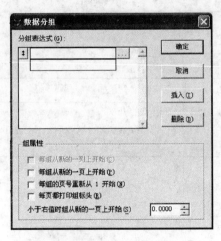

图 11.25　"数据分组"对话框

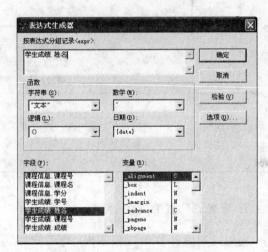

图 11.26　"表达式生成器"对话框

在对话框下面的字段栏中双击"学生成绩.姓名"字段，则该字段被选入了"按表达式分组记录"栏中。

此时，在"分组表达式"中已经有了分组表达式。这里，顺便说明一下其中的各个选项的含义，如表 11.3 所示。

表 11.3　选项含义表

选　　项	含　　义
分组表达式	用于显示当前报表的分组表达式
每组从新的一列上开始	对于不同的组，从新的一列上开始
每组从新的一页上开始	对于不同的组，从新的一页上开始
每组的页号重新从 1 开始	对于不同的组，从新的一页上开始并重置页号
每页都打印组标头	当一页打印不完一组的内容时，在所有的页标头之后都打印组标头
小于右值时组从新的一页开始	右值（调节框中的值）为组标头距页底的最小距离。若组标头距页底的距离小于该值，则从新的一页开始打印

在"数据分组"对话框中单击"确定"按钮，则在报表设计器中又增加了两个带区，即"组标头"带区和"组注脚"带区，如图 11.27 所示。

这两个带区的功能如表 11.4 所示。

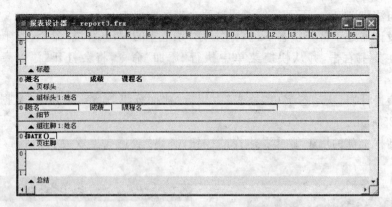

图 11.27　增加组标头带区和组注脚带区

表 11.4　带区功能表

带　区	功　能
组标头	若进行了数据分组,则该带区的内容显示在每组记录的开头
组注脚	该带区的内容显示在每组记录的结尾。一般是一些分组统计的域控件。每组打印一次

2. 报表设计器工具栏

利用报表设计器创建报表时,会经常用到"报表设计器"工具栏。如果屏幕上看不到它的话,可以在系统工具栏区右击,并在其快捷菜单中选择"报表设计器"命令,即可弹出"报表设计器"工具栏,如图 11.28 所示。

图 11.28　"报表设计器"
工具栏

按从左至右的顺序,它们的功能如表 11.5 所示。

表 11.5　"报表设计器"工具栏中按钮功能

按　钮　工　具	功　能
数据分组按钮	用于创建数据分组
数据环境按钮	用于设置报表的数据环境
报表控件工具按钮	显示或关闭报表设计器控件
调色板控制按钮	显示或关闭颜色工具栏
布局工具按钮	显示或关闭布局工具栏

3. 报表控件工具栏

在创建报表的过程中,另一个常用的工具栏是"报表控件"工具栏,如图 11.29 所示。

图 11.29　"报表控件"
工具栏

该工具栏共有八个工具,按从左至右的顺序,它们的功能如表 11.6 所示。

表 11.6 "报表控件"工具栏中按钮功能

控 件	功 能
箭头	选定对象控件,移动或更改控件大小
标签	创建一个标签控件,用于保存用户不需要改动的文本
域控件	用于显示表字段、内存变量或其他表达式的内容
线条	用于设计各种各样的线条
矩形	用于画各种矩形
圆角矩形	用于画各种椭圆和圆角矩形
图片/OLE 绑定控件	用于显示图片和通用型字段
按钮	用于多次添加同类型的控件而不用重复选定该类型的控件

11.2.2 设计多栏报表

多栏报表是一种分为多个栏目打印输出的报表。如果打印的内容较少,横向只占用部分页面,设计成多栏报表比较合适。

1. 设置"列标头"和"列注脚"带区

从"文件"菜单中选择"页面设置"命令,弹出如图 11.30 所示的"页面设置"对话框。在"列"区域,把"列数"微调器的值调整为栏数,例如 2,则将整个页面平均分成两部分;设置为 3,则将整个页面平均分成三部分;在报表设计器中将添加一个"列标头"带区和一个"列注脚"带区,同时"细节"带区也相应缩短,如图 11.31 所示。

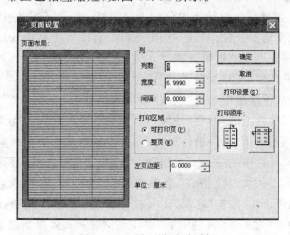

图 11.30 页面设置对话框

2. 添加控件

在向多栏报表添加控件时,应注意不要超过报表设计器中带区的宽度,否则可能使打印的相互内容重叠。

例 11.4 以"学生成绩.dbf"为数据源,设计一个学生成绩多栏报表。

(1) 生成空白报表:在"常用"工具栏上单击"新建"按钮,选择"报表"文件类型,单击"新建文件",或者直接在命令窗口执行 CREATE REPORT 命令,生成一个空白报表,在报

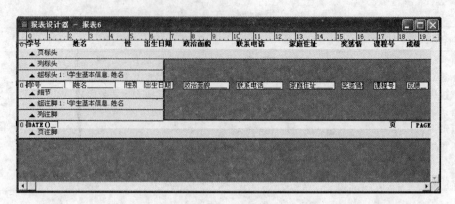

图 11.31　多栏报表

表设计器中打开。

　　(2)设置多栏报表:从"文件"菜单中选择"页面设置"命令,在"页面设置"对话框中把"列数"微调器的值设置为3。在报表设计器中将添加占页面三分之一的一对"列标头"带区和"列注脚"带区。

　　(3)设置左边距和打印顺序:在"页面设置"对话框的"左页边距"框中输入2厘米边距数值,页面布局将按新的页边距显示。单击"自左向右"打印顺序按钮,单击"页面设置"对话框中的"确定"按钮,关闭对话框。

　　(4)设置数据源:在"报表设计器"工具栏上单击"数据环境"按钮,打开"数据环境设计器"窗口。右击,从快捷菜单中选择"添加"命令,添加表"学生成绩.dbf"作为数据源。

　　(5)添加控件;在数据环境设计器中分别选择"学生成绩.dbf"表中的姓名、课程号、成绩三个字段,将它们拖曳到报表设计器的"细节"带区,自动生成字段域控件。调整它们的位置,使之分两行排列,注意不要超过带区宽度。

　　单击"报表控件"工具栏中的"线条"按钮,在"细节"带区底部画一条线,从"格式"菜单中选择"绘图笔"菜单项,从子菜单中选择"点线"命令。

　　单击"报表控件"工具栏上的"标签"按钮,在"页标头"带区添加"姓名成绩"标签。选择"格式"菜单中的"字体"菜单项,选择楷体二号字,并设置为水平居中和垂直居中。

　　单击"报表控件"工具栏中的"线条"按钮,在"页标头"带区底部画两条线,长度距离右边界2厘米左右。选定第二条线,从"格式"菜单中选择"绘图笔"菜单项,从子菜单中选择"4磅"命令。同时选定这两条线,单击"布局"工具栏中的"相同宽度"按钮,使它们一样齐。

　　(6)预览效果:单击"常用"工具栏中的"打印预览"按钮,效果如图11.31所示。

　　(7)保存:单击"常用"工具栏中的"保存"按钮,保存为"多栏报表.frx"文件。

11.2.3　报表输出

　　在设计报表的过程中,可以不断通过打印预览在屏幕上查看报表的输出外观,并检查输出的数据是否正确。

1. 预览报表

　　在报表设计器窗口选择"文件"菜单中的"打印预览"命令或单击工具栏中的"打印预览"

按钮,可以进入"打印预览"窗口,同时出现"打印预览"工具栏。通过该工具栏上的按钮可以进行打印预览设置。

2．页面设置

选择"文件"菜单中的"页面设置"命令,打开"页面设置"对话框。在"页面设置"对话框的"列"区域中可以设置报表的列数、列宽度和多列报表的列间距。这里所说的"列"指的是报表页面上横向打印的记录的数目,不是单条记录的字段数目。默认是一列,即报表每行打印一条记录。如果报表中输出的字段较少,就可以增加列数,也称为多列报表。如果"列数"大于1,则可以设置多列的间隔。

如果"列数"大于1,还可以选择报表的输出记录顺序,即记录是按行输出还是按列输出。

利用"页面设置"对话框的"左页边距"微调按钮可以设置报表的左页边距。

单击"打印设置"按钮可以打开"打印设置"对话框,在其中可以进行纸型(默认为A4)及打印机的相关设置。

3．打印报表

通过预览确认报表已经达到满意状态后,就可以打印输出了。打印报表的方法有以下几种。

(1)在"打印预览"窗口直接输出。

(2)选择"文件"菜单中的"打印"命令,打开"打印"对话框。

(3)单击工具栏中的"打印"按钮。

(4)命令方式。打印报表的命令格式如下:

REPORT FORM 报表文件名 PREVIEW|TO PRINT PROMPT [FOR 条件][范围]

其中,PREVIEW 选项将报表内容输出到屏幕上,即打印预览;TO PRINT 输出到打印机上,FOR 条件是用来设置打印内容条件。如果只打印报表的部分内容,可以使用范围短语。

11.3　标签文件的创建与使用

标签是一种特殊的报表,其创建、修改方法与报表大致相同,一般使用标签向导创建标签,然后在标签设计器中进行修改,也可直接在标签设计器中建立标签。无论采用哪种方式都必须指明标签类型。

11.3.1　利用向导创建标签

选择"文件"菜单中的"新建"命令或单击工具栏中的"新建"按钮打开"新建"对话框,在"新建"对话框的"文件类型"中选择"标签",然后单击"向导"按钮,可打开"标签向导"对话框,按照提示进行下列操作:

(1)选择表。选择标签需要的表或视图。

（2）选择标签类型。选定表后，单击"下一步"按钮可打开如图 11.32 所示的"选择标签类型"对话框，从中可以选择标签纸的型号、大小、标签的列数以及单位制式等。

（3）定义布局。选择好标签类型后，单击"下一步"按钮打开如图 11.33 所示的"定义布局"对话框。首先在"文本"文本框中输入必要的提示文本（如"藏书号"），单击 ▶ 按钮将其添加到"选定的字段"列表框中，然后单击分隔符按钮（如"："）将相应符号添加到"选定的字段"列表框中的提示文本"藏书号"的后面，再选定"可用字段"列表框中的某个字段名称（如"藏书"）并单击 ▶ 按钮，该字段就会出现在"选定的字段"列表框中当前行的后面。当前行的信息输入完毕后，单击 ↵ 按钮便可将光标移至下一行继续输入下一项内容。若要删除"选定的字段"中的某一项内容，可先选定该项内容再单击 ◀ 按钮。单击"字体"按钮还可设置选定字段的字体格式。

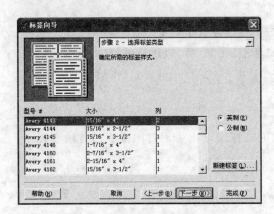

图 11.32　"标签向导"选择标签类

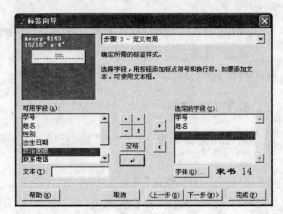

图 11.33　"标签向导"定义布局

（4）排序记录。

（5）完成。在完成之前可以进行预览，预览的结果如图 11.34 所示。完成后将标签保存为扩展名为 .1bx 的标签文件，然后进入标签设计器对标签进行进一步修改。

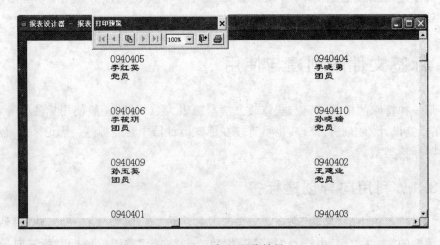

图 11.34　标签预览效果

11.3.2 利用标签设计器编辑标签

在标签设计器中,既可以创建一个新的空白标签文件,也可以对原有的标签文件进行修改。

11.3.3 预览与打印标签

预览标签的方法与预览报表完全相同,打印的方法也基本一样。只是在使用命令打印标签时,命令格式有些区别。采用命令方式打印标签的格式如下:

LABEL| REPORT FROM <标签文件名>[TO PRINT][NOCONSOLE]

说明:当使用 REPORT 输出标签时,标签文件名的扩展名.lbx 不能省略。

本章小结

本章属于操作部分,考题数不多,要求熟练掌握打开报表向导的四种方式,如何使用报表向导创建一对一和一对多的报表,以及快速报表的创建。在报表设计器中如何添加报表数据源(数据库表、自由表、临时表、查询、视图)、布局和在分组报表中设置分组表达式后将产生组标头和组注脚带区。注意报表不存放数据,只存格式信息。

习题

一、选择题

1. 在 Visual FoxPro 中可以用 DO 命令执行的文件不包括【　　】。

  A. PRG 文件 　　B. MPR 文件 　　C. FRX 文件 　　D. QPR 文件

2. 在 Visual FoxPro 中,在屏幕上预览报表的命令是【　　】。

  A. PREVIEW REPORT 　　　B. REPORT FORM…PREVIEW

  C. DO REPORT…PREVIEW 　　D. RUN REPORT…PREVIEW

3. 报表的数据源不包括【　　】。

  A. 视图 　　　　　　　　　B. 自由表

  C. 数据库表 　　　　　　　D. 文本文件

4. 下面关于报表的数据源的陈述中最完整的是【　　】。

  A. 自由表或其他报表 　　　B. 数据库表、自由表或视图

  C. 数据库表、自由表或查询 D. 表、查询或视图

5. 为了在报表中打印当前时间,这时应该插入一个【　　】。

  A. 表达式控件 　　　　　　B. 域控件

  C. 标签控件 　　　　　　　D. 文本控件

6. 在创建快速报表时,基本带区包括【　　】。

  A. 标题、细节和总结 　　　B. 页标头、细节和页注脚

  C. 组标头、细节和组注脚 　D. 报表标题、细节和页注脚

7. 报表控件中包含【　　】。
　　A. 预览　　　　　　　B. 数据源　　　　　　C. 标签　　　　　　　D. 布局
8. 报表设计器工具栏上能够显示出数据库表间关系的工具按钮是【　　】。
　　A. 数据环境　　　　　　　　　　　　B. 报表控件工具栏
　　C. 调色板工具栏　　　　　　　　　　D. 数据分组
9. Visual FoxPro 的报表文件.frx 中保存的是【　　】。
　　A. 打印报表的预览格式　　　　　　　B. 报表的格式和数据
　　C. 已经生成的完整报表　　　　　　　D. 报表设计格式的定义
10. 在创建快速报表时,基本带区包括【　　】。
　　A. 标题、细节和总结　　　　　　　　B. 页标头、细节和页注脚
　　C. 组标头、细节和组注脚　　　　　　D. 报表标题、细节和页注脚
11. 在报表设计器中,带区的主要作用是【　　】。
　　A. 控制数据在页面上的打印宽度　　　B. 控制数据在页面上的打印位置
　　C. 控制数据在页面上的打印数量　　　D. 控制数据在页面上的打印区域
12. 报表控件没有【　　】。
　　A. 标签　　　　　　　B. 线条　　　　　　　C. 矩形　　　　　　　D. 命令按钮
13. 在 Visual FoxPro 中,报表的数据源有【　　】。
　　A. 数据库表文件和自由表文件　　　　B. 视图文件
　　C. 查询文件　　　　　　　　　　　　D. A、B 和 C 选项都可以
14. 报表的数据源可以是数据库表、自由表、视图、查询或【　　】。
　　A. 表单　　　　　　　B. 临时表　　　　　　C. 记录　　　　　　　D. 程序
15. 报表的标题要通过【　　】控件来定义。
　　A. 列表框　　　　　　B. 标签　　　　　　　C. 文本框　　　　　　D. 编辑框
16. 在项目管理器中的【　　】选项卡可用来管理报表。
　　A. 报表　　　　　　　B. 文档　　　　　　　C. 程序　　　　　　　D. 数据
17. 报表是按照【　　】来处理数据的。
　　A. 数据源中记录的先后顺序　　　　　B. 主索引
　　C. 任意顺序　　　　　　　　　　　　D. 逻辑顺序
18. 标签实质上是一种多列布局的特殊报表,它的文件扩展名为【　　】。
　　A. .lbx　　　　　　　B. .prg　　　　　　　C. .lbt　　　　　　　D. .frx
19. 使用数据环境为报表添加数据。下列中的【　　】不是打开数据环境的命令。
　　A. "显示"菜单中的"数据环境"
　　B. 快捷菜单中的"数据环境"
　　C. "报表设计器"工具栏中的"数据环境"
　　D. "报表控件"工具栏中的"数据环境"
20. 在报表设计器中,任何时候都可以使用"预览"功能查看报表的打印效果。以下几种操作中,不能实现"预览"功能的是【　　】。
　　A. 打开"显示"菜单,选择"预览"命令
　　B. 打开"报表"菜单,选择"运行报表"命令

C. 在"报表设计器"中右击,从弹出的快捷菜单中选择"预览"命令

D. 直接单击常用工具栏上的"打印预览"按钮

21. 以下关于报表叙述正确的是【　　】。

　　A. 报表的数据源不能是查询

　　B. 报表的数据源可以是临时表

　　C. 必须设置报表的数据源

　　D. 报表必须有别名

22. 下列选项中,不属于常用报表布局的是【　　】。

　　A. 多列报　　　　　B. 行报表　　　　　C. 多行报表　　　　　D. 列报表

23. 为了在报表中打印当前时间,这时应该插入一个【　　】。

　　A. 域控件　　　　　B. 标签控件　　　　　C. 表达式控件　　　　　D. 文本控件

24. 在报表设计器中要设计多栏报表,应【　　】。

　　A. 在"文件"菜单下,选择"页面设置"命令进行设置

　　B. 在"布局"工具栏中设置

　　C. 在系统菜单"格式"中设置

　　D. 在运行报表时设置

二、填空题

1. 为了在报表中插入一个文字说明,应该插入一个【1】控件。

2. 为修改已建立的报表文件打开报表设计器的命令是【2】REPORT。

3. 报表主要包括两部分内容:【3】和【4】。

4. 利用【5】工具为报表加标题。

5. 报表设计器包括若干带区,它们起的作用是【6】。

6. 首次启动报表设计器时,报表布局中只有三个带区,它们是页标头、【7】和页注脚。

7. 报表标题需要通过【8】控件定义。

8. 在程序中要预览报表使用【9】命令。

9. 设计报表时要显示字段的内容应该使用【10】控件。

10. 设计多级数据分组报表,数据源必须建立【11】。

11. 如果要打开"报表设计器"中的工具栏,可选【12】菜单中的【13】命令。

12. 多栏报表是通过【14】和对话框中的【15】设置的。

13. 要对报表中的数据进行分组输出设计,应使用【16】菜单中的【17】命令。

14. 如果要为报表添加一个标题,需要增加一个标题带区,其方法是选择【18】菜单中的【19】命令。

15. 如果已经设定了对报表分组,报表中将包含【20】和【21】带区。

16. 利用一对多报表向导创建的一对多报表,把来自两个表中的数据分开显示,父表中的数据显示在【22】带区,而子表中的数据显示在细节带区。

模 拟 题

模拟题一

一、选择题（每小题 2 分，共 50 分）

下列各题 A、B、C、D 四个选项中，只有一个选项是正确的，请将正确选项涂写在答题卡相应位置上，答在试卷上不得分。

1. 数据库（DB）、数据库系统（DBS）和数据库管理系统（DBMS）之间的关系是【　　】。
   A. DBS 包括 DB 和 DBMS
   B. DBMS 包括 DB 和 DBS
   C. DB 包括 DBS 和 DBMS
   D. DBS 就是 DB，也就是 DBMS

2. SQL 语言的查询语句是【　　】。
   A. INSERT　　　　B. UPDATE　　　　C. DELETE　　　　D. SELECT

3. 下列与修改表结构相关的命令是【　　】
   A. INSERT　　　　B. ALTER　　　　C. UPDATE　　　　D. CREAT

4. 对表 SC（学号 C(8)，课程号 C(2)，成绩 N(3)，备注 C(20)），可以插入的记录是【　　】。
   A. ('20080101', 'c1','90',NULL)
   B. ('20080101','c1', 90,'成绩优秀')
   C. ('20080101','c1', '90', '成绩优秀')
   D. ('20080101','c1', '79', '成绩优秀')

5. 在表单中为表格控件指定数据源的属性是【　　】。
   A. DataSource　　B. DataForm　　C. RecordSource　　D. RecordForm

6. 在 Visual FoxPro 中，下列关于 SQL 表定义语句（CREATE TABLE）的说法中错误的是【　　】。
   A. 可以定义一个新的基本表结构
   B. 可以定义标准的主键字
   C. 可以定义表单域完整性、字段有效性规则等
   D. 对自由表，同样可以实现其完整性、有效性规则等信息的设置

7. 在 Visual FoxPro 中，若所建立索引的字段值不允许重复，并且一个表中只能创建一个，这种索引应该是【　　】。
   A. 主索引　　　　B. 唯一索引　　　　C. 候选索引　　　　D. 普通索引

8. 在 Visual FoxPro 中，用于建立或修改程序文件的命令是【　　】。
   A. MODIFY＜ 文件名 ＞　　　　　　B. MODIFY COMMAND ＜文件名＞
   C. MODIFY PROCEDURE＜文件名＞　　D. 上面 B 和 C 都对

9. 在 Visual FoxPro 中，程序中不需要用 PUBLIC 等命令明确声明和建立，可直接使用的内存变量是【　　】。
   A. 局部变量　　　B. 私有变量　　　C. 公共变量　　　D. 全局变量

10. 以下关于空值(NULL 值)叙述正确的是【　　】。

　　A. 空值等于空字符串

　　B. 空值等于数值 0

　　C. 空值表示字段或变量还没有确定的值

　　D. Visual FoxPro 不支持空值

11. 执行 USE sc IN 0 命令的结果是【　　】。

　　A. 选择 0 号工作区打开 sc 表　　　　　　B. 选择空闲的最小号工作区打开 sc 表

　　C. 选择号工作区打开 sc 表　　　　　　　D. 显示出错信息

12. 在 Visual FoxPro 中,关系数据库管理信息系统所管理的关系是【　　】。

　　A. 一个 DBC 文件　　　　　　　　　　　B. 若干个二维表

　　C. 一个 DBC 文件　　　　　　　　　　　D. 若干个 DBF 文件

13. 在 Visual FoxPro 中,下面描述正确的是【　　】。

　　A. 数据库表允许对字段设置默认值

　　B. 自由表允许对字段设置默认值

　　C. 自由表或数据库表都允许对字段设置默认值

　　D. 自由表或数据库都不允许对字段设置默认值

14. SQL 的 SELECT 语句中,"HAVING<表达式>"用来筛选满足条件的【　　】。

　　A. 列　　　　　　B. 行　　　　　　C. 关系　　　　　　D. 分组

15. 在 Visual FoxPro 中,假设表单上有一选项组:○男●女,初始时该选项组的 Value 属性值为 1。若选项按钮"女"被选中,该选项组的 Value 属性值是【　　】。

16. 在 Visual FoxPro 中,假设教师表 T(教师号,姓名,性别,职称,研究生导师)中,性别是 C 型字段,研究生导师是 L 型字段。若要查询"是研究生导师的女老师"信息,那么 SQL 语句 "SELECT ＊ FROM T WHERE<逻辑表达式>"中的<逻辑表达式>应是【　　】。

　　A. 研究生导师 AND 性别＝"女"

　　B. 研究生导师 OR 性别＝"女"

　　C. 性别＝"女"AND 研究生导师＝.F.

　　D. 研究生导师＝.T. OR 性别＝"女"

17. 在 Visual FoxPro 中,有如下程序,函数 IIF()返回值是【　　】。

```
＊程序
PRIVATE X,Y
STORE "男" TO X
Y = LEN(X) + 2
?IIF(Y<4,"男","女")
RETURN
```

　　A. "女"　　　　　　B. "男"　　　　　　C. .T.　　　　　　D. .F.

18. 在 Visual FoxPro 中,每一个工作区最多能打开数据库表的数量是【　　】。

　　A. 1个　　　　　　　　　　　　　　　　B. 2个

　　C. 任意个,根据内存资源而确定　　　　　D. 35 535 个

19. 在 Visual FoxPro 中,有关参照完整性规则正确的描述是【　　】。
    A. 如果删除规则选择的是"限制",则当用户删除父表中的记录时,系统就自动删除子表中的所有相关记录
    B. 如果删除规则选择的是"级联",则当用户删除父表中的记录时,系统将禁止删除子表相关的父表中的记录
    C. 如果删除规则选择的是"忽略",则当用户删除父表中的记录时,系统不负责检查子表中是否有相关记录
    D. 上面三种都不对

20. 在 Visual FoxPro 中,报表的数据源不包括【　　】。
    A. 视图　　　　　　　B. 自由表　　　　　　　C. 查询　　　　　　　　　D. 文本文件

第 21～25 题基于学生表 S 和学生选课表 SC 两个数据库表,它们的结构如下:S(学号,姓名,性别,年龄)其中学号、姓名和性别为 C 型字段,年龄为 N 型字段。SC(学号,课程号,成绩),其中学号和课程号为 C 型字段,成绩为 N 型字段(初始为空值)。

21. 查询学生选修课程成绩小于 60 分的学号,正确的 SQL 语句是【　　】。
    A. SELECT DISTINCT 学号 FROM SC WHERE "成绩"<60
    B. SELECT DISTINCT 学号 FROM SC WHERE 成绩<"60"
    C. SELECT DISTINCT 学号 FROM SC WHERE 成绩<60
    D. SELECT DISTINCT "学号" FROM SC WHERE "成绩"<60

22. 查询学生表 S 的全部记录并存储于临时表文件 one 中的 SQL 命令是【　　】。
    A. SELECT ＊ FORM 学生表 INTO CURSOR one
    B. SELECT ＊ FORM 学生表 TO CURSOR one
    C. SELECT ＊ FORM 学生表 INTO CURSOR DBF one
    D. SELECT ＊ FORM 学生表 TO CURSOR DBF one

23. 查询成绩在 70 分至 85 分之间学生的学号、课程号和成绩,正确的 SQL 语句是【　　】。
    A. SELECT 学号,课程号,成绩 FROM sc WHERE 成绩 BETWEEN 70 AND 85
    B. SELECT 学号,课程号,成绩 FROM sc WHERE 成绩>= 70 AND 成绩<= 85
    C. SELECT 学号,课程号,成绩 FROM sc WHERE 成绩>= 70 OR 成绩<= 85
    D. SELECT 学号,课程号,成绩 FROM sc WHERE 成绩>= 70 AND <= 85

24. 查询有选课记录,但没有考试成绩的学生的学号和课程号,正确的 SQL 语句是【　　】。
    A. SELECT 学号,课程号 FROM sc WHERE 成绩=""
    B. SELECT 学号,课程号 FROM sc WHERE 成绩=NULL
    C. SELECT 学号,课程号 FROM sc WHERE 成绩 IS NULL
    D. SELECT 学号,课程号 FROM sc WHERE 成绩

25. 查询选修 C2 课程号的学生姓名,下列 SQL 语句中错误是【　　】。
    A. SELECT 姓名 FROM S WHERE EXISTS (SELECT ＊ FROM SC WHERE 学号＝S.学号 AND 课程号＝'C2')
    B. SELECT 姓名 FROM S WHERE 学号 IN (SELECT ＊ FROM SC WHERE 课程号＝'C2')
    C. SELECT 姓名 FROM S JOIN SC ON S.学号＝SC.学号 WHERE 课程号＝'C2'

D. SELECT 姓名 FROM S WHERE 学号＝(SELECT 学号 FROM SC WHERE
　　课程号＝'C2')

二、填空题(每空 2 分,共 20 分)

1. 所谓自由表就是那些不属于任何【　　】的表。

2. 常量{^2009-10-01,15:30:00}的数据类型是【　　】。

3. 利用 SQL 语句的定义功能建立一个课程表,并且为课程号建立主索引,语句格式为:CREATE TABLE 课程表(课程号 C(5)【　　】,课程号 C(30))。

4. 在 Visual FoxPro 中,程序文件的扩展名是【　　】。

5. 在 Visual FoxPro 中,SELECT 语句能够实现投影、选择和【　　】三种专门的关系运算。

6. 在 Visual FoxPro 中,LOCATE ALL 命令按条件对某个表中的记录进行查找,若查不到满足条件的记录,函数 EOF()的返回值应是【　　】。

7. 在 Visual FoxPro 中,设有一个学生表 STUDENT,其中有学号、姓名、年龄、性别等字段,用户可以用命令"【　　】年龄 WITH 年龄＋1"将表中所有学生的年龄增加 1 岁。

8. 在 Visual FoxPro 中,有如下程序:

```
* 程序名: TEST.PRG
SET TALK OFF
PRIVATE X,Y
X = "数据库"
Y = "管理系统"
DO sub1
?X + Y
RETURN


* 子程序: sub1
PROCEDU sub1
LACAL X
X = "应用"
Y = "系统"
X = X + Y
RETURN
```

执行命令 DO TEST 后,屏幕显示的结果应是【　　】。

9. 使用 SQL 语言的 SELECT 语句进行分组查询时,如果希望去掉不满足条件的分组,应当在 GROUP BY 中使用【　　】子句。

10. 设有 SC(学号,课程号,成绩)表,下面 SQL 的 SELECT 语句检索成绩高于或等于平均成绩的学生的学号。

SELECT 学号 FROM sc WHERE 成绩>= (SELECT【　　】FROM sc)

模拟题二

一、选择题(每小题 2 分,共 50 分)

1. 设置文本框显示内容的属性是【　　】。
　　A. Value　　　　B. Caption　　　　C. Name　　　　D. InputMask

2. 语句 LIST MEMORY LIKE a∗ 能够显示的变量不包括【 】。

    A. a   B. a1   C. ab2   D. ba3

3. 计算结果不是字符串 Teacher 的语句是【 】。

    A. at("MyTeacher",3,7)   B. substr("MyTeacher",3,7)

    C. right("MyTeacher",7)   D. left("MyTeacher",7)

4. 学生表中有"学号"、"姓名"和"年龄"三个字段,SQL 语句"SELECT 学号 FROM 学生"完成的操作称为【 】。

    A. 选择   B. 投影   C. 连接   D. 并

5. 报表的数据源不包括【 】。

    A. 视图   B. 自由表   C. 数据库表   D. 文本文件

6. 使用索引的主要目的是【 】。

    A. 提高查询速度   B. 节省存储空间

    C. 防止数据丢失   D. 方便管理

7. 表单文件的扩展名【 】。

    A. .frm   B. .peg   C. .scx   D. .vcv

8. 下列程序段执行时在屏幕上显示的结果是【 】。

```
DIME a(6)
a(1) = 1
a(2) = 1
FOR i = 3 to 6
  a(i) = a(i-1) + a(i-2)
NEXT
?a(6)
```

    A. 5   B. 6   C. 7   D. 8

9. 下列程序段执行时在屏幕上显示的结果是【 】。

```
x1 = 20
x2 = 30
SETUDFPARMS TO VALUE
DO test WITH x1,x2
? x1,x2
PROCEDURE test
PARAMETER a,b
a = b
b = x
ENDPRO
```

    A. 30 30   B. 30 20   C. 20 20   D. 20 30

10. 以下关于"查询"的正确描述是【 】。

    A. 查询文件的扩展名为 prg   B. 查询保存在数据库文件中

    C. 查询保存在表文件中   D. 查询保存在查询文件中

11. 以下关于"视图"的正确描述是【 】。

    A. 视图独立于表文件   B. 视图不可更新

C. 视图只能从一个表派生出来　　　　　D. 视图可以删除

12. 为了隐藏在文本框中输入的信息,用占位符代替显示用户输入的字符,需要设置的属性是【　　】。

    A. Value　　　　　　　　　　　　B. ControlSource

    C. InputMask　　　　　　　　　　D. PassWordChar

13. 假设某表单的 Visible 属性的初值为.F.,能将其设置为.T.的方法是【　　】。

    A. Hide　　　　　　B. Show　　　　　　C. Release　　　　　　D. SetFocus

14. 在数据库中建立表的命令是【　　】。

    A. CREATE　　　　　　　　　　　B. CREATE DATABASE

    C. CREATE QUERY　　　　　　　D. CREATE FORM

15. 让隐藏的 MeForm 表单显示在屏幕上的命令是【　　】。

    A. Meform. Display　　　　　　　　B. Meform. Show

    C. Meform. List　　　　　　　　　　D. Meform. See

16. 在表设计器的"字段"选项卡中,字段有效性的设置项中不包括【　　】。

    A. 规则　　　　　　B. 信息　　　　　　C. 默认值　　　　　　D. 标题

17. 若 SQL 语句中的 ORDER BY 短语中定制了多个字段,则【　　】。

    A. 依次按自右至左的字段顺序排序

    B. 只按第一字段排序

    C. 依次按自左至右的字段顺序排序

    D. 无法排序

18. 在 Visual FoxPro 中,下面关于属性、方法和事件的叙述错误的是【　　】。

    A. 属性用于描述对象的状态,方法用于表示对象的行为

    B. 基于同一个类产生的两个对象可以分别设置自己的属性值

    C. 事件代码也可以像方法一样被显示调用

    D. 在创建一个表单时,可以添加新的属性、方法和事件

19. 下列函数返回类型为数值型的是【　　】。

    A. STR　　　　　　B. VAL　　　　　　C. DTOC　　　　　　D. TTOC

20. 与"SELECT * FROM 教师表 INTO DBF A"等价的语句是【　　】。

    A. SELECT * FROM 教师表 TO DBF A

    B. SELECT * FROM 教师表 TO TABLE A

    C. SELECT * FROM 教师表 INTO TABLE

    D. SELECT * FROM 教师表 INTO A

21. 查询"教师表"的全部记录并存储于临时文件 one. dbf【　　】。

    A. SELECT * FROM 教师表 INTO CURSOR one

    B. SELECT * FROM 教师表 TO CURSOR one

    C. SELECT * FROM 教师表 INTO CURSOR DBF one

    D. SELECT * FROM 教师表 TO CURSOR DBF one

22. "教师表"中有"职工号"、"姓名"和"工龄"字段,其中"职工号"为主关键字,建立"教师表"的 SQL 命令是【　　】。

    A. CREATE TABLE 教师表(职工号 C(10) PRIMARY, 姓名 C(20),工龄 I)

    B. CREATE TABLE 教师表(职工号 C(10) FOREIGN，姓名 C(20)，工龄 I)

    C. CREATE TABLE 教师表(职工号 C(10) FOREIGN KEY，姓名 C(20)，工龄 I)

    D. CREATE TABLE 教师表(职工号 C(10) PRIMARY KEY，姓名 C(20)，工龄 I)

23. 创建一个名为 student 的新类，保存新类的类库名称是 mylib，新类的父类是 Person，正确的命令是【　　】。

    A. CREATE CLASS mylib OF student As Person

    B. CREATE CLASS student OF Person As mylib

    C. CREATE CLASS student OF mylib As Person

    D. CREATE CLASS Person OF mylib As student

24. "教师表"中有"职工号"、"姓名"、"工龄"和"系号"等字段，"学院表"中有"系名"和"系号"等字段。计算"计算机"系老师总数的命令是【　　】。

    A. SELECT COUNT(＊) FROM 老师表 INNER JOIN 学院表；
       ON 教师表.系号＝学院表.系号 WHERE 系名＝"计算机"

    B. SELECT COUNT(＊) FROM 老师表 INNER JOIN 学院表；
       ON 教师表.系号＝学院表.系号 ORDER BY 教师表.系号；
       HAVING 学院表.系名＝" 计算机"

    C. SELECT COUNT(＊) FROM 老师表 INNER JOIN 学院表；
       ON 教师表.系号＝学院表.系号 GROUP BY 教师表.系号；
       HAVING 学院表.系名＝" 计算机"

    D. SELECT SUM(＊) FROM 老师表 INNER JOIN 学院表；
       ON 教师表.系号＝学院表.系号 ORDER BY 教师表.系号；
       HAVING 学院表.系名＝" 计算机"

25. "教师表"中有"职工号"、"姓名"、"工龄"和"系号"等字段，"学院表"中有"系名"和"系号"等字段。求教师总数最多的系的教师人数，正确的命令是【　　】。

    A. SELECT 教师表.系号，COUNT(＊)AS 人数 FROM 教师表，学院表；
       GROUP BY 教师表.系号 INTO DBF TEMP
       SELECT MAX(人数)FROM TEMP

    B. SELECT 教师表.系号，COUNT(＊)FROM 教师表，学院表；
       WHERE 教师表.系号 ＝学院表.系号 GROUP BY 教师表.系号 INTO
       DBF TEMP
       SELECT MAX(人数)FROM TEMP

    C. SELECT 教师表.系号，COUNT(＊)AS 人数 FROM 教师表，学院表；
       WHERE 教师表.系 号 ＝学院表.系 号 GROUP BY 教师表.系号 TO
       FILE TEMP
       SELECT MAX(人数)FROM TEMP

    D. SELECT 教师表.系号，COUNT(＊)AS 人数 FROM 教师表，学院表；
       WHERE 教师表.系 号 ＝学院表.系 号 GROUP BY 教师表.系号 INTO
       DBF TEMP
       SELECT MAX(人数)FROM TEMP

二、填空题(每空 2 分,共 30 分)

1. 某二叉树有 5 个度为 2 的结点以及 3 个度为 1 的结点,则该二叉树中共有【　　】个结点。

2. 程序流程图的菱形框表示的是【　　】。

3. 软件开发过程主要分为需求分析、设计、编码与测试四个阶段,其中【　　】阶段产生"软件需求规格说明书"。

4. 在数据库技术中,实体集之间的联系可以是一对一或一对多或多对多的,那么"学生"和"可选课程"的联系为【　　】。

5. 人员基本信息一般包括身份证号,姓名,性别,年龄等,其中可以作为主关键字的是【　　】。

6. 命令按钮的 Cancel 属性的默认值是【　　】。

7. 在关系操作中,从表中取出满足条件的元组的操作称为【　　】。

8. 在 Visual FoxPro 中,表示时间 2009 年 3 月 3 日的常量应写为【　　】。

9. 在 Visual FoxPro 中的"参照完整性"中,"插入规则"包括的选择是"限制"和【　　】。

10. 删除视图 MyView 的命令是【　　】。

11. 查询设计器中的"分组依据"选项卡与 SQL 语句的【　　】短语对应。

12. 项目管理器的数据选项卡用于显示和管理数据库、查询、视图和【　　】。

13. 可以使编辑框的内容处于只读状态的两个属性是 ReadOnly 和【　　】。

14. 为"成绩"表中"总分"字段增加有效性规则:"总分必须大于等于 0 并且小于等于 750",正确的 SQL 语句是:

【　　】TABLE 成绩 ALTER 总分【　　】总分>= 0 AND 总分< = 750

模拟题三

一、选择题(每小题 2 分,共 50 分)

1. 在 Visual FoxPro 中,编译后的程序文件的扩展名为【　　】。
   A. PRG　　　　　　B. EXE　　　　　　C. DBC　　　　　　D. FXP

2. 假设表文件 TEST. DBF 已经在当前工作区打开,要修改其结构,可以使用的命令是【　　】。
   A. MODI STRU　　　　　　　　　B. MODI COMM TEST
   C. MODI DBF　　　　　　　　　　D. MODI TYPE TEST

3. 为当前表中所有学生的总分增加 10 分,可以使用的命令是【　　】。
   A. CHANGE 总分 WITH 总分+10
   B. PEPLACE 总分 WITH 总分+10
   C. CHANGE ALL 总分 WITH 总分+10
   D. PEPLACE ALL 总分 WITH 总分+10

4. 在 Visual FoxPro 中,下面关于属性、事件、方法叙述错误的是【　　】。
   A. 属性用于描述对象的状态
   B. 方法用于描述对象的行为
   C. 事件代码也可以像方法一样被显示调用
   D. 基于同一个类产生的两个对象的属性不能分别设置自己的属性值

5. 有如下赋值语句,结果为"大家好"的表达式是【   】。

   a = "大家好"
   B = "大家"

   A. b+AT(a,1)   B. b+RIGHT(a,1)
   C. b+LEFT(a,3,4)   D. b+RIGHT(a,2)

6. 在 Visual FoxPro 中,"表"是指【   】。
   A. 报表   B. 关系   C. 表格控件   D. 表单

7. 在下面的 Visual FoxPro 表达式中,运算结果为逻辑真的是【   】。
   A. EMPTY(.NULL.)   B. LIKE ('xy?','xyz')
   C. AT('xy','abcxyz')   D. ISNULL(SPACE(0))

8. 以下关于视图的描述正确的是【   】。
   A. 视图和表一样包含数据   B. 视图物理上不包含数据
   C. 视图定义保存在命令文件中   D. 视图定义保存在视图文件中

9. 以下关于关系的说法正确的是【   】。
   A. 列的次序非常重要   B. 行的次序非常重要
   C. 列的次序无关紧要   D. 关键字必须指定为第一列

10. 报表的数据源可以是【   】。
    A. 表或视图   B. 表或查询
    C. 表、查询或视图   D. 表或其他报表

11. 在表单中为表格控件指定数据源的属性是【   】。
    A. DataSource   B. RecordSource   C. DataFrom   D. RecordFrom

12. 如果指定参照完整性的删除规则为"级联",则当删除父表中的记录时【   】。
    A. 系统自动备份父表中被删除记录到一个新表中
    B. 若子表中有相关记录,则禁止删除父表中的记录
    C. 会自动删除子表中的所有相关记录
    D. 不进行参照完整性检查,删除父表记录与子表无关

13. 为了在报表中打印当前时间,这时应该插入一个【   】。
    A. 表达式控件   B. 域控件   C. 标签控件   D. 文本控件

14. 以下关于查询的描述正确的是【   】。
    A. 不能根据自由表建立查询
    B. 只能根据自由表建立查询
    C. 只能根据数据库表建立查询
    D. 可以根据数据库表和自由表建立查询

15. SQL 语言的更新命令的关键字是【   】。
    A. INSERT   B. UPDATE   C. CREATE   D. SELECT

16. 将当前表单从内存中释放的正确语句是【   】。
    A. ThisForm.Close   B. ThisForm.Clear
    C. ThisForm.Release   D. ThisForm.Refresh

17. 假设职员表已在当前工作区打开,其当前记录的"姓名"字段值为"李彤"(C 型字

段）。在命令窗口输入并执行如下命令：

```
姓名 = 姓名 - "出勤"
?姓名
```

屏幕上会显示【　　】。

A. 李彤   B. 李彤出勤   C. 出勤   D. 李彤-出勤

18. 假设"图书"表中有 C 型字段"图书编号"，要求将图书编号以字母 A 开头的图书记录全部打上删除标记，可以使用 SQL 命令【　　】。

  A. DELETE FROM 图书 FOR 图书编号＝"A"

  B. DELETE FROM 图书 WHERE 图书编号＝"A％"

  C. DELETE FROM 图书 FOR 图书编号＝"A＊"

  D. DELETE FROM 图书 WHERE 图书编号 LIKE "A％"

19. 下列程序段的输出结果是【　　】。

```
ACCEPT TO A
IF A = [123]
S = 0
ENDIF
S = 1
?S
```

  A. 0   B. 1   C. 123   D. 由 A 的值决定

第 20～25 题基于图书表、读者表和借阅表三个数据库表，它们的结构如下：

图书（图书编号，书名，第一作者，出版社）：图书编号、书名、第一作者和出版社为 C 型字段，图书编号为主关键字；

读者（借书证号，单位，姓名，职称）：借书证号、单位、姓名、职称为 C 型字段，借书证号为主关键字；

借阅（借书证号，图书编号，借书日期，还书日期）：借书证号和图书编号为 C 型字段，借书日期和还书日期为 D 型字段，还书日期默认值为 NULL，借书证号和图书编号共同构成主关键字。

20. 查询第一作者为"张三"的所有书名及出版社，正确的 SQL 语句是【　　】。

  A. SELECT 书名,出版社 FROM 图书 WHERE 第一作者＝张三

  B. SELECT 书名,出版社 FROM 图书 WHERE 第一作者＝"张三"

  C. SELECT 书名,出版社 FROM 图书 WHERE"第一作者"＝张三

  D. SELECT 书名,出版社 FROM 图书 WHERE"第一作者"＝"张三"

21. 查询尚未归还书的图书编号和借书日期，正确的 SQL 语句是【　　】。

  A. SELECT 图书编号,借书日期 FROM 借阅 WHERE 还书日期＝" "

  B. SELECT 图书编号,借书日期 FROM 借阅 WHERE 还书日期＝NULL

  C. SELECT 图书编号,借书日期 FROM 借阅 WHERE 还书日期 IS NULL

  D. SELECT 图书编号,借书日期 FROM 借阅 WHERE 还书日期

22. 查询"读者"表的所有记录并存储于临时表文件 one 中的 SQL 语句是【　　】。

  A. SELECT ＊ FROM 读者 INTO CURSOR one

  B．SELECT ＊ FROM 读者 TO CURSOR one

  C．SELECT ＊ FROM 读者 INTO CURSOR DBF one

  D．SELECT ＊ FROM 读者 TO CURSOR DBF one

23．查询单位名称中含"北京"字样的所有读者的借书证号和姓名，正确的 SQL 语句是【　　】。

  A．SELECT 借书证号，姓名 FROM 读者 WHERE 单位＝"北京％"

  B．SELECT 借书证号，姓名 FROM 读者 WHERE 单位＝"北京 ＊ "

  C．SELECT 借书证号，姓名 FROM 读者 WHERE 单位 LIKE "北京 ＊ "

  D．SELECT 借书证号，姓名 FROM 读者 WHERE 单位 LIKE "％北京％"

24．查询 2009 年被借过书的图书编号和借书日期，正确的 SQL 语句是【　　】。

  A．SELECT 图书编号，借书日期 FROM 借阅 WHERE 借书日期＝2009

  B．SELECT 图书编号，借书日期 FROM 借阅 WHERE year(借书日期)＝2009

  C．SELECT 图书编号，借书日期 FROM 借阅 WIRE 借书日期＝year(2009)

  D．SELECT 图书编号，借书日期 FROM 借阅 WHERE year(借书日期)＝year(2009)

25．查询所有"工程师"读者借阅过的图书编号，正确的 SQL 语句是【　　】。

  A．SELECT 图书编号 FROM 读者，借阅 WHERE 职称＝"工程师"

  B．SELECT 图书编号 FROM 读者，图书 WHERE 职称＝"工程师"

  C．SELECT 图书编号 FROM 借阅 WHERE 图书编号＝

   (SELECT 图书编号 FROM 借阅 WHERE 职称＝"工程师")

  D．SELECT 图书编号 FROM 借阅 WHERE 借书证号 IN

   (SELECT 借书证号 FROM 读者 WHERE 职称＝"工程师")

二、填空题(每空 2 分，共 20 分)

1．为表建立主索引或候选索引可以保证数据的【　　】完整性。

2．已有查询文件 queryone. qpr，要执行该查询文件可使用命令【　　】。

3．在 Visual FoxPro 中，职工表 EMP 中包含有通用型字段，表中通用型字段中的数据均存储到另一个文件中，该文件名为【　　】。

4．在 Visual FoxPro 中，建立数据库表时，将年龄字段值限制在 18～45 岁之间的这种约束属于【　　】完整性约束。

5．设有学生和班级两个实体，每个学生只能属于一个班级，一个班级可以有多名学生，则学生和班级实体之间的联系类型是【　　】。

6．Visual FoxPro 数据库系统所使用的数据的逻辑结构是【　　】。

7．在 SQL 语言中，用于对查询结果计数的函数是【　　】。

8．在 SQL 的 SELECT 查询中，使用【　　】关键词消除查询结果中的重复记录。

9．为"学生"表的"年龄"字段增加有效性规则"年龄必须在 18～45 岁之间"的 SQL 语句是：

ALTER TABLE 学生 ALTER 年龄【　　】年龄<＝ 45 AND 年龄>＝ 18

10．使用 SQL SELECT 语句进行分组查询时，有时要求分组满足某个条件时才查询，这时可以用【　　】子句来限定分组。

第三部分

上机考试辅导

第1单元

数据库及表

知识点：

(1) 建立数据库，在数据库中建立表，字段规则。

(2) 增加、删除和编辑字段。

(3) 自由表和数据库表相互转换。

(4) 建立索引、索引类型、索引名、索引表达式。

(5) 建立表间永久性联系。

(6) 设置参照完整性。

(7) INDEX ON 命令。

(8) 添加和删除字段。

(9) 增加删除记录。

1.1 Visual FoxPro 数据库及其操作

1.1.1 创建数据库

建立数据库的常用方法有以下三种：

- 在项目管理器中建立数据库；
- 通过"文件"|"新建"菜单命令建立数据库；
- 使用命令方式建立数据库。

在前两种建立方法中，用户可以利用系统提供的"数据库向导"建立数据库，在第三种方法中，用户可以使用 CREATE DATABASE 命令建立数据库。现将三种建立数据库的方法介绍如下。

1．在项目管理器中建立数据库

在项目管理器中建立数据库的界面如图 1.1 所示，首先选择"数据"选项卡中的"数据库"后单击"新建"按钮打开"新建数据库"对话框，然后单击"新建数据库"按钮，并按对话框提示输入数据库名称。最后单击"保存"按钮完成数据库的建立，并打开"数据库设计器"。

此时看到的是一个"空库"，没有数据的数据库是没有意义的，一个数据库中的数据是由若干扩展名为.dbf 的表文件构成的，因此数据库建立完成之后应立即向数据库中添加数据。我们可以通过"数据库设计器工具栏"中的相应功能按钮，在数据库中新建表、添加表或移去表等各种操作。

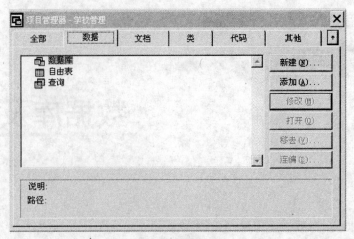

图 1.1 项目管理器中的"数据"选项卡

2. 通过"新建"菜单命令建立数据库

单击工具栏上的"新建"按钮或选择"文件"│"新建"命令打开"新建"对话框,如图 1.2 所示。首先在"文件类型"组合框中选择"数据库",单击"新建文件"按钮建立数据库,之后操作步骤与在项目管理器中建立数据库的过程相同。

3. 命令方式建立数据库

建立数据库的命令是:

CREATE DATABASE [< *DatabaseName* >|?]

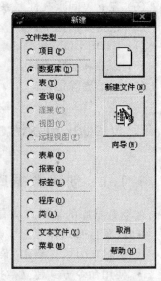

其中,*DatabaseName* 参数给出了用户要建立的数据库名称,如果未指定数据库名称或用"?"代替数据库名称,Visual FoxPro 系统会弹出"创建"对话框,以便用户选择数据库建立的路径和输入数据库名称。保存后该数据库文件被建立,并且自动以独占方式打开该数据库。

图 1.2 菜单方式新建数据库

例1 打开文件夹 1-1,在"学校管理"项目文件中新建一个名为"学校"的数据库文件,并将自由表"教师表"、"课程表"和"学院表"依次添加到该数据库中。

其操作过程叙述如下:

(1)打开项目文件"学校管理",选择"数据"选项卡中的"数据库",单击右侧"新建"按钮,打开如图 1.3 所示的"新建数据库"对话框。

(2)单击"新建数据库"按钮,弹出如图 1.4 所示的"创建"对话框,在其中添加数据库名称并单击"保存"按钮,之后弹出的即是"数据库设计器"对话框,如图 1.5 所示。

图 1.3 "新建数据库"对话框

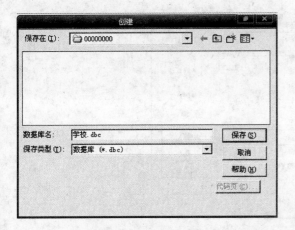

图 1.4 "创建"对话框

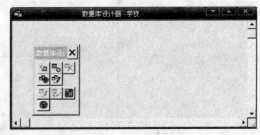

图 1.5 数据库设计器

（3）在数据库设计器工具栏上单击"添加表"按钮或者选择"数据库"|"添加表"命令，在"打开"对话框中选中要添加的表文件，如教师表，单击"确定"按钮将表添加到数据库文件中，依次将剩余两张表添加到数据库中，如图 1.6 所示。

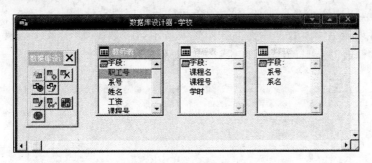

图 1.6 "学校"数据库

1.1.2 使用数据库

在数据库中建立表文件或者使用数据库中的表时，都必须先打开数据库，与建立数据库的方法类似，常用的打开数据库的方法也有三种：

- 在项目管理器中打开数据库；
- 通过"文件"|"打开"菜单命令打开数据库；
- 使用 OPEN DATABASE 命令交互打开数据库。

通常在 Visual FoxPro 开发环境下交互操作时使用前两种方法，在应用程序中使用第三种方法。在打开数据库文件时，如若对数据库进行修改等操作，注意数据库必须以"独占"方式打开，如图 1.7 所示。

1.1.3 修改数据库

Visual FoxPro 在建立数据库时建立了扩展名为.dbc、.dct、.dcx 的三个文件，用户不能直接对这些文件进行修改。在 Visual FoxPro 中修改数据库实际上是打开数据库设计器，用户通过更改数据库设计完成对各种数据库对象的建立、修改及删除等操作。

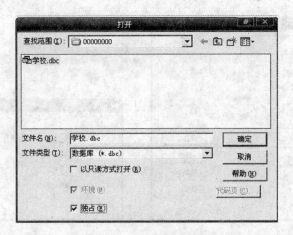

图 1.7 "打开"对话框

用户可以通过以下三种方法打开数据库设计器：

- 在项目管理器中打开数据库设计器；
- 通过"文件"|"打开"菜单命令打开数据库设计器；
- 使用 MODIFY DATABASE 命令交互打开数据库设计器。

在项目管理器中修改数据库界面如图 1.8 所示，在"数据库"分支下选择要修改的数据库文件，单击"修改"按钮打开数据库设计器进行相应的修改。

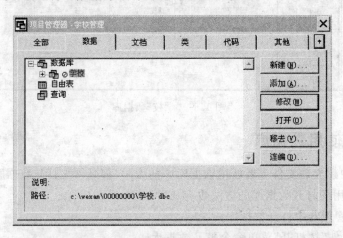

图 1.8 在项目管理器中修改数据库

利用"打开"对话框打开数据库设计器与利用命令打开数据库设计器方法类似，此处不再重复介绍。

1.1.4 删除数据库

对于不再使用的数据库，用户可以通过以下两种方法删除数据库：

- 在项目管理器中删除数据库；
- 使用 DELETE DATABASE 命令删除数据库。

从项目管理器中删除数据库比较简单，选择要删除的数据库文件，然后单击"移去"按

钮,弹出如图 1.9 所示对话框,之后可以选择:

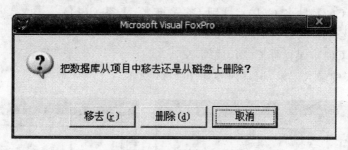

图 1.9　提示对话框(1)

- 移去:从项目管理器中删除数据库,但并不从磁盘上删除相应的数据库文件。
- 删除:从项目管理器和磁盘中同时删除数据库文件。
- 取消:取消当前操作,不进行删除操作。

例 2　打开文件夹 1-1 下的"学校管理"项目文件,修改其中名为"学校"的数据库文件,将"学院表"从数据库中删除(注意,不在磁盘中删除表信息)。之后保存数据库,并将数据库"学校"从项目管理器中删除。

其操作过程叙述如下:

(1) 打开"学校管理"项目管理器,在"数据"选项卡的数据库分支下选择"学校"数据库,单击"修改"按钮,弹出数据库设计器对话框。

(2) 从中选择要删除的表文件"学院表",单击"移去"按钮或者选择"数据库"|"移去"命令,弹出如图 1.9 所示对话框,单击"移去"按钮弹出如图 1.10 所示对话框,单击"是"按钮关闭数据库设计器,修改的内容自动保存。

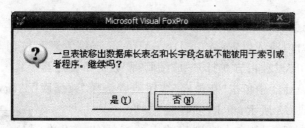

图 1.10　提示对话框(2)

(3) 在项目管理器中选择要删除的数据库文件"学校",单击"删除"按钮,弹出如图 1.9所示对话框,单击"删除"按钮,将数据库文件从项目管理器中删除。

1.2　数据库表及其操作

1.2.1　在数据库中建立表

若作为数据元素的表文件不存在,用户也可以利用数据库设计器新建表文件,具体操作是首先在打开的表设计器中建立表结构,然后保存表结构并向表中添加数据记录。

例3　建立"成绩管理"数据库,然后在数据库中建立三张数据库表,分别为:

学生(学号 C(2),姓名 C(10),性别 C(2),年龄 N,系 C(1))

课程(课程号 C(2)、课程名称 C(10))

选课(学号 C(2),课程号 C(2),成绩 N)

并向三张表中录入记录,记录内容如图 1.11 所示。

学生

学号	姓名	性别	年龄	系
S1	侯小朝	男	19	2
S2	辛小明	女	20	6
S3	王三凤	男	19	1
S4	邓一鹏	男	25	6
S5	张洋洋	男	23	2
S6	王小小	女	21	3
S7	钱克菲	男	24	6
S8	王力	女	20	3
S9	王力	男	19	4

选课

学号	课程号	成绩
S1	C4	45
S1	C5	65
S5	C6	76
S5	C1	78
S5	C2	68
S5	C3	99
S5	C4	45
S4	C5	65
S4	C6	76
S4	C1	78
S4	C2	68
S3	C3	99
S3	C4	45
S3	C5	65
S3	C6	76
S2	C1	78
S2	C2	68
S2	C3	99
S2	C4	45
S2	C5	65
S2	C6	76

课程

课程号	课程名称
C1	数学分析
C2	英语
C3	C语言
C4	数据结构
C5	政治
C6	物理
C7	逻辑电路

图 1.11　记录信息

其操作过程叙述如下:

(1) 在命令窗口内输入"CREATE DATABASE 成绩管理",按回车键执行此命令,然后通过"文件"|"打开"以独占方式打开"成绩管理"数据库设计器。

(2) 在数据库设计器中单击"新建表"按钮或者选择"数据库"|"新建表"命令,弹出"新建表"对话框,如图 1.12 所示,单击"新建表"按钮。

(3) 在"创建"对话框中输入要创建的表的文件名,如"学生",单击"保存"按钮后弹出"表设计器"对话框,并在"字段"选项卡中输入学生表的所有字段名、类型、宽度,如图 1.13 所示。

图 1.12　"新建表"对话框

(4) 单击"确定"按钮,弹出如图 1.14 所示对话框,单击"是"按钮,开始录入表记录信息。

(5) 参照(2)~(4)步骤建立"课程"表及"选课"表。

1.2.2　修改表结构

在 Visual FoxPro 中,表结构是可以任意修改的,用户可以添加、删除字段,修改字段名、字段类型、字段的宽度,可以建立、修改、删除索引,可以建立、修改、删除有效性规则等。

具体操作方法是：

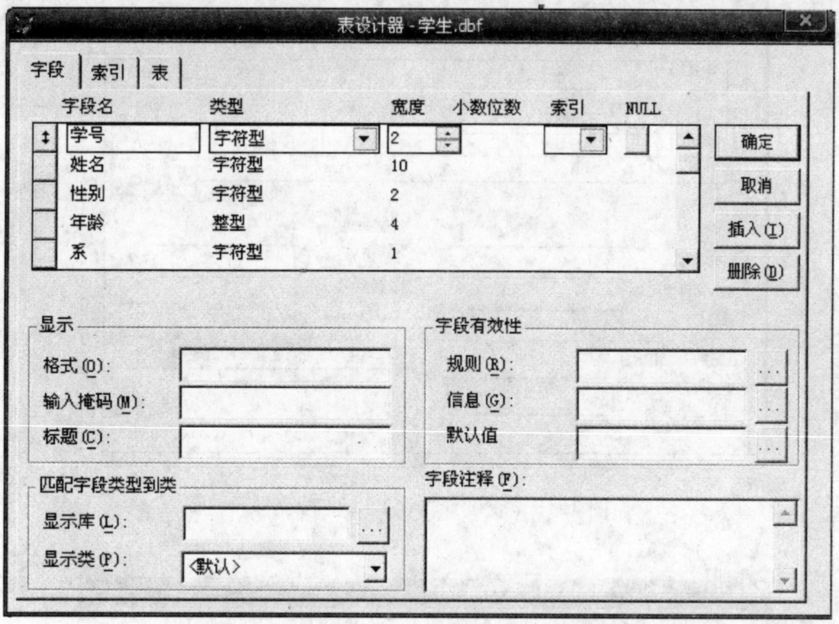

图 1.13 表设计器

图 1.14 提示对话框(3)

在数据库设计器中选中要修改的表文件，右击该文件后选择"修改"命令，打开表设计器，对其进行修改。

例 4 在例 3 的基础上，在"学生"表的"性别"和"年龄"字段之间插入一个名为"出生日期"的字段，数据类型为"日期型"。

其操作过程叙述如下：

(1) 选择"文件"|"打开"命令，在"打开"对话框中将文件类型选择为"数据库"，之后以独占方式打开"成绩管理"数据库，在弹出的数据库设计器中，选择要修改的表文件"学生"，右击该文件后选择"修改"命令，打开"学生"表的表设计器。

(2) 选中"年龄"字段，单击"插入"按钮，如图 1.15 所示。

(3) 修改新增字段名为"出生日期"，"类型"选择"日期型"，如图 1.16 所示。然后单击"确定"按钮，弹出如图 1.17 所示对话框，单击"是"按钮完成修改。

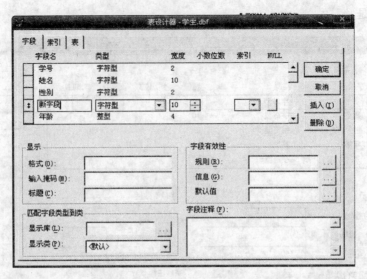

图1.15　表设计器(1)——插入字段

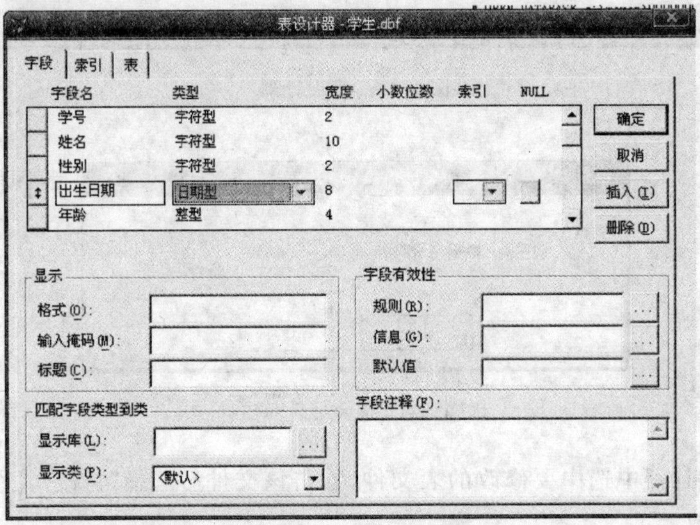

图1.16　表设计器(2)——设置新插入字段

图1.17　表设计器提示对话框

1.2.3　表的基本操作

一旦表被建立起来,就需要对其进行相应的操作,如添加、修改、删除、浏览记录等。不

管是哪一种操作,都要在表打开状态下进行,即在进行操作之前要使用"文件"|"打开"菜单命令或者 USE 命令打开表文件。注意,要对表进行修改,一定要以独占方式打开表。

1. 浏览表记录

在交互式工作方式下,最简单的浏览表的操作方法就是利用 BROWSE 浏览器,打开浏览器常见方法如下:

- 在项目管理器中打开;
- 在数据库设计器中打开;
- 在命令方式下,使用 USE 命令打开表,然后执行 BROWSE 命令。

2. 增加表记录

当表结构建立完成之后,系统会自动提醒用户添加表记录。若用户想在表中追加新记录,最简单的方法可以通过"显示"|"追加方式"向表中添加记录,这是一种添加方法,另外一种方法就是利用命令方式添加记录内容,常见命令有 APPEND 命令和 INSERT 命令。

- APPEND 命令:追加记录,常见格式有 APPEND 或 APPEND BLANK。利用 APPEND 命令是在交互式方式下输入表记录值,一次可以输入多条记录,最后关闭 窗口结束输入记录即可;而 APPEND BLANK 命令则是在表的尾部增加一条空白 记录,之后可以利用 REPLACE 命令替换修改空白记录的值或者利用 BROWSE 命 令交互修改空白记录的值。
- INSERT 命令:可以在表的任意位置输入新记录。常见格式:

  INSERT [BEFORE][BLANK]

  如果不指定 BEFORE 则是在当前记录之后插入一条新记录,否则是在当前记 录之前插入一条新记录。如果不指定 BLANK 则同 APPENDA 命令相同,否则在 当前记录之后插入一条空白记录。

注意:如果表上建立了主索引或者候选索引,则不可以用以上命令插入记录,必须使用 SQL 命令中的 INSERT 命令插入记录。

3. 修改表记录

修改表记录常见的方法有两种:

- 如要修改表中记录的值,只需要将记录指针定位在要修改的字段上,然后选中要修 改的字段值,直接进行修改即可。
- 利用 REPLACE 命令直接修改表记录,常见格式如下:

  REPLACE *FieldNamel* WITH *eExpressionl* [,*FieldName2* WITH *eExpression2*]…

  [FOR *lExpressionl*]]

  该命令的功能是直接利用 *eExpression* 的值替换 *FieldName* 的值,从而达到修改记 录值的目的。此命令一次可以修改多个字段的值。如果使用 FOR 短语,则修改逻 辑表达式 *lExpressionl* 为真的记录,否则默认修改当前记录。

4．删除表记录

在 Visual FoxPro 中删除记录有两种方式，分别是逻辑删除和物理删除。逻辑删除只是在记录旁作一个删除标记，必要时还可以去掉删除标记来恢复记录，并不是真正的删除记录内容。物理删除是在逻辑删除的基础上进行操作的，也可以说，物理删除就是将带有删除标记的记录内容真正的从表中删除。

1) 逻辑删除

常见添加删除标记的方法有两种：

(1) 在浏览器中单击各记录前的空白处，使其变黑，即该记录被逻辑删除，再次单击则取消删除标记。

(2) 利用 DELETE 命令进行逻辑删除，常见格式如下：

DELETE [FOR *lExpressionl*]

如果用 FOR 短语指定了满足条件的逻辑表达式 *lExpressionl*，则逻辑删除使表达式为真的记录。如果不使用 FOR 短语，则逻辑删除当前一条记录。

2) 物理删除

(1) 物理删除有删除标记的记录使用 PACK 命令，执行该命令即将所有带有逻辑删除标记的记录进行物理删除，利用 PACK 命令删除过后的记录是不可以再次恢复的，所以在删除之前一定要注意。

(2) 不管是否带有删除标记，使用 ZAP 命令即可删除表中全部记录，但此命令并没有删除表，执行完该命令后表结构依然存在。

5．拷贝表结构及记录

拷贝表结构：COPY STRUCTURE TO TableName

拷贝表记录：COPY TO TableName

其中，TableName 为目标表的名称，执行此命令前须打开源表。

例 5 将例 3 中的成绩管理数据库中的表"学生"的结构复制到新表 mytable 中，并将表"学生"中的记录复制到 mytable 中。

其操作过程叙述如下：

(1) 打开"学生"表，然后在命令窗口键入"COPY STRUCTURE TO mytable"按回车键生成 mytable 的表结构。

(2) 继续在命令窗口键入"COPY TO mytable"按回车键执行，将学生表中记录也复制到 mytable 表中。

6．排序

使表中记录按顺序排列，使用的命令是 SORT，常用格式如下：

SORT TO TableName ON FieldName1[/A|/D][, FieldName2[/A|/D]]…

其中，TableName 为表名，FieldName 为要排序的字段名，A 为升序，D 表示降序。

7．查询定位命令

在数据库应用中，必须将记录定位在某一条记录之后才可以进行操作。常见的定位命令有有以下几个：

(1) GOTO 或 GO：直接定位到某一条记录或者是定位到表头、尾部。命令格式为：

GO *nRecordNumber* | TOP | BOTTOM

(2) SKIP：确定当前记录指针位置后利用 SKIP 命令向前或者向后移动若干条记录位置。命令格式为：

SKIP [*nRecords*]

(3) LOCATE：按条件定位记录位置，常用格式为：

LOCATE FOR *lExpression*

例 6 打开文件夹 1-2，查看 Student 与 Score 两张表，完成如下操作：

(1) 利用 BROWSE 命令查看 Student 表中记录信息，并追加一条新记录("99038001","王克","男","信息")；

(2) 将 Student 表中学号为 99035001 的学生的"院系"字段值修改为"经济"；

(3) 将 Score 表中"成绩"字段的名称修改为"考试成绩"；

(4) 利用 DELETE 命令删除 Score 表中考试成绩小于 60 分的记录。

其操作过程叙述如下：

(1) 在命令窗口中执行命令：USE Student，之后继续执行命令：BROWSE，浏览 Student 表中的记录信息。最后在命令窗口中执行命令：APPEND，录入记录信息。

(2) 选择学号为"99035001"的记录，将院系的记录值"中文"修改为"经济"。

(3) 打开表 Score，选择"显示"|"表设计器"命令打开表设计器，将字段名"成绩"修改为"考试成绩"，单击"确定"按钮后弹出如图 1.18 所示对话框，单击"是"按钮完成修改。

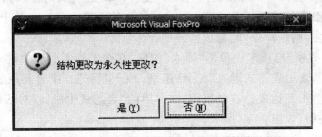

图 1.18 提示对话框(4)

(4) 在命令窗口执行命令：DELETE FOR 考试成绩＜60。

1.3 索引

用户可以利用索引灵活地按特定的顺序定位、查看、操作表中记录，Visual FoxPro 中常见的索引分为主索引、候选索引、唯一索引、普通索引四类。常用的建立索引的方法有如下两种。

1.3.1 在表设计器中建立索引

1. 单向索引

在表设计器中有"字段"、"索引"、"表"三个选项卡，在"字段"选项卡中定义字段就可以直接指定某些字段是否是索引项，用鼠标单击定义索引的下拉列表可以看到三个选项：无、升序、降序。如果选择升序或者降序，则在对应字段上建立一个普通索引，索引名和字段名同名，索引表达式就是对应的字段名。若索引类型有所变动，则要选择"索引"选项卡，在"类型"下拉列表框中选择索引类型即可。

注意，有些索引在建立的时候要求索引名和索引表达式并不是表中所给的字段名，在建立过程中需要选择"索引"选项卡，直接在索引名位置键入索引名，然后选择索引类型，最后键入索引表达式。

2. 复合字段索引

除了上面介绍的基于一个字段的索引，还可以按照多个字段建立索引，称之为复合字段索引，具体操作见例7。

例7 在文件夹 1-3 下打开数据库"订单管理"，做如下操作：

(1) 为 Employee 表建立一个普通索引，索引名和索引表达式为"职员号"。

(2) 为 Employee 表建立一个按升序排列的普通索引，索引名为 xb，索引表达式为"性别"。

(3) 为 Employee 表建立一个按升序排列的候选索引，索引名为 xyz，索引表达式为"STR(组别,1)＋职务"。

其操作过程叙述如下：

(1) 以独占方式打开表"Employee"，在"字段"选项卡中选择"职员号"字段，用鼠标单击选择索引下拉列表框中的升序或者降序，系统会自动创建一个索引名和索引表达式为"职员号"的普通索引。

(2) 打开"索引"选项卡，单击"插入"按钮，在弹出的索引项内键入索引名"xb"，类型选择"普通索引"，索引表达式键入"性别"。注意，在索引项前边有一个关于排序的按钮，箭头向上表示升序，反之，则是降序，此题选择升序。

(3) 同样，在"索引"选项卡中单击"插入"按钮，在弹出的索引项中键入索引名"xyz"，类型选择"候选索引"，索引表达式键入"STR(组别,1)＋职务"。或者利用表达式生成器生成此表达式，方法是单击表达式栏右侧按钮，在弹出的"表达式生成器"对话框中，键入表达式，最后单击"确定"按钮，如图 1.19 所示。

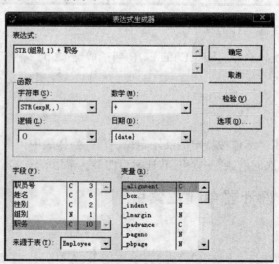

图 1.19 "表达式生成器"对话框

1.3.2 利用命令建立索引

建立索引的命令是 INDEX,常用格式如下:

INDEX ON eExpression TAG TagName [ASC|DESC][UNIQUE|CANDIDATE]

如为 Employee 表建立一个按升序排列的候选索引,索引名为 ybf,索引表达式为"姓名"。

命令为:

INDEX ON 姓名 TAG ybf CANDIDATE

1.4 数据完整性

数据完整性就是保持数据库中数据的正确特性,一般包括实体完整性、域完整性、参照完整性。

1. 实体完整性与主关键字

实体完整性是保证表中记录唯一的特性,在 Visual FoxPro 中利用主关键字或候选关键字保证表中记录唯一,即保证实体唯一性。

2. 域完整性与约束规则

限定字段的取值类型和取值范围对域完整性约束而言远远不够,还可以用一些约束规则来进一步保证域完整性。域约束规则也称为字段有效性规则,在插入或修改字段值时被激活,主要是用于检验数据输入的正确性。

建立字段有效性规则最简单的方法就是在表设计器中建立。在表设计器的"字段"选项卡中有一组定义字段有效性规则的项目,分别是"规则"(字段有效性规则)、"信息"(违背字段有效性规则时出现的错误提示信息)、"默认值"(字段的默认值)三项,其中需要注意的是,"规则"是逻辑表达式,"信息"是字符串表达式,"默认值"的类型与选定字段类型相同。具体操作步骤见例8。

例8 在文件夹 1-4 下打开数据库 SCORE_MANAGER,该数据库中有 3 张表 STUDENT、SCORE1 和 COURSE。要求为 SCORE1 表中的"成绩"字段设置字段有效性规则"成绩>=0 and 成绩<=100",出错提示信息是"成绩必须大于等于 0 且必须小于等于 100",默认值设置为空值(NULL)。

其操作过程叙述如下:

(1)选中要设置字段有效性规则的字段"成绩",然后在字段有效性组框中分别键入规则、信息、默认值。

(2)若选择字段默认值为空,则必须选定该字段允许为空,即在字段对应的 NULL 位置鼠标单击,出现"√"即可,如图 1.20 所示。

(3)单击"确定"按钮弹出表设计器提示信息对话框,如图 1.21 所示,单击"是"按钮。

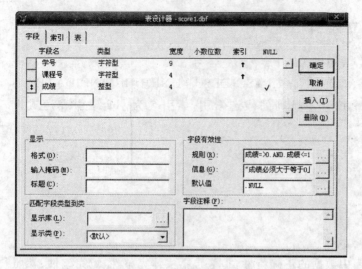

图 1.20 在表设计器中设置字段有效性规则

图 1.21 表设计器提示信息对话框

3. 参照完整性与表间规则

(1) 建立表间联系

在数据库设计中设计表间联系时,要在父表(一方)建立主索引,在子表(多方)建立普通索引,然后通过父表的主索引和子表的普通索引建立起两个表之间的联系。

(2) 参照完整性约束

若只建立表间联系,Visual FoxPro 默认没有建立任何参照完整性约束。在建立参照完整性约束之前必须先清理数据库,所谓数据库清理就是物理删除数据库各个表中带有删除标记的记录。

建立参照完整性约束及表间联系方法见例 9。

例 9 在文件夹 1-3 下打开"订单管理"数据库,完成如下操作:

(1) 为 Orders 表建立一个普通索引,索引名为"nf",索引表达式为"YEAR(签订日期)"。

(2) 为 Employee 表建立一个主索引,为 Orders 表建立一个普通索引,索引名和索引表达式均为"职员号"。通过"职员号"为 Employee 表和 Orders 表建立一个一对多的永久联系。

(3) 为上述建立的联系设置参照完成性约束:更新规则为"限制",删除规则为"级联",插入规则为"限制"。

解题思路

在 Visual FoxPro 中,要建立参照完整性,必须首先建立表之间的联系(在数据库设计器中进行),然后执行"数据库"菜单下的"清理数据库"命令,最后用鼠标右击表之间的联系并从弹出的快捷菜单中选择"编辑参照完整性"命令,在弹出的"参照完整性生成器"对话框中即可完成相应的设置。

其操作过程叙述如下:

(1) 在数据库设计器中为表 Orders 建立普通索引,索引名为"nf",索引表达式为

"YEAR(签订日期)",如图 1.22 所示,然后单击"是"按钮。

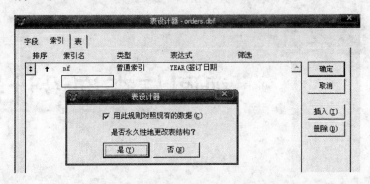

图 1.22 在表设计器中建立普通索引

(2) 按照上述操作步骤分别为表 Employee 和 Orders 建立主索引和普通索引,在数据库设计器中从主索引拖到普通索引建立表的联系,如图 1.23 所示。

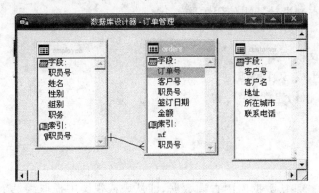

图 1.23 建立表间联系

(3) 选择表间联系,右击并从快捷菜单中选择"编辑参照完整性"命令,在参照完整性生成器下按题目的要求设置规则,如图 1.24 所示。若不能打开参照完整性生成器,则需要选择"数据库"|"清理数据库"命令,之后再进行参照完整性设置。

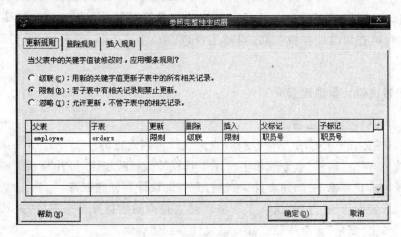

图 1.24 参照完整性生成器

第 2 单元

视图与查询设计器

知识点：

(1) 建立查询，添加表和"筛选"条件。

(2) 建立视图，添加表和"筛选"条件。

(3) 改变视图和查询结果的输出位置。

(4) 在视图和查询设计器中使用关联。

(5) 数据排序。

(6) 数据分组及相关函数。

(7) 利用查询生成 SQL 语句。

(8) 利用 SQL 语句建立视图。

2.1 查询

查询顾名思义就是从数据库中查询数据，即从表或视图中提取满足条件的记录，然后按照用户需求的类型定向输出查询结果。

2.1.1 建立查询

常用建立查询的方法大致可以划分为利用查询设计器创建查询、利用查询向导创建查询和利用 SQL 命令创建查询。在这三种方法中最简单的是利用查询向导建立查询，最常用的就是利用查询设计器做查询，同时还可以自动生成 SQL 语句，对于初学的人极易掌握。

1. 利用查询设计器创建查询

打开查询设计器的方法有：

• 利用 CREATE QUERY 命令打开查询设计器创建查询；

• 选择"文件"|"新建"命令或单击常用工具栏的"新建"按钮，打开"新建"对话框，然后选择"查询"并单击"新建文件"按钮打开查询设计器创建查询；

• 在项目管理器的"数据"选项卡下将要建立查询的数据库分支展开，并选择"查询"，然后单击"新建"命令按钮打开查询设计器创建查询。

下面通过例 1 具体介绍如何使用查询设计器建立查询。

例1 打开文件夹 2-1,利用查询设计器创建一个查询,其功能是从 xuesheng 和 chengji 两个表中找出 1982 年出生的汉族学生记录。查询结果包含学号、姓名、数学、英语和信息技术 5 个字段;各记录按学号降序排列;查询去向为表 table1。最后将查询保存为 query1. qpr,并运行该查询。

其操作过程叙述如下:

(1) 利用上面方法新建一个查询设计器,如图 2.1 所示,通过"查询"|"添加表"命令或者是单击查询设计器工具栏的"添加表"按钮将 xuesheng 和 chengji 两个表添加到查询设计器中,两表的联系自动生成,如图 2.2 所示,单击"确定"按钮。

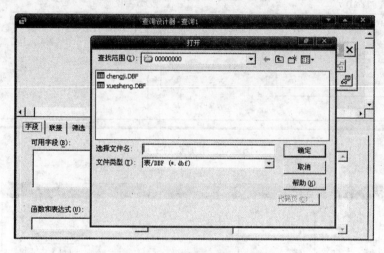

图 2.1　添加表到查询设计器

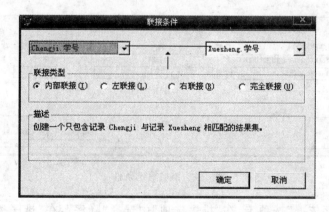

图 2.2　联接条件

(2) 选择"字段"选项卡,按要求添加字段"Xuesheng. 学号"、"Xuesheng. 姓名"、"Chengji. 数学"、"Chengji. 英语"和"Chengji. 信息技术"到"选定字段"框中,如图 2.3 所示。

(3) 选择"联接"选项卡,查看两表联接条件。再选择"筛选"选项卡,在"筛选"选项卡"字段名"中添加表达式"YEAR(Xuesheng. 出生日期)",条件设置为"=",实例中输入"1982"。继续在"筛选"选项卡中选择字段"民族",条件设置为"=",实例中输入"汉"。筛选条件为 1982 年的汉族学生记录,两个条件同时满足,逻辑关系选择"AND",如图 2.4 所示。

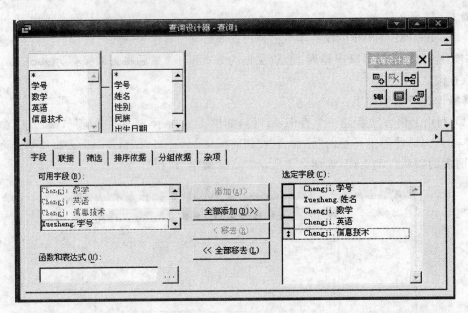

图 2.3　添加查询字段

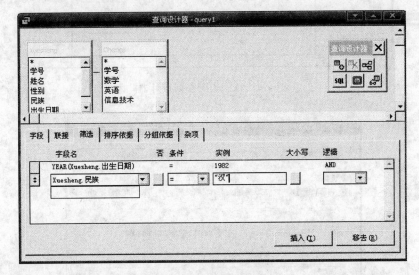

图 2.4　添加筛选条件

（4）选择"排序依据"选项卡，在"排序选项"中选择"降序"，在"排序条件"中添加字段"学号"，如图 2.5 所示。

（5）选择"查询"菜单中的"查询去向"命令或者单击查询设计器中的"查询去向"按钮打开"查询去向"对话框，单击"表"按钮，输入表名"table1"，单击"确定"按钮，如图 2.6 所示。

（6）保存查询为"query1"并运行查询，运行查询的方法为单击常用工具栏的"运行"按钮（红色叹号）或者在命令窗口执行：DO query1.qpr。

注意：不管是否保存查询文件，只要有查询去向，一定要运行查询，确保生成表文件，并可通过"显示"|"浏览"查看表文件。

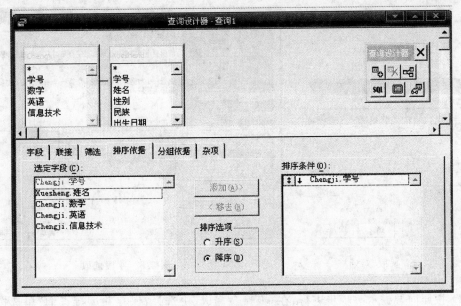

图 2.5　添加排序字段

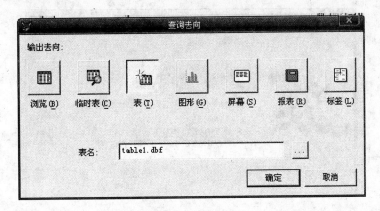

图 2.6　设置查询去向

2. 利用查询向导创建查询

按照查询向导指示一步步完成操作即可。注意：若没有要求，不可利用查询向导建立查询。

例 2　针对文件夹 2-2 下的 SCORE_MANAGER 数据库，使用查询向导建立一个含有"姓名"和"出生日期"的标准查询 QUERY3_1.QPR。

其操作过程叙述如下：

（1）选择"文件"|"新建"或者单击常用工具栏中的"新建"按钮，新建一个查询。单击"向导"按钮，打开"向导选取"对话框，在其中选择"查询向导"后单击"确定"按钮，如图 2.7 所示。

（2）按照向导的提示，在"步骤 1-字段选取"中首先从 STUDENT 表中选择"姓名"和"出生日期"字段至"选定字段"列表框，如图 2.8 所示。然后按提示单击"完成"按钮。

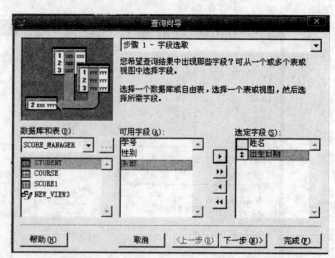

图 2.7 "向导选取"对话框　　　　　　　　图 2.8 字段选取

（3）按照向导提示一步步进行,在"步骤 5-完成"中选择"保存并运行查询"单选按钮后单击"确定"按钮,如图 2.9 所示。在"另存为"对话框中输入文件名为"QUERY3_1.QPR"。

图 2.9 完成界面

3. 利用 SQL 命令创建查询

SQL 的查询命令也称为 SELECT 命令,它的基本形式由 SELECT-FROM-WHERE 查询块组成。如果对查询结果进行排序或者分组操作,还可以使用短语 ORDER BY 或 GROUP BY。

SELECT 查询命令的使用非常灵活,用它可以构造各种各样的查询。

例 3 使用 SQL 语句完成下面的操作:根据文件夹 2-3 下的"国家"和"获奖牌情况"两个表统计每个国家获得的金牌数("名次"为 1 表示获得一块金牌),结果包括"国家名称"和"金牌数"两个字段,并且先按"金牌数"降序排列,若"金牌数"相同再按"国家名称"降序排列,然后将结果存储到表 Temp 中。最后将该 SQL 语句存储在文件 Three.prg 中。

其操作过程叙述如下:

(1) 选择"文件"|"新建"命令,在文件类型里选择"程序",之后单击"新建文件"按钮,创建一个程序文件。

(2) 在程序文件里输入以下命令语句:

```
SELECT 国家.国家名称,COUNT(获奖牌情况.名次) AS 金牌数;
FROM 国家,获奖牌情况;
WHERE 国家.国家代码 = 获奖牌情况.国家代码;
AND 获奖牌情况.名次 = 1;
GROUP BY 国家.国家名称;
ORDER BY 2 DESC,国家.国家名称 DESC;
INTO TABLE temp.dbf
```

(3) 保存程序为 Three.prg 并运行程序。

2.1.2 运行查询

运行查询的方法很多,可以在项目管理器中选择要运行的查询文件,单击"运行"按钮执行查询;也可以用命令执行查询,命令格式是:

DO *QueryFile*.*qpr*

其中,QueryFile 为查询文件名,注意,此处必须给出查询文件的扩展名.qpr。

如运行例 1 的查询,可在命令窗口执行命令:DO query1.qpr。

2.2 视图

在 Visual FoxPro 中视图是一个定制的虚拟的表,可引用一个或者多个表,或者引用其他视图。在关系数据库中,视图是操作表的窗口,也可以把它看作是从表中派生出来的虚表,它依赖于表,可更新,但不独立存在。

2.2.1 建立视图

视图是数据库中的一个特有功能,只有在包含视图的数据库打开时,才能使用视图。常用建立视图的方法可以分为利用视图设计器创建视图和利用 SQL 命令创建视图两类。在上面两种方法里,最简单最直接的方法就是利用视图设计器建立视图,现将这两种方法介绍如下。

1. 利用视图设计器创建视图

打开视图设计器创建视图的方法有以下几种:

- 利用 CREATE VIEW 命令打开视图设计器;
- 选择"文件"|"新建"命令或单击常用工具栏的"新建"按钮,打开"新建"对话框,然后选择"视图"并单击"新建文件"按钮打开视图设计器创建视图;
- 在项目管理器的"数据"选项卡下将要建立视图的数据库分支展开,并选择"本地视图",然后单击"新建"按钮打开视图设计器创建视图。

例 4 新建一个名为"库存管理"的项目文件,在项目中建立一个名为"使用零件情况"的数据库,并将文件夹 2-4 中的自由表零件信息、使用零件和项目信息 3 张表添加到该数据库中。修改"零件信息"表的结构,为其增加一个字段,字段名为"规格",类型为字符型,长度为8。

根据零件信息、使用零件和项目信息3个表,利用视图设计器建立一个视图 view_item,该视图的属性列由项目号、项目名、零件名称、单价和数量组成,记录按项目号升序排序,筛选条件是:项目号为"s2"。

其操作过程叙述如下:

(1) 新建一个项目文件"库存管理",然后选中项目管理器的"数据"选项卡中的数据库,单击"新建"按钮打开数据库设计器,将3个自由表依次添加到数据库中。

(2) 选择数据库中的"零件信息"表,右击并从快捷菜单中选择"修改"命令,打开表设计器,为其添加一个新字段,如图 2.10 所示。

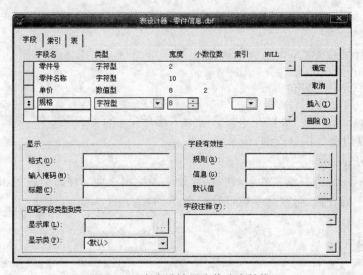

图 2.10 在表设计器中修改表结构

(3) 在项目管理器中选择数据库"使用零件情况"下的"本地视图",单击"新建"按钮,如图 2.11 所示。

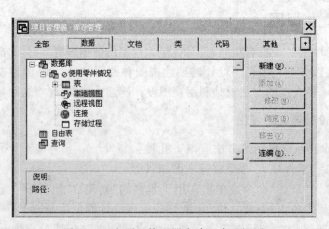

图 2.11 在项目管理器中建立本地视图

(4) 在弹出的对话框中选择"新建视图",如图 2.12 所示。

(5) 在弹出的"添加表或视图"对话框中选定"表",如图 2.13 所示。

图 2.12 选择"新建视图"

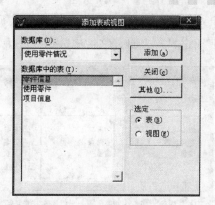

图 2.13 "添加表或视图"对话框

（6）从数据库"使用零件情况"中依次添加三张表时自动生成表间联系，如图 2.14 所示，默认联接条件即可。

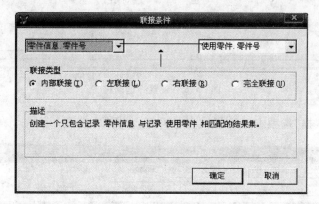

图 2.14 表间联接条件

（7）在视图设计器的"字段"选项卡中选择要添加的选定字段，如图 2.15 所示。

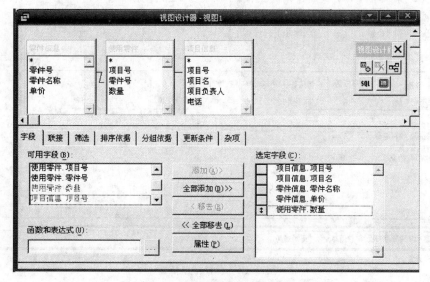

图 2.15 在视图设计器中选定字段

（8）在"筛选"选项卡中键入筛选条件，如图 2.16 所示。注意项目号为字符型，所以实例"s2"要用定界符表明且字符型数据区分大小写。

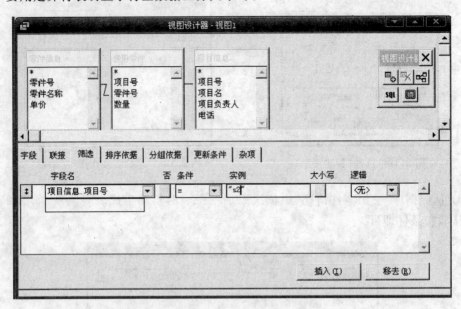

图 2.16　设置筛选条件

（9）在"排序依据"选项卡中选择项目号升序，如图 2.17 所示。

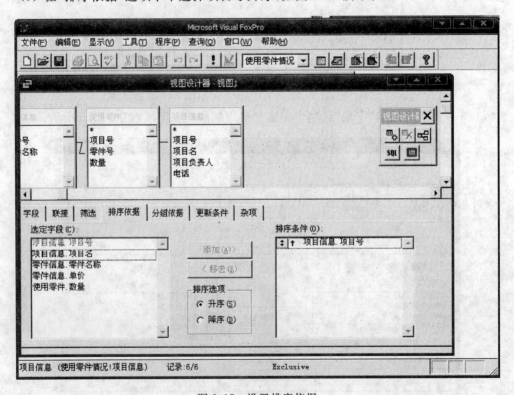

图 2.17　设置排序依据

（10）保存视图文件，输入文件名"view_item"。

2．利用 SQL 命令创建视图

视图是根据对表的查询定义的，其命令格式如下：
CREATE VIEW *view-name* AS *select-statement*
其中，*select-statement* 是任意的 SELECT 查询语句，用来说明和限定视图的数据。视图的字段与查询的字段相同。因为视图是根据表派生出来的，所以又分为两类，分别是从单个表派生出的视图和从多个表派生出的视图。

在做查询或者利用查询创建视图的时候，SELECT 可以包含算术表达式或者函数，由于它们是计算得来的，并不存储在表内，因此用 AS 生成虚字段。

例 5　建立视图 view55，并将定义视图的代码放到 view.txt 中。具体要求是：视图中的数据取自文件夹 2-5 下的数据库"个人支出"下的"个人日常支出"表中"姓名"、"电话"、"水电费"和"煤气费"字段，以及"个人基本情况"表中的"编码"和"工资"字段。两表以"编码"联接。按"金额剩余"排序（升序），其中"剩余金额"等于工资减去电话费、水电费和煤气费。

解题思路

本题要考查多个表派生出的视图、视图中的虚字段、排序等问题。
其操作过程叙述如下：
（1）以独占方式打开数据库"个人支出"或在命令窗口执行命令：

OPEN DATABASE 个人支出

（2）在命令窗口中键入以下命令并执行生成视图：

CREATE VIEW view55 AS;
SELECT 个人日常支出.姓名,个人日常支出.电话,个人日常支出.水电费,;
　个人日常支出.煤气费,个人基本情况.工资,个人基本情况.编码,;
　个人基本情况.工资－个人日常支出.电话－个人日常支出.水电费－;
　个人日常支出.煤气费 AS 金额剩余;
FROM 个人支出!个人日常支出,个人支出!个人基本情况;
WHERE 个人基本情况.编码 = 个人日常支出.编码;
ORDER BY 7

（3）通过"文件"|"新建"命令，打开一个文本编辑器，将上述命令复制粘贴到文本文件中并保存，文件名为 view.txt。

2.2.2　使用视图

对于建立起来的视图文件，除了利用各种方法打开浏览之外，还可以利用 SQL 语句直接操作视图（注意，前提是要打开数据库）。

例 6　首先创建数据库 Cj_m，并向其中添加文件夹 2-1 下的 xuesheng 表和 chengji 表。然后在数据库中创建视图 view1，其功能是利用该视图只能查询数学、英语和信息技术 3 门课程中至少有一门不及格（小于 60 分）的学生记录；查询结果包含学号、姓名、数学、英语和信息技术 5 个字段；各记录按学号降序排列。最后利用刚创建的视图 view1 查询视图中的全部信息，并将查询结果存储于表 table2 中。

其操作过程叙述如下：

（1）在命令窗口输入"CREA DATA Cj_m"，创建数据库。

（2）打开 Cj_m 数据库并向其中添加表"xuesheng"和"chengji"。

（3）在数据库设计器中新建一个视图，并将 xuesheng 和 chengji 两个表添加到新建的视图中，按要求添加字段"xuesheng. 学号"、"xuesheng. 姓名"、"chengji. 数学"、"chengji. 英语"和"chengji. 信息技术"。

（4）在"筛选"选项卡中分别选择字段"数学"、"英语"和"信息技术"，条件均为"<"，实例为"60"，逻辑为"or"。

（5）在"排序"选项卡中选择"降序"，添加字段"学号"。

（6）保存视图为 view1。新建一个查询，将视图添加到查询设计器中，如图 2.18 所示。

（7）添加全部字段，选择查询去向为表，输入表名"table 2"并运行查询。

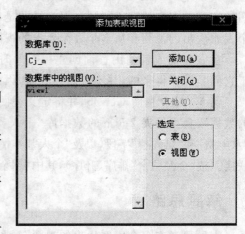

图 2.18　添加视图到查询设计器

2.2.3　删除视图

视图是由表派生出的，所以不存在修改结构的问题，但视图是可以删除的。删除视图的方式有两种：命令删除，菜单删除。

1. 命令删除

删除视图的命令格式是：

DROP VIEW *view-name*

比如要删除上面建立的 view55 视图，只需在命令窗口执行：DROP VIEW view55。

2. 菜单删除

在数据库设计器中选择要删除的视图，右击后从弹出的快捷菜单中选择"移去"命令。

例 7　从文件夹 2-2 中的 SCORE_MANAGER 数据库中删除名为 NEW_VIEW3 的视图。

其操作过程叙述如下：

（1）打开 SCORE_MANAGER 数据库。

（2）从数据库设计器中选择 NEW_VIEW3 视图窗口，右击并从弹出的快捷菜单中选择"移去"命令。

第 **3** 单元
关系数据库标准语言SQL

知识点：

1. 数据查询语句 SELECT

- 简单查询。
- 条件和联接查询。
- 嵌套查询。
- SQL 排序、分组与计算查询。
- SQL 利用空值、量词和谓词查询。
- SQL 范围查询。
- SQL 模式匹配。
- SQL 集合的并运算。
- SQL 查询显示部分结果。
- SQL 查询结果"去向"。

2. 数据定义语句

- CREAT 创建表命令。
- ALTER 修改表结构命令。
- DROP 语句中删除表命令。

3. 数据操纵语句

- INSERT 插入记录命令。
- UPDATE 更新命令。
- DELETE 删除记录命令。

3.1 数据查询语句

　　SELECT 语句是 SQL 语句中功能最强大也是最复杂的语句，是 SQL 的核心，它的基本形式由 SELECT-FROM-WHERE 查询块组成，多个查询块可以嵌套使用。

　　本节例题以教材第 6 章中"学生管理"数据库（包含学生基本信息、课程信息、学生成绩）

为例,进行 SQL_SELECT 命令的练习。

进入 Microsoft Visual FoxPro 6.0 软件,打开"学生管理"数据库,在命令窗口中执行以下各题中的命令。

3.1.1 简单查询

例1 查询所有课程信息。

```
SELECT * FROM 课程信息
```

例2 查询全部的学生的学号、姓名、性别、出生日期、联系电话。

```
SELECT 学号,姓名,性别,出生日期,联系电话 FROM 学生基本信息
```

例3 查询有学习成绩的学生的学号和姓名。

```
SELECT DISTINCT 学号,姓名 FROM 学生成绩
```

例4 从学生基本信息中查询所有学生的政治面貌。

```
SELECT DISTINCT 政治面貌 FROM 学生基本信息
```

例5 查询出每个学生的学号、姓名和年龄。

```
SELECT 学号,姓名,YEAR(DATE( ))－YEAR(出生日期) AS 年龄 FROM 学生基本信息
```

3.1.2 条件和联接查询

例6 查询学分为 3 分或 3 分以上的课程信息。

```
SELECT * FROM 课程信息 WHERE 学分>= 3
```

例7 查询学号为"0940401"学生的学习成绩。

```
SELECT * FROM 学生成绩 WHERE 学号 = "0940401"
```

例8 查询学号为"0940401"学生所得到的各课程分数、课程的名字和学分。

```
SELECT 成绩,课程名,学分;
FROM 学生成绩,课程信息;
WHERE 学号 = "0940401" AND 学生成绩.课程号 = 课程信息.课程号
```

例9 用 JOIN 短语,即内部联接命令做一个查询如下:

```
SELECT 学生基本信息.学号, 学生基本信息.姓名, 学生成绩.课程号,;
    学生成绩.成绩;
FROM 学生基本信息 JOIN 学生成绩;
ON 学生基本信息.学号 = 学生成绩.学号
```

例10 左联接,即除了满足联接条件的记录出现在查询结果中外,第一个表中不满足联接条件的记录也出现在查询结果中。

```
SELECT 学生基本信息.学号, 学生基本信息.姓名, 学生成绩.课程号,;
    学生成绩.成绩;
```

```
FROM 学生基本信息 LEFT JOIN 学生成绩;
ON 学生基本信息.学号 = 学生成绩.学号
```

例 11　右联接,即除了满足联接条件的记录出现在查询结果中外,第二个表中不满足联接条件的记录也出现在查询结果中。

```
SELECT 学生基本信息.学号, 学生基本信息.姓名, 学生成绩.课程号,;
  学生成绩.成绩;
FROM 学生基本信息 RIGHT JOIN 学生成绩;
ON 学生基本信息.学号 = 学生成绩.学号
```

例 12　全联接,即除了满足联接条件的记录出现在查询结果中外,两个表中不满足联接条件的记录也出现在查询结果中。

```
SELECT 学生基本信息.学号, 学生基本信息.姓名, 学生成绩.课程号,;
  学生成绩.成绩;
FROM 学生基本信息 FULL JOIN 学生成绩;
ON 学生基本信息.学号 = 学生成绩.学号
```

3.1.3　嵌套查询

例 13　查询所有已经有成绩的课程信息。

```
SELECT * FROM 课程信息 WHERE 课程号 IN;
(SELECT 课程号 FROM 学生成绩)
```

例 14　查询所有还没有成绩的课程信息。

```
SELECT * FROM 课程信息 WHERE 课程号 NOT IN;
(SELECT 课程号 FROM 学生成绩)
```

例 15　查询所有课程为"线性代数"的学生成绩。

```
SELECT * FROM 学生成绩 WHERE 课程号 =;
(SELECT 课程号 FROM 课程信息 WHERE 课程名 = "线性代数")
```

3.1.4　SQL 排序、分组与计算查询

例 16　按课程的学分升序检索出所有课程信息。

```
SELECT * FROM 课程信息 ORDER BY 学分
```

例 17　按课程的学分降序检索出所有课程信息。

```
SELECT * FROM 课程信息 ORDER BY 学分 DESC
```

例 18　先按照课程号排序,再按成绩排序并检索出所有学生的成绩信息。

```
SELECT * FROM 学生成绩 ORDER BY 课程号,成绩
```

例 19　求当前有多少门课程已经确定了学生成绩。

```
SELECT COUNT(DISTINCT 课程号) FROM 学生成绩
```

例 20 求当前学生的总人数。

SELECT COUNT(*) FROM 学生基本信息

例 21 求王建业所选择课程的总学分。

SELECT SUM(课程信息.学分);
FROM 学生成绩 INNER JOIN 课程信息;
ON 课程信息.课程号 = 学生成绩.课程号;
WHERE 学生成绩.姓名 = "王建业"

例 22 求王建业各科成绩的平均分数。

SELECT AVG(成绩) FROM 学生成绩 WHERE 姓名 = "王建业"

例 23 求王建业各科成绩的最高分。

SELECT MAX(成绩) FROM 学生成绩 WHERE 姓名 = "王建业"

例 24 求王建业各科成绩的最低分。

SELECT MIN(成绩) FROM 学生成绩 WHERE 姓名 = "王建业"

例 25 计算一下各不同的政治面貌各有多少个学生。

SELECT 政治面貌,COUNT(*) AS 人数 FROM 学生基本信息;
GROUP BY 政治面貌

例 26 求人数大于 2 人的政治面貌。

SELECT 政治面貌,COUNT(*) AS 人数 FROM 学生基本信息;
GROUP BY 政治面貌 HAVING COUNT(*)> 2

3.1.5 SQL 利用空值、量词和谓词查询

例 27 找出还没有确定家庭住址的学生信息。

SELECT * FROM 学生基本信息 WHERE 家庭住址 IS NULL

例 28 找出已经确定家庭住址的学生信息。

SELECT * FROM 学生基本信息 WHERE 家庭住址 IS NOT NULL

例 29 检索出所有没有确定成绩的课程信息。

SELECT * FROM 课程信息 WHERE NOT EXISTS;
(SELECT * FROM 学生成绩 WHERE 课程号 = 课程信息.课程号)

等价于：

SELECT * FROM 课程信息 WHERE 课程号 NOT IN;
(SELECT 课程号 FROM 学生成绩)

例 30 检索至少确定一个学生成绩的课程信息。

SELECT * FROM 课程信息 WHERE EXISTS;

(SELECT * FROM 学生成绩 WHERE 课程号 = 课程信息.课程号)

等价于：

SELECT * FROM 课程信息 WHERE 课程号 IN;
(SELECT 课程号 FROM 学生成绩)

例 31 检索出分数大于或等于李红英任何一门科目分数的学生的成绩信息。

SELECT * FROM 学生成绩 WHERE 成绩>= ANY;
(SELECT 成绩 FROM 学生成绩 WHERE 姓名 = "李红英")

等价于：

SELECT * FROM 学生成绩 WHERE 成绩>= ;
(SELECT MIN(成绩) FROM 学生成绩 WHERE 姓名 = "李红英")

例 32 检索出分数大于或等于李红英所有科目分数的学生的成绩信息。

SELECT * FROM 学生成绩 WHERE 成绩>= ALL;
(SELECT 成绩 FROM 学生成绩 WHERE 姓名 = "李红英")

等价于：

SELECT * FROM 学生成绩 WHERE 成绩>= ;
(SELECT MAX(成绩) FROM 学生成绩 WHERE 姓名 = "李红英")

3.1.6 SQL 范围查询

例 33 检索出成绩介于 80 到 90 分之间的所有科目成绩信息。

SELECT * FROM 学生成绩 WHERE 成绩 BETWEEN 80 AND 90

例 34 检索出成绩不在 80 到 90 分之间的学生成绩信息。

SELECT * FROM 学生成绩 WHERE 成绩 NOT BETWEEN 80 AND 90

3.1.7 SQL 模式匹配

例 35 检索出名字中有"丽"字的所有学生成绩信息。

SELECT * FROM 学生基本信息 WHERE 姓名 LIKE "％丽％"

例 36 检索出名字长度为 2 个字符并且姓"赵"的学生成绩信息。

SELECT * FROM 学生基本信息 WHERE 姓名 LIKE "赵_"

例 37 检索出不姓"赵"的所有学生成绩信息。

SELECT * FROM 学生基本信息 WHERE 姓名 NOT LIKE "赵％"

3.1.8　SQL 集合的并运算

例 38　请检索出政治面貌为党员和团员的所有学生的信息。

```
SELECT * FROM 学生基本信息 WHERE 政治面貌 = "党员";
UNION SELECT * FROM 学生基本信息 WHERE 政治面貌 = "团员"
```

3.1.9　SQL 查询显示部分结果

例 39　显示出学分最高的 2 门课程的信息。

```
SELECT * TOP 2 FROM 课程信息 ORDER BY 学分 DESC
```

例 40　显示出学分最高的前 50% 的课程的信息。

```
SELECT * TOP 50 PERCENT FROM 课程信息 ORDER BY 学分 DESC
```

3.1.10　SQL 查询结果"去向"

例 41　将查询结果存放到数组中。

```
SELECT * FROM 课程信息 INTO ARRAY tmp
```

在命令窗口中运行如上命令后,再在命令窗口中输入以下命令,观察命令结果。

```
?tmp(1,1)
?tmp(1,2)
?tmp(1,3)
?tmp(3,1)
?tmp(3,2)
?tmp(3,3)
```

例 42　将查询结果存放到临时文件中。

```
SELECT * FROM 课程信息 INTO CURSOR tmp1
```

例 43　将查询结果存放到永久表中。

```
SELECT * FROM 课程信息 INTO TABLE tmp1
```

在默认路径下可以发现有一个刚刚建立的"tmp1. DBF"文件,打开此文件可以看到查询结果。

例 44　将查询结果存放到文本文件中。

```
SELECT * FROM 课程信息 TO FILE tmp1
```

在默认路径下可以发现有一个刚刚建立的"tmp1. TXT"文件,打开此文件可以看到查询结果存储在该文件中。

例 45　将查询结果直接输出到打印机,并弹出打印机设置对话框。

```
SELECT * FROM 课程信息 TO PRINTER PROMPT
```

3.2　数据定义语句

　　SQL 的数据定义功能非常广泛,包括数据库的定义、表的定义、视图的定义等若干部分。在此,主要练习使用表的定义语句。

　　以下各题使用 SQL 数据定义语句来创建并修改教材第 6 章中"学生管理"数据库(包含学生基本信息、课程信息、学生成绩)。

3.2.1　创建表命令

　　例 46　创建"学生管理"数据库,在数据库下创建教材第 6 章中的三个表(学生基本信息、课程信息、学生成绩)。

　　用 SQL CREATE 命令建立"学生基本信息"表:

```
CREATE TABLE 学生基本信息 (学号 C(7) PRIMARY KEY,姓名 C(8),性别 C(2),;
出生日期 D,政治面貌 C(10),联系电话 C(12),家庭住址 C(20) NULL,;
奖惩情况 M,照片 G)
```

　　用 SQL CREATE 命令建立"课程信息"表:

```
CREATE TABLE 课程信息 (课程号 C(4) PRIMARY KEY,课程名 C(30),;
学分 N(4,1) CHECK (学分> 0) ERROR "学分应该大于 0!")
```

　　用 SQL CREATE 命令建立"学生成绩"表:

```
CREATE TABLE 学生成绩 (学号 C(7),姓名 C(10),课程号 C(4),成绩 I,;
FOREIGN KEY 课程号 TAG 课程号 REFERENCES 课程信息)
```

3.2.2　修改表结构命令

　　例 47　为"学生基本信息"表增加一个年龄属性,并且加上有效性检查,及错误信息提示,默认值为 18 岁。

```
ALTER TABLE 学生基本信息 ADD 年龄 I DEFAULT 0;
CHECK 年龄> 0 ERROR "年龄应该大于 0!"
```

　　例 48　将"课程信息"表的"课程名"字段的宽度由原来的 30 改为 26。

```
ALTER TABLE 课程信息 ALTER 课程名 C(26)
```

　　例 49　修改"学生基本信息"表中年龄的有效性规则为大于 7。

```
ALTER TABLE 学生基本信息 ALTER 年龄;
SET CHECK 年龄> 7 ERROR "年龄应该大于 7!"
```

　　例 50　删除"学生基本信息"表中年龄的有效性规则。

```
ALTER TABLE 学生基本信息 ALTER 年龄 DROP CHECK
```

　　例 51　将"学生基本信息"表的"联系电话"字段名称改为"电话"。

```
ALTER TABLE 学生基本信息;
```

RENAME COLUMN 联系电话 TO 电话

例 52　删除"学生基本信息"表中的年龄字段。

ALTER TABLE 学生基本信息 DROP COLUMN 年龄

例 53　将"学生基本信息"表中的"姓名"和"性别"定义为候选索引,索引名称为 hx_suoyin。

ALTER TABLE 学生基本信息 ADD UNIQUE;
姓名 + 性别 TAG hx_suoyin

例 54　删除"学生基本信息"表的候选索引。

ALTER TABLE 学生基本信息 DROP UNIQUE TAG hx_suoyin

3.2.3　删除表命令

例 55　将"学生成绩"表从"学生管理"数据库中删除。

DROP TABLE 学生成绩

3.3　数据操纵语句

　　SQL 的数据操纵功能是指对数据库中数据的修改功能,主要包括数据的插入、更新、删除三个方面的内容。

　　以下各题以第 6 章中"学生管理"数据库(包含学生基本信息、课程信息、学生成绩)为例,进行 SQL 操纵语句的练习。

3.3.1　插入记录命令

例 56　向"课程信息"表中插入以下记录。

课程号: "C100"
课程名: "电子商务"
学分: 2.5

打开"学生管理"数据库,在命令窗口中执行如下命令:

INSERT INTO 课程信息;
VALUES("C100","电子商务",2.5)

然后打开"课程信息"表,即可以看到添加了新的记录。

3.3.2　更新命令

例 57　对于"学生成绩"表中调整全部成绩减少 10 分。

UPDATE 学生成绩 SET 成绩 = 成绩 − 10

例 58　调整课程号为"C001"的成绩都减少 10 分。

UPDATE 学生成绩 SET 成绩 = 成绩 - 10 WHERE 课程号 = "C001"

3.3.3　删除记录命令

例 59　为"课程信息"表中课程号为"C009"的课程记录加上删除标记。

DELETE FROM 课程信息 WHERE 课程号 = "C009"

第4单元

菜单设计与应用

知识点：
1. 了解菜单系统的组成。
2. 掌握菜单设计器的基本操作。
3. 掌握应用程序菜单的设计。

4.1 基本操作

4.1.1 进入菜单设计器的方式

在 Visual FoxPro 中，采用以下三种方式进入菜单设计器：

- 使用"项目管理器"。即从项目管理器中选择"其他"选项卡，然后选择"菜单"，并单击"新建"按钮；
- 使用"文件"菜单中的"新建"命令，选择"菜单"；然后再选择"新建文件"；
- 使用 CREATE MENU 命令。

系统弹出"新建菜单"对话框，该对话框中有两项选择：菜单，快捷菜单。现选择"菜单"，屏幕即进入"菜单设计器"的界面。

4.1.2 创建快捷菜单

创建快捷菜单与创建下拉菜单的方法类似，主要步骤如下：

（1）打开"快捷菜单设计器"窗口。单击"文件"选项，选择"新建"选项卡，并依次单击"菜单"、"新建文件"、"快捷菜单"菜单项或按钮，打开"快捷菜单设计器"窗口，其界面及使用方法与"菜单设计器"窗口完全相同。

（2）添加菜单项。

（3）为每个菜单项指定任务。

（4）在快捷菜单的"清理"代码中添加清除菜单的命令，使得在选择、执行菜单命令后能及时清除菜单，释放其所占用的内存空间。命令格式如下：

RELEASE POPUPS <快捷菜单名> [EXTENDED]

（5）保存菜单，并生成. MPR 菜单文件。

（6）将快捷菜单指派给某个对象，只须为该对象的 RightClick 事件编写如下代码：

DO <快捷菜单程序文件名>

其中,文件的扩展名.MPR 不能省略。

4.1.3 运行菜单

运行菜单有三种方式:

- 菜单方式:选择"程序"|"运行"菜单命令,并选择需要运行的菜单程序文件名;
- 命令方式:在命令窗口直接输入"DO <菜单文件名.MPR>"命令;
- 项目管理器方式:在"项目管理器"中选择相应菜单文件并单击"运行"按钮。

4.2 简单操作

利用菜单设计器建立一个下拉式菜单,

下拉式菜单的具体要求如下:

(1) 条形菜单的菜单项包括:数据维护(W)、编辑(B)、退出(R),它们的结果分别是:激活弹出式菜单 wh、激活弹出式菜单 bj、将系统菜单恢复为标准设置。

(2) 弹出式菜单 wh 菜单项包括:录入记录、修改记录、浏览记录,它们的快捷键分别为 Ctrl+L、Ctrl+X、Ctrl+I,它们的结果分别是执行程序文件 lr.prg、xg.prg、11.prg。

(3) 弹出式菜单 bj 包括剪切、复制和粘贴三个选项,它们分别调用相应的系统标准功能。

操作步骤如下:

(1) 在命令窗口输入命令:MODIFY MENU cdlx,打开"菜单设计器"窗口。

(2) 设置条形菜单的菜单项,如图 4.1 所示。

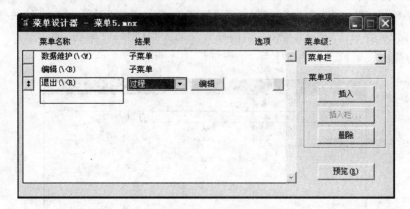

图 4.1 菜单设计器

(3) 为菜单项"退出"定义过程代码:单击菜单项"结果"列上的"创建"按钮,打开文本编辑窗口,输入下面两行代码:

```
SET SYSMENU NOSAVE
SET SYSMENU TO DEFAULT
```

（4）定义弹出式菜单 wh：单击"数据维护"菜单项"结果"列上的"创建"按钮，使菜单设计器窗口切换到子菜单页，然后设置各菜单项，如图 4.2 所示。

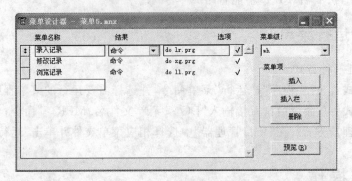

图 4.2　设置各菜单项

（5）为菜单项"录入记录"设置快捷键：单击菜单项"选项"列上的按钮，打开"提示选项"对话框，然后单击"键标签"文本框，并在键盘上按组合键 Ctrl＋L。用同样的方法为其他菜单项设置快捷键。

（6）设置弹出式菜单的内部名字：从"显示"菜单中选择"菜单选项"命令，打开"菜单选项"对话框，然后在"名称"文本框中输入 wh，如图 4.3 所示。

从"菜单级"列表框中选择"菜单栏"，返回到主菜单页。

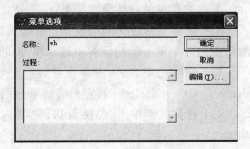

图 4.3　菜单选项

（7）定义弹出式菜单：单击编辑菜单项"结果"列上的"创建"按钮，使菜单设计器窗口切换到子菜单页；单击"插入栏"按钮，打开"插入系统菜单栏"对话框；从对话框的列表框中选择"粘贴"项并单击"插入"按钮；用同样方法插入"复制"和"剪切"项。

（8）为弹出式菜单设置内部名字，结果如图 4.4 所示。

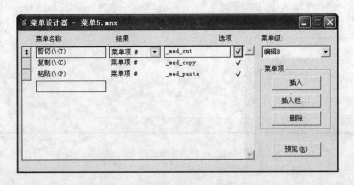

图 4.4　设置内部名字

（9）保存菜单定义：单击"文件"菜单中的"保存"按钮，结果保存在菜单定义文件 cdlx. mnx 和菜单备注文件 cdlx. mnt 中。

（10）生成菜单程序：单击"菜单"菜单中"生成"命令，产生的菜单程序文件为 cdlx. mpr。

4.3 综合应用

例1 将下拉菜单加入到顶层表单。

建立菜单 query_menu。该菜单中只有"查询"和"退出"两个主菜单项（条形菜单）。单击"退出"菜单项时，返回到 Visual FoxPro 系统菜单（相应命令写在命令框中，不要写在过程中）。

解题思路

【操作步骤】

（1）在命令窗口中输入如下语句并执行：

```
SELECT 姓名,2003-Year(出生日期) as 年龄;
FROM student;
INTO TABLE new_table1.dbf
```

（2）通过工具栏中的"新建"按钮新建报表。

（3）选择表 new_table1 的全部字段作为选定字段。

（4）单击"下一步"按钮到步骤（5），选择按字段"年龄"升序排序。

（5）单击"下一步"按钮，输入报表标题"姓名－年龄"。

（6）完成报表，输入报表名为"new_report1"。

（7）新建菜单，分别输入"查询"和"退出"两个菜单项。

（8）在"退出"的结果中选择"命令"，并在后面的框中输入：

```
SET SYSMENU TO DEFAULT
```

（9）保存菜单为 query_menu 并生成可执行菜单。

例2 在菜单中实现计算、查询等功能。

建立一个名为 menul 的菜单，菜单中有两个菜单项"信息"和"退出"。"信息"下还有子菜单"统计"。在"统计"菜单项下创建一个过程，负责统计各个城市的分厂的人数总和，查询结果中包括"城市"和"人数总和"两个字段。"退出"菜单项负责返回系统菜单。

解题思路

【操作步骤】

（1）在命令窗中输入命令：CREATE MENU menu1，创建菜单并打开菜单编辑器。

（2）输入主菜单名"信息"、"退出"。"信息"的类型为"子菜单"，"退出"的类型为"命令"；在"退出"菜单行的文本框中输入：SET SYSMENU TO DEFAULT。

（3）单击"信息"的菜单项的"创建"按钮进入子菜单设计界面，输入子菜单名"统计"，类型是"过程"，单击"创建"按钮，在过程编辑框内输入如下程序段：

```
******"统计"菜单项的程序代码***************
SELECT 分厂.城市,SUM(职工.职工人数);
```

```
FROM 分厂 INNER JOIN 职工;
ON 分厂.分厂编号 = 职工.分厂编号;
GROUP BY 分厂.城市
```

（4）保存后，选择菜单命令"菜单"|"生成"，生成一个可执行的菜单文件。

例 3　在菜单中显示当前系统日期。

建立一个名为 DateMenu 的菜单，菜单中有两个菜单项"显示日期"和"退出"。单击"显示日期"菜单命令将弹出一个对话框，其上显示当前日期。"退出"菜单项使用 SET SYSMENU TO DEFAULT 负责返回到系统菜单。

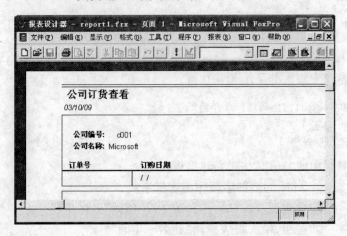

图 4.5　生成结果

解题思路

【操作步骤】

（1）在命令窗口中输入代码：CREATE MENU DateMenu，单击"菜单"图标按钮。

（2）输入主菜单名"显示日期"、"退出"，类型均为"命令"，在"显示日期"菜单行的文本框中输入：MESSAGEBOX("今天是"＋DTOC(DATE()))，在"退出"菜单行的文本框中输入：SET SYSMENU TO DEFAULT。

（3）选择"菜单"|"生成"菜单命令，生成一个可执行的菜单文件。

例 4　建立快速菜单并编写事件代码。

（1）用 SQL 语句完成下列操作：列出所有与"红"颜色零件相关的信息（供应商号，工程号和数量），并将查询结果按数量降序存放于表 supply_temp 中。

（2）新建一个名为 menu_quick 的快捷菜单，菜单中有两个菜单项"查询"和"修改"。并在表单 myform 的 RightClick 事件中调用快捷菜单 menu_quick。

解题思路

第（1）题【操作步骤】

（1）按照题目的要求建立名为 query1.prg 的程序文件，并在程序文件窗口中输入符合题目要求的程序段。

```
************** query1.prg 中的程序段 *************
SELECT 供应.供应商号,供应.工程号,供应.数量;
FROM 零件,供应 WHERE 供应.零件号 = 零件.零件号;
AND 零件.颜色 = "红";
ORDER BY 供应.数量 desc;
INTO DBF supply_temp
***************************************************
```

(2) 以 query1 为文件名保存并运行程序。

也可以先按照题目的要求通过查询设计器建立查询,然后打开查询设计器工具栏中的工具按钮将其中的 SQL 语句复制到指定的程序文件中。一般来说,简单的 SQL 查询语句都可以通过查询设计器来实现,且比较简单,建议考生掌握这种方法的使用。

第(2)题【操作步骤】

(1) 按照题目的要求新建一个快捷菜单并保存。

(2) 为快捷菜单添加菜单项,并生成可执行文件 menu_quick.mpr。

(3) 打开表单 myform,按照题目的要求编写表单的 RightClick 事件代码"DO menu_quick.mpr"。

(4) 保存并运行表单。

【小技巧】 也可以通过以下方法获得查询设计器中的 SQL 语句:在查询设计器中右击空白处,在弹出的快捷菜单中选择"查看 SQL"命令。

第 5 单元

创建与管理表单

知识点：

(1) 创建表单方法。

(2) 管理表单方法。

(3) 表单控件设计器。

5.1 基本操作

5.1.1 创建表单

表单(Form)是 Visual FoxPro 提供的用于建立应用程序界面的最主要的工具之一。表单相当于 Windows 应用程序的窗口

表单可以属于某个项目，也可以游离于任何项目之外，它是一个特殊的磁盘文件，其扩展名为.scx。在项目管理器中创建的表单自动隶属于该项目。创建表单一般有两种途径：

- 使用表单向导创建简易的数据表单；
- 使用表单设计器创建或修改任何形式的表单。

启动表单向导有以下 4 种途径：

(1) 打开"项目管理器"，选择"文档"选项卡，从中选择"表单"。然后单击"新建"按钮。在弹出的"向导选取"对话框中选择"表单向导"，如图 5.1 所示。

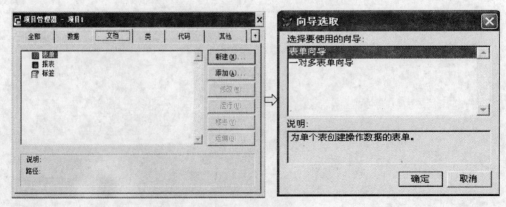

图 5.1 启动表单

(2) 在系统菜单中选择"文件"|"新建"命令,或者单击工具栏上的"新建"按钮,打开"新建"对话框,在"文件类型"栏中选择"表单",如图 5.2 所示。

(3) 在系统菜单中选择"工具"|"向导"|"表单"命令,如图 5.3 所示。

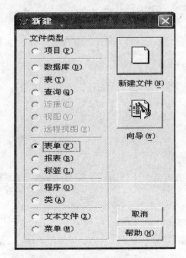

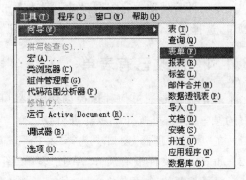

图 5.2 新建对话框   图 5.3 选择"工具"|"向导"|"表单"命令

(4) 直接单击常用工具栏上的"表单向导"按钮 。

5.1.2 调用表单生成器的方法

(1) 在系统菜单中选择"表单"|"快速表单"命令。

(2) 单击"表单设计器"工具栏中的"表单生成器"按钮。

(3) 右击表单窗口,然后在弹出的快捷菜单中选择"生成器"命令。

采用上面任意一种方法后,系统都会打开"表单生成器"对话框,如图 5.4 所示。

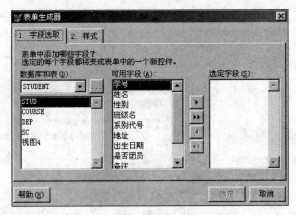

图 5.4 表单生成器

5.1.3 启动表单设计器的方法

(1) 菜单方法:若是新建表单,在系统菜单中选择"文件"|"新建",在"文件类型"对话框中选择"表单",单击"新建文件"按钮;若是修改表单,则选择"文件"|"打开",在打开的对

话框中选择要修改的表单文件名,单击"打开"按钮。

(2)命令方法:在 COMMAND 窗口输入如下命令:

CREATE FORM <文件名> & 创建新的表单

或

MODIFY FORM <文件名> & 打开一个已有的表单

(3)在项目管理器中,先选择"文档"选项卡,然后选择"表单",单击"新建"按钮;若是修改表单,选择要修改的表单,单击"修改"按钮。

5.1.4　修改已有表单

一个表单无论是通过何种途径创建的,都可以使用表单设计器进行编辑修改。要修改项目中的某一表单,可按如下步骤进行:

(1)在"项目管理器"窗口中选择"文档"选项卡。

(2)如表单类文件没有展开,单击"表单"图标左边的加号。

(3)选择需要修改的表单文件,然后单击"修改"按钮。

5.2　简单操作

5.2.1　创建单表表单

用表单向导为数据表"图书信息表"创建单表表单,新表单的文件名为"图书信息.scx"。操作步骤如下:

(1)选择"工具"|"向导"|"表单"命令,进入如图 5.5 所示的"向导选取"对话框。

(2)选择"表单向导",单击"确定"按钮,进入如图 5.6 所示的表单向导的"步骤 1-字段选取"页面。选取表单所用的表"图书信息表",并从表的字段中选取字段。本例为图书信息表和相应的全部字段。

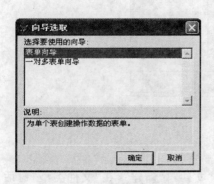

图 5.5　"向导选取"对话框

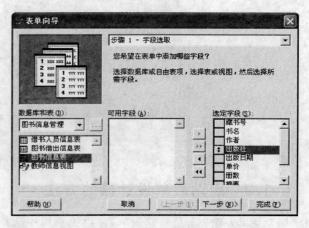

图 5.6　表单向导的步骤 1

(3) 单击"下一步"按钮,进入如图 5.7 所示的表单向导"步骤 2-选择表单样式"页面。在该对话框中选择表单的样式和按钮的类型。本例为"浮雕式"和"文本按钮"。

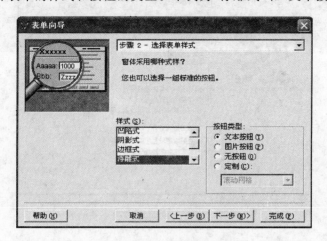

图 5.7 表单向导步骤 2

(4) 单击"下一步"按钮,进入如图 5.8 所示的表单向导"步骤 3-排序次序"。本步骤可不指定排序字段。

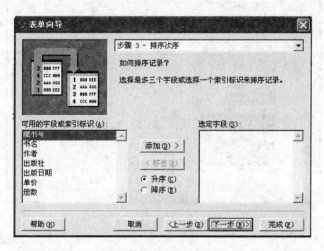

图 5.8 表单向导步骤 3

(5) 单击"下一步"按钮,进入如图 5.9 所示的表单向导"步骤 4-完成"。此步骤中,可以输入表单标题,并选择保存方式。如果选中"使用字段映象"复选框,可以使用"工具"|"选项"命令指定字段映像。如果选中"为容不下的字段加入页"复选框,则当一个表单页不能容下所选字段时,会自动建立多页表单。别的项目与其他向导类似。

(6) 单击"预览"按钮,即可预览创建的表单,如图 5.10 所示。单击预览窗口中的"返回向导"按钮,重新返回表单向导的步骤 4。

(7) 单击"完成"按钮,出现"另存为"对话框,输入创建的表单名后,单击"保存"按钮。本例表单名为:图书信息。

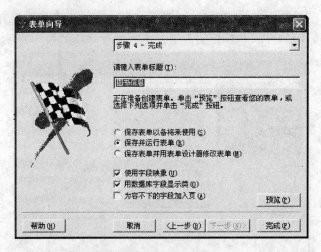

图 5.9　表单向导步骤 4

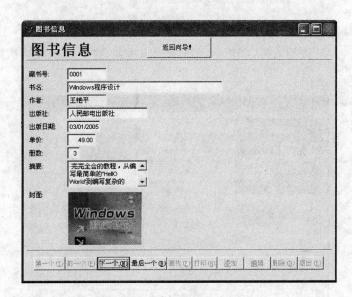

图 5.10　预览窗口

5.2.2　创建多表表单

创建借书情况表单。要求表单包括姓名、书名、借书日期。因为要求的结果字段来自图书信息表和图书借出信息表，因此要使用表单向导中的一对多表单向导。操作步骤如下：

（1）打开如图 5.5 所示的"向导选取"对话框，从中选定"一对多表单向导"选项，然后单击"确定"按钮，将出现如图 5.11 所示的"一对多表单向导"对话框。在一对多表单向导的"步骤 1-从父表中选定字段"页面。本例父表为"图书信息表"，选定字段为"书名"。

（2）单击"下一步"按钮，进入如图 5.12 所示的一对多表单向导的"步骤 2-从子表中选定字段"页面。本例为从"图书借出信息表"中选取字段：姓名和借书日期。

（3）单击"下一步"按钮，进入如图 5.13 所示的一对多表单向导的"步骤 3-建立表之间的关系"页面。本例为"图书借出信息表"中的藏书号和"图书信息表"的藏书号建立联系。

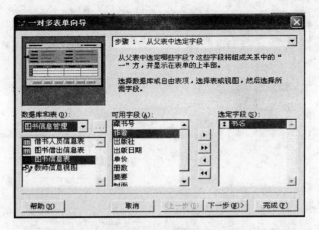

图 5.11　一对多表单向导的步骤 1

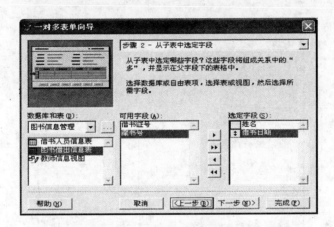

图 5.12　一对多表单向导的步骤 2

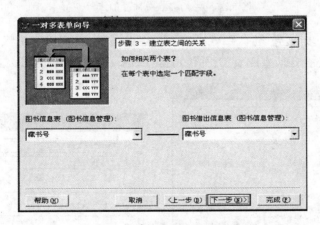

图 5.13　一对多表单向导的步骤 3

（4）单击"下一步"按钮，进入如图 5.14 所示的一对多表单向导的"步骤 4-选择表单样式"页面，本例选用默认选项。

（5）单击"下一步"按钮，进入如图 5.15 所示的一对多表单向导的"步骤 5-排序次序"页本例不做任何设置。

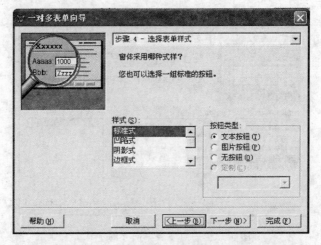

图 5.14　一对多表单向导的步骤 4

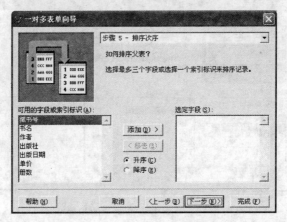

图 5.15　一对多表单向导的步骤 5

　　（6）单击"下一步"按钮，进入图 5.16 所示的一对多表单向导的"步骤 6-完成"页面。单击"完成"按钮，系统会自动生成表单，并给出运行结果，如图 5.17 所示。

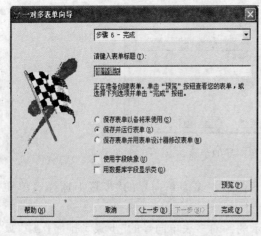

图 5.16　一对多表单向导的步骤 6

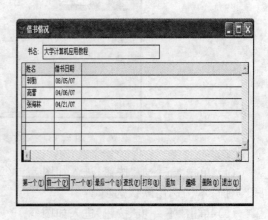

图 5.17　运行结果窗口

　　由此可见,向导的功能是非常强大的,它替用户完成很多工作。当然,用户的具体要求可能会是千差万别的,而且用户界面的功能需求也会与生成的表单不太一致,这时可以利用表单设计器动手设计表单。

5.2.3　表单设计器

1. 表单设计器窗口

　　"表单设计器"窗口内包含正在设计的表单。用户可在表单设计器窗口中可视化地添加和修改控件、改变控件布局,表单窗口只能在"表单设计器"窗口内移动。以新建方式启动表单设计器时,系统将默认为用户创建一个空白表单,如图 5.18 所示。

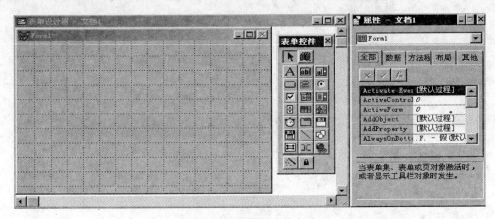

图 5.18　表单设计器窗口

2. 属性窗口

　　设计表单的绝大多数工作都是在属性窗口中完成的,因此用户必须熟悉属性窗口的用法。如果在表单设计器中没有出现属性窗口,可在系统菜单中选择"显示"|"属性",属性窗口如图 5.19 所示。

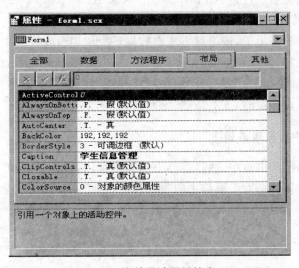

图 5.19　表单设计器属性窗口

3．表单控件工具栏

设计表单的主要任务就是利用"表单控件"设计交互式用户界面。"表单控件"工具栏是表单设计的主要工具。默认包含 21 个控件、4 个辅助按钮，如图 5.20 所示。

4．表单设计器工具栏

打开"表单设计器"时，主窗口中会自动出现表单设计器工具栏，如图 5.21 所示。

图 5.20　表单控件工具栏　　　　　　图 5.21　表单设计器工具栏

5．数据环境

（1）打开数据环境设计器

表单设计器环境下，单击表单设计器工具栏上的"数据环境"按钮，或选择"显示"|"数据环境"命令，即可打开"数据环境设计器"窗口，此时，系统菜单栏上将出现"数据环境"菜单。

（2）数据环境的常用属性

常用的两个数据环境属性是 AutoOpenTables 和 AutoCloseTables。

（3）向数据环境添加表或视图

在数据环境设计器环境下，按下列方法向数据环境添加表或视图：

在系统菜单中选择"数据环境"|"添加"命令，或右击"数据环境设计器窗口"，然后在弹出的快捷菜单中选择"添加"命令，打开"添加表或视图"对话框，如果数据环境原来是空的，那么在打开数据环境设计器时，该对话框就会自动出现。

6．从数据环境中移去表或视图

在"数据环境设计器"窗口中，选择要移去的表或视图，在系统菜单中选择"数据环境"|"移去"命令。也可以用鼠标右击要移去的表或视图，然后在弹出的快捷菜单中选择"移去"命令。

7．在数据环境中设置关系

设置关系的方法为：将主表的某个字段（作为关联表达式）拖曳到子表的相匹配的索引

标记上即可。如果子表上没有与主表字段相匹配的索引,也可以将主表字段拖动到子表的某个字段上,这时应根据系统提示确认创建索引。

5.3 综合应用

例 1 表单文件 formone. scx,其中包含一个列表框、一个表格和一个命令按钮,如图 5.22 所示。

按要求完成以下操作:

(1) 将 orders 表添加到表单的数据环境中。

(2) 将 列 表 框 List1 设 置 成 多 选,并将其 RowSourceType 属性值设置为"8-结构"、RowSource 属性值设置为 orders。

(3) 将表格 Grid1 的 RecordSourceType 的属性值设置为"4-SQL 说明"。

(4) 修改"显示"按钮的 Click 事件代码,使得当单击该按钮时,表格 Grid1 内将显示在列表框中所选 orders 表中指定字段的内容。

图 5.22 表单文件

解题思路

【操作步骤】

(1) 打开表单 formone,在表单的空白处右击,将 orders 表添加到表单的数据环境中。

(2) 修改列表框和表格的属性。

(3) 双击"显示"按钮,修改其 Click 事件代码如下:

* 下面代码的功能是根据用户对列表框的选择结果构建字段列表,然后进一步构建 SELECT 语句并据此为表格的相关属性设值。

* 修改所有"*** FOUND ***"下面的一条语句。

* 不能修改其他语句。不能增加语句,也不能删除语句。

```
s = ""
f = .T.
*************** FOUND ***************
FOR i = 1 TO thisform.List1.ColumnCount
    IF thisform.List1.Selected(i)
        IF f
*************** FOUND ***************
            s = thisform.List1.value
            f = .F.
        ELSE
*************** FOUND ***************
            s = s + thisform.List1.value
        ENDIF
    ENDIF
ENDFOR
st = "select &s from orders into cursor tmp"
```

```
thisform.Grid1.RecordSource = st
********************************
```
错误1：FOR i = 1 TO thisform.List1.ColumnCount
修改为：FOR i = 1 TO thisform.List1.ListCount
错误2：s = thisform.List1.value
修改为：s = thisform.List1.List(i)
错误3：s = s + thisform.List1.value
修改为：s = s + "," + thisform.List1.List(i)

（4）保存并运行表单，查看结果。

例2 表单中标签、选项按钮组、组合框、命令按钮的应用。

（1）建立一个文件名和表单名均为 oneform 的表单，该表单中包括两个标签（Label1 和 Label2）、一个选项按钮组（Optiongroup1）、一个组合框（Combo1）和两个命令按钮（Command1 和 Command2），Label1 和 Label2 的标题分别为"工资"和"实例"，选项组中有两个选项按钮，标题分别为"大于等于"和"小于"，Command1 和 Command2 的标题分别为"生成"和"退出"，如图5.23所示。

图5.23 表单文件

（2）将组合框的 RowSourceType 和 RowSource 属性手工指定为5和a，然后在表单的 Load 事件代码中定义数组 a 并赋值，使得程序开始运行时，组合框中有可供选择的"工资"实例为3000、4000和5000。

（3）为"生成"命令按钮编写程序代码，其功能是：表单运行时，根据选项按钮组和组合框中选定的值，将"教师表"中满足工资条件的所有记录存入自由表 salary.dbf 中，表中的记录先按"工资"降序排列，若"工资相同"再按"姓名"升序排列。

（4）为"退出"命令按钮设置 Click 事件代码，其功能是关闭并释放表单。

（5）运行表单，在选项组中选择"小于"，在组合框中选择"4000"，单击"生成"命令按钮，最后单击"退出"命令按钮。

解题思路

【操作步骤】

（1）在命令窗口输入：

Create Form oneform

并按回车键，新建一个名为 oneform 表单。

（2）在表单控件中以拖曳的方式向表单中添加两个标签、一个选项组、一个组合框和两个命令按钮，并修改各控件的属性。

（3）双击表单空白处，编写表单的 load 事件代码如下：

```
********* 表单的 load 事件代码 *********
public a(3)
a(1) = "3000"
a(2) = "4000"
a(3) = "5000"
***************************
```

（4）双击命令按钮，分别编写"生成"和"退出"按钮的 Click 事件代码。

```
****** "生成"按钮的 Click 事件代码 *******
x = val(thisform.combo1.value)
if thisform.optiongroup1.value = 1
    sele * from 教师表 where 工资 >= x order by 工资 desc,姓名 into table salary
else
    sele * from 教师表 where 工资 < x order by 工资 desc,姓名 into table salary
endif
*****************************************
****** "退出"按钮的 Click 事件代码 *******
ThisForm.Release
*****************************************
```

（5）保存表单，并按题目要求运行表单。

例3 建立表单并设计。

（1）建立一个文件名和表单名均为 oneform 的表单文件，表单中包括两个标签控件（Label1 和 Label2）、一个选项组控件（Optiongroup1）、一个组合框控件（Combo1）和两个命令按钮控件（Command1 和 Command2），Label1 和 Label2 的标题分别为"系名"和"计算内容"，选项组中有两个选项按钮 option1 和 option2，标题分别为"平均工资"和"总工资"，Command1 和 Command2 的标题分别为"生成"和"退出"，如图 5.24 所示。

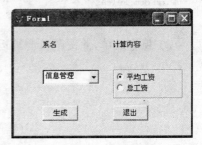

图 5.24 表单文件

（2）将"学院表"添加到表单的数据环境中，然后手工设置组合框（Combo1）的 RowSourceType 属性为 6，RowSource 属性为"学院表. 系名"，程序开始运行时，组合框中可供选择的是"学院表"中的所有"系名"。

（3）为"生成"命令按钮编写程序代码。程序的功能是：表单运行时，根据组合框和选项组中选定的"系名"和"计算内容"，将相应"系"的"平均工资"或"总工资"存入自由表 salary 中，表中包括"系名"、"系号"以及"平均工资"或"总工资"4 个字段。

（4）为"退出"命令按钮编写程序代码，程序的功能是关闭并释放表单。

（5）运行表单，在选项组中选择"平均工资"，在组合框中选择"信息管理"，单击"生成"命令按钮。最后，单击"退出"命令按钮结束。

解题思路

【操作步骤】

（1）在命令窗口输入：Create Form oneform，按下回车键新建一个表单。按题目要求向表单添加控件，并修改各控件的属性。

（2）双击命令按钮，编写两个命令按钮的 Click 事件代码如下：

```
****** "生成"按钮的 Click 事件代码 *******
x = thisform.combo1.value
```

```
if thisform.optiongroup1.value = 1
SELECT 学院表.系名, 学院表.系号, avg(教师表.工资) as 平均工资;
FROM   college!学院表 INNER JOIN college!教师表 ;
ON   学院表.系号 = 教师表.系号;
WHERE 学院表.系名 = x;
GROUP BY 学院表.系号;
INTO TABLE salary.dbf
else
SELECT 学院表.系名, 学院表.系号, sum(教师表.工资) as 总工资;
FROM   college!学院表 INNER JOIN college!教师表 ;
ON   学院表.系号 = 教师表.系号;
WHERE 学院表.系名 = x;
GROUP BY 学院表.系号;
INTO TABLE salary.dbf
Endif
**************************
****** "退出"按钮的 Click 事件代码 ******
ThisForm.Release
**************************
```

（3）保存表单，并按题目要求运行。

第6单元

创建报表及报表设计

知识点：

本章属于操作部分，考题数不多，须重点掌握以下内容：

(1) 报表数据源是数据库表、自由表、临时表、查询、视图等。

(2) 报表包括数据源和布局，报表不存放数据，只存格式信息。

(3) 分组报表必须先设置表索引，设置分组表达式后将产生组标头和组注脚带区。

(4) 分栏报表中"文件"|"页面设置"，列数大于1，打印顺序为自左向右。

(5) 域控件用于打印字段、变量、表达式的计算结果，图片/Activex 绑定控件用于显示通用型或 OLE 内容，标签用于输入数据记录之外的信息。

6.1 基本操作

6.1.1 进入报表向导的方式

启动报表向导有以下4种途径：

(1) 打开"项目管理器"，选择"文档"选项卡，从中选择"报表"。然后单击"新建"按钮。在弹出的"新建报表"对话框中单击"报表向导"按钮。

(2) 从"文件"菜单中选择"新建"命令，或者单击工具栏上的"新建"按钮，打开"新建"对话框，在"文件类型"栏中选择"报表"，然后单击"向导"按钮。

(3) 在"工具"菜单中选择"向导"子菜单，选择"报表"。

(4) 直接单击工具栏上的"报表向导"按钮 。

6.1.2 进入报表设计器的方式

启动报表设计器有以下2种途径：

(1) 打开"项目管理器"，选择"文档"选项卡，从中选择"报表"。然后单击"新建"按钮。在弹出的"新建报表"对话框中单击"新建报表"按钮。

(2) 从"文件"菜单中选择"新建"，或者单击工具栏上的"新建"按钮，打开"新建"对话框，在"文件类型"栏中选择"报表"，然后单击"新建文件"按钮。

6.1.3 快速报表的创建方式

创建快速报表的步骤如下：

（1）单击工具栏上的"新建"按钮，选择"报表"文件类型，单击"新建文件"，打开"报表设计器"，出现一个空白报表。

（2）打开"报表设计器"之后，在主菜单栏中出现"报表"菜单，从中选择"快速报表"选项。

6.1.4　报表输出

1．预览报表

预览报表的方法有以下几种：

（1）在报表设计器窗口选择"文件"菜单下的"打印预览"命令或单击工具栏的"打印预览"按钮可以进入"打印预览"窗口，同时出现"打印预览"工具栏。通过该工具栏上的按钮可以进行打印预览设置。

（2）使用命令：

report form 报表名称　preview

（3）使用"显示"|"预览"的方式预览报表。

（4）在报表设计器上单击鼠标右键，在弹出的快捷菜单中选择"预览"。

2．打印报表

打印报表的方法有以下 4 种：

（1）在"打印预览"窗口直接输出。

（2）选择"文件"菜单中的"打印"命令，打开"打印"对话框。

（3）单击工具栏上的"打印"按钮。

（4）命令方式。打印报表的命令格式如下：

REPORT FORM 报表文件名 PREVIEW|TO PRINT PROMPT［FOR 条件］［范围］

其中，PREVIEW 选项将报表内容输出到屏幕上，即打印预览；TO PRINT 将报表内容输出到打印机上，FOR 条件是用来设置打印内容应满足的条件。如果只打印报表的部分内容，可以使用范围短语。

6.2　简单操作

6.2.1　使用报表向导创建报表

例 1　使用报表向导生成一个名字为"图书信息"的报表文件，其中包括"图书信息表"的藏书号、书名、作者、出版社、出版日期、单价和册数，报表样式为"经营式"，按"藏书号"升序排序，报表标题为"图书信息表"。

其操作步骤叙述如下：

（1）打开自由表"图书信息表.dbf"文件，以该自由表作为报表的数据源。

（2）打开报表向导。

（3）报表向导共有 6 个步骤，先后出现 6 个对话框屏幕，各屏幕设置如下。

① 字段选取。在"数据库和表"列表框中选择需要创建报表的表或者视图，然后选取相应字段，如图 6.1 所示。

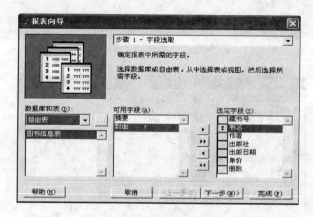

图 6.1　报表向导步骤 1

② 对记录进行分组。使用数据分组将记录分类和排序，这样可以很容易地读取它们，如图 6.2 所示。

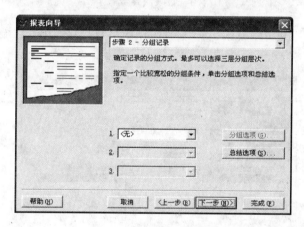

图 6.2　报表向导步骤 2

注意：只有按照分组字段建立索引之后才能正确分组。最多可建立三层分组。本例没有指定分组选项。

③ 选择报表样式，可以有 5 种标准的报表风格供用户选择，当单击任何一种样式时，向导都在放大镜中更新成该样式的示例图片，如图 6.3 所示。

④ 定义报表布局。该对话框用于定义报表显示的字段布局。当报表中的所有字段可以在一页中水平排满时，可以使用"列"风格来设计报表，这样可以在一个页面中显示更多的

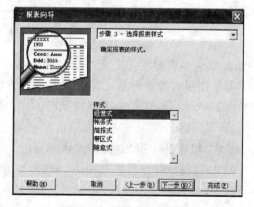

图 6.3　报表向导步骤 3

数据；而当每个记录都有很多的字段时，此时，一行中可能已经容纳不了所有的字段，就可以考虑"行"风格的报表布局。在"列数"选项中，用户可以设定在一页内显示的重复数据的列数。"方向"栏用来设置打印机的纸张设置，可以横向布局，也可以纵向布局，这取决于纸张的大小和用户的要求。

　　当指定列数或布局时，可以随时通过向导左上角的放大镜，查看选定布局的实例图形，如图 6.4 所示。

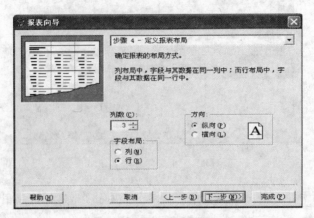

图 6.4　报表向导步骤 4

　　⑤ 排序记录，从可用字段或索引标志中选择用来排序的字段，并确定升降序规则，如图 6.5 所示。

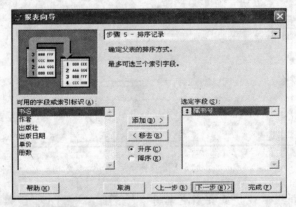

图 6.5　报表向导步骤 5

　　⑥ 定义报表标题并完成报表向导。

　　如果在报表的单行指定宽度之内不能放置选定数目的字段，Visual FoxPro 会自动将字段换到下一行。如果不希望字段换行，可以清除"对不能容纳的字段进行折行处理"选项。单击"预览"按钮，可以在离开向导前显示报表，如图 6.6 所示。保存报表后，可以像其他报表一样在"报表设计器"中打开或修改它。

　　例 2　根据"项目信息"（一方）和"使用零件"（多方）两个表，通过一对多报表向导建立一个报表，报表中包含项目号、项目名、项目负责人、电话、零件号和数量 6 个字段。报表按项目号升序排序，报表样式为经营式，在总结区域（细节及总结）包含零件使用数量的合计，

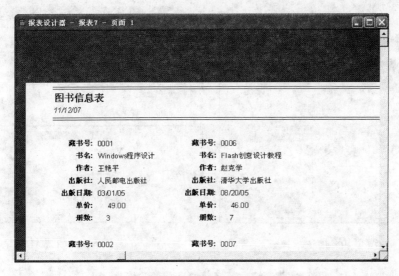

图 6.6 报表向导步骤六

报表标题为"项目使用零件信息",报表文件名为 report。

其操作步骤叙述如下:

(1) 从"文件"菜单中选择"新建",或者单击工具栏上的"新建"按钮,打开"新建"对话框,在"文件类型"栏中选择"报表",然后单击"向导"按钮。通过一对多报表向导创建一个报表,如图 6.7 所示。

(2) 选择父表"项目信息"中的项目号、项目名、项目负责人、电话和子表"使用零件"中的零件号和数量,并添加到选定字段中,如图 6.8、图 6.9 所示。

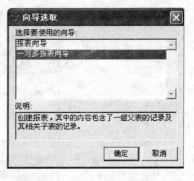

图 6.7 创建一对多报表

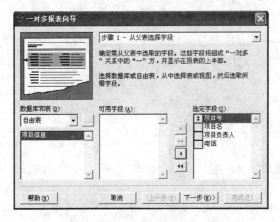

图 6.8 从父表中选择字段

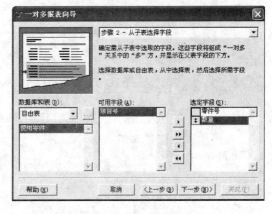

图 6.9 从子表中选择字段

(3) 按题目要求设置排序并设置报表样式,如图 6.10、图 6.11 所示。

(4) 在"步骤 6-完成"页面中输入报表标题,输入报表文件名 report,如图 6.12 所示。

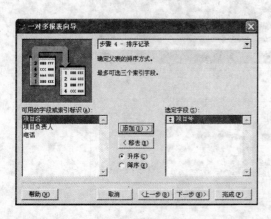

图 6.10　排序

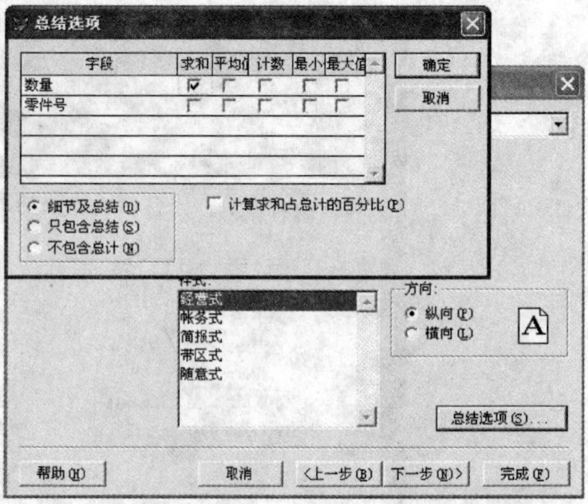

图 6.11　报表样式

图 6.12　报表保存

6.2.2　创建快速报表

例 3　为自由表"图书信息表.dbf"创建一个快速报表。

其操作步骤叙述如下：

（1）单击工具栏上的"新建"按钮，选择"报表"文件类型，单击"新建文件"，打开"报表设计器"，出现一个空白报表。

（2）打开"报表设计器"之后，在主菜单栏中出现"报表"菜单，从中选择"快速报表"选项。因为事先没有打开数据源，系统弹出"打开"对话框，选择数据源"图书信息表.dbf"。

（3）系统弹出如图 6.13 所示的"快速报表"对话框。在该对话框中选择字段布局、标题和字段。对话框中主要按钮和选项的功能如下：

- 字段布局：对话框中两个较大的按钮用于设计报表的字段布局，单击左侧按钮产生列报表，单击右侧按钮则产生字段在报表中竖向排列的行报表。

- 选中"标题"复选框，表示在报表中为每一个字段添加一个字段名标题。
- 不选"添加别名"复选框，表示在报表中不在字段前面添加表的别名。由于数据源是一个表，别名无实际意义。
- 选中"将表添加到数据环境中"表示把打开的表文件添加到报表的数据环境中作为报表的数据源。

（4）单击"字段"按钮，打开"字段选择器"为报表选择可用的字段，如图 6.14 所示。在缺省情况下，快速报表选择表文件中除通用型字段以外的所有字段。单击"确定"按钮，关闭"字段选择器"，返回"快速报表"对话框。

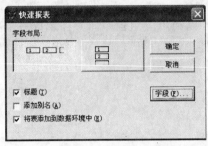

图 6.13　快速报表

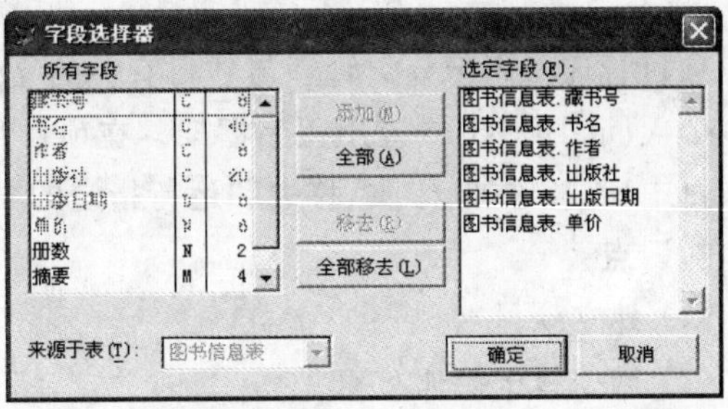

图 6.14　字段选择器

（5）在"快速报表"对话框中，单击"确定"按钮，快速报表便出现在"报表设计器"中，如图 6.15 所示。

图 6.15　报表设计器

（6）单击工具栏上的"打印预览"按钮，或者从"显示"菜单下选择"预览"，打开快速报表的预览窗口。如图 6.16 所示。

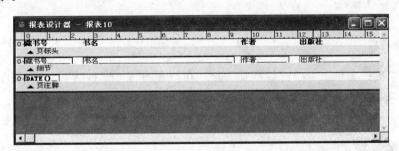

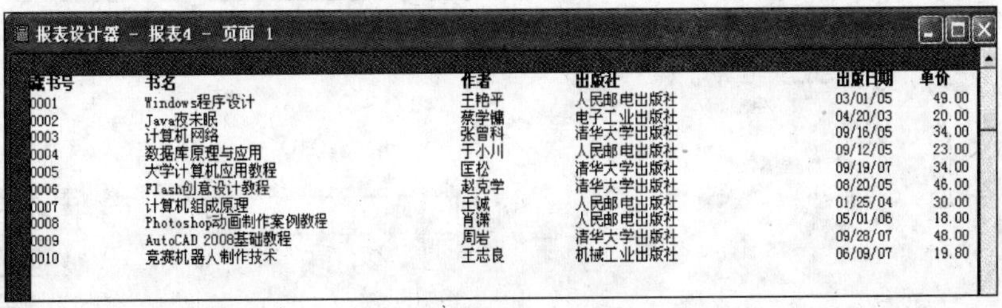

图 6.16　报表预览窗口

（7）单击工具栏上的"保存"按钮，将报表保存为"图书报表.frx"。

第7单元 项目管理器应用

项目管理器用于分类管理与项目有关的文件,可以利用应用程序向导连编成一个项目和一个 Visual FoxPro 应用程序框架。在项目管理器中,用户可以通过可视化的直观操作,在项目中新建、添加、修改、移去和运行指定的文件。

知识点:

(1) 建立项目

(2) 向项目中添加对象

(3) 用项目管理器组织、修改和运行各种对象

(4) 生成应用程序

7.1 基本操作

1. 新建项目

(1) 在菜单栏上单击"文件"|"新建"命令,在打开的"新建"对话框"文件类型"列表中选中"项目"选项,单击"新建文件"按钮,如图 7.1 所示。

(2) 在弹出的"创建"对话框"项目文件"文本框中输入项目文件名,如图 7.2 所示。

图 7.1 "新建"对话框

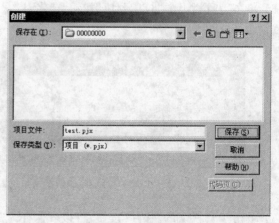

图 7.2 "创建"对话框

（3）单击"保存"按钮，此时打开"项目管理器"，如图 7.3 所示，观察各选项卡管理的文件类型，熟悉项目管理器界面。

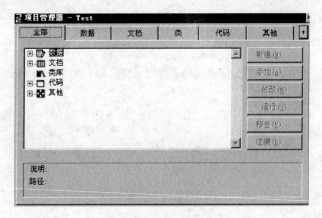

图 7.3　项目管理器

项目管理器中包含 6 个选项卡，常用选项卡管理功能如下：
- "数据"选项卡：管理数据库（包括数据库表和视图）、自由表和查询；
- "文档"选项卡：管理表单、报表和标签；
- "其他"选项卡：管理菜单、文本文件等。

可以通过"全部"选项卡浏览其他各选项卡中的内容。

（4）关闭项目管理器。

2. 打开项目管理器

打开 test 项目管理器的步骤如下（注意：必须先新建项目，才能打开相应的项目管理器）：

（1）单击常用工具栏上的"打开"按钮 或者选择菜单栏的"文件"|"打开"命令，启动"打开"对话框，如图 7.4 所示。

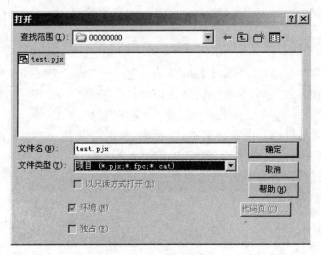

图 7.4　"打开"对话框

（2）在"打开"对话框的"文件类型"下拉列表框中选择"项目"，然后选中 test. pjx 文件，单击"确定"按钮。

3．在项目管理器中新建文件

在打开的 test 项目管理器中创建数据库，步骤如下：

（1）单击"数据"选项卡，在列表中选中"数据库"选项，然后单击"新建"按钮打开"新建数据库"对话框，如图 7.5 所示。

（2）在"新建数据库"对话框中单击"新建数据库"按钮，在打开的"创建"对话框中的"数据库名"文本框中，输入数据库名"data1.dbc"。

（3）单击"保存"按钮，打开数据库设计器，本例不对数据库进行设计，直接关闭数据库设计器即可。

（4）观察项目管理器的变化，此时"数据库"选项的前面出现加号 ，如图 7.6 所示，单击该加号将展开数据库列表，加号也随之变成减号 −。

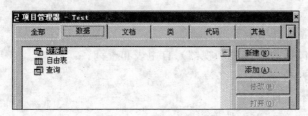
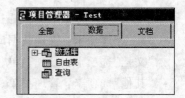

图 7.5　"数据"选项卡　　　　　　　　图 7.6　"数据库"前出现加号

在项目管理器的相应选项卡中选中要新建的文件类型后，单击"新建"按钮，可以创建不同的对象。

4．在项目管理器中打开数据库设计器

（1）单击"数据"选项卡下"数据库"选项前面的加号，展开数据库列表。

（2）选中数据库"data1"，单击"修改"按钮，即可启动数据库设计器；单击"移去"按钮，即可将该数据库移除。

5．向项目管理器中添加对象

（1）通过"文件"|"新建"命令新建表单"form1"。

（2）打开 test 项目管理器，单击"文档"选项卡，选中列表中的"表单"选项，单击"添加"按钮，在"打开"对话框中选中表单"form1"，单击"确定"按钮。

说明：可以向项目管理器中添加菜单、自由表、报表等其他文件，操作方法都是在相应的选项卡下，选中要添加的文件类型，然后单击"添加"按钮。

（3）在项目管理器中选中刚添加的表单，单击"修改"按钮，将打开表单设计器；单击"运行"按钮，可直接运行该表单。

6．连编应用程序

将项目需要的文件都编辑组织到项目管理器中后，就可以把它们连编成应用程序。

(1) 打开 test 项目管理器,单击"连编"按钮,启动"连编选项"对话框,如图 7.7 所示。

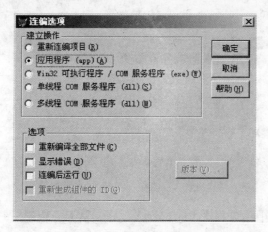

图 7.7 "连编选项"对话框

(2) 选中"应用程序(app)"选项按钮,单击"确定"按钮。

(3) 在"另存为"对话框中的"应用程序名"中输入题中要求的程序名,本例使用默认名称"test. app"即可。

说明:二级考试中只对该项进行考核,其他选项不要求掌握。

7.2 综合应用

练习1 请完成如下操作:

(1) 新建一个名为"图书管理"的项目文件。

(2) 在项目中新建一个名为"图书"的数据库。

(3) 将自由表 borrows. dbf 和 book. dbf 添加到"图书"数据库中。

(4) 在项目中建立查询 book_qu,其功能是查询价格大于等于 10 的图书(book 表)的所有信息,查询结果按价格降序排序。

操作步骤:

(1) 单击常用工具栏中的"新建"按钮新建项目文件,项目名称为"图书管理"。

(2) 在"图书管理"项目管理器的"数据"选项卡下选中"数据库"选项,然后单击"新建"按钮,在弹出的对话框中单击"新建数据库"按钮,此时打开"创建"对话框,保存数据库名称为"图书"。

(3) 向数据库中添加自由表。右击"图书"数据库设计器的空白处,在右键菜单中选择"添加表"命令,在"打开"对话框中依次选择自由表 book. dbf、borrows. dbf 添加到"图书"数据库中,然后关闭数据库设计器。

(4) 通过"图书管理"项目管理器新建查询。在项目管理器的"数据"选项卡下选中"查询"选项,单击"新建"按钮,在弹出的"新建查询"对话框中单击"新建查询"按钮,打开查询设计器,然后根据题目要求创建查询。

(5) 保存查询,文件名为 book_qu. qpr。

练习 2 在项目 sport_project 中有一个名为 sport_form 的表单文件,表单中包括 3 个命令按钮,如图 7.8 所示。

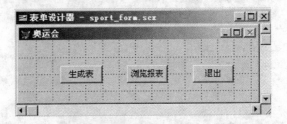

图 7.8 sport_form 表单

请完成如下操作:

(1) 在项目管理器中创建程序 four. prg。程序功能是:根据"国家"和"获奖牌情况"两个表统计并生成一个新表"假奖牌榜",新表包括"国家名称"和"奖牌总数"两个字段,要求先按奖牌总数降序排列(注意"获奖牌情况"的每条记录表示一枚奖牌),若奖牌总数相同再按"国家名称"升序排列。"国家"表结构如图 7.9 所示,"获奖牌情况"表结构图 7.10 所示。

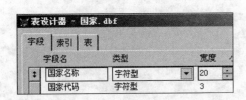

图 7.9 "国家"表结构

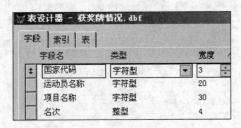

图 7.10 "获奖牌情况"表结构

(2) 将考生文件夹下的快速报表 sport_report 加入项目文件,并为表单 sport_form 中的命令按钮"浏览报表"编写一条命令,预览快速报表 sport_report。

(3) 为 sport_form 表单中的"生成表"命令按钮编写一条 Click 事件代码命令,执行 four. prg 程序。

(4) 将自由表"国家"和"获奖牌情况"加入项目文件中,然后将项目文件连编成应用程序文件 sport_app. app。

操作步骤:

(1) 新建一个程序文件并编写代码。在菜单栏上选择"文件"|"新建"命令,启动"新建"对话框,如图 7.11 所示,选中"程序"选项,单击"新建文件"按钮,在打开的程序编辑窗口中输入如图 7.12 所示代码,输入完成后,单击常用工具栏上的"保存"按钮 ■ ,在打开的"另存为"对话框的"保存文档为"文本框中输入程序文件名 four. prg,如图 7.13 所示。

(2) 打开项目文件 sport_project。在菜单栏上选择"文件"|"打开"命令,启动"打开"对话框,如图 7.14 所示,选中要打开的项目文件,单击"确定"按钮。

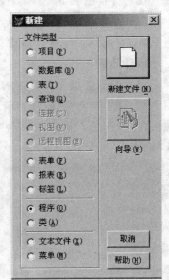

图 7.11 "新建"对话框

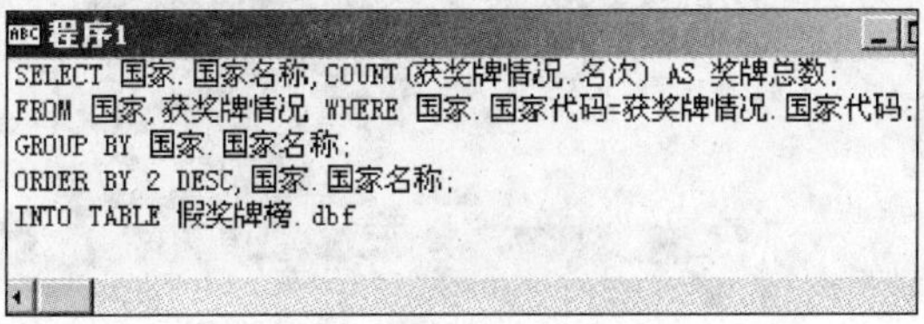
程序1
SELECT 国家.国家名称,COUNT(获奖牌情况.名次) AS 奖牌总数;
FROM 国家,获奖牌情况 WHERE 国家.国家代码=获奖牌情况.国家代码;
GROUP BY 国家.国家名称;
ORDER BY 2 DESC,国家.国家名称;
INTO TABLE 假奖牌榜.dbf

图 7.12　编辑代码

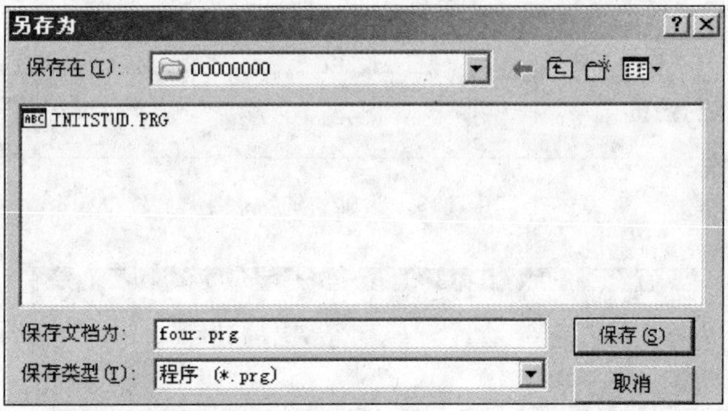
另存为
保存在(I): 00000000
INITSTUD.PRG
保存文档为: four.prg
保存类型(T): 程序 (*.prg)
保存(S)
取消

图 7.13　保存程序文件

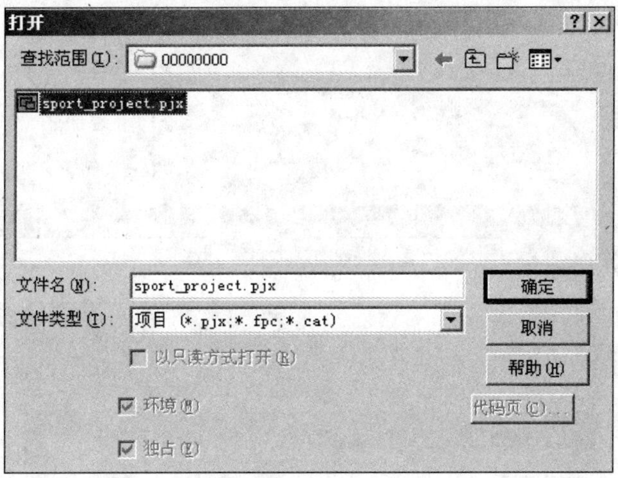
打开
查找范围(I): 00000000
sport_project.pjx
文件名(N): sport_project.pjx
文件类型(T): 项目 (*.pjx;*.fpc;*.cat)
以只读方式打开(R)
环境(M)
独占(X)
确定
取消
帮助(H)
代码页(C)...

图 7.14　"打开"对话框

(3) 选中 sport_project 项目管理器中"文档"选项卡下的"报表"选项,单击"添加"按钮,将快速报表 sport_report 添加到项目中,如图 7.15 所示。

(4) 单击项目管理器中的"文档"选项卡,展开"表单"前面的"+"号,选中表单 sport_form 并单击右侧的"修改"按钮启动表单设计器,如图 7.16 所示。

(5) 双击"浏览报表"命令按钮,编辑该按钮的 Click 事件代码,如图 7.17 所示。

(6) 双击"生成表"命令按钮,在 Click 事件代码编辑窗口中输入"do four.prg"命令,如图 7.18 所示。

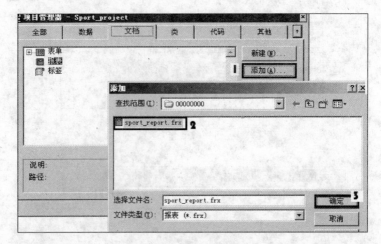

图 7.15　添加快速报表

图 7.16　在项目管理器中打开表单设计器

图 7.17　编辑"浏览报表"按钮的 Click 事件

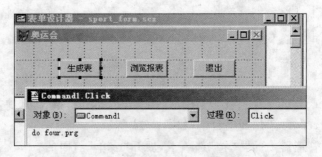

图 7.18　编辑"生成表"按钮的 Click 事件

（7）保存并运行表单。单击常用工具栏上的"运行"按钮 ，或者按 Ctrl＋E 组合键运行表单。正确运行后，关闭表单设计器。

（8）在项目管理器中选中"数据"选项卡，选中"自由表"选项，单击"添加"按钮，如图7.19所示。按要求添加自由表。

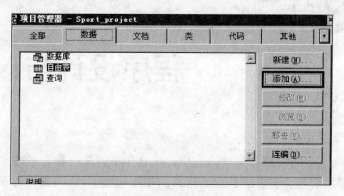

图7.19　在项目管理器中添加自由表

（9）单击"连编"按钮，打开"连编选项"对话框，如图7.20所示，选中"应用程序（app）"选项，单击"确定"按钮，在打开的"另存为"对话框中输入应用程序文件名"sport_app.app"，单击"保存"按钮，生成连编应用程序。

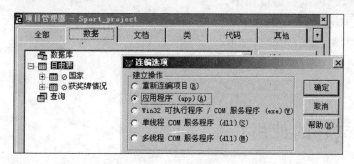

图7.20　连编应用程序

第 8 单元

程序设计与改错

　　程序是能够完成一定功能的命令的集合。存放程序的文件称为程序文件或命令文件，Visual FoxPro 中的程序文件的扩展名为 .prg。程序建立后，可以被运行多次，还可以使用命令窗口中无法使用的命令和语句。在计算机国家二级 Visual FoxPro 上机考试中，出现的题型多为程序改错，包括修改 SQL 语句、修改结构化程序的基本结构、修改表单中功能按钮的 Click 事件等。编程题一般是结构化程序设计与 SQL 命令的综合考核。

　　知识点：
　　(1) 建立、修改、调试和运行程序。
　　(2) 在程序中使用 SQL 语句。
　　(3) 程序中的 SQL 语句改错项上。
　　(4) 循环与分支语句的应用。
　　(5) 表单中的控件代码改错。

8.1　程序文件的使用

1. 建立程序文件

建立程序文件有以下 2 种方式：
(1) 命令方式。在命令窗口输入如下命令：

MODIFY COMMAND [<程序文件名>]

　　(2) 菜单方式。选择"文件"|"新建"命令，在"新建"对话框中选中"程序"选项，单击"新建文件"按钮。
　　通过以上两种方式可以新建一个程序文件，并打开程序编辑窗口，新建的程序文件默认文件名为"程序 1"。

2. 编辑程序文件

编辑程序文件的步骤如下：
　　(1) 在打开的程序编辑窗口中输入如图 8.1 所示的程序，输入完成后单击常用工具栏上的"运行"按钮 ，系统弹出提示框"要将所做更改保存到程序 1 中吗？"。
　　(2) 单击"是"按钮，在弹出的"另存为"对话框的"保存文档为"文本框中输入文件名（本例默认即可）。如果程序没有错误，运行结果将显示在主窗口，如图 8.1 所示。

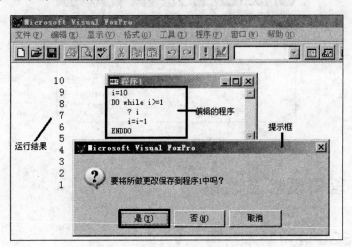

图 8.1　编辑并保存程序文件

3．保存程序文件

运行程序时，如果程序被修改过，系统将弹出提示窗口，提示用户保存程序。还可以单击常用工具栏上的"保存"按钮 ▯ 或者按 Ctrl＋W 组合键保存所做的修改，然后再运行程序。

4．关闭程序文件

单击程序编辑窗口右上角的"关闭"按钮 ▮；或者在命令窗口执行"CLOSE ALL"命令关闭所有文件。

5．修改程序文件

（1）打开要修改的程序的编辑窗口，在命令窗口中输入如下命令：

`MODIFY COMMAND <程序文件名>`

也可以使用菜单方式：选择"文件"|"打开"命令，在"打开"对话框中"文件类型"下拉列表框中选择"程序"选项，然后选中要打开的程序文件"程序 1"，单击"确定"按钮。

（2）修改代码

将程序第 4 行"i＝i－1"修改为"i＝i－2"，保存并运行，观察运行结果。

（3）最后，关闭程序文件。

6．运行程序文件

在命令窗口中直接输入如下命令：

`do　程序1`

运行结果如图 8.2 所示。

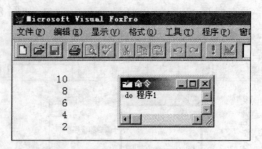

图 8.2　运行程序 1

8.2　SQL 语句设计及改错

8.2.1　SQL 语句基本结构

在程序改错中,一部分是关于 SQL 语法的改错,这部分内容比较简单,一般掌握 SQL 的基本语法就能完成这种类型的题目。

下面介绍计算机国家二级考试中常考的 SQL 的基本语法。

1. 查询

(1) 两种多表查询的连接方式

格式 1：SELECT…FROM 表 1,表 2 WHERE ＜连接条件＞ AND ＜筛选条件＞

格式 2：SELECT…FROM 表 1 JOIN 表 2 ON ＜连接条件＞ WHERE ＜筛选条件＞

(2) 查询去向

查询去向为永久表：INTO TABLE|DBF ＜表名＞

查询去向为数组：INTO ARRAY ＜数组名＞

查询去向为文本文件：TO FILE ＜文本文件名＞

(3) 常用子句

分组：GROUP BY…[HAVING ＜分组筛选条件＞]

排序：ORDRE BY ＜字段 1＞ [DESC|ASC],＜字段 2＞ [DESC|ASC]…

2. 插入记录

INSERT INTO <表名> [<字段名列表>] VALUES(<值列表>)

3. 更新记录

UPDATE <表名> SET <字段名> = <表达式> WHERE <筛选条件>

4. 删除记录

DELETE FROM <表名> WHERE <筛选条件>

8.2.2　SQL 语句设计及改错练习

例 1　现有"书籍"表,表结构如图 8.3 所示。如图 8.4 所示的 prog1 程序代码是完成如下功能的 SQL 命令:

(1) 查询出表"书籍"的书名和作者字段。

(2) 将价格字段的值加 2。

(3) 统计"人民"出版社出的"书籍"的平均价格。

(4) 删除未指定"出版社"的图书信息。

该代码中每一行中均有一处错误,请改正。

书籍				
图书编号	书名	作者	出版社	价格
B20010	全国计算机等考教程	金飞腾	金版	21.80
B30050	NCRE辅导	马大帅		18.00
B65002	foxpro教程	范德彪	东北	16.50
B32001	上机题库	吴德荣	东北	23.00
B65001	小说		人民	10.00
B32564	散文	作家	人民	20.00

图 8.3　"书籍"表结构

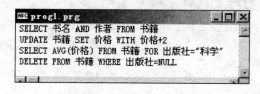

```
prog1.prg
SELECT 书名 AND 作者 FROM 书籍
UPDATE 书籍 SET 价格 WITH 价格+2
SELECT AVG(价格) FROM 书籍 FOR 出版社="科学"
DELETE FROM 书籍 WHERE 出版社=NULL
```

图 8.4　prog1 程序文件

操作步骤:

(1) 阅读如下代码,修改程序中的错误(每行有一处错误)。

(2) 新建程序文件,输入修改后的代码,调试并运行。

提示:

第 1 行"AND"改为",(逗号)";

第 2 行"WITH"改为"=(等号)";

第 3 行"FOR"改为"WHERE";

第 4 行"=(等号)"改为"IS"

例 2　现有如图 8.5 所示的程序文件 modi1,该文件中的 SQL 语句对 order_detail1 表完成如下功能:

(1) 所有器件的单价增加 5 元。

(2) 计算每种器件的平均单价。

(3) 查询平均价小于 500 的记录。

每条 SQL 语句中都有一个错误,请改正(注意:不可以改变 SQL 语句的结构和 SQL 短语的顺序)。

```
modil.prg
&&所有器件的单价增加5元
UPDATE order_detail1 SET 单价 WITH 单价 + 5
&&计算每种器件的平均单价
SELECT 器件号, AVG(单价) AS 平均价 FROM order_detail1 ORDER BY 器件号 INTO CURSOR lsb
&&查询平均价小于500的记录
SELECT * FROM lsb FOR 平均价 < 500
```

图 8.5　modil 程序文件

操作步骤:

(1) 阅读代码,修改其中的错误。

(2) 新建 modil.prg 文件,并输入修改后的代码,运行并调试。

提示:

第 1 行 "WITH"改为"=(等号)";

第 2 行 "ORDER BY"改为"GROUP BY" && ORDER 短语错误

第 3 行 "FOR"改为"WHERE"; &&SQL 语句中筛选条件用 WHERE 子句

例3　mypro.prg 中的 SQL 语句,如图 8.6 所示,用于查询"成绩"数据库中参加了课程编号为"C1"的学生的"学号"、"姓名"、"课程编号"和"成绩"。

现在该语句中有 3 处错误,分别出现在第 1 行、第 2 行和第 3 行,请改正。要求保持原有语句的结构,不增加行不删除行。

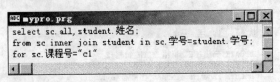
```
mypro.prg
select sc.all,student.姓名;
from sc inner join student in sc.学号=student.学号;
for sc.课程号="c1"
```

图 8.6　mypro 程序文件

操作步骤:

(1) 分析题目,自己书写 SQL 命令。

(2) 阅读如图 8.6 所示代码,修改错误,并调试运行。

提示:多表查询时,如果用 JOIN 连接两个表,则连接条件用 ON；SQL 语句中筛选条件用 WHERE 子句。

例4　请修改并执行程序 four.prg。程序 four.prg 的功能是:计算每个系的"平均工资"和"最高工资"并存入表 three 中,要求表中包含"系名"、"平均工资"和"最高工资"3 个字段,结果先按"最高工资"降序排列,若"最高工资"相同再按"平均工资"降序排列。

操作步骤:

(1) 阅读如图 8.7 所示代码,修改错误。

(2) 新建程序,输入正确代码并调试运行。

提示:

第 1 行"系名"改为"学院表.系名"。

第 2 行"FROM 教师表"改为"FROM 教师表,学院表"。

第 3 行"ORDER BY"改为"GROUP BY"。

第 4 行"GROUP BY"改为"ORDER BY"。

第 5 行"INTO"改为"INTO TABLE"。

```
ABC four.prg                                          _ □ ×
SELECT 系名,avge(工资) as 平均工资,max(工资) as 最高工资;
FROM 教师表 WHERE 教师表.系号 = 学院表.系号;
ORDER BY 学院表.系号;
GROUP BY 3 DESC,2 DESC;
INTO three
```

图 8.7　four 程序文件

例 5　SELLDB 数据库中包含"部门表"、"销售表"、"部门成本表"和"商品代码表"4 个表。

现有 five.prg 的程序文件,程序代码如图 8.8 所示,其功能如下:查询 2006 年各部门商品的年销售利润情况。查询内容为部门号、部门名、商品号、商品名和年销售利润,其中年销售利润等于销售表中一季度利润、二季度利润、三季度利润和四季度利润的合计。查询结果按部门号升序排列,若部门号相同再按年销售利润降序排列,并将查询结果输出到表 TABA 中。表 TABA 的字段名分别为部门号、部门名、商品号、商品名和年销售利润。

修改其中的错误,然后运行该程序。

```
下面程序中,第1、6、7行各有一处错误,第5行缺少筛选条件,请改正并运行该程序。

SELECT 部门表.部门号, 部门名, 销售表.商品号, 商品名,一季度利润 + 二季度利润 + 三季度利润 + 四季度利润 to 年销售利润;
FROM 部门表, 销售表, 商品代码表;
WHERE 销售表.商品号 = 商品代码表.商品号;
AND 部门表.部门号 = 销售表.部门号;
AND ;
ORDER BY 1, 5;
TO TABLE TABA
```

图 8.8　five.prg 程序文件

提示:

错误 1:第 1 行"to"改为"AS"。

错误 2:"ORDER BY 1,5"改为"ORDER BY 1,5 DESC"。

错误 3:"TO TABLE"改为"INTO TABLE "。

例 6　如图 8.9 所示 modi1.prg 程序文件中 SQL SELECT 语句,功能是查询目前用于 3 个项目的零件(零件名称),并将结果按升序存入文本文件 results.txt 中。

给出的 SQL SELECT 语句中在第 1、3、5 行各有一处错误,请改正错误并运行程序(不得增、删语句或短语,也不得改变语句行)。

```
ABC modi1.prg                                  _ □ ×
SELECT 零件名称 FROM 零件信息 WHERE 零件号 = ;
(SELECT 零件号 FROM 使用零件;
GROUP BY 项目号 HAVING COUNT(项目号) = 3) ;
ORDER BY 零件名称 ;
INTO FILE results
```

图 8.9　modi1 程序文件

提示:

第 1 行"=(等号)"改为"IN"。

第 3 行"GROUP BY 项目号" 改为"GROUP BY 零件号"。

第 5 行"INTO FILE"改为"TO FILE"。

例 7　修改如图 8.10 所示的命令文件 three.prg。

该命令文件用来查询与"姚小敏"同一天入住宾馆的每个客户的客户号、身份证、姓名和工作单位,查询结果包括"姚小敏",将查询结果输出到表 TABC 中。

该命令文件在第 3 行、第 5 行、第 7 行和第 8 行有错误(不含注释行),直接在错误处修改,不可改变 SQL 语句的结构和短语的顺序,不能增加、删除或合并行。

```
three.prg                                              _ □ ×
*该命令文件用来查询与"姚小敏"同一天入住宾馆的每个客户的客户号、身份证、姓名、
*工作单位。查询结果输出到表TABC中。
*该命令文件在第3行、第5行、第7行和第8行有错误,打开该命令文件,直接在错误处修改,不可
*改变SQL语句的结构和短语的顺序,不允许增加、删除或合并行。
OPEN DATABASE 宾馆
SELECT 客户.客户号,身份证,姓名,工作单位;
FROM 客户 JOIN 入住;
WHERE 入住日期 IN;
( SELECT ;
FROM 客户,入住;
WHERE 姓名 = "姚小敏");
TO TABLE TABC
```

图 8.10　three 程序文件

操作步骤:

(1) 阅读图 8.10 所示程序代码,修改错误。

(2) 新建程序,输入修改后的代码,运行程序。

提示:

第 3 行添加表的连接条件,修改为"FROM 客户 JOIN 入住 ON 客户.客户号 = 入住.客户号"。

第 5 行"SELECT"后面添加字段名"入住日期"。

第 7 行将条件修改为"WHERE 客户.客户号 = 入住.客户号 AND 姓名 = "姚小敏""。

第 8 行"TO TABLE"修改为"INTO TALBE"。

例 8　mod.prg 中的 SQL 语句用于计算"银行"的股票(股票简称中有"银行"两字)的总盈余,现在该语句中有 3 处错误,分别出现在第 1 行、第 4 行和第 6 行,如图 8.11 所示,请改正。

提示:

第 1 行"COUNT"改为"SUM"。

第 4 行 "=(等号)"改为"IN"。

第 6 行"WHERE "银行" LIKE 股票简称"改为"WHERE 股票简称 LIKE "%银行%""。

```
mod.prg                              _ □ ×
*!* 该语句中得3处错误分别出现再第1行、第4行和第6行,请改正之。
SELECT COUNT (现价-买入价)*持有数量) ;
FROM stock_sl ;
WHERE 股票代码 ;
= ;
(SELECT 股票代码 FROM stock_name ;
WHERE "银行" LIKE 股票简称)
```

图 8.11　mod 程序文件

8.3　结构化程序设计及改错

8.3.1　Visual FoxPro 中结构化程序设计的基本结构

1. 选择结构

(1) 条件语句 IF…ELSE…ENDIF

IF…ELSE…ENDIF 的格式有以下两种,对应的流程图如图 8.12 所示。

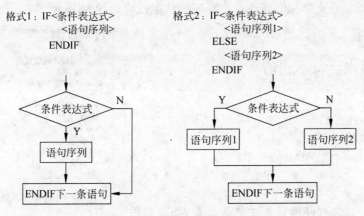

图 8.12　选择结构流程图

例 9　试编写一个用户登录程序,对用户密码进行校验,假设用户密码为 1234,如果密码正确,显示当前日期时间,否则显示"密码错误"。完成该功能的程序代码如图 8.13 所示。

(2) 分支语句 DO CASE…ENDCASE

语法格式:

```
DO CASE
    CASE<条件表达式 1>
        <命令序列 1>
    CASE<条件表达式 2>
        <命令序列 2>
        ……
    CASE<条件表达式 n>
        <命令序列 N>
    [OTHERWISE
        <命令序列 N + 1>]
ENDCASE
```

功能:依次判断 CASE 后面的条件表达式是否成立。当发现某个 CASE 后面的条件表达式成立时,就执行它后面的命令序列,并结束 DO CASE 语句,继续执行 ENDCASE 后面的命令。

例 10　如图 8.14 所示的程序,其功能是根据输入的考试成绩显示相应的成绩等级。请编写程序,用 DO CASE 型分支结构实现该程序的功能。

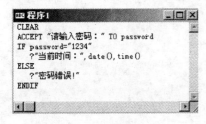

```
CLEAR
ACCEPT "请输入密码: " TO password
IF password="1234"
    ?"当前时间: ",date(),time()
ELSE
    ?"密码错误!"
ENDIF
```

图 8.13　用户登录程序

```
Set talk off
Clear
Input"请输入考试成绩: "to chj
Dj=iif(chj<60,"不及格",iif(chj>=90,"优秀","通过"))
??"成绩等级"+dj
Set talk on
```

图 8.14　例题程序

用 DO CASE 分支结构实现该命令程序的功能代码如图 8.15 所示。

2. 循环结构

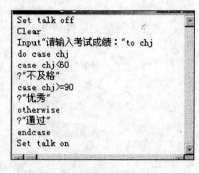

(1) DO WHILE…ENDDO

语法格式：

```
DO WHILE <条件表达式>
    <语句序列>
    [EXIT]      }循环体
    [LOOP]
ENDDO
```

图 8.15　DO CASE 结构例题

执行过程：首先判断循环条件是否成立，如果条件
表达式为假，则结束循环，转去执行 ENDDO 后面的语句；如果条件表达式为真，则执行循环体。当执行到 ENDDO 时，返回到 DO WHILE 语句再次判断循环条件是否为真，以确定是否再次执行循环体。

说明：

- EXIT：直接跳出循环，执行 ENDDO 后面的语句。
- LOOP：结束本次循环，返回到循环起始语句，重新判断循环条件。
- "EXIT"和"LOOP"命令可以放在循环体内的任何位置，而且这两个语句只能用在循环体中，不能单独使用，并且常与条件判断语句结合使用。
- 循环体中一定要有使循环趋于结束的语句，避免死循环，通常用一个变量控制循环的次数，这样的变量称为循环控制变量。
- DO WHILE 和 ENDDO 必须成对使用。

例 11　试编写程序，求 $1+2+3+\cdots+100$ 的和。

功能代码如下：

```
CLIAR
sum = 0
i = 1
DO WHILE i <= 100
    sum = sum + 1
    i = i + 1
ENDDO
?sum
```

(2) FOR…NEXT|ENDFOR

语法格式：

```
FOR <变量> = <初值> TO <终值> [STEP <步长>]
    <循环体>
ENDFOR|NEXT
```

例 12　用 FOR 循环结构计算 $1+2+3+\cdots+100$ 的和。

功能代码如下：

```
CLIAR
sum = 0
FOR i = 1 TO 100
    sum = sum + 1
ENDFOR
?sum
```

（3）SCAN…ENDSCAN

语法格式：

```
SCAN [<范围>] [FOR<条件表达式>]
    [命令组]
    [LOOP]
    [EXIT]
ENDSCAN
```

"范围"取值如下：

- rest：从当前记录开始到表尾的所有记录；
- next ＜n＞：从当前记录开始的连续 n 条记录；
- record ＜n＞：记录号为 n 的一条记录；
- all：默认值，所有记录。

说明：执行该语句时，记录指针自动、依次地在当前表的指定范围内满足条件的记录上移动，对每一条记录执行循环体内的命令。

例 13　在命令窗口输入并执行命令"LIST 名称"后在主窗口中显示：

记录号	名称
1	电视机
2	计算机
3	电话线
4	电冰箱
5	电线

"名称"字段宽度为 6 个字符，阅读下面的程序，分析输出结果是什么。

```
GO 2
SCAN NEXT 4 FOR LEFT(名称,2) = "电"
  IF RIGHT(名称,2) = "线"
      LOOP
  ENDIF
  ??名称
ENDSCAN
```

分析题目后，写出结果并上机验证结果是否正确。

操作步骤：

（1）新建表 test，表结构如图 8.16 所示。

（2）按图 8.17 所示记录顺序向表中添加记录。

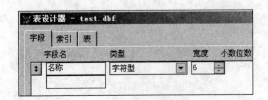 

图 8.16　test 表结构　　　　　　　　图 8.17　test 表记录顺序

（3）在命令窗口执行命令"list"，此时在工作区显示表记录，如图 8.18 所示。

（4）新建程序文件"test"，输入如图 8.19 所示代码并执行。

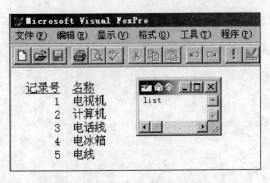 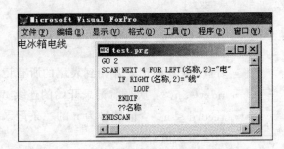

图 8.18　利用 list 命令显示表记录　　　　图 8.19　test 程序代码及程序运行结果

例 14　综合练习

编写一个名为 four.prg 的程序，根据表 Taa 中所有记录的 a，b，c 三个字段的值，计算各记录的一元二次方程的两个根 x1 和 x2，并将两个根 x1 和 x2 写到对应的字段 x1 和 x2 中，如果无实数解，在 note 字段中写入"无实数解"。提示：平方根函数为 SQRT()；程序编写完成后，运行该程序计算一元二次方程的两个根。注意：一元二次方程求解公式如下：

$$x = \frac{-b \pm \sqrt{b^2 - 4ac}}{2a}$$

操作步骤：

（1）新建表 Taa，输入如图 8.20 所示记录。

No	A	B	C	X1	X2	Note
01	27.45	56.44	22.00			
02	23.44	32.00	3.00			
03	33.56	44.00	88.00			
04	24.00	5.00	34.00			
05	12.00	2.00	56.00			
05	12.00	2.00	56.00			
06	17.77	33.55	12.00			
07	24.00	44.00	23.00			
08	5.00	34.00	44.00			

图 8.20　Taa 表的浏览界面

（2）新建程序文件，根据题意编程并调试运行程序，程序代码如图 8.21 所示。

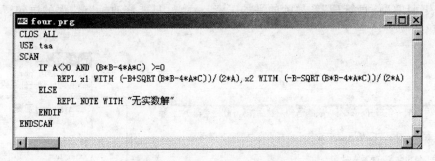

```
four.prg                                                    _ □ ×
CLOS ALL
USE taa
SCAN
    IF A<>0 AND (B*B-4*A*C) >=0
        REPL x1 WITH (-B+SQRT(B*B-4*A*C))/(2*A),x2 WITH (-B-SQRT(B*B-4*A*C))/(2*A)
    ELSE
        REPL NOTE WITH "无实数解"
    ENDIF
ENDSCAN
```

图 8.21　four.prg 程序文件

（3）程序执行成功后，浏览表 Taa 中的记录，验证是否为字段 X1、X2、Note 添加正确的数据。正确的数据如图 8.22 所示。

No	A	B	C	X1	X2	Note
01	27.45	56.44	22.00	-0.5226	-1.5335	
02	23.44	32.00	3.00	-0.1013	-1.2639	
03	33.56	44.00	88.00	.NULL.	.NULL.	无实数解
04	24.00	5.00	34.00	.NULL.	.NULL.	无实数解
05	12.00	2.00	56.00	.NULL.	.NULL.	无实数解
05	12.00	2.00	56.00	.NULL.	.NULL.	无实数解
06	17.77	33.55	12.00	-0.4794	-1.4086	
07	24.00	44.00	23.00	.NULL.	.NULL.	无实数解
08	5.00	34.00	44.00	-1.7387	-5.0613	

图 8.22　运行程序后 Taa 表的浏览窗口

8.3.2　结构化程序设计及改错练习

练习 1　修改 one.prg 文件中的一处错误，使程序执行的结果是在屏幕上显示：

5 4 3 2 1

one.prg 文件程序如图 8.23 所示。

练习 2　修改 two.prg 文件（如图 8.24 所示）中的一处错误，程序执行的结果是在屏幕上显示"2　4　6　8　10"。注意：错误只有一处，文件修改之后要存盘。

练习 3　three.prg 程序文件如图 8.25 所示，修改其中的错误并使之能够正确运行（具体修改要求在程序文件中）。注意：不可以增加或删除程序行。

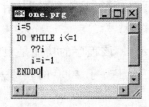

```
one.prg           _ □ ×
i=5
DO WHILE i<=1
    ??i
    i=i-1
ENDDO
```

```
i=2
DO WHILE i<=10
    ??i
    i=i+1
ENDDO
```

图 8.23　one.prg 程序文件　　　　图 8.24　two.prg 程序文件

练习4　修改并执行程序 four.prg（如图 8.26 所示），该程序的功能是：根据"学院表"和"教师表"计算"信息管理"系教师的平均工资。注意，只能修改标有错误的语句行，不能修改其他语句。

```
***在下一行添加一条打开customer表的语句，然后把"（此处空行）"删除
（此处空行）
***表没有索引，修改如下语句使之能显示所有"北京"客户的信息
SCAN WHILE 所在地='北京'
? 客户编号,公司名称,联系人姓名
ENDSCAN
```

图 8.25　three.prg 文件代码

图 8.26　four.prg 程序文件

练习5　soread.prg 程序（如图 8.27 所示），其功能是：先为"学生"表增加一个名为"平均成绩"的字段，数据类型为 N(6,2)；然后根据"选课"表统计每个学生的平均成绩，并写入新添加的字段。

该程序有 3 处错误，请一一改正，使程序能正确运行（在指定处修改，不能增加或删除程序行）。

```
CLOSE ALL
OPEN DATABASE  成绩管理
USE 选课 IN O
USE 学生 EXCL IN O
**********Error**********
MODIFY TABLE 学生 ADD 平均成绩 N(6,2)
SELECT 学生
**********Error**********
DO WHILE EOF()
  SELECT AVG(成绩) FROM 选课 WHERE 学号=学生.学号 INTO ARRAY cj
**********Error**********
  REPLACE 平均成绩 = cj[1]
  cj[1]=0
  SKIP
ENDDO
CLOSE DATABASE
```

图 8.27　soread.prg 程序文件

练习6　程序文件 six.prg 如图 8.28 所示，其功能是计算出"林诗因"所持有的全部外币相当于人民币的数量，summ 中存放的是结果。注意：某种外币相当于人民币数量的计算公式：人民币数量＝该种外币的"现钞买入价"＊该种外币的"持有数量"。请在指定位置修改程序语句，不得增加或删除程序行，并保存所做的修改。

练习7　修改并执行程序 temp.prg（如图 8.29 所示）。该程序的功能是根据"教师表"和"课程表"计算讲授"数据结构"这门课程，并且"工资"大于等于 4000 的教师人数。注意：只能修改标有错误的语句行，不能修改其他语句。

练习8　将歌手比赛分为 4 个组，"歌手表"中的"歌手编号"字段的左边两位表示该歌手所在的组号。程序文件 eight.prg 如图 8.30 所示，其功能是：根据"歌手表"计算每个组

```
open database 外汇数据
use currency_sl
&&************Error*****************
find for 姓名="林诗因"
summ=0
&&************Error*****************
while not eof()
    select   现钞买入价  from    rate_exchange   ;
        where  rate_exchange.外币代码=currency_sl.外币代码 into array a
&&************Error*****************
    summ=summ+a[1] * rate_exchange.持有数量
    continue
enddo
?summ
```

图 8.28　six.prg 程序文件

```
AEC temp.prg                                        _ □ X
&&下句只有一处有错误
SELECT 课程号 FROM 课程表 WHERE 课程名="数据结构" TO ARRAY a
&&下句有错误
OPEN 教师表
STORE 0 TO sum
&&下句两处有错误
SCAN OF 课程号=a OR 工资>=4000
&&下句有错误
    sum+1
ENDSCAN
?sum
```

图 8.29　temp.prg 程序文件

的歌手人数,将结果存入表 one,表 one 中有"组号"和"歌手人数"两个字段。程序中有 3 处错误,请修改并执行程序。注意:只能修改标有错误的语句行,不能修改其他语句,数组名 A 不允许修改。

```
&&根据"歌手表"计算每个组的歌手人数
CLOSE DATA
USE one
GO TOP
WHILE.NOT. EOF()              &&错误
    zuhao=组号
    SELECT COUNT(*) FROM 歌手表 WHERE   歌手表.歌手编号=zuhao INTO ARRAY A &&错误
    REPLACE  歌手人数 INTO A   &&错误
    SKIP
ENDDO
```

图 8.30　eight.prg 程序文件

练习 9　程序文件 nine.prg 如图 8.31 所示,其功能是:根据"教师表"计算各系的教师人数,并将结果填入表"学院表"中,程序中有 3 处错误,请修改并运行程序。只能修改标有错误的语句行,不能修改其他语句。

```
&&根据"教师表"计算每个系的教师人数并将数据填入"学院表"
CLOSE DATA
USE 学院表
GO TOP
DO .NOT. EOF()                    &&错误
  xihao=系号
  SELECT COUNT(*) FROM 教师表 WHERE  教师表.系号=xihao INTO A  &&错误
  REPLACE 教师人数 WITH A[1]
  NEXT                            &&错误
ENDDO
```

图 8.31　nine.prg 程序文件代码

8.4　表单改错及修改练习

修改表单题型主要考察修改表单及各控件的常用属性。

表单中的改错题比较综合，主要修改按钮控件的功能代码以实现退出表单、调用表单以及功能模块的实现（包括结构化程序设计和 SQL 语句的修改）。

练习 1　打开并按如下要求修改如图 8.32 所示的 form1 表单文件（最后保存所做的修改）：

（1）在"确定"命令按钮的 Click 事件（过程）下的程序，如图 8.33 所示有两处错误，请改正。

（2）设置 Text2 控件的有关属性，使用户在输入口令时显示"＊"（星号）。

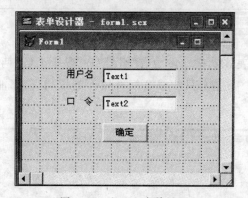

图 8.32　form1 表单界面

图 8.33　"确定"命令按钮的 Click 事件代码

操作步骤：

（1）在命令窗口执行命令"MODIFY FORM form1"，打开表单 form1.scx。

（2）双击表单中的"确定"命令按钮，修改 Click 事件中的代码。修改程序中的错误后，正确的代码如下：

```
IF Thisform.Text1.Text = Thisform.Text2.Text && 缺少属性 Text
        WAIT "欢迎使用……" WINDOW TIMEOUT 1
        Thisform.Release && 语法错误，关闭表单应该为 Release
Else
        WAIT "用户名或口令不对，请重新输入……" WINDOW TIMEOUT 1
Endif
```

（3）选中表单中的第二个文本框控件（Text2），在属性窗口中将该控件的 PasswordChar 属性值改为"＊"，保存修改结果并运行表单。

练习 2　现有一个名称为 my 的表单文件，如图 8.34 所示，该表单中两个命令按钮的 Click 事件中语句有误。请按如下要求修改图 8.35 和图 8.36 中的代码，修改后保存所做的修改：

（1）单击"更新标题"按钮时，把表单的标题改为"商品销售数据输入"。

（2）单击"商品销售输入"命令按钮时，调用当前文件夹下的名称为销售数据输入的表单文件打开数据输入表单。

图 8.34　my 表单文件

图 8.35　"更新标题"按钮代码

图 8.36　"商品销售输入"命令按钮代码

操作步骤：

（1）在命令窗口中输入命令"MODIFY FORM my"打开表单 my.scx。

（2）双击表单中的"更新标题"按钮，将 Click 事件中的代码"ThisForm.标题＝"商品销售数据输入"改为：

ThisForm.Caption = "商品销售数据输入"

（3）双击表单中的"商品销售输入"按钮，将 Click 事件中的代码"DO sellcomm"改为：

DO Form 销售数据输入

8.5　综合性程序设计及改错

练习 1　给定表单 modi2.scx，如图 8.37 所示，功能是：要求用户输入一个正整数，然后计算从 1 到该数字之间有多少偶数、多少奇数、多少能被 3 整除的数，并分别显示出来，最后统计出满足条件的数的总数量。请修改并调试该程序，使之能够正确运行。

改错要求："计算"按钮的 Click 事件代码中共有 3 处错误，如图 8.38 所示，请修改＊＊＊found＊＊＊下面语句行的错误，必须在原来位置修改，不能增加或删减程序行（其中第一行的赋值语句不许减少或改变变量名）。

修改"退出"按钮的 Click 事件代码，该按钮的功能是关闭并释放表单。

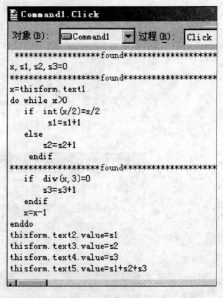

```
Command1.Click
对象(B):  Command1  ▼  过程(R):  Click

*********************found*********************
x, s1, s2, s3=0
*********************found*********************
x=thisform.text1
do while x>0
    if  int(x/2)=x/2
        s1=s1+1
    else
        s2=s2+1
    endif
*********************found*********************
    if  div(x,3)=0
        s3=s3+1
    endif
    x=x-1
enddo
thisform.text2.value=s1
thisform.text3.value=s2
thisform.text4.value=s3
thisform.text5.value=s1+s2+s3
```

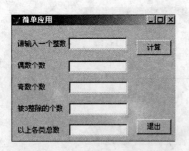

图 8.37　表单 modi2.scx 界面　　　　图 8.38　"计算"按钮的 Click 事件代码

提示：

第 1 处错误："x,s1,s2,s3＝0"改为"STORE 0 TO x,s1,s2,s3"。

第 2 处错误："x＝thisform.text1"改为"x＝val(thisform.text1.value)"。

第 3 处错误："if div(x,3)"改为"if mod(x,3)"。

关闭并释放表单的命令为"thisform. release"。

练习2 请修改并执行名为 studentForm 的表单,如图 8.39 所示,要求如下:为表单建立数据环境,并向其中添加表"学生";将表单标题改为"学生信息";修改命令按钮下的 Click 事件,使用 SQL 语句按"年龄"排序浏览表。

操作步骤:

(1)打开 studentform 表单。输入命令:MODIFY FORM studentform。

(2)在表单设计器上右键快捷菜单中选择"数据环境"命令,在"打开"对话框中双击表"学生",关闭"添加表或视图"对话框。学生表结构及记录如图 8.40 所示。

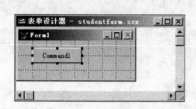

图 8.39 studentForm 表单界面

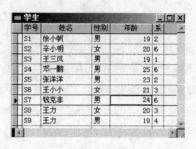

图 8.40 "学生"表

(3)右击表单设计器,选择"属性"命令,打开属性窗口,将表单的 Caption 属性修改为"学生信息"。

(4)双击 Command1 按钮,在其 Click 事件代码窗口内输入语句:

```
SELECT * FROM 学生 ORDER BY 年龄
```

(5)保存并运行表单。

练习3 新建一个名为 junjia 的程序,完成以下功能。

(1)首先将 BOOKS. DBF 中所有书名中含有"计算机"3 个字的图书复制到表 BOOKSBAK 中,以下操作均在 BOOKSBAK 表中完成。

(2)复制后的图书价格在原价格基础上降价 5%。

(3)从图书均价高于 25 元(含 25)的出版社中,查询并显示图书均价最低的出版社名称以及均价,查询结果保存在表 newtable 中(字段名为出版单位和均价)。

提示:复制表记录可使用 SQL 查询来实现,将所有记录复制到一个新表中;利用 UPDATE 语句,可更新数据表中的记录;最后统计"均价"的时候,先将查询结果存入一个临时表中,再利用 SQL 语句对临时表中的记录进行相应操作,并将结果存入指定的数据表中。

操作步骤:

(1)打开程序编辑窗口。在命令窗口输入命令:MODIFY COMMAND junjia。

(2)编写如图 8.41 所示的程序代码。

(3)保存并执行该程序文件。

练习4 首先将 order_detail 表全部内容复制到 od_bak 表,然后对 od_bak 表编写完成如下功能的程序:

(1)把"订单号"尾部字母相同并且订货相同("器件号"相同)的订单合并为一张订单,

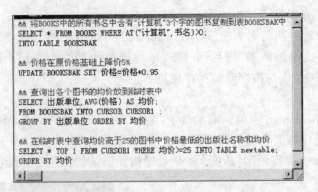

图 8.41　junjia.prg 程序代码

新的"订单号"就取原来的尾部字母,"单价"取最低价,"数量"取合计。

(2) 结果先按新的"订单号"升序排序,再按"器件号"升序排序。

(3) 最终记录的处理结果保存在 od_new 表中。

(4) 最后将程序保存为 prog1.prg,并执行该程序。

提示:复制表使用"COPY TO"命令,复制表结构使用"COPY STRUCTURE"命令。

操作步骤:

(1) 打开表 order_detail。在命令窗口执行命令"USE order_detail"。

(2) 复制 order_detail 表内容全部到 od_bak 表中。在命令窗口执行命令"COPY TO od_bak"。

(3) 新建程序文件。在命令窗口输入命令"MODIFY COMMAND prog1"。

(4) 编写如图 8.42 所示代码。

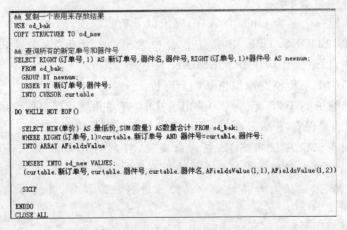

图 8.42　prog1.prg 程序代码

(5) 保存并运行程序。

练习 5　"销售管理"数据库中有"定货信息"表和"货物信息"表。货物表中的"单价"与"数量"之积应等于定货表中的"总金额"。

现在有部分"定货信息"表记录的"总金额"字段值不正确,请编写程序挑出这些记录,并将这些记录存放到一个名为"修正"的表中(与定货表结构相同,自己建立),根据货物表的

"单价"和"数量"字段修改"修正"表的"总金额"字段(注意一个修正记录可能对应几条定货记录)。编写的程序最后保存为 myp.prg。

提示：设计过程中可将查询结果存放到临时表中，通过"订单号"建立两个表之间的联系，再利用 DO 循环语句对表中的记录逐条更新。

操作步骤：

(1) 在命令窗口中执行命令"MODIFY COMMAND myp"，打开程序文件编辑器。

(2) 在程序文件编辑器窗口输入如图 8.43 所示的程序代码。

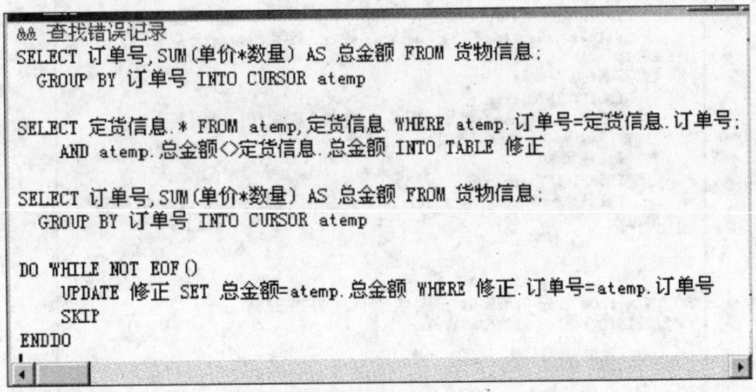

```
&& 查找错误记录
SELECT 订单号,SUM(单价*数量) AS 总金额 FROM 货物信息;
   GROUP BY 订单号 INTO CURSOR atemp

SELECT 定货信息.* FROM atemp,定货信息 WHERE atemp.订单号=定货信息.订单号;
   AND atemp.总金额<>定货信息.总金额 INTO TABLE 修正

SELECT 订单号,SUM(单价*数量) AS 总金额 FROM 货物信息;
   GROUP BY 订单号 INTO CURSOR atemp

DO WHILE NOT EOF()
   UPDATE 修正 SET 总金额=atemp.总金额 WHERE 修正.订单号=atemp.订单号
   SKIP
ENDDO
```

图 8.43　myp.prg 程序代码

(3) 运行程序。

练习 6　利用表设计器在考生文件夹下建立表 table3，表结构如下：

学号	字符型(10)
姓名	字符型(6)
课程名	字符型(8)
分数	数值型(5,1)

然后编写程序 prog2.prg，在 xuesheng 表和 chengji 表中查询所有成绩不及格(分数小于 60)的学生信息(学号、姓名、课程名和分数)，并把这些数据保存到表 table3 中(若一个学生有多门课程不及格，在表 table3 中就会有多条记录)。要求查询结果按分数升序排列，分数相同则按学号降序排列。

要求在程序中用 SET RELATION 命令建立 chengji 表和 xuesheng 表之间的关联(同时用 INDEX 命令建立相关的索引)，并通过 DO WHILE 循环语句实现规定的功能。最后运行程序。

操作步骤：

(1) 根据题意要求新建表"table3"。

(2) 新建一个程序并输入如图 8.44 所示的程序代码。

(3) 保存并运行程序，程序文件的名称为 prog2。

练习 7　现有一个名为 zonghe 的表单文件，如图 8.45 所示，其中：单击"添加>"命令按钮可以将左边列表框中被选中的项添加到右边的列表框中；单击"<移去"命令按钮可以将右边列表框中被选中的项移去(删除)。

请完善"确定"命令按钮的 Click 事件代码，其功能是：查询右边列表框所列课程的学生

```
SELECT * FROM table3 WHERE .f.  INTO TABLE temp

SELECT 1
USE xuesheng
INDEX ON 学号 TAG 学号

SELECT 2
USE chengji
INDEX ON 学号 TAG 学号

SET RELATION TO 学号 INTO xuesheng

GO TOP
DO WHILE .NOT.EOF()
    IF 数学<60
        INSERT INTO temp ;
        Values (xuesheng.学号,xuesheng.姓名,'数学',chengji.数学)
    ENDIF
    IF 英语<60
        INSERT INTO temp ;
        Values (xuesheng.学号,xuesheng.姓名,'英语',chengji.英语)
    ENDIF
    IF 信息技术<60
        INSERT INTO temp;
        Values (xuesheng.学号,xuesheng.姓名,'信息技术',chengji.信息技术)
    ENDIF
    SKIP
ENDDO

SELECT * FROM temp ORDER BY 分数,学号 DESC INTO ARRAY arr
INSERT INTO table3 FROM ARRAY arr

CLOSE TABLES ALL
```

图 8.44　prog2.prg 程序文件代码

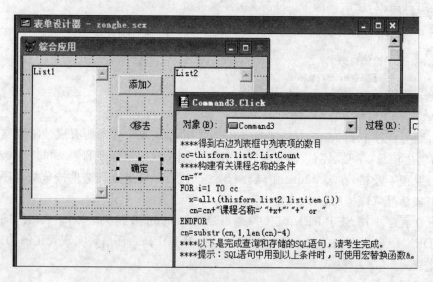

图 8.45　zonghe 表单及"确定"按钮代码

的考试成绩(依次包含姓名、课程名称和考试成绩 3 个字段),并先按课程名称升序排列,课程名称相同的再按考试成绩降序排列,最后将查询结果存储到表 zonghe 中。

提示:

(1) SCORE 表中的"考试成绩"字段是在基本操作题中修改的。

(2) 程序完成后必须运行,要求将"计算机基础"和"高等数学"从左边的列表框添加到右边的列表框,并单击"确定"命令按钮完成查询和存储。

操作步骤：

（1）在"确定"命令按钮的 Click 事件中补充如下代码。

```
SELECT 姓名,课程名称,成绩;
FROM student,score,course;
WHERE Score.课程编号 = Course.课程编号 and Student.学号 = Score.学号;
and &cn;
ORDER BY 课程名称,成绩 DESC;
INTO TABLE zonghe
```

（2）保存并运行表单。

练习 8　打开名为 testA 的表单。该表单完成如下功能：

每当用户输入用户名和口令并按"确认"按钮后，利用表 PASS 中的记录检查其输入是否正确，若正确，就显示"欢迎使用本系统！"字样，并关闭表单；若不正确，则显示"用户名或口令不对，请重输入！"字样；如果 3 次输入不正确，就显示"用户名或口令不对，登录失败！"字样，并关闭表单。

（1）修改口令输入文本框，使输入的口令显示为" * "。

（2）修改"确认"按钮的 Click 事件中的程序。请将第 3、4 和 12 行语句修改正确。修改时不能增加或删除行，只能在错误行上进行修改。

操作步骤：

（1）打开表单，文本框的 PasswordChar 属性值为" * "。

（2）修改该表单"确认"按钮的 Click 事件做如下修改：

第 3 行处的错误修改为：Key2 = ALLTRIM(ThisForm. text2. value)。

第 4 行处的错误修改为：LOCATE ALL FOR USER = Key1。

第 12 行处的错误修改为：THISFORM. RELEASE。

（3）保存并运行表单。

第9单元

综合性题

9.1 综合 1

完成如下操作：

（1）创建一个名为 tablethree 的自由表，其结构如下：

姓名　　　　C(6)
最高金额　　N(6,2)
最低金额　　N(6,2)
平均金额　　N(6,2)

（2）设计一个用于查询统计的表单 formtwo，用于统计 order 和 employee 表中的信息，其界面如图 9.1 所示。其中的表格名称为 Grid1，"查询统计"按钮的名称为 Command1，"退出"按钮的名称为 Command2，文本框的名称为 Text1。当在文本框中输入某职员的姓名并单击"查询统计"按钮，在左边的表格内显示该职员所签订单的金额，并将其中的最高金额、最低金额和平均金额存入表 tablethree 中。单击"退出"按钮将关闭表单。

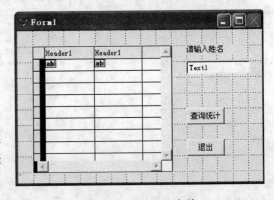

图 9.1　formtwo 表单

（3）运行上面创建的表单 formtwo，然后依次查询统计"赵小青"和"吴伟军"两位职员所签订单的相关金额。执行完后，表 tablethree 中应该包含两条相应的记录。

操作步骤：

1）创建自由表 tablethree

（1）单击常用工具栏中的"新建"按钮打开"新建"对话框，然后选中"表"选项，单击"新建文件"按钮，并在弹出的"创建"对话框中输入表名"tablethree"后单击"保存"按钮。

（2）在弹出的表设计器中按题目的要求依次输入各个字段的名称，单击"确定"按钮保存表结构（不用输入记录）。

2）新建表单 formtwo

（1）单击常用工具栏中的"新建"按钮 ，系统弹出"新建"对话框，在"文件类型"下拉列表框中选择"表单"选项,单击"新建文件"按钮,此时打开表单设计器。

（2）在表单设计器中按图9.1所示添加标签、文本框、命令按钮和表格控件,并进行适当的布局和大小调整。

（3）根据题目要求设置各标签、文本框、命令按钮以及表格的属性值,如表9.1所示。

表 9.1　表单中各对象的属性设置

对　象	属　性	值
命令按钮 1	Caption	查询统计
命令按钮 2	Caption	退出
标签	Caption	请输入姓名
表格	ColumnCount	2
	RecordSourceType	4—SQL 说明

（4）在表单设计器中,双击"查询统计"按钮,编写"查询统计"按钮的 Click 事件代码,如图9.2所示。

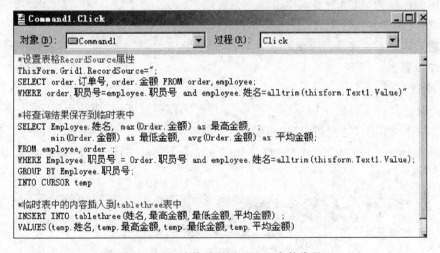

图 9.2　"查询统计"按钮 Click 事件代码

（5）在表单设计器中,双击"退出"按钮,编写"退出"按钮的 Click 事件代码,如图9.3所示。

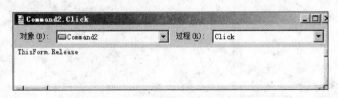

图 9.3　"退出"按钮 Click 事件代码

（6）以 formtwo.scx 为文件名保存表单并运行,然后关闭表单设计器窗口。

3）运行表单 formtwo,依次查询统计"赵小青"和"吴伟军"两位职员所签订单的相关金额,即在"请输入姓名"文本框中分别输入题目要求的姓名,并单击"查询统计"按钮。

9.2 综合2

完成如下综合应用：

（1）根据"成绩管理"数据库中的"学生"、"课程"和"选课"3个表建立一个名为 view_grade 的视图，视图中包含学号、姓名、课程名称和成绩4个字段，要求先按"学号"升序排序，在学号相同的情况下再按"课程名称"降序排序。

（2）建立一个表单 grade_list（控件名为 form1，文件名为 grade_list），在表单中添加一个表格（名称为 grdView_grade）控件，该表格控件的数据源是前面建立的视图 view_grade（直接使用拖曳的方法）；然后在表格控件下面添加一个命令按钮（名称为 Command1），该命令按钮的标题为"退出"，要求单击该按钮时关闭表单。

图9.4 "成绩管理"数据库

注意：完成表单设计后要运行表单的所有功能。

操作步骤：

1）新建视图

（1）通过常用工具栏中的"打开"按钮 打开工作目录下的"成绩管理"数据库。

（2）单击常用工具栏"新建"按钮 ，在"新建"对话框的"文件类型"下拉列表框中选中"视图"选项，单击"新建文件"按钮，打开如图9.5所示的视图设计器和"添加表或视图"对话框。

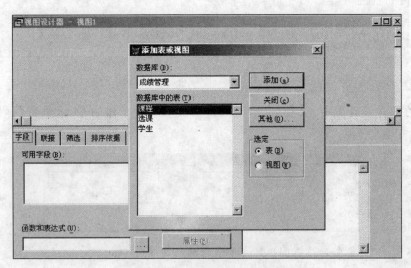

图9.5 视图设计器

（3）将"学生"、"选课"和"课程"三张表依次添加到视图设计器中，并建立3个表之间的联系。

（4）在视图设计器的"字段"选项卡中,将学号、姓名、课程名称和成绩 4 个字段添加到"选定字段"列表框中,如图 9.6 所示。

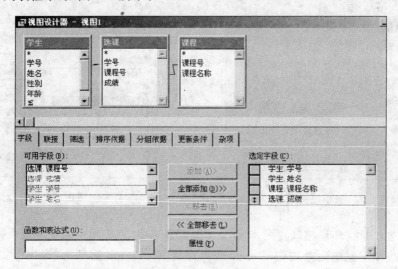

图 9.6 视图设计器的"字段"选项卡

（5）在视图设计器的"排序依据"选项卡中设置排序依据。双击"学生.学号",将排序字段添加到"排序条件"列表中,单击"排序依据"区域的"升序"选项按钮,如图 9.7 所示;用同样的方法,设置排序条件"课程.课程名称"为降序。

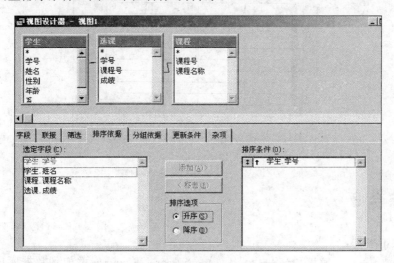

图 9.7 视图设计器的"排序依据"选项卡

（6）保存视图名称为 view_grade 并运行该视图。

2）新建表单

（1）单击常用工具栏中的"新建"按钮 ,在"新建"对话框"文件类型"下拉列表框中选择"表单"选项,单击"新建文件"按钮,打开表单设计器。

（2）在表单设计器中右击,选择快捷菜单中的"数据环境"命令,如图 9.8 所示。

（3）将视图 view_grade 添加到数据环境中。在"添加表和视图"对话框中,选中"选定"

区域的"视图"选项,在"数据库中的视图"列表框中双击刚创建的 view grade 视图,如图 9.9 所示,然后关闭"添加表或视图"对话框。

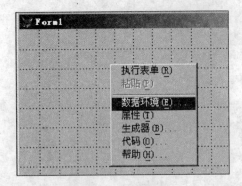

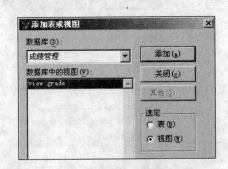

图 9.8　表单快捷菜单　　　　　　图 9.9　"添加表或视图"对话框

　（4）从表单数据环境拖动视图 view_grade 到表单中,在表单中自动生成表格对象。

　（5）在表单上创建命令按钮 Command1,设置其 Caption 属性为"退出",如图 9.10 所示,在其 Click 事件中写入命令代码"ThisForm. Release"。

　（6）保存表单,文件名为 grade_list 并运行表单的所有功能。

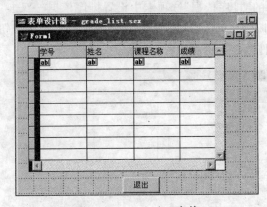

图 9.10　grade_list 表单

9.3　综合 3

完成如下操作:

　（1）创建 Student 数据库,将自由表 student、score 和 course 添加到数据库中,如图 9.11 所示。

　（2）在 Student 数据库中建立反映学生选课和考试成绩的视图 viewsc,该视图包括"学号"、"姓名"、"课程名称"和"成绩"4 个字段。

　（3）使用报表向导建立一个报表,该报表按顺序包含视图 viewsc 中的全部字段,样式为"简报式",报表文件名为 three. frx。

　（4）新建表单文件 three,如图 9.12 所示,完成下列操作:

　① 为"生成数据"命令按钮（Command1）编写代码:用 SQL 命令查询视图 viewsc 的全

部内容,要求先按"学号"升序排列,若"学号"相同再按"成绩"降序排列,并将结果保存在 result 表中。

② 为"运行报表"命令按钮(Command2)编写代码:预览报表 three. frx。

③ 为"退出"命令按钮(Command3)编写代码:关闭并释放表单。

④ 最后运行表单 three,并通过"生成数据"命令按钮产生 result 表文件。

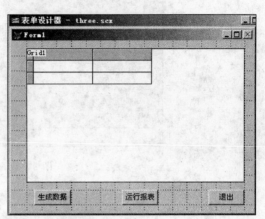

图 9.11 Student 数据库   图 9.12 three 表单窗口

操作步骤:

1) 新建数据库并添加表

(1) 选择菜单栏上的"文件"|"新建"命令,在"新建"对话框中选中"数据库"选项,然后单击"新建文件"按钮,打开数据库设计器。

(2) 在数据库设计器的空白处右击,选择"添加表"命令,将工作目录下的 student、score 和 course 三个自由表添加到数据库中。

2) 新建一个视图

(1) 选择"文件"|"新建"命令,选中"视图"选项,然后单击"新建文件"按钮。

(2) 将 student、score 和 course 三个表添加到视图设计器中。

(3) 将 Student. 学号、Student. 姓名、Course. 课程名称和 Score. 成绩添加到视图设计器的"字段"选项卡"选定字段"列表框中,如图 9.13 所示。

(4) 将视图保存为"viewsc"并运行。

3) 使用报表向导创建报表

(1) 单击常用工具栏上的"新建"按钮□,在"新建"对话框中选择"报表"选项,单击"报表向导"按钮,在弹出的"向导选取"对话框中选择"报表向导"选项,单击"确定"按钮。

(2) 在报表向导"步骤 1-字段选取"对话框中,如图 9.14 所示,选择"数据库和表"区域列表中的视图 VIEWSC,然后单击全部选取按钮 ▶▶,将视图中的全部字段添加到"选定字段"列表框中,单击"下一步"按钮。

(3) 在报表向导"步骤 2-分组记录"中取默认设置,单击"下一步"按钮。

(4) 在报表向导"步骤 3-选择报表样式"对话框中,选择"样式"列表框中的"简报式"选项,如图 9.15 所示,其他各步默认即可。

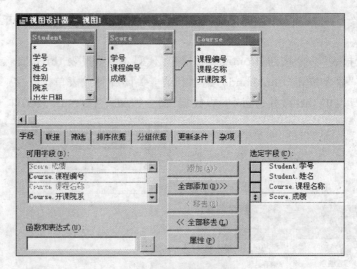

图 9.13　视图设计器

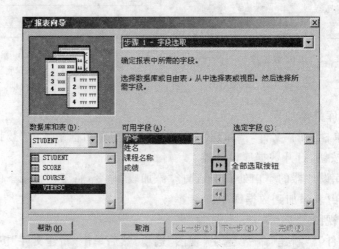

图 9.14　报表向导的步骤 1

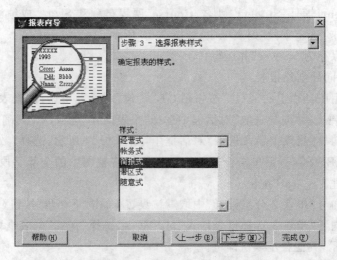

图 9.15　报表向导的步骤 3

（5）最后单击"完成"按钮，在弹出的"另存为"对话框中输入"three"为文件名进行保存。

4）新建表单

（1）新建表单文件 three，按图 9.12 绘制控件。

（2）双击"生成数据"命令按钮（Command1）并编写代码如下：

SELECT * FROM viewsc ORDER BY 学号,成绩 DESC INTO TABLE result

（3）双击"运行报表"命令按钮（Command2），编写代码如下：

report form three preview

（4）双击"退出"命令按钮（Command3），编写代码如下：

ThisForm.Release

（5）保存并运行表单 three，依次单击表单中的 3 个命令按钮，验证各按钮的功能。

9.4　综合4

完成如下操作：

（1）请编写名称为 change_c 的命令程序并执行，该程序实现下面的功能：将"商品表"进行备份，备份文件名为 spbak.dbf；将"商品表"中"商品号"前两位编号为"10"的商品的"单价"修改为出厂单价提高 10%；使用"单价调整表"对商品表的部分商品出厂单价进行修改（按"商品号"相同为条件）。

（2）设计一个名称为 form2 的表单，上面有"调整"（名称为 Command1）和"退出"（名称为 Command2）两个命令按钮。单击"调整"命令按钮时，调用 change_c 命令程序实现商品单价调整；单击"退出"命令按钮时，关闭表单。

注意：以上两个命令按钮均只含一条语句，不可以有多余的语句。

操作步骤：

1）新建程序文件。

（1）选择"文件"|"新建"命令，在"新建"对话框中选择"程序"选项，单击"新建文件"按钮（或者在命令窗口执行命令"MODIFY COMMAND change_c"），打开程序文件编辑器。

（2）在程序编辑窗口中编写如图 9.16 所示代码，以 Change.C 为名进行保存。

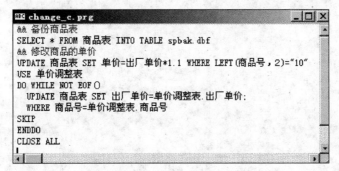

```
change_c.prg                                    _ □ X
&& 备份商品表
SELECT * FROM 商品表 INTO TABLE spbak.dbf
&& 修改商品的单价
UPDATE 商品表 SET 单价=出厂单价*1.1 WHERE LEFT(商品号,2)="10"
USE 单价调整表
DO WHILE NOT EOF()
   UPDATE 商品表 SET 出厂单价=单价调整表.出厂单价;
   WHERE 商品号=单价调整表.商品号
SKIP
ENDDO
CLOSE ALL
```

图 9.16　change_c 程序编辑器

2）新建表单

（1）新建表单。选择"文件"|"新建"命令，在"新建"对话框中选择"表单"选项，单击"新建文件"按钮（或者在命令窗口执行命令"CREATE FORM form2"），打开表单设计器。

（2）根据题意，利用"表单控件"工具栏，在表单中添加两个命令按钮，在"属性"窗口中，分别修改两个命令按钮的 Caption 属性值为"调整"和"退出"，如图 9.17 所示。

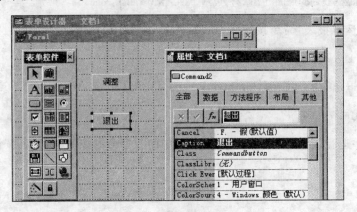

图 9.17　表单设计器、表单控件工具栏与"属性"窗口

（3）双击"调整"（Command1）命令按钮，在 Click 事件中编写代码"DO change_c"，如图 9.18 所示。

图 9.18　调用程序文件

（4）双击"退出"（Command2）命令按钮，在 Click 事件中编写代码"Thisform. Release"。

（5）保存并运行表单。

第10单元

考试样题

10.1 上机考试环境及流程

1. 上机考试软件环境

操作系统：中文版 Windows XP

应用软件：中文版 Microsoft Visual FoxPro 6.0 和 MSDN 6.0

2. 上机考试题型

全国计算机等级考试二级 Visual FoxPro 上机考试满分为 100 分，其中包含基本操作题（4 道小题，第 1、2 小题各 7 分，第 3、4 小题各 8 分，共 30 分）、简单应用题（2 小题，每题 20分，共 40 分）、综合应用题（30 分）。

3. 考试时间

二级 Visual FoxPro 上机考试时间为 90 分钟，由上机考试系统自动计时，考试结束前 5分钟系统自动弹出提示信息，以提醒考生及时存盘，考试时间用完后，上机考试系统自动将计算机锁定，考生不能继续答题。

4. 上机考试流程演示

（1）启动考试系统。双击桌面上的"考试系统"快捷方式图标，启动考试系统，如图 10.1所示，单击"开始登录"按钮。

（2）在如图 10.2 所示界面输入相应信息，然后单击"考号验证"按钮。如果输入信息正确则登录成功，显示如图 10.3 所示界面，否则提示出错信息。

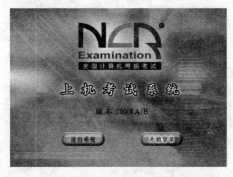

图 10.1 上机考试系统启动界面

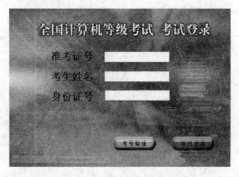

图 10.2 上机考试系统登录界面

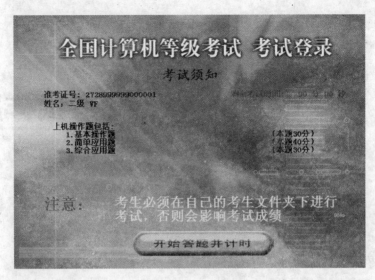

图 10.3　登录成功界面

10.2　答题

1. 试题内容窗口

登录成功后,考试系统自动打开试题内容查询窗口,如图 10.4 所示。单击其中的"基本操作题"、"简单应用题"和"综合应用题"按钮,可以分别查看各题型的题目要求。

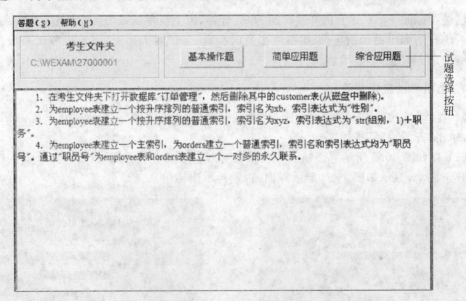

图 10.4　上机考试试题内容窗口

2. 考试状态信息条

登录成功后,在操作系统桌面顶部显示"考试状态信息条",如图 10.5 所示。

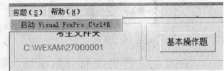

图 10.5　考试状态信息条

单击"隐藏窗口"或"显示窗口",将隐藏或显示试题内容窗口。答题完毕后,单击"交卷"按钮提交试卷,考试结束。

3. 启动考试环境

单击考试试题内容窗口上方的"答题"|"启动 Visual FoxPro"命令,如图 10.6 所示,启动 Visual FoxPro 应用程序。

图 10.6　启动 Visual FoxPro 应用程序

10.3　二级 Visual FoxPro 上机考试样题

10.3.1　第 1 套试题

一、基本操作题

1. 在考生文件夹下新建一个名为"供应"的项目文件。

2. 将数据库"供应零件"加入到新建的"供应"项目中。

3. 通过"零件号"字段为"零件"表和"供应"表建立永久性联系,其中,"零件"是父表,"供应"是子表。

4. 为"供应"表的"数量"字段设置有效性规则:数量必须大于 0 并且小于 9999;错误提示信息是"数量超范围"。(注意:规则表达式必须是"数量>0.and. 数量<9999")

二、简单应用题

在考生文件夹下完成如下简单应用:

1. 用 SQL 语句完成下列操作:列出所有与"红"颜色零件相关的信息(供应商号,工程号和数量),并将查询结果按数量降序存放于表 supply_temp 中。

2. 新建一个名为 menu_quick 的快捷菜单,菜单中有两个菜单项"查询"和"修改"。并在表单 myform 的 RightClick 事件中调用快捷菜单 menu_quick。

三、综合应用题

设计一个名为 mysupply 的表单,表单的控件名和文件名均为 mysupply。表单的形式如图 10.7 所示。

表单标题为"零件供应情况",表格控件为 Grid1,命令按钮"查询"为 Command1、"退出"为 Command2,标签控件 Label1 和文本框控件 Text1(程序运行时用于输入工程号)。

运行表单时,在文本框中输入工程号,单击"查询"命令按钮后,表格控件中显示相应工程所使用的

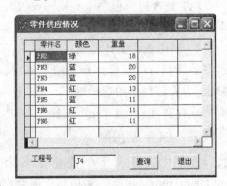

图 10.7　mysupply 表单

零件的零件名、颜色和重量(通过设置有关"数据"属性实现),并将结果按"零件名"升序排序存储到 pp. dbf 文件。

单击"退出"按钮关闭表单。

完成表单设计后运行表单,并查询工程号为"J4"的相应信息。

10.3.2　第 2 套试题

一、基本操作题

1. 在考生文件夹下打开数据库"订单管理",然后删除其中的 customer 表(从磁盘中删除)。

2. 为 employee 表建立一个按升序排列的普通索引,索引名为 xb,索引表达式为"性别"。

3. 为 employee 表建立一个按升序排列的普通索引,索引名为 xyz,索引表达式为"str(组别,1)+职务"。

4. 为 employee 表建立一个主索引,为 orders 表建立一个普通索引,索引名和索引表达式均为"职员号"。通过"职员号"为 employee 表和 orders 表建立一个一对多的永久联系。

二、简单应用题

1. 在考生文件夹下已有表单文件 formone. scx,其中包含两个标签、一个组合框和一个文本框,如图 10.8 所示。

按要求完成相应的操作,使得当表单运行时,用户能够从组合框选择职员,并且该职员所签订单的平均金额能自动显示在文本框里。

(1) 将 orders 表和 employee 表依次添加到该表单的数据环境中(不要修改两个表对应对象的各属性值)。

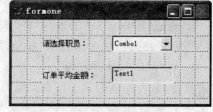

图 10.8　表单文件 formone. scx

(2) 将组合框设置成"下拉列表框",将 employee 表中的"姓名"字段作为下拉列表框条目的数据源。其中,组合框的 RowSourceType 属性值应设置为:6—字段。

(3) 将 Text1 设置为只读文本框。

(4) 修改组合框的 InteractiveChange 事件代码,当用户从组合框选择职员时,能够将该职员所签订单平均金额自动显示在文本框里。

2. 利用查询设计器创建查询,从 employee 和 orders 表中查询"组别"为 1 的组各职员所签的所有订单信息。查询结果依次包含"订单号"、"金额"和"签订者"3 项内容,其中"签订者"为签订订单的职员姓名。按"金额"降序排列各记录,查询去向为表 tableone。最后将查询保存在 queryone. qpr 文件中,并运行该查询。

三、综合应用题

在考生文件夹下创建一个名为 mymenu. mnx 的下拉式菜单,并生成菜单程序 mymenu. mpr。运行该菜单程序时会在当前 Visual FoxPro 系统菜单的"帮助"子菜单之前插入一个"考试"子菜单,如图 10.9 所示。

图 10.9　"考试"子菜单

"统计"和"返回"菜单命令的功能都通过执行"过程"完成。

"统计"菜单命令的功能是以组为单位求"订单金额"的和。统计结果包含"组别"、"负责人"和"合计"3 项内容,其中"负责人"为该组组长(取自 employee 中的"职务"字段)的姓名,"合计"为该组所有职员所签订单的金额总和。统计结果按"合计"降序排序,并存放在 tabletwo 表中。

"返回"菜单命令的功能是返回 Visual FoxPro 的系统菜单。

菜单程序生成后,运行菜单程序并依次执行"统计"和"返回"菜单命令。

10.3.3　第 3 套试题

一、基本操作题

在考生文件夹下,完成如下操作:

1. 建立一个"客户"表,表结构如下:

客户编号(C,8)
客户名称(C,8)
联系地址(C,30)
联系电话(C,11)
电子邮件(C,20)

2. 建立一个名为"客户"的数据库,并将自由表"客户"添加到该数据库中。

3. 将如下记录插入"客户"表中:

43100112	沈红霞	浙江省杭州市 83 号信箱	13312347008	shenhx@sohu.com
44225601	唐毛毛	河北省唐山市 100 号信箱	13184995881	tangmm@bit.com.cn
50132900	刘云亭	北京市 1010 号信箱	13801238769	liuyt@ait.com.cn
30691008	吴敏霞	湖北省武汉市 99 号信箱	13002749810	wumx@sina.com
41229870	王衣夫	辽宁省鞍山市 88 号信箱	13302438008	wangyf@abbk.com.cn

4. 利用报表向导生成一个名为"客户"(报表文件名)的报表,报表中包含客户表的全部字段,报表的标题为"客户",其他各项取默认值。

二、简单操作题

在考生文件夹下有 student(学生)、course(课程)和 score(选课成绩)3 个表,利用 SQL 语句完成如下操作:

1. 查询每门课程的最高分,要求得到的信息包括"课程名称"和"分数",将查询结果存储到 max 表中(字段名是"课程名称"和"分数"),并将相应的 SQL 语句存储到命令文件 one.prg 中。

2. 查询成绩不及格的课程,将查询的课程名称存入文本文件 new.txt,并将相应的

SQL 语句存储到命令文件 two. prg。

三、综合应用题

在考生文件夹下完成如下综合应用：

（1）建立数据库"学生"。

（2）把自由表 student（学生）、course（课程）和 score（选课成绩）添加到新建立的数据库中。

（3）建立满足如下要求的表单名和文件名均为 formlist 的表单：

① 添加一个表格控件 Grid1，要求按学号升序显示"学生选课"及"考试成绩"信息（包括学号、姓名、院系、课程名称和成绩字段）；

② 添加两个命令按钮"保存"和"退出"（Command1 和 Command2），单击命令按钮"保存"时将表格控件 Grid1 中所显示的内容保存到表 results 中（方法不限），单击命令按钮"退出"则关闭并释放表单。

注意：程序完成后必须运行，并按要求保存表格控件 Grid1 中所显示的内容到表 results。

10.3.4　第 4 套试题

一、基本操作题

在考生文件夹下，有一个名为 myform 的表单。打开表单文件，然后在表单设计器中完成下列操作：

1. 将表单设置为不可移动，并将其标题修改为"表单操作"。

2. 为表单新建一个名为 mymethod 的方法，方法代码为：wait "mymethod" window

3. 编写 OK 按钮的 Click 事件代码，其功能是调用表单的 mymethod 方法。

4. 编写 Cancel 按钮的 Click 事件代码，其功能是关闭当前表单。

二、简单应用题

在考生文件夹下，完成如下简单应用：

1. 利用查询设计器创建一个查询，其功能是从 xuesheng 和 chengji 两个表中找出 1982 年出生的汉族学生记录。查询结果包含学号、姓名、数学、英语和信息技术 5 个字段；各记录按学号降序排列；查询去向为表 table1。最后将查询保存为 query1. qpr，并运行该查询。

2. 首先创建数据库 cj_m，并向其中添加 xuesheng 表和 chengji 表。然后在数据库中创建视图 view1，其功能是利用该视图只能查询数学、英语和信息技术 3 门课程中至少有一门不及格（小于 60 分）的学生记录；查询结果包含学号、姓名、数学、英语和信息技术 5 个字段；各记录按学号降序排列。最后利用刚创建的视图 view1 查询视图中的全部信息，并将查询结果存储于表 table2 中。

三、综合应用题

首先利用表设计器在考生文件夹下建立表 table3，表结构如下：

民族　　　　　字符型(4)
数学平均分　　数值型(6,2)
英语平均分　　数值型(6,2)

然后在考生文件夹下创建一个名为 mymenu. mnx 的下拉菜单,并生成菜单程序 mymenu. mpr。运行该菜单程序则在当前 Visual FoxPro 系统菜单的末尾追加一个"考试"子菜单,如图 10.10 所示。

图 10.10 系统菜单的末尾追加的"考试"子菜单

"考试"菜单下"计算"和"返回'命令的功能都通过执行"过程"完成。

"计算"菜单命令的功能是根据 xuesheng 表和 chengji 表分别统计汉族学生和少数民族学生数学和英语两门课程的平均分,并把统计结果保存在表 table3 中。表 table3 的结果有两条记录:第 1 条记录是汉族学生的统计数据,"民族"字段填"汉";第 2 条记录是少数民族学生的统计数据,"民族"字段填"其他"。

"返回"菜单命令的功能是恢复到 Visual FoxPro 的系统菜单。

菜单程序生成后,运行菜单程序并依次执行"计算"和"返回"菜单命令。

10.3.5 第 5 套试题

一、基本操作题

1. 在考生文件夹下创建一个名为"订单管理"的数据库,并将已有的 employee 和 orders 两个表添加到该数据库中。

2. 为 orders 表建立一个按降序排列的普通索引,索引名为 je,索引表达式为"金额"。

3. 在"订单管理"数据库中新建一个名为 customer 的表,表结构如下:

客户号　　　字符型(4)
客户名　　　字符型(36)
地址　　　　字符型(36)

4. 为 customer 表建立主索引,为 orders 表建立普通索引,索引名和索引表达式均为"客户号",通过"客户号"为 customer 表和 orders 表建立一个一对多的永久联系。

二、简单应用题

1. 在考生文件夹下有一个名为 formone. scx 的表单文件,如图 10.11 所示,其中包含一个文本框、一个表格和两个命令按钮。

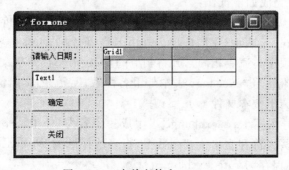

图 10.11 表单文件 formone. scx

请按下列要求完成相应的操作：

（1）通过"属性"窗口将文本框 Text1 的 Value 属性值设置为当前系统日期（日期型，不含时间）。

（2）通过"属性"窗口将表格 Grid1 的 RecordResourceType 属性值设置为"4-SQL 说明"。

（3）修改"确定"按钮的 Click 事件代码。使得单击该按钮时，表格 Grid1 内将显示指定日期以后（含）签订的订单信息，包括"订单号"、"签订日期"和"金额"3 个字段。

（4）设置"关闭"按钮的 Click 事件代码。使得单击该按钮时，将关闭并释放表单。

2. 利用查询设计器创建查询，要求根据 employee 表和 orders 表对各组在 2001 年所签订单的金额进行统计。统计结果仅包含那些总金额大于等于 500 的组，各记录包括"组别"、"总金额"、"最高金额"和"平均金额"4 个字段；各记录按"总金额"降序排序；查询去向为表 tableone。最后将查询保存在 queryone. qpr 文件中，并运行该查询。

三、综合应用题

（1）在考生文件夹下创建一个名为 mymenu. mnx 的下拉式菜单，运行该菜单程序时会在当前 Visual FoxPro 系统菜单的末尾追加一个"考试"子菜单，如图 10.12 所示。

图 10.12　mymenu. mnx 下拉式菜单

"统计"和"返回"菜单命令的功能都通过执行"过程"完成。

菜单命令"统计"的功能是以某年某月为单位求订单金额的和。统计结果包含"年份"、"月份"和"合计"3 项内容（若某年某月没有订单，则不应包含记录）。统计结果应按年份降序排列，若年份相同再按月份升序排列，并存放在 tabletwo 表中。

"返回"菜单命令的功能是返回 Visual FoxPro 的系统菜单。

（2）创建一个项目 myproject. pjx，并将已经创建的菜单 mymenu. mnx 设置成主文件。然后连接编译生成应用程序 myproject. app。最后运行 myproject. app，并依次执行"统计"和"返回"菜单命令。

10.3.6　第 6 套试题

一、基本操作题

在考生文件夹下完成如下操作：

1. 用 SQL 语句从 rate_exchange 表中提取外币名称、现钞买入价和卖出价 3 个字段的值，并将结果存入 rate_ex 表中（字段顺序为外币名称、现钞买入价和卖出价，字段类型和宽度与原表相同，记录顺序与原表相同），并将相应的 SQL 语句存储于文本文件 one. txt 中。

2. 用 SQL 语句将 rate_exchange 表中外币名称为"美元"的卖出价修改为 829.01，并将相应的 SQL 语句存储于文本文件 two. txt 中。

3. 利用报表向导根据 rate_exchange 表生成一个名为"外币汇率"的报表，报表按顺序包含外币名称、现钞买入价和卖出价 3 列数据，报表的标题为"外币汇率"（其他使用默认设置），生成的报表文件保存为 rate_exchange。

4. 打开生成的报表文件 rate_exchange 进行修改,使显示在标题区域的日期改在每页的注脚区显示。

二、简单应用题

1. 设计一个如图 10.13 所示的表单,具体描述如下:

(1) 表单名和文件名均为 Timer,表单标题为"时钟",表单运行时自动显示系统的当前时间。

(2) 显示时间的为标签控件 Label1(要求在单表中居中,标签文本对齐方式为居中)。

(3) 单击"暂停"命令按钮(Command1)时,时钟停止。

(4) 单击"继续"命令按钮(Command2)时,时钟继续显示系统的当前时间。

图 10.13 时钟表单

(5) 单击"退出"命令按钮(Command3)时,关闭表单。

提示:使用计时器控件,将该控件的 Interval 属性设置为 500,即每 500ms 触发一次计时器控件的 Timer 事件(显示一次系统时间);将该控件的 Interval 属性设置为 0 将停止触发 Timer 事件。在设计表单时将 Timer 控件的 Interval 属性设置为 500。

2. 使用查询设计器设计一个查询,要求如下:

(1) 基于自由表 currency_sl 和 rate_exchange。

(2) 按顺序含有字段"姓名"、"外币名称"、"持有数量"、"现钞买入价"及表达式"现钞买入价 * 持有数量"。

(3) 先按"姓名"升序排列,若"姓名"相同再按"持有数量"降序排序。

(4) 查询去向为表 results。

(5) 完成设计后将查询保存为 query 文件,并运行该查询。

三、综合应用题

设计一个满足如下要求的应用程序,所有控件的属性必须在表单设计器的属性窗口中设置。

(1) 建立一个表单,文件名和表单名均为 form1,表单标题为"外汇"。

(2) 表单中含有一个页框控件(PageFrame1)和一个"退出"命令按钮(Command1)。

(3) 页框控件(PageFrame1)中含有 3 个页面,每个页面都通过一个表格控件显示相关信息。

① 第一个页面 Page1 上的标题为"持有人",上面的表格控件名为 grdCurrency_sl,记录源的类型(RecordSourceType)为"表",显示自由表 currency_sl 中的内容。

② 第二个页面 Page2 上的标题为"外汇汇率",上面的表格控件名为 grdRate_exchange,记录源的类型(RecordSourceType)为"表",显示自由表 rate_exchange 中的内容。

③ 第三个页面 Page3 上的标题为"持有量及价值",上面的表格控件名为 Grid1,记录源的类型(RecordSourceType)为"查询",记录源(RecordSource)为简单应用题中建立的查询文件 query。

(4) 单击"退出"命令按钮(Command1)关闭表单。

注意:完成表单设计后要运行表单的所有功能。

10.3.7　第7套试题

一、基本操作题

在考生文件夹下,完成如下操作:

1. 打开考生文件夹下的表单 one,如图 10.14 所示,编写"显示"命令按钮的 Click 事件代码,使表单运行时单击该命令按钮则在 Text1 文本框中显示当前系统日期的年份(提示:通过设置文本框的 Value 属性实现,系统日期函数是 date(),年份函数是 year())。

2. 打开考生文件夹下的表单 two,如图 10.15 所示,选择"表单"菜单中的"新建方法程序"命令,在"新建方法程序"对话框中,为该表单新建一个 test 方法,然后双击表单,选择为该方法编写代码,该方法的功能是使"测试"按钮变为不可用,即将该按钮的 Enabled 属性设置为.F. 。

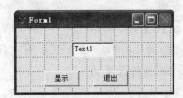

图 10.14　one 表单文件

图 10.15　two 表单

3. 创建一个名为 study_report 的快速报表,报表包含表"课程表"中的所有字段。

4. 为"教师表"的"职工号"字段增加有效性规则:职工号左边 3 位字符是 110,表达式为:LEFT(职工号,3)="110"。

二、简单应用题

在考生文件夹下完成如下简单应用:

1. 打开"课程管理"数据库,使用 SQL 语句建立一个视图 salary,该视图包括"系号"和"平均工资"两个字段,并且按平均工资降序排列。将该 SQL 语句存储在 four. prg 文件中。

2. 打开考生文件夹下的表单 six,如图 10.16 所示,"登录"命令按钮的功能是:当用户输入用户名和口令以后,单击"登录"按钮时,程序在自由表"用户表"中进行查找,若找不到相应的用户名,则提示"用户名错误";若用户名输入正确,而口令输入错误,则提示"口令错误"。修改"登录"命令按钮 Click 事件中标有错误的语句,使其能够正确运行。注意:不得做其他修改。

三、综合应用题

在考生文件夹下完成下列操作:

(1) 建立一个表单名和文件名均为 myform 的表单,如图 10.17 所示。表单的标题为"教师情况",表单中有两个命令按钮(Command1 和 Command2),两个复选框(Check1 和 Check2)和两个单选按钮(Option1 和 Option2)。Command1 和 Command2 的标题分别是"生成表"和"退出",Check1 和 Check2 的标题分别是"系名"和"工资",Option1 和 Option2 的标题分别是"按职工号升序"和"按职工号降序"。

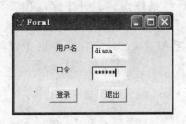

图 10.16 six 表单

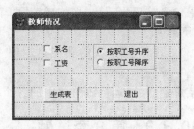

图 10.17 myform 表单

(2) 为"生成表"命令按钮编写 Click 事件代码,其功能是根据表单运行时复选框指定的字段和单选按钮指定的排序方式生成新的自由表。如果两个复选框都被选中,生成的自由表命名为 two.dbf,two.dbf 的字段包括职工号、姓名、系名、工资和课程号;如果只有"系名"复选框被选中,生成的自由表命名为 one_x.dbf,one_x.dbf 的字段包括职工号、姓名、系名和课程号;如果只有"工资"复选框被选中,生成的自由表命名为 one_xx.dbf,one_xx.dbf 的字段包括职工号、姓名、工资和课程号。

(3) 运行表单,并分别执行如下操作:

① 选中两个复选框和"按职工号升序"单选按钮,单击"生成表"命令按钮。

② 只选中"系名"复选框和"按职工号降序"单选按钮,单击"生成表"命令按钮。

③ 只选中"工资"复选框和"按职工号降序"单选按钮,单击"生成表"命令按钮。

10.3.8 第 8 套试题

一、基本操作题

1. 在考生文件夹下根据 SCORE_MANAGER 数据库,使用查询向导建立一个含有"姓名"和"出生日期"的标准查询 QUERY3_1.QPR。

2. 从 SCORE_MANAGER 数据库中删除名为 NEW_VIEW3 的视图。

3. 用 SQL 命令向 SCORE1 表中插入一条记录:学号为"993503433"、课程号为"0001"、成绩为 99。

4. 打开表单 MYFORM3_4,向其中添加一个"关闭"命令按钮(名称为 Command1),表单运行时,单击此按钮关闭表单(不能有多余的命令)。

二、简单应用题

在考生文件夹下完成如下简单应用:

1. 建立一个名为 NEW_VIEW 的视图,该视图含有选修了课程但没有参加考试(成绩字段值为 NULL)的学生信息(包括"学号"、"姓名"和"系部"3 个字段)。

2. 建立表单 MYFORM3,在表单上添加一个表格控件(名称为 grdCourse),并通过该控件显示表 COURSE 的内容(要求 RecordSourceType 属性必须为 0)。

三、综合应用题

利用菜单设计器建立一个菜单 TJ_MENU3,要求如下:

(1) 主菜单(条形菜单)的菜单项中有"统计"和"退出"两项。

(2) "统计"菜单下只有一个"平均"菜单项,该菜单项用来统计各门课程的平均成绩,统计结果包含"课程名"和"平均成绩"两个字段,并将统计结果按课程名升序保存在表 NEW_ TABLE32 中。

(3)"退出"菜单项的功能是返回 Visual FoxPro 系统菜单(只能在命令框中填写相应命令)。

菜单建立后,运行该菜单中的各个菜单项。

10.3.9　第 9 套试题

一、基本操作题

基本操作题为 4 道 SQL 题,请将每道题的 SQL 命令粘贴到 sql. txt 文件,每条命令占一行,第 1 道题的命令是第 1 行,第 2 道题的命令是第 2 行,以此类推;如果某道题没有做则相应行为空。注意:必须使用 SQL 语句操作且 SQL 语句必须按次序保存在 sql. txt 文件中,其他方法不得分。

在考生文件夹下完成下列操作:

1. 利用 SQL SELECT 语句将表 stock_sl. dbf 复制到表 stock_bk. dbf 中。

2. 利用 SQL INSERT 语句插入记录("600028",4.36,4.60,5500)到 stock_bk 表中。

3. 利用 SQL UPDATE 语句将 stock_bk. dbf 表中"股票代码"为"600007"的股票"现价"改为 8.88。

4. 利用 SQL DELETE 语句删除 stock_bk. dbf 表中"股票代码"为"600000"的股票。

二、简单操作题

在考生文件夹下完成如下简单应用:

1. 根据表 stock_name 和 stock_sl 建立一个查询,该查询包含字段:股票代码、股票简称、买入价、现价和持有数量,要求按股票代码升序排序,并将查询保存为 query_stock. qpr。注:股票代码来源于表 stock_name 中的股票代码。

2. modi. prg 中的 SQL 语句用于计算"银行"的股票(股票简称中有"银行"两字)的总盈余,现在该语句中的 3 处错误分别出现在第 1 行、第 4 行和第 6 行,请改正。

注意:不要改变语句的结构、分行,直接在相应处修改。

三、综合应用题

(1)在考生文件夹下建立一个名为 stock_form 的表单,其中包含两个表格控件,第一个表格控件名称是 grdStock_name,用于显示表 stock_name 中的记录;第二个表格控件名称是 grdStock_sl,用于显示与表 stock_name 中当前记录对应的 stock_sl 表中的记录。

(2)在表单中添加一个"关闭"命令按钮(名称为 Command1),要求单击该按钮时关闭表单。

注意:完成表单设计后要运行表单的所有功能。

10.3.10　第 10 套试题

一、基本操作题

考生文件夹下的自由表 employee 中存放着职员的相关数据,请完成以下操作:

1. 利用表设计器为 employee 表创建一个普通索引,索引表达式为"姓名",索引名为 xm。

2. 打开考生文件夹下的表单文件 formone,然后设置表单的 Load 事件,代码的功能是打开 employee 表,并将索引 xm 设置为当前索引。

3. 在表单 formone 中添加一个列表框,并设置列表框的名称为 mylist,高度为 60,可以多重选择。

4. 设置表单 formone 中 mylist 列表框的相关属性,其中 RowSourceType 属性为字段,使得当表单运行时,列表框内显示 employee 表中姓名字段的值。

二、简单操作题

在考生文件夹下完成以下简单应用(自由表 order 中存放着订单的有关数据):

1. 利用查询设计器创建查询,从 employee 表和 order 表中查询金额最高的 10 笔订单。查询结果依次包含订单号、姓名、签订日期和金额 4 个字段,各记录按金额降序排列,查询去向为表 tableone。最后将查询保存在 queryone. qpr 文件中,并运行该查询。

2. 首先创建数据库 order_m,并向其中添加 employee 表和 order 表。然后在数据库中创建视图 viewone:利用该视图只能查询组别为 1 的职员的相关数据;查询结果依次包含职员号、姓名、订单号、签订日期、金额 5 个字段;各记录按职员号升序排列,若职员号相同则按金额降序排列。最后利用刚创建的视图查询视图中的全部信息,并将查询结果存放在表 tabletwo 中。

三、综合应用题

在考生文件夹下完成下列操作:

(1) 创建一个名为 tablethree 的自由表,其结构如下:

```
姓名        C(6)
最高金额    N(6,2)
最低金额    N(6,2)
平均金额    N(6,2)
```

(2) 设计一个用于查询统计的表单 formtwo,其界面如图 10.18 所示。其中的表格名称为 Grid1,"查询统计"按钮的名称为 Command1,"退出"按钮的名称为 Command2,文本框的名称为 Text1。

当在文本框中输入某职员的姓名并单击"查询统计"按钮,会在左边的表格内显示该职员所签订单的金额,并将其中的最高金额、最低金额和平均金额存入表 tablethree 中。单击"退出"按钮将关闭表单。

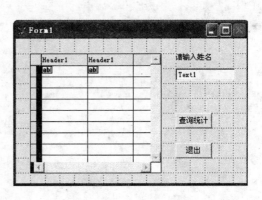

图 10.18 formtwo 表单

(3) 运行上面创建的表单 formtwo,然后依次查询统计"赵小青"和"吴伟军"两位职员所签订单的相关金额。执行完后,表 tablethree 中应该包含两条相应的记录。

参 考 文 献

1. 王利，崔巍，杨明福等. 全国计算机等级考试二级教程：Visual FoxPro 程序设计[M]. 北京：高等教育出版社，2006.

2. 秦维佳，孟艳红. Visual FoxPro 程序设计[M]. 北京：中国铁道出版社，2006.

3. 丁海艳，万克星等. 全国计算机等级考试优化全解：二级 Visual FoxPro[M]. 北京：电子工业出版社，2009.

4. 王承中，于书翰等. Visual FoxPro 数据库应用技术[M]. 长春：吉林科学技术出版社，2008.

5. NCRE 研究组. 全国计算机等级考试考点解析、例题精解与实战练习：二级公共基础知识. 北京：高等教育出版社，2008.

6. 教育部考试中心. 全国计算机等级考试二级教程：Visual FoxPro 程序设计. 北京：高等教育出版社，2001.

7. 教育部考试中心. 全国计算机等级考试二级教程：Visual FoxPro 数据库程序设计. 北京：高等教育出版社，2008.